高等学校数学系列教材

（第二版）

线性规划

张干宗　编著

WUHAN UNIVERSITY PRESS
武汉大学出版社

图书在版编目(CIP)数据

线性规划/张干宗编著.—2 版 .—武汉：武汉大学出版社,2004.3
(2023.6 重印)
高等学校数学系列教材
ISBN 978-7-307-04101-1

Ⅰ.线… Ⅱ.张… Ⅲ.线性规划 Ⅳ.O221.1

中国版本图书馆 CIP 数据核字(2003)第 118029 号

责任编辑:顾素萍　　责任校对:程小宜

出版发行：**武汉大学出版社**　(430072　武昌　珞珈山)
(电子邮箱：cbs22@ whu.edu.cn　网址：www.wdp.com.cn)
印刷:武汉科源印刷设计有限公司
开本:720×1000　1/16　印张:23.75　字数:421 千字　插页:1
版次:1990 年 9 月第 1 版　2004 年 3 月第 2 版
2023 年 6 月第 2 版第 12 次印刷
ISBN 978-7-307-04101-1/O · 283　定价:39.00 元

目　录

前　言

线性规划是运筹学的重要分支，它是一门实用性很强的应用数学学科。这门学科产生于20世纪30年代。1939年，前苏联数学家康托洛维奇（Л. В. Канторович）在《生产组织与计划中的数学方法》一书中，最早提出和研究了线性规划问题。1947年，美国数学家丹泽格（G. B. Dantzig）提出了一般的线性规划数学模型和求解线性规划问题的通用方法——单纯形法，为这门学科奠定了基础。此后30年线性规划的理论和算法逐步丰富和发展。到20世纪70年代后期又取得重大进展。1979年，前苏联数学家哈奇扬（Л. Г. Хачиян）提出运用求解线性不等式组的椭球法去求解线性规划问题，并证明该算法是一个多项式时间算法。这一工作具有重要的理论意义，但实用效果不佳。1984年，在美国工作的印度数学家卡玛卡（N. Karmarkar）提出了求解线性规划的投影尺度法，这是一个有实用意义的多项式时间算法。这一工作引起人们对内点算法的关注，此后相继出现了多种更为简便实用的内点算法。随着计算机技术的发展和普及，线性规划的应用越来越广泛。它已成为人们为合理利用有限资源制定最佳决策的有力工具。

本书是在借鉴已有教材并结合笔者教学实践积累的基础上编写的。1990年由武汉大学出版社出版。为适应高教发展需求，此次笔者对原书作了修订和补充。本书的选材和写法多从实用性和便于教和学等方面考虑，适于用做大专院校有关专业的线性规划课教材，也可作为自学教材或有关专业人员的参考书。对本书的内容，可根据课程的学时数酌情取舍。例如，许多定理的证明可以略去。为方便教和学，各章习题在书末附有答案，对一些较难的题目，给出了提示或详解，以供参考。

对本书的编写和出版曾给予支持和帮助的同志们，作者谨致谢忱。本书疏误之处，敬望批评指正。

编　者

2004年1月

第一章　线性规划问题

线性规划是运筹学的一个大分支 —— **数学规划**的组成部分. 数学规划可分为静态规划和动态规划；静态规划又可分为线性规划和非线性规划. 静态数学规划一般说来是研究一个 n 元实函数(称为目标函数)在一组等式或不等式约束条件下的极值问题. 如果目标函数和约束条件都是线性的，则称为**线性规划**；否则，称之为**非线性规划**. 线性规划问题广泛存在于工业、农业、商业、交通运输以及军事指挥等众多领域. 本章从几个实例出发，说明线性规划的研究对象，并抽象出线性规划问题的一般数学模型. 同时，介绍针对二变量线性规划问题的图解法，为后面的一般解法建立直观基础.

1.1　线性规划问题的实例

例 1（**资源利用问题**）　先来考虑下述具体问题：

某工厂生产 A,B 两种产品，已知生产 A 产品每公斤需耗煤 9 吨，耗电 4 百度，用工 3 个劳动日(一个劳动日指一个工人劳动一天)；生产 B 产品每公斤需耗煤 4 吨，耗电 5 百度，用工 10 个劳动日. A 产品每公斤的利润是 700 元，B 产品每公斤的利润是 1 200 元. 因客观条件所限，该厂只能得到煤 360 吨、电 2 万度、劳力 300 个劳动日. 问该厂应生产 A,B 产品各多少，才能使获得的总利润最大？

下面来建立这个问题的数学模型.

问题是要决策产品 A,B 的生产量，故设产品 A,B 的生产量分别为 x_1，x_2(单位：公斤)，这是问题需要求解的未知量，又称为**决策变量**. 问题的目标是要使工厂所获得的总利润最大，现用 z 表示总利润(单位：百元). 已知每公斤 A 产品的利润是 700 元，故生产 x_1 公斤 A 产品的利润是 $700x_1$ 元. 同理，生产 x_2 公斤 B 产品的利润是 $1\,200x_2$ 元. 因此，总利润 z 是决策变量 x_1，x_2 的线性函数：

$$z = 7x_1 + 12x_2 \quad (\text{单位：百元}).$$

称此函数为问题的**目标函数**. 同时注意到决策变量的取值要受到资源限制条件的约束. 具体地说，就是要满足煤、电力、劳力的限额条件. 已知生产 A 产品每公斤需耗煤 9 吨，则生产 A 产品 x_1 公斤需耗煤 $9x_1$ 吨. 同理，生产 B 产品 x_2 公斤需耗煤 $4x_2$ 吨. 于是总耗煤量为 $9x_1+4x_2$ 吨，此值不应超过煤的供应限额 360 吨. 所以决策变量应满足条件：

$$9x_1+4x_2\leqslant 360 \quad (\text{单位：吨}).$$

同理可知，由于电力的限制，决策变量应满足

$$4x_1+5x_2\leqslant 200 \quad (\text{单位：百度}).$$

由于劳力的限制，还应满足

$$3x_1+10x_2\leqslant 300 \quad (\text{单位：劳动日}).$$

此外，由于产品的生产量不应取负值，故决策变量还应满足非负性限制：

$$x_1\geqslant 0,\quad x_2\geqslant 0.$$

上述 5 个不等式，称为此问题的**约束条件**.

综上所述可知，上述实际问题可抽象成如下数学问题，称为此实际问题的**数学模型**：

求决策变量 x_1,x_2 的值，使之满足下列约束条件：

$$\begin{aligned}9x_1+\ \ 4x_2&\leqslant 360,\\4x_1+\ \ 5x_2&\leqslant 200,\\3x_1+10x_2&\leqslant 300,\\x_1\geqslant 0,\ x_2&\geqslant 0,\end{aligned}$$

同时，使目标函数

$$z=7x_1+12x_2$$

达到最大值.

资源利用问题的一般提法如下：

设某企业有 m 种不同的资源，记为 $R_1,R_2,\cdots,R_m$，用来生产 n 种产品，记为 $D_1,D_2,\cdots,D_n$. 已知每生产产品 D_j 一单位需消耗资源 R_i 的数量为 a_{ij}，且知客观条件对该企业拥有资源 R_i 的限制量为 $b_i(i=1,2,\cdots,m)$. 又知产品 D_j 的单位利润为 $c_j(j=1,2,\cdots,n)$. 问如何计划各种产品的生产量，在不超过各种资源限额的条件下，使企业获得的总利润最大？

设产品 D_j 的生产量为 $x_j(j=1,2,\cdots,n)$. 则各种产品的生产对资源 R_i 的总消耗量为

$$a_{i1}x_1+a_{i2}x_2+\cdots+a_{in}x_n,$$

此消耗量不应超过资源 R_i 的限制量 b_i. 因此，决策变量 $x_j(j=1,2,\cdots,n)$ 应满足下列 m 个不等式：

$$a_{i1}x_1 + a_{i2}x_2 + \cdots + a_{in}x_n \leqslant b_i \quad (i = 1,2,\cdots,m).$$

由于产量不应取负值，故还应满足

$$x_j \geqslant 0 \quad (j = 1,2,\cdots,n).$$

整个生产的总利润，记为 z，是变量 $x_1,x_2,\cdots,x_n$ 的线性函数：

$$z = c_1x_1 + c_2x_2 + \cdots + c_nx_n.$$

问题是寻求使 z 取最大值的生产方案. 所以上述一般资源利用问题的数学模型可表述为：

求一组变量 $x_j (j = 1,2,\cdots,n)$ 的值，在满足条件

$$\sum_{j=1}^{n} a_{ij}x_j \leqslant b_i \quad (i = 1,2,\cdots,m),$$

$$x_j \geqslant 0 \quad (j = 1,2,\cdots,n)$$

的前提下，使函数

$$z = \sum_{j=1}^{n} c_j x_j$$

达到最大值.

例 2（物资调运问题） 设某种物资（如粮食、钢材、煤炭等）有 m 个发点（仓库或产地），记为 $A_1,A_2,\cdots,A_m$；有 n 个收点（需求单位或销地），记为 $B_1,B_2,\cdots,B_n$. 已知发点 A_i 的物资储备量为 a_i 吨（$i = 1,2,\cdots,m$），收点 B_j 的需求量为 b_j 吨（$j = 1,2,\cdots,n$），A_i 到 B_j 每吨物资的运费为 c_{ij} 元（$i = 1,2,\cdots,m$；$j = 1,2,\cdots,n$）. 要求制定一个调运方案，使它满足各收、发点的供需要求，又使总运费最小.

设由 A_i 到 B_j 的物资运量为 x_{ij}，则从 A_i 发出的物资总量为 $\sum_{j=1}^{n} x_{ij}$，它不能超过 A_i 的储量 a_i；在 B_j 收到的物资总量为 $\sum_{i=1}^{m} x_{ij}$，应要求它等于 B_j 的需求量 b_j. 总运费 $f = \sum_{i=1}^{m}\sum_{j=1}^{n} c_{ij}x_{ij}$. 因此**调运问题**的数学模型可表述为：

求未知量 $x_{ij} (i = 1,2,\cdots,m;\ j = 1,2,\cdots,n)$ 的值，使之满足下列条件：

$$\sum_{j=1}^{n} x_{ij} \leqslant a_i \quad (i = 1,2,\cdots,m),$$

$$\sum_{i=1}^{m} x_{ij} = b_j \quad (j = 1,2,\cdots,n),$$

$$x_{ij} \geqslant 0 \quad (i = 1,2,\cdots,m;\ j = 1,2,\cdots,n),$$

并使函数

$$f=\sum_{i=1}^{m}\sum_{j=1}^{n}c_{ij}x_{ij}$$

达到最小值.

例 3（合理下料问题） 某工厂有一批长度为 5 m 的钢管(数量充分多). 为制造零件的需要，要将它们截成长度分别为 140 cm，95 cm，65 cm 的管料，并要求这三种管料按 2∶4∶1 的比例配套. 问如何下料，才能使残料最少？

表 1-1 中列出了 8 种可能的截法(残料显著多的截法未列入).

表 1-1

根数 截法 / 料长	1	2	3	4	5	6	7	8
140 cm	3	2	2	1	1	0	0	0
95 cm	0	2	0	3	1	5	3	1
65 cm	1	0	3	1	4	0	3	6
残料 /cm	15	30	25	10	5	25	20	15

若只选取表 1-1 中的一种截法，如选截法 5 下料，可以使残料最少，但不满足配套要求. 所以应当选取多种截法配合下料.

用 x_i 表示按第 i 种截法截割的钢管数量($i=1,2,\cdots,8$)，则所截出的 140 cm 长的管料数量为

$$3x_1+2x_2+2x_3+x_4+x_5;$$

所截出的 95 cm 长的管料数量为

$$2x_2+3x_4+x_5+5x_6+3x_7+x_8;$$

所截出的 65 cm 长的管料数量为

$$x_1+3x_3+x_4+4x_5+3x_7+6x_8.$$

按照配套要求，它们应分别等于 $2a,4a,a$，这里 a 表示套数. 为便于求解，可先令 $a=1$，求出 $x_i(i=1,2,\cdots,8)$ 后，再同乘以适当倍数，使它们都化为整数. 残料总量为

$$f=15x_1+30x_2+25x_3+10x_4+5x_5+25x_6+20x_7+15x_8.$$

于是，上述下料问题的数学模型可表述为：

求 $x_j(j=1,2,\cdots,8)$，使之满足下列条件：

$$\begin{aligned}3x_1+2x_2+2x_3+x_4+x_5&=2,\\ 2x_2+3x_4+x_5+5x_6+3x_7+x_8&=4,\\ x_1+3x_3+x_4+4x_5+3x_7+6x_8&=1,\\ x_j\geqslant 0\quad (j=1,2,\cdots,8),&\end{aligned}$$

并使函数

$$f = 15x_1 + 30x_2 + 25x_3 + 10x_4 + 5x_5 + 25x_6 + 20x_7 + 15x_8$$

达到最小值.

例 4（经济配料问题） 某饲养场有 5 种饲料. 已知各种饲料的单位价格和每百公斤饲料的蛋白质、矿物质、维生素含量如表 1-2 所示. 又知该场每日至少需蛋白质 70 单位、矿物质 3 单位、维生素 10 毫单位. 问如何混合调配这 5 种饲料，才能使总成本最低？

表 1-2

饲料种类	有关成分			饲料单价
	蛋白质 / 单位	矿物质 / 单位	维生素 / 毫单位	
1	0.30	0.10	0.05	2 元 /100 公斤
2	2.20	0.05	0.10	7 元 /100 公斤
3	1.00	0.02	0.02	4 元 /100 公斤
4	0.60	0.20	0.20	3 元 /100 公斤
5	1.80	0.05	0.08	5 元 /100 公斤

设第 i 种饲料的用量为 x_i（单位：百公斤），$i = 1,2,\cdots,5$. 则对应的总成本（单位：元）为

$$f = 2x_1 + 7x_2 + 4x_3 + 3x_4 + 5x_5.$$

要求蛋白质总含量不少于 70 单位，则应满足

$$0.3x_1 + 2.2x_2 + x_3 + 0.6x_4 + 1.8x_5 \geqslant 70.$$

要求矿物质总含量不少于 3 单位，则应满足

$$0.1x_1 + 0.05x_2 + 0.02x_3 + 0.2x_4 + 0.05x_5 \geqslant 3.$$

要求维生素总含量不少于 10 毫单位，则应满足

$$0.05x_1 + 0.1x_2 + 0.02x_3 + 0.2x_4 + 0.08x_5 \geqslant 10.$$

因此上述**配料问题**的数学模型如下：

求 $x_i (i = 1,2,\cdots,5)$，使之满足下列不等式：

$$\begin{aligned}
0.3x_1 + 2.2x_2 + x_3 + 0.6x_4 + 1.8x_5 &\geqslant 70, \\
0.1x_1 + 0.05x_2 + 0.02x_3 + 0.2x_4 + 0.05x_5 &\geqslant 3, \\
0.05x_1 + 0.1x_2 + 0.02x_3 + 0.2x_4 + 0.08x_5 &\geqslant 10, \\
x_i \geqslant 0 \quad (i = 1,2,\cdots,5)&,
\end{aligned}$$

并使函数

$$f = 2x_1 + 7x_2 + 4x_3 + 3x_4 + 5x_5$$

达到最小值.

这类例子可以举出许多. 它们的实际内容虽然各不相同，但抽象成数学问题，都是求一组未知量(称为**决策变量**)的值，使之满足由一组线性不等式或线性方程式所表示的条件(称为**约束条件**)，在此前提下，使一个线性函数(称为**目标函数**)达到最大值或最小值. 这类问题便是线性规划的研究对象，称为**线性规划问题**.

习 题 1.1

试建立下列问题的数学模型：

1. 某化工厂生产 A_1, A_2 两种产品. 已知生产产品 A_1 一万瓶要用原料 B_1 5 公斤、B_2 300 公斤、B_3 12 公斤，可得利润 8 000 元；生产 A_2 一万瓶要用原料 B_1 3 公斤、B_2 80 公斤、B_3 4 公斤，可得利润 3 000 元. 该厂现有原料 B_1 500 公斤、B_2 20 000 公斤、B_3 900 公斤. 问在现有条件下，生产 A_1, A_2 各多少，才能使该厂获得的利润最大?

2. 有甲、乙两个煤厂，每月进煤分别不少于 60 吨、100 吨，它们担负供应三个居民区用煤的任务. 这三个居民区每月需用煤分别为 45 吨、75 吨、40 吨. 甲厂离这三个居民区分别为 10 公里、5 公里、6 公里. 乙厂离这三个居民区分别为 4 公里、8 公里、15 公里. 问这两个厂如何分配供煤量，才能使总运输量(以吨公里为单位) 最小?

3. 某农场有耕地 403 亩，打算种植三种作物：地瓜、玉米、谷子. 该农场有粪肥 3 820 车、化肥 1 138 斤，可提供劳力 5 296 个工. 已知三种作物的亩产量和每亩所需粪肥、化肥和劳力的数量如表 1-3 所示(其中地瓜亩产量已折合成粮食计算). 问制定怎样的种植计划，才能使总产量最高?

表 1-3

资源 \ 作物	地瓜	玉米	谷子
粪肥 / 车	8	10	12
化肥 / 斤	0	4	26
劳力 / 工	16	12	12
亩产 / 斤	280	300	320

4. 一消费者要购买营养物，要求维生素 A,C 的含量分别不少于 9 单位、19 单位. 今有 6 种营养物都含有这两种维生素，但含量各不相同，各营养物的价格也不相同，如表 1-4 所示. 问消费者应购买 6 种营养物各多少，才能既

获得所需维生素 A,C 的含量，又花钱最少？

表 1-4

营养物 / 每公斤营养物所含维生素单位 / 维生素	1	2	3	4	5	6
A	1	0	2	2	1	2
C	0	1	3	1	3	2
营养物价格 /(元 / 公斤)	35	30	60	50	27	22

1.2 线性规划问题的数学模型

从上节知道，线性规划问题就是一个线性函数在一组线性约束条件下的极值问题，其数学模型的**一般形式**为：

求一组决策变量 $x_1, x_2, \cdots, x_n$ 的值，使之满足下列约束条件：

$$\begin{cases} a_{11}x_1 + a_{12}x_2 + \cdots + a_{1n}x_n \leqslant b_1 \quad (\text{或} \geqslant b_1,\ \text{或} = b_1), \\ a_{21}x_1 + a_{22}x_2 + \cdots + a_{2n}x_n \leqslant b_2 \quad (\text{或} \geqslant b_2,\ \text{或} = b_2), \\ \cdots\cdots\cdots\cdots\cdots\cdots\cdots\cdots\cdots\cdots\cdots\cdots \\ a_{m1}x_1 + a_{m2}x_2 + \cdots + a_{mn}x_n \leqslant b_m \quad (\text{或} \geqslant b_m,\ \text{或} = b_m), \end{cases}$$

并使目标函数

$$f = c_1x_1 + c_2x_2 + \cdots + c_nx_n$$

取最大值(或最小值).

其中，a_{ij}, b_i, c_j 均为实常数，从应用和计算的角度考虑，可以认为它们都是有理数.

为书写简便起见，上述模型可表述为

$$\max\ (\text{或}\ \min) \quad f = \sum_{j=1}^{n} c_j x_j,$$

$$\text{s.t.} \quad \sum_{j=1}^{n} a_{ij}x_j \leqslant b_i \quad (\text{或} \geqslant b_i,\ \text{或} = b_i),\ i = 1,2,\cdots,m.$$

这里 max f 表示求函数 f 的最大值解，min f 表示求最小值解，s.t. 是“subject to”的缩记，表示“在……约束条件之下”，或者说“约束为……”. 这里把非负性条件 $x_j \geqslant 0$ 看成上述不等式的特殊情形.

如前节例 1 的资源利用问题，其数学模型可写为

$$\max \quad z=\sum_{j=1}^{n}c_jx_j,$$

$$\text{s. t.} \quad \sum_{j=1}^{n}a_{ij}x_j\leqslant b_i \quad (i=1,2,\cdots,m),$$

$$x_j\geqslant 0 \quad (j=1,2,\cdots,n).$$

前节例 2 的物资调运问题，其数学模型可写为

$$\min \quad f=\sum_{i=1}^{m}\sum_{j=1}^{n}c_{ij}x_{ij},$$

$$\text{s. t.} \quad \sum_{j=1}^{n}x_{ij}\leqslant a_i \quad (i=1,2,\cdots,m),$$

$$\sum_{i=1}^{m}x_{ij}=b_j \quad (j=1,2,\cdots,n),$$

$$x_{ij}\geqslant 0 \quad (i=1,2,\cdots,m;\ j=1,2,\cdots,n).$$

下面再举一例.

例 1 某工厂生产 A,B,C 三种产品，各种产品的原料消耗量、机械台时消耗量和资源限额以及单位产品利润如表 1-5 所示. 根据客户订货，三种产品的最低月需要量分别为 200,250,100 件. 又据销售部门预测，三种产品的最大生产量应分别为 250,280,120 件，否则难以销售. 问如何安排这三种产品的生产量，在满足上述各项要求的前提下，使该厂所获得的利润最大？试建立此问题的数学模型.

表 1-5

产　品	原料单耗	机械台时单耗	单位产品利润 / 元
A	1.0	2.0	10
B	1.5	1.2	14
C	4.0	1.0	12
资源限额	2 000	1 000	

解 设产品 A,B,C 的产量分别为 x_1,x_2,x_3 件，用 z 表示总利润. 则问题的数学模型为

$$\max \quad z=10x_1+14x_2+12x_3,$$

$$\text{s. t.} \quad x_1+1.5x_2+4x_3\leqslant 2\,000,$$

$$2x_1+1.2x_2+x_3\leqslant 1\,000,$$

$$200\leqslant x_1\leqslant 250,$$

$$250 \leqslant x_2 \leqslant 280,$$
$$100 \leqslant x_3 \leqslant 120.$$

为便于讨论一般解法，常将线性规划问题的约束条件归结为一组线性方程和一组非负性限制条件，并且对目标函数统一成求最小值. 即是说，将线性规划问题的数学模型化成如下形式，称之为线性规划问题的**标准形式**：

$$\begin{aligned} \min \quad & f = \sum_{j=1}^{n} c_j x_j, \\ \text{s.t.} \quad & \sum_{j=1}^{n} a_{ij} x_j = b_i \quad (i = 1,2,\cdots,m), \\ & x_j \geqslant 0 \quad (j = 1,2,\cdots,n). \end{aligned}$$

若使用向量、矩阵记号，则上述标准形式可写为

$$\begin{aligned} \min \quad & f = \boldsymbol{cx}, \\ \text{s.t.} \quad & \boldsymbol{Ax} = \boldsymbol{b}, \\ & \boldsymbol{x} \geqslant \boldsymbol{0}. \end{aligned}$$

有时也写成

$$\min\{\boldsymbol{cx} \mid \boldsymbol{Ax} = \boldsymbol{b},\ \boldsymbol{x} \geqslant \boldsymbol{0}\}.$$

其中，$\boldsymbol{c} = (c_1, c_2, \cdots, c_n)$，

$$\boldsymbol{A} = \begin{pmatrix} a_{11} & a_{12} & \cdots & a_{1n} \\ a_{21} & a_{22} & \cdots & a_{2n} \\ \vdots & \vdots & & \vdots \\ a_{m1} & a_{m2} & \cdots & a_{mn} \end{pmatrix}, \quad \boldsymbol{b} = \begin{pmatrix} b_1 \\ b_2 \\ \vdots \\ b_m \end{pmatrix}, \quad \boldsymbol{x} = \begin{pmatrix} x_1 \\ x_2 \\ \vdots \\ x_n \end{pmatrix},$$

$\boldsymbol{0}$ 是 n 维零向量，$\boldsymbol{x} \geqslant \boldsymbol{0}$ 表示 $x_j \geqslant 0\ (j = 1,2,\cdots,n)$.

上述标准形式的线性规划问题，有时简称为 LP.

非标准形式的线性规划问题都能化成标准形式. 这是因为，不等式约束

$$\sum_{j=1}^{n} a_{kj} x_j \leqslant b_k$$

等价于约束条件

$$\begin{aligned} \sum_{j=1}^{n} a_{kj} x_j + x_{n+k} &= b_k, \\ x_{n+k} &\geqslant 0; \end{aligned}$$

不等式约束

$$\sum_{j=1}^{n} a_{lj} x_j \geqslant b_l$$

等价于约束条件

$$\sum_{j=1}^{n} a_{lj} x_j - x_{n+l} = b_l,$$

$$x_{n+l} \geqslant 0.$$

这里增添的变量 x_{n+k} 和 x_{n+l} 称为**松弛变量**(有的书上另称 x_{n+l} 为**剩余变量**).

求函数 f 的最大值解可转化为求函数 $-f$ 的最小值解.

如果原问题对某决策变量 x_j 没有非负性限制，则可令

$$x_j = x_j' - x_j'', \quad x_j' \geqslant 0, \quad x_j'' \geqslant 0,$$

即用两个非负变量 x_j', x_j'' 取代原变量 x_j. 若有多个变量无非负性限制，如 $x_1, x_2, \cdots, x_k$ 均无正负号限制，可令

$$x_i = x_i' - t \quad (i = 1, 2, \cdots, k),$$

$$t \geqslant 0, \quad x_i' \geqslant 0\ (i = 1, 2, \cdots, k).$$

即是说，可用 $k+1$ 个非负变量 $x_1', x_2', \cdots, x_k', t$ 去代换原来的 k 个自由变量.

综上所述可知，任何线性规划问题都可化为：求一组非负变量的值，使之满足一个线性方程组，并使一个线性函数达到最小值.

例 2 将下列线性规划问题化为标准形式：

$$\begin{aligned}
\max \quad & z = -x_1 + 4x_2, \\
\text{s.t.} \quad & 3x_1 - x_2 \geqslant -6, \\
& x_1 + 2x_2 \leqslant 4, \\
& x_2 \geqslant -3.
\end{aligned}$$

解 令 $x_1 = x_1' - x_1''$ ($x_1' \geqslant 0$, $x_1'' \geqslant 0$)，并令 $x_2' = x_2 + 3$. 代入原模型后化为

$$\begin{aligned}
\max \quad & z = -x_1' + x_1'' + 4x_2' - 12, \\
\text{s.t.} \quad & 3x_1' - 3x_1'' - x_2' \geqslant -9, \\
& x_1' - x_1'' + 2x_2' \leqslant 10, \\
& x_1', x_1'', x_2' \geqslant 0.
\end{aligned}$$

再对第一、第二两个不等式约束引入松弛变量，并令 $f = -z - 12$，则原问题等价于如下标准形式的线性规划问题：

$$\begin{aligned}
\min \quad & f = x_1' - x_1'' - 4x_2', \\
\text{s.t.} \quad & -3x_1' + 3x_1'' + x_2' + x_3 = 9, \\
& x_1' - x_1'' + 2x_2' + x_4 = 10, \\
& x_1', x_1'', x_2', x_3, x_4 \geqslant 0.
\end{aligned}$$

对于一个线性规划问题，全体决策变量满足全部约束条件的一组值称为该问题的一个**可行解**. 这种可行解的全体称为该问题的**可行解集**(或称**可行域**). 标准形式的线性规划问题(LP)的可行解集，记为 K，

$$K = \{\boldsymbol{x} \mid \boldsymbol{A}\boldsymbol{x} = \boldsymbol{b},\ \boldsymbol{x} \geqslant \boldsymbol{0}\}$$

是 n 维实向量空间 $\mathbf{R}^n$ 的子集. 在可行域上使目标函数达到**最优值**(最大值或最小值)的可行解称为问题的**最优解**. 所谓求解线性规划问题，就是求出该问题的最优解. 如无特殊声明，一般指求出一个最优解(若有多个最优解的话). 求出最优解后，问题的最优值，即最优解对应的目标函数值，便可相应得出.

习 题 1.2

1. 建立下述问题的线性规划模型：

某贸易公司经营杂粮批发业务. 公司仓库容量为5000吨. 年初公司拥有库存1000吨杂粮，并有资金200万元. 估计第一季度杂粮价格(指每吨价格)如表1-6所示. 如买进的杂粮当月到货，但需到下个月才能卖出，且规定"货到付款". 公司还要求一季度末库存为2000吨. 问各月进货、出货多少，才能使该公司在一季度的总收入最大?

表 1-6

月　份	进货价 / 元	出货价 / 元
一	285	310
二	305	325
三	290	295

2. 将1.2节中例1的线性规划模型化为标准形式.

3. 将下列线性规划模型化为标准形式：

(1) $\max \quad z = x_1 - 3x_2,$

$\text{s.t.} \quad -x_1 + 2x_2 \leqslant 5,$

$x_1 + 3x_2 = 10;$

(2) $\min \quad x_0 = x_1 - x_2 + x_3,$

$\text{s.t.} \quad -x_1 + 8x_2 + 6x_3 \geqslant 60,$

$2x_1 + x_2 - 3x_3 \leqslant 20,$

$4x_1 + 6x_2 = 30,$

$x_1 \geqslant 0,\ x_2 \geqslant 0.$

4. 某农场有100公顷土地和15000元资金可用于发展生产. 农场劳动力情况为秋冬季3500人日，春夏季4000人日. 如劳动力本场用不了时，可外出干活，春夏季收入为 2.1 元／人日，秋冬季收入为 1.8 元／人日．该农场种植三种作物：大豆、玉米、小麦，并饲养奶牛和鸡．种作物时不需要专门投资，而饲养动物时每头奶牛投资 400 元，每只鸡投资 3 元．养奶牛时每头需拨出 1.5 公顷土地种饲草，并占用人工为秋冬季 100 人日，春夏季 50 人日，年净收入为 400 元／每头奶牛．养鸡时不占土地，需人工为秋冬季 0.6 人日／每只鸡，春夏季 0.3 人日／每只鸡，年净收入为 2 元／每只鸡．农场现有鸡舍允许最多养 3 000 只鸡，牛栏允许最多养 32 头奶牛．三种作物每年需要的劳力和净收入如表 1-7 所示．问该农场应采用怎样的经营方案，才能使年净收入最大？试建立此问题的线性规划模型，并把它化为标准形式．

表 1-7

资源＼作物	大豆	玉米	小麦
秋冬季需劳力／(人日／公顷)	20	35	10
春夏季需劳力／(人日／公顷)	50	75	40
年净收入／(元／公顷)	175	300	120

1.3 二变量线性规划问题的图解法

两个决策变量的线性规划问题，可以在直角坐标平面上用作图法求解．下面通过例子来说明这一方法．

例 1 求解线性规划问题：

$$\begin{aligned} \min \quad & f = -x_1 + x_2, \\ \text{s.t.} \quad & -2x_1 + x_2 \leqslant 2, \\ & x_1 - 2x_2 \leqslant 2, \\ & x_1 + x_2 \leqslant 5, \\ & x_1 \geqslant 0,\ x_2 \geqslant 0. \end{aligned}$$

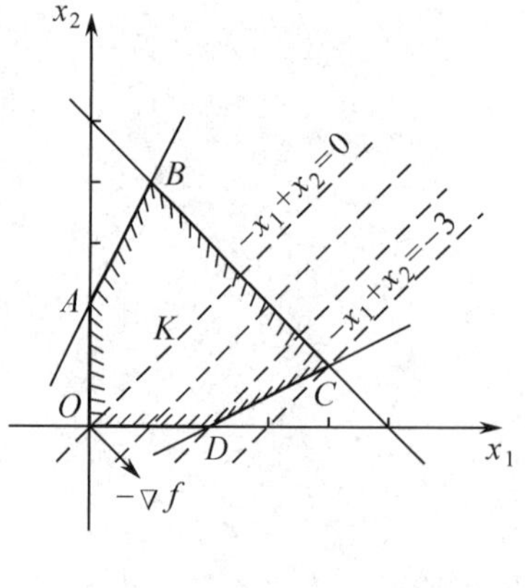

图 1-1

在平面上取定一个直角坐标系，它的两个坐标轴是 x_1, x_2 轴．满足约束条件中的每一个不等式的点集是一个半平面．于是问题的可行域便是 5 个半平面的交集，即图 1-1 中的凸多边形 $OABCD$，简记为 K．

现在的问题是，要在这个凸多边形区域 K 上找一点，使目标函数 f 在这一点达到它在域 K 上的最小值．注意到线性函数的等值线族是一束平行直线，这里的目标函数 f 的等值线族便是由下列方程

$$-x_1 + x_2 = h \quad (h \text{ 为参数})$$

所表示的平行直线束．其正法向量(即目标函数 f 的梯度向量)为

$$\nabla f = (-1,1)^{\mathrm{T}}.$$

沿着这个方向移动等值线，目标函数值递增．反之，沿着它的反方向移动，则目标函数值递减．因此，当等值线沿 $-\nabla f$ 的方向移动到即将脱离域 K 之际，它与 K 的交点便是目标函数 f 取最小值的点．从图 1-1 得知，这个交点便是该凸多边形的顶点 C，它的坐标：

$$x_1 = 4, \quad x_2 = 1$$

便是问题的最优解．最优值为 $f(4,1) = -3$.

例 2　求解线性规划问题：

$$\begin{aligned} \max \quad & f = 2x_1 + 4x_2, \\ \text{s.t.} \quad & x_1 + 2x_2 \leqslant 8, \\ & 0 \leqslant x_1 \leqslant 4, \\ & 0 \leqslant x_2 \leqslant 3. \end{aligned}$$

作出可行域 K 的图形，如图 1-2 所示．由于目标函数的等值线族

$$2x_1 + 4x_2 = h$$

恰与 K 的 BC 边平行，故沿正法向量的方向平推等值线时，最后与 BC 边重合．因此 BC 边上每一点都使目标函数取最大值．即知问题有无穷多个最优解：

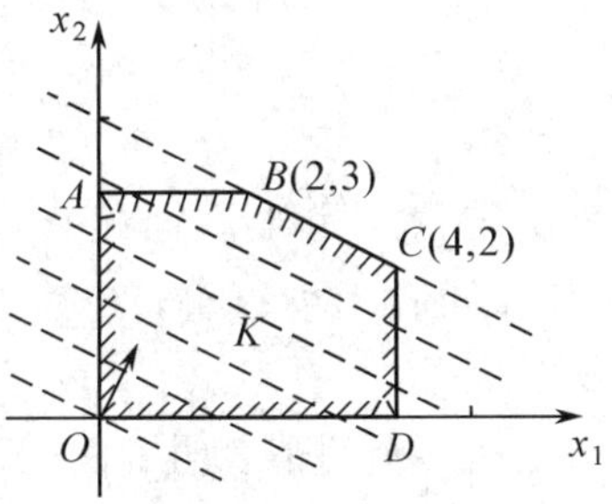

图 1-2

$$\begin{pmatrix} x_1 \\ x_2 \end{pmatrix} = (1-\alpha)\begin{pmatrix} 2 \\ 3 \end{pmatrix} + \alpha\begin{pmatrix} 4 \\ 2 \end{pmatrix} \quad (0 \leqslant \alpha \leqslant 1),$$

亦即

$$x_1 = 2 + 2\alpha, \quad x_2 = 3 - \alpha \quad (0 \leqslant \alpha \leqslant 1).$$

最优值为 $f^* = 16$.

例 3　求解线性规划问题：

$$\begin{aligned} \min \quad & f = -2x_1 + x_2, \\ \text{s.t.} \quad & x_1 + x_2 \geqslant 1, \\ & x_1 - 3x_2 \geqslant -3, \\ & x_1 \geqslant 0,\ x_2 \geqslant 0. \end{aligned}$$

作出可行域 K，如图 1-3 所示，它是一个无界凸区域．

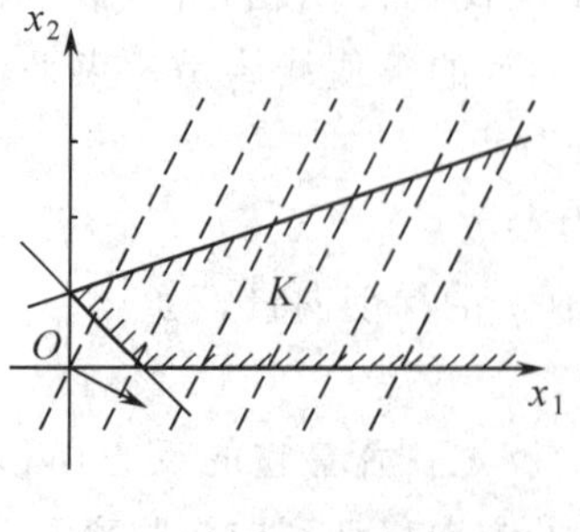

图 1-3

当目标函数的等值线族

$$-2x_1+x_2=h$$

沿 $-\nabla f=(2,-1)^{\mathrm{T}}$ 的方向移动时，可以无限地移动下去，总是与 K 相交. 这说明目标函数 f 在可行域 K 上无下界，即知问题无最优解(或者说无有限最优解).

如果将此问题中的 min f 改为 max f，其他不变，则有最优解：

$$x_1=0,\quad x_2=1.$$

例 4 求解线性规划问题：

$$\begin{aligned}\min\quad & f=3x_1+4x_2,\\ \text{s.t.}\quad & -x_1+x_2\geqslant 1,\\ & x_1+x_2\leqslant -2,\\ & x_1\geqslant 0,\ x_2\geqslant 0.\end{aligned}$$

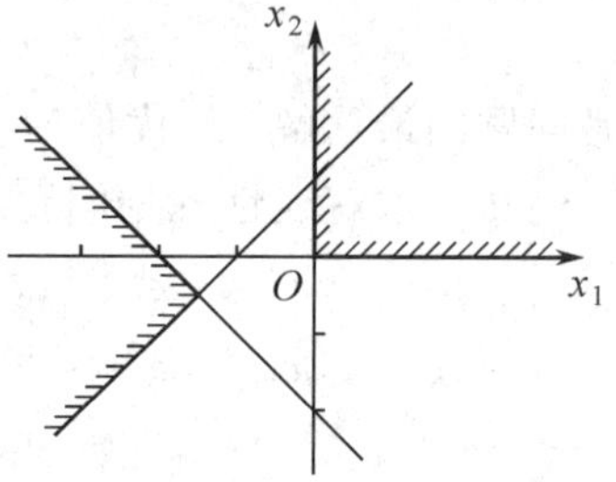

图 1-4

从图 1-4 可知，约束条件中 4 个不等式所决定的 4 个半平面的交集是一个空集. 即知问题无可行解，自然也就没有最优解.

上面 4 个例子表明了两个决策变量的线性规划问题仅有的 4 种可能情况：

(1) 问题有惟一最优解，此时最优解在可行域的一个顶点上达到；

(2) 问题有无穷多个最优解，此时最优解在可行域的一条边界上达到；

(3) 问题有可行解但无最优解，此时，可行域无界，目标函数在可行域上无下界(或无上界)；

(4) 问题无可行解.

以后我们将看到，对于一般的线性规划问题都有这样的结论成立.

习 题 1.3

用图解法求解下列线性规划问题：

1. $$\begin{aligned}\min\quad & f=-3x_1+2x_2,\\ \text{s.t.}\quad & 2x_1+4x_2\leqslant 22,\\ & -x_1+4x_2\leqslant 10,\\ & 2x_1-x_2\leqslant 7,\end{aligned}$$

$$x_1 - 3x_2 \leqslant 1,$$
$$x_1 \geqslant 0,\ x_2 \geqslant 0;$$

2. $$\begin{aligned} \max \quad & z = 6x_1 - 2x_2, \\ \text{s.t.} \quad & 2x_1 + x_2 \geqslant 2, \\ & 2x_1 - 3x_2 \geqslant 6, \\ & 0 \leqslant x_1 \leqslant 6, \\ & x_2 \geqslant 0; \end{aligned}$$

3. $$\begin{aligned} \min \quad & x_0 = -7x_1 - 2x_2, \\ \text{s.t.} \quad & 2x_1 + 7x_2 \leqslant 21, \\ & 7x_1 + 2x_2 \leqslant 21, \\ & x_1 + x_2 \geqslant 1, \\ & x_1, x_2 \geqslant 0; \end{aligned}$$

4. $$\begin{aligned} \max \quad & z = x_1 + x_2, \\ \text{s.t.} \quad & x_1 - x_2 \geqslant 2, \\ & 0 \leqslant x_2 \leqslant 5, \\ & x_1 \geqslant 3; \end{aligned}$$

5. $$\begin{aligned} \max \quad & x_0 = 3x_1 + 4x_2, \\ \text{s.t.} \quad & 2x_1 + x_2 \leqslant -2, \\ & x_1 - 3x_2 \geqslant 1, \\ & x_1, x_2 \geqslant 0. \end{aligned}$$

本章小结

本章通过若干实例，提出线性规划一般问题的数学模型，并阐明了线性规划模型的标准形式以及有关线性规划问题的一些基本概念. 然后介绍了求解二变量线性规划问题的图解法. 通过本章的学习应达到以下要求：

1. 弄清什么是线性规划问题，明确线性规划模型的三个要素：决策变量、目标函数、约束条件. 初步学会建立有关应用问题的线性规划模型.

2. 明白什么是线性规划模型的一般形式和标准形式，掌握化非标准形式为标准形式的方法.

3. 弄清线性规划问题的可行解、可行解集(可行域)、最优解、最优值等概念.

4. 掌握求解二变量线性规划问题的图解法.

复 习 题

1. 设某工厂有甲、乙、丙、丁四台机床，生产 A,B,C,D,E,F 六种产品. 加工每一件产品所需时间和每一件产品的单价都是已知的，如表 1-8 所示. 加工产品的时间以工时为单位，表格中没有填数的表示这台机床不能加工这种零件. 并设在一个生产周期内，甲、乙、丙、丁四台机床的最大工作能力分别为 850,700,600,900 工时. 问在机床能力许可的条件下，6 种产品各应生产多少才能使该厂生产利润最大. 试建立此问题的数学模型.

表 1-8

加工每件产品所需工时 \ 产品 / 机床	A	B	C	D	E	F
甲	1	1	1	3	3	3
乙	2			5		
丙		2			5	
丁			3			8
产品单价	40	28	32	72	64	80

2. 某集体食堂管理员考虑购买各种食物，应如何调配，才能既符合营养要求，又花钱最少呢？假设人体需要 m 种营养(如糖，脂肪，蛋白质，维生素甲、乙、丙、丁……)，每日需要量分别至少为 $b_i(i=1,2,\cdots,m)$. 又假设有 n 种食品(如肉类、蛋类、蔬菜等)供管理员选购，其单位价格分别是 $c_j(j=1,2,\cdots,n)$. 根据营养学的分析，各种食品包含的每一种营养的数量是已知的，设每单位第 j 种食品含有第 i 种营养 a_{ij} 个单位. 试建立此营养问题的数学模型.

3. 设某车间有 n 台机床(不同性能的机床如铣床、六角车床、自动机床等)，用以加工 m 种零件. 不同机床加工不同零件的效率不一样. 那么，如何分配各机床的任务，才能在零件配套的条件下，使一个单元工作时间内(如一个工作日、一周或一月)加工出最多的零件来？试建立这个问题的线性规划模型.

4. 某钢厂有两个炼钢炉同时炼钢. 今有两种炼钢方法，第一种炼法每炉用 a 小时，第二种用 b 小时(包括清炉时间). 假定这两种炼法每炉出钢都是 k

公斤，而炼1公斤钢的平均燃料费第一种炼法为m元，第二种炼法为n元. 要求在c小时内炼钢公斤数不小于d. 问应怎样分配这两个炼钢炉各自采用这两种炼法的炉数，才能使总的燃料费用最少？试建立此问题的数学模型.

5. 用长度为500 cm的条材，截成长度分别为98 cm和78 cm两种毛坯，要求共截出长98 cm的毛坏一万根，78 cm的毛坏二万根. 问怎样截法，才能使所用的原材料最少？试建立此问题的数学模型.

6. 建立下述问题的数学模型：

某班有男同学30人，女同学20人，星期天准备去植树. 根据经验，男同学一天平均每人挖坑20个，或栽树30棵，或给25棵树浇水；女同学一天平均每人挖坑10个，或栽树20棵，或给15棵树浇水. 问应怎样安排，才能使得植树(包括挖坑、栽树、浇水）最多？

7. 设有某种原料产地A_1，A_2，A_3，把这种原料经过加工，制成成品，再运往销地. 假设用4吨原料可制成1吨成品. 产地A_1年产原料30万吨同时需要成品7万吨；产地A_2年产26万吨，同时需要成品13万吨；产地A_3年产24万吨，不需成品. 又A_1与A_2之间的距离为150公里，A_1与A_3之间的距离为100公里，A_2与A_3之间的距离为200公里. 又知原料运费为3千元/万吨公里，成品运费为2.5千元/万吨公里. 又知在A_1开设加工厂的加工费(指加工单位成品）为5.5千元/万吨，在A_2为4千元/万吨，在A_3为3千元/万吨. 又知，因条件限制，在A_2设厂规模不能超过年产成品5万吨，在A_1和A_3可以不受限制，问应在何地设厂，生产多少成品，才能使总的生产费用(包括原料运费、成品运费、加工费等）为最小？试建立此问题的数学模型.

8. 某商店制定某种商品7～12月进货、售货计划. 已知商店仓库容量不得超过500件，6月底已存货200件，以后每月初进货一次. 假设各月份该商品买进、售出单价如表1-9所示，问各月进货、售货各多少，才能使总收入最多？试建立此问题的数学模型.

表1-9

月　份	7	8	9	10	11	12
买进/元	28	24	25	27	23	23
售出/元	29	24	26	28	22	25

9. 将下列线性规划问题变换成标准形式：

(1)　min　$f=-3x_1+4x_2-2x_3+5x_4$，

$$\text{s.t.}\quad \begin{aligned} 4x_1 - x_2 + 2x_3 - x_4 &= -2, \\ x_1 + x_2 + 3x_3 - x_4 &\leqslant 14, \\ -2x_1 + 3x_2 - x_3 + 2x_4 &\geqslant 2, \end{aligned}$$

$x_1 \geqslant 0$，$x_2 \geqslant 0$，$x_3 \geqslant 0$，x_4 无符号限制；

(2) $\max\ z = -2x_1 + x_2 - 2x_3$，

$$\text{s.t.}\quad \begin{aligned} -x_1 + x_2 + x_3 &= 4, \\ -x_1 + x_2 - x_3 &\leqslant 6, \end{aligned}$$

$x_1 \leqslant 0$，$x_2 \geqslant 0$，x_3 无符号限制；

(3) $\min\{|x| + |y| + |z|\}$，

$$\text{s.t.}\quad \begin{aligned} x + y \quad &\leqslant 1, \\ 2x \quad + z &= 3. \end{aligned}$$

10. 用图解法求解下列线性规划问题：

(1) $\min\{x_1 + 3x_2\}$，

$$\text{s.t.}\quad \begin{aligned} 2x_1 + x_2 &\geqslant 10, \\ -x_1 + x_2 &\leqslant 20, \\ x_1 - 2x_2 &\leqslant 10, \\ x_1 + x_2 &\leqslant 30, \end{aligned}$$

$x_1 \geqslant 0$，$x_2 \geqslant 0$；

(2) $\min\{2x_1 - x_2\}$，

$$\text{s.t.}\quad \begin{aligned} x_1 + x_2 &\geqslant 10, \\ -10x_1 + x_2 &\leqslant 10, \\ -4x_1 + x_2 &\leqslant 20, \\ x_1 + 4x_2 &\geqslant 20, \end{aligned}$$

$x_1 \geqslant 0$，$x_2 \geqslant 0$；

(3) $\min\{10x_1 + 3x_2\}$，

$$\text{s.t.}\quad \begin{aligned} x_1 + x_2 &\geqslant 20, \\ x_1 &\geqslant 6, \\ 2 \leqslant x_2 &\leqslant 12; \end{aligned}$$

(4) $\max\{2x_1 - 2x_2\}$，

$$\text{s.t.}\quad \begin{aligned} -2x_1 + x_2 &\leqslant 2, \\ x_1 - x_2 &\leqslant 1, \end{aligned}$$

$x_1 \geqslant 0$，$x_2 \geqslant 0$；

(5) $\max\{3x_1+x_2\}$,

s. t. $x_1-x_2\leqslant -1$,

$x_1+x_2\leqslant -1$,

$x_1\geqslant 0,\ x_2\geqslant 0$.

11. 对下述问题建立线性规划模型，并用图解法求解.

某炼油厂根据计划每季度需供应合同单位汽油 15 万吨、煤油 12 万吨、重油 12 万吨. 该厂从 A,B 两处运回原油提炼，已知两处原油成分如表 1-10 所示. 又知从 A 处采购原油每吨价格(包括运费，下同) 为 200 元，B 处原油每吨为 290 元. 试求该炼油厂采购原油的最优决策.

表 1-10

成分 \ 采购处	A	B
含汽油	15%	50%
含煤油	20%	30%
含重油	50%	15%
其他	15%	5%

12. 某木器厂生产圆桌和衣柜两种产品，现有两种木料，第一种有 72 立方米，第二种有 56 立方米. 假设生产每种产品都需要用两种木料. 生产一张圆桌需用第一种木料 0.18 立方米，需用第二种木料 0.08 立方米. 生产一个衣柜需用第一种木料 0.09 立方米，需用第二种木料 0.28 立方米. 每生产一张圆桌可获利润 6 元，生产一个衣柜可获利润 10 元. 木器厂在现有木料条件下，圆桌和衣柜各应生产多少，才能获得利润最多? 试建立此问题的数学模型并求解.

13. 某养鸡场有一万只鸡，用动物饲料和谷物饲料混合喂养，每天每只鸡平均吃混合饲料 0.5 公斤，其中动物饲料占的比例不得少于 1/5. 动物饲料每公斤 0.2 元，谷类饲料每公斤 0.16 元. 饲料公司每周只保证供应谷类饲料 21 000 公斤. 问饲料应怎样混合，才能使成本最低? 试建立问题的数学模型并求解.

14. 对下述问题建立线性规划模型，并用图解法求解：

靠近某河流有两个化工厂(见图 1-5)，流经第一家工厂的河水流量是每天 500 万立方米；在两家工厂之间有一条流量为每天 200 万立方米的支流. 第一家工厂每天排放工业污水 2 万立方米；第二家工厂每天排放工业污水 1.4 万立方米. 从第一家工厂排出的污水流到第二家工厂之前，有 20% 可自

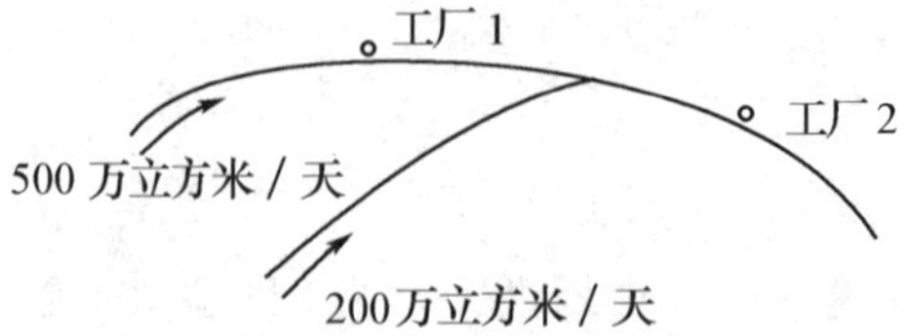

图 1-5

然净化. 根据环保要求，河流中工业污水的含量应不大于0.2%. 若这两家工厂各自处理一部分污水，第一家工厂处理污水的成本是1 000元/万立方米，第二家工厂处理污水的成本是800元/万立方米. 现在要问在满足环保要求的条件下，每厂各应处理多少污水，才能使两厂总的处理污水费用最小？

第二章　单纯形方法

单纯形法(或称单纯形方法)是求解线性规划问题的一般方法，原则上它可适用于任何线性规划问题．这是G. B. Dantzig在1947年提出来的．大量的实际应用表明，这是一种行之有效的解法．

在上一章用图解法求解两个变量的线性规划问题时，我们看到，如果问题存在最优解的话，则其最优解一定可以在可行域的顶点中找到．本章将证明，对于一般的线性规划问题，这个结论也是成立的．单纯形法的基本思想是：针对顶点可行解，建立一个便于检验其最优性的准则，然后对可行域的有限个顶点，按照一定的法则依次加以检验，从中挑选出最优解．为此，首先应从代数上探明顶点可行解的特征，这就需要建立基可行解的概念．

2.1　基可行解

单纯形法是针对标准形式的线性规划问题进行演算的．从上一章知道，任何线性规划问题都可以化为标准形式．因此本章直接研究如下的标准形式线性规划问题(LP)：

$$\min \quad \boldsymbol{f} = \boldsymbol{cx}, \tag{2.1}$$

$$\text{s.t.} \quad \boldsymbol{Ax} = \boldsymbol{b}, \tag{2.2}$$

$$\boldsymbol{x} \geqslant \boldsymbol{0}, \tag{2.3}$$

其中 $\boldsymbol{c} = (c_1, c_2, \cdots, c_n)$，$\boldsymbol{x} = (x_1, x_2, \cdots, x_n)^{\mathrm{T}}$，

$$\boldsymbol{A} = \begin{pmatrix} a_{11} & a_{12} & \cdots & a_{1n} \\ a_{21} & a_{22} & \cdots & a_{2n} \\ \vdots & \vdots & & \vdots \\ a_{m1} & a_{m2} & \cdots & a_{mn} \end{pmatrix}, \quad \boldsymbol{b} = (b_1, b_2, \cdots, b_m)^{\mathrm{T}}.$$

假设 $n \geqslant m \geqslant 1$，并设系数矩阵 $\boldsymbol{A}$ 的秩为 m，即设约束方程组(2.2)中没有多余的方程．下面用 $\boldsymbol{p}_j$ 表示矩阵 $\boldsymbol{A}$ 的第 j 列．于是(2.2)可写为

$$\sum_{j=1}^{n} x_j \boldsymbol{p}_j = \boldsymbol{b}. \tag{2.4}$$

矩阵 $\boldsymbol{A}$ 的任意一个 m 阶非奇异子方阵称为 LP 的一个**基**(或**基阵**). 若

$$\boldsymbol{B} = (\boldsymbol{p}_{j_1}, \boldsymbol{p}_{j_2}, \cdots, \boldsymbol{p}_{j_m}) \tag{2.5}$$

是一个基, 则对应变量 $x_{j_1}, x_{j_2}, \cdots, x_{j_m}$ 称为关于 $\boldsymbol{B}$ 的**基变量**, 其余变量称为关于 $\boldsymbol{B}$ 的**非基变量**. 若令非基变量都取零值, 则(2.4) 变为

$$\sum_{k=1}^{m} x_{j_k} \boldsymbol{p}_{j_k} = \boldsymbol{b}. \tag{2.6}$$

由于此方程组的系数矩阵 $\boldsymbol{B}$ 是满秩方阵, 故知(2.6) 有惟一解, 记为 $(x_{j_1}^{(0)}, x_{j_2}^{(0)}, \cdots, x_{j_m}^{(0)})^{\mathrm{T}}$. 于是按分量

$$x_{j_k} = x_{j_k}^{(0)} \quad (k = 1, 2, \cdots, m),$$

$$x_j = 0 \quad (j \in \{1, 2, \cdots, n\} \backslash \{j_1, j_2, \cdots, j_m\})$$

所构成的向量 $\boldsymbol{x}^{(0)}$ 是约束方程组 $\boldsymbol{Ax} = \boldsymbol{b}$ 的一个解, 称此 $\boldsymbol{x}^{(0)}$ 为 LP 的对应于基 $\boldsymbol{B}$ 的**基解**(或**基本解**), 也可称为是方程组 $\boldsymbol{Ax} = \boldsymbol{b}$ 的一个基解. 如果 $\boldsymbol{x}^{(0)}$ 为一基解, 且满足 $\boldsymbol{x}^{(0)} \geqslant \boldsymbol{0}$, 即它的所有分量都非负, 则称此 $\boldsymbol{x}^{(0)}$ 是 LP 的一个**基可行解**. 基可行解对应的基亦称为**可行基**.

对于给定的 LP, 基(阵) 的个数是有限的, 不会超过 $C_n^m = \dfrac{n!}{m!(n-m)!}$ 个. 因此, 基解和基可行解的个数也是有限的.

例 设线性规划问题的约束条件为

$$\begin{aligned} x_1 - 3x_2 + x_3 \quad\quad + 2x_5 &= -5, \\ 4x_2 + 4x_3 + x_4 \quad\quad &= 12, \\ 2x_2 + 2x_3 \quad\quad + 4x_5 &= 10, \\ x_i \geqslant 0 \quad (i = 1, 2, \cdots, 5)&. \end{aligned}$$

$(\boldsymbol{p}_1, \boldsymbol{p}_2, \boldsymbol{p}_5)$ 便是一个基, 因对应行列式

$$\begin{vmatrix} 1 & -3 & 2 \\ 0 & 4 & 0 \\ 0 & 2 & 4 \end{vmatrix} = 16 \neq 0.$$

求解方程组

$$\begin{cases} x_1 - 3x_2 + 2x_5 = -5, \\ \quad\quad 4x_2 \quad\quad = 12, \\ \quad\quad 2x_2 + 4x_5 = 10, \end{cases}$$

得 $x_1 = 2$, $x_2 = 3$, $x_5 = 1$. 因此得对应基解为$(2, 3, 0, 0, 1)^{\mathrm{T}}$. 并且, 它还是一个基可行解.

$(\boldsymbol{p}_1,\boldsymbol{p}_2,\boldsymbol{p}_4)$ 也是一个基，因对应行列式

$$\begin{vmatrix} 1 & -3 & 0 \\ 0 & 4 & 1 \\ 0 & 2 & 0 \end{vmatrix} = -2 \neq 0.$$

可求得对应基解为$(10,5,0,-8,0)^{\mathrm{T}}$. 但它不是基可行解.

$(\boldsymbol{p}_1,\boldsymbol{p}_2,\boldsymbol{p}_3)$ 不是基，因对应行列式

$$\begin{vmatrix} 1 & -3 & 1 \\ 0 & 4 & 4 \\ 0 & 2 & 2 \end{vmatrix} = 0.$$

围绕基可行解，有几个重要结论，有的书上称这些结论为线性规划的基本定理.

定理2.1 设 $\boldsymbol{x}^{(0)}=(x_1^{(0)},x_2^{(0)},\cdots,x_n^{(0)})^{\mathrm{T}}$ 是方程组 $\boldsymbol{Ax}=\boldsymbol{b}$ 的一个解. 则 $\boldsymbol{x}^{(0)}$ 是基解的充要条件是：$\boldsymbol{x}^{(0)}$ 的非零分量 $x_{i_1}^{(0)},x_{i_2}^{(0)},\cdots,x_{i_r}^{(0)}$ 所对应的系数列向量 $\boldsymbol{p}_{i_1},\boldsymbol{p}_{i_2},\cdots,\boldsymbol{p}_{i_r}$ 线性无关.

证 必要性. $\boldsymbol{x}^{(0)}$ 是基解. 由基解的定义知 $\boldsymbol{x}^{(0)}$ 的非零分量必对应于基变量，而基变量所对应的列向量必属于基阵 $\boldsymbol{B}$，$\boldsymbol{B}$ 又是非奇异的，因此由它的列向量所构成的向量组必线性无关.

充分性. $\boldsymbol{x}^{(0)}$ 的非零分量 $x_{i_1}^{(0)},x_{i_2}^{(0)},\cdots,x_{i_r}^{(0)}$ 所对应的列向量 $\boldsymbol{p}_{i_1},\boldsymbol{p}_{i_2},\cdots,\boldsymbol{p}_{i_r}$ 线性无关. 由于矩阵 $\boldsymbol{A}$ 的秩为 m，所以 $0\leqslant r\leqslant m$. 当 $r=m$ 时，即有 $\boldsymbol{p}_{i_1},\boldsymbol{p}_{i_2},\cdots,\boldsymbol{p}_{i_m}$ 线性无关. 若 $r<m$，则由于 $\boldsymbol{A}$ 的列向量组的极大无关组所含向量个数为 m，故必可补充 $m-r$ 个列向量 $\boldsymbol{p}_{i_{r+1}},\cdots,\boldsymbol{p}_{i_m}$，使向量组 $\boldsymbol{p}_{i_1},\cdots,\boldsymbol{p}_{i_r},\boldsymbol{p}_{i_{r+1}},\cdots,\boldsymbol{p}_{i_m}$ 线性无关. 由于 $\boldsymbol{x}^{(0)}$ 满足 $\boldsymbol{Ax}=\boldsymbol{b}$，它的非零分量必满足

$$\sum_{k=1}^{r} x_{i_k}^{(0)} \boldsymbol{p}_{i_k} = \boldsymbol{b}.$$

从而又有

$$\sum_{k=1}^{m} x_{i_k}^{(0)} \boldsymbol{p}_{i_k} = \boldsymbol{b}.$$

由此可知 $\boldsymbol{x}^{(0)}$ 是对应于基$(\boldsymbol{p}_{i_1},\cdots,\boldsymbol{p}_{i_r},\boldsymbol{p}_{i_{r+1}},\cdots,\boldsymbol{p}_{i_m})$ 的基解. ∎

定理 2.2 若 LP 有可行解，则必有基可行解.

证 设 $\boldsymbol{x}^{(0)}$ 是 LP 的可行解. 若 $\boldsymbol{x}^{(0)}=\boldsymbol{0}$，易知它本身就是基可行解(这时必有 $\boldsymbol{b}=\boldsymbol{0}$). 现设 $\boldsymbol{x}^{(0)}$ 的非零分量为 $x_{i_1}^{(0)},x_{i_2}^{(0)},\cdots,x_{i_r}^{(0)}$$(1\leqslant r\leqslant n)$. 若对

应的列向量 $\boldsymbol{p}_{i_1},\boldsymbol{p}_{i_2},\cdots,\boldsymbol{p}_{i_r}$ 线性无关，则由定理2.1知 $\boldsymbol{x}^{(0)}$ 是LP的基可行解. 否则，存在一组不全为零的数 $\delta_{i_k}(k=1,2,\cdots,r)$，使

$$\sum_{k=1}^{r}\delta_{i_k}\boldsymbol{p}_{i_k}=\boldsymbol{0}.$$

令向量 $\boldsymbol{\delta}=(\delta_1,\delta_2,\cdots,\delta_n)^{\mathrm{T}}$，其中

$$\delta_j=\begin{cases}\delta_{i_k}, & 当\ j=i_k,\ k=1,2,\cdots,r,\\ 0, & 当\ j\neq i_k,\ k=1,2,\cdots,r,\end{cases}$$

并令

$$\boldsymbol{x}^{(1)}=\boldsymbol{x}^{(0)}+\varepsilon\boldsymbol{\delta},\quad \boldsymbol{x}^{(2)}=\boldsymbol{x}^{(0)}-\varepsilon\boldsymbol{\delta},$$

其中正数 ε 取为

$$\varepsilon=\min\left\{\frac{x_{i_k}^{(0)}}{|\delta_{i_k}|}\,\middle|\,\delta_{i_k}\neq 0,\ k=1,2,\cdots,r\right\}.$$

则容易验证：

$$\boldsymbol{A}\boldsymbol{x}^{(1)}=\boldsymbol{b},\quad \boldsymbol{A}\boldsymbol{x}^{(2)}=\boldsymbol{b},\quad \boldsymbol{x}^{(1)}\geqslant\boldsymbol{0},\quad \boldsymbol{x}^{(2)}\geqslant\boldsymbol{0}.$$

即知 $\boldsymbol{x}^{(1)},\boldsymbol{x}^{(2)}$ 也是LP的可行解. 并由 ε 的取法可知，$\boldsymbol{x}^{(1)},\boldsymbol{x}^{(2)}$ 中至少有一个其非零分量的个数至多为 $r-1$. 若这个可行解仍非基可行解，则重复上述做法. 由于非零分量个数有限，并注意到当可行解 $\boldsymbol{x}$ 只有一个非零分量时，若 $\boldsymbol{b}\neq\boldsymbol{0}$，则此非零分量的对应列向量必为非零向量，因而线性无关，所以 $\boldsymbol{x}$ 是基解；当 $\boldsymbol{x}$ 无非零分量时，前面已经指出它也是基解. 因此，上述做法重复有限次(至多 $r-1$ 次)后，必能得出LP的一个基可行解. ▮

定理2.3 若LP有最优解，则一定存在一个基可行解是最优解.

证 设 $\boldsymbol{x}^{(0)}$ 是LP的最优解. 若 $\boldsymbol{x}^{(0)}$ 不是基解，则按定理2.2的证明中的做法，可得出另外两个可行解：

$$\boldsymbol{x}^{(1)}=\boldsymbol{x}^{(0)}+\varepsilon\boldsymbol{\delta},\quad \boldsymbol{x}^{(2)}=\boldsymbol{x}^{(0)}-\varepsilon\boldsymbol{\delta}.$$

对于(2.1)式的线性函数 f，有

$$f(\boldsymbol{x}^{(1)})=f(\boldsymbol{x}^{(0)})+f(\varepsilon\boldsymbol{\delta}),\quad f(\boldsymbol{x}^{(2)})=f(\boldsymbol{x}^{(0)})-f(\varepsilon\boldsymbol{\delta}).$$

由于 $f(\boldsymbol{x}^{(0)})$ 是 f 在可行域 K 上的最小值，故有

$$f(\varepsilon\boldsymbol{\delta})=f(\boldsymbol{x}^{(1)})-f(\boldsymbol{x}^{(0)})\geqslant 0$$

和

$$f(\varepsilon\boldsymbol{\delta})=f(\boldsymbol{x}^{(0)})-f(\boldsymbol{x}^{(2)})\leqslant 0.$$

于是有 $f(\varepsilon\boldsymbol{\delta})=0$. 从而得出

$$f(\boldsymbol{x}^{(1)})=f(\boldsymbol{x}^{(0)})=f(\boldsymbol{x}^{(2)}).$$

即知 $\boldsymbol{x}^{(1)}$ 和 $\boldsymbol{x}^{(2)}$ 也是 LP 的最优解. 若 $\boldsymbol{x}^{(1)},\boldsymbol{x}^{(2)}$ 仍非基解，则其中至少有一个，其非零分量的个数比 $\boldsymbol{x}^{(0)}$ 少，对它重复上述做法. 根据定理2.2的证明中所述道理，经有限步，必能找到 LP 的一个基可行解，它还是 LP 的最优解. ∎

定理 2.3 说明，如果 LP 有最优解，则可限制在基可行解中去寻找最优解. 由于基可行解的个数有限，若能给出判别基可行解是否为最优解的法则，并给出从一个基可行解转换到另一基可行解的方法，就能够找出最优解. 单纯形方法就是按照这个思想建立起来的.

习 题 2.1

1. 对下列约束条件，求出所有基解，并指出哪些是基可行解：

$$\begin{aligned} -x_1+x_2+x_3+x_4&=2,\\ -x_3+x_4&=0,\\ x_2+x_3+x_4&=3,\\ x_i\geqslant 0\quad (i&=1,2,3,4). \end{aligned}$$

2. 对下列约束条件：

$$\begin{aligned} x_1+\frac{8}{3}x_2+x_3\qquad\quad &=4,\\ x_1+\quad x_2\qquad +x_4\quad &=2,\\ 2x_1\qquad\qquad\qquad +x_5&=3,\\ x_i\geqslant 0\quad (i=1,2,\cdots,5)&, \end{aligned}$$

求出所有基解，指出哪些是基可行解，并指出这些基可行解与下列不等式

$$x_1+\frac{8}{3}x_2\leqslant 4,\quad x_1+x_2\leqslant 2,\quad 2x_1\leqslant 3,\quad x_1\geqslant 0,\quad x_2\geqslant 0$$

所确定的平面凸多边形的顶点之间的对应关系.

3. 在 LP 中，设 $\boldsymbol{A}$ 的秩为 m. 试证明：对 LP 的任一可行解 $\boldsymbol{x}^{(0)}$，必存在 LP 的可行解 $\boldsymbol{x}'$，它的非零分量的个数不超过 $m+1$，并满足 $\boldsymbol{cx}'=\boldsymbol{cx}^{(0)}$.

4. 在 LP 中，若矩阵 $\boldsymbol{A}$ 的一列或多列为零向量，对这种情形如何处理？

2.2 最优基可行解的求法

要从基可行解中寻找最优解，首先应给出一个判别法则，用以检验一个给定的基可行解是否为最优解. 为此，需要导出目标函数的非基变量表达式.

设 $\boldsymbol{x}^{(0)}$ 为 LP 的一个基解. 为叙述方便起见，不妨设对应基阵 $\boldsymbol{B}=(\boldsymbol{p}_1,\boldsymbol{p}_2,\cdots,\boldsymbol{p}_m)$，即 $x_1,x_2,\cdots,x_m$ 为基变量，$x_{m+1},x_{m+2},\cdots,x_n$ 是非基变量. 记

$$\boldsymbol{x_B}=(x_1,x_2,\cdots,x_m)^{\mathrm{T}},$$

$$\boldsymbol{x_N}=(x_{m+1},x_{m+2},\cdots,x_n)^{\mathrm{T}},$$

$$\boldsymbol{N}=(\boldsymbol{p}_{m+1},\boldsymbol{p}_{m+2},\cdots,\boldsymbol{p}_n).$$

从而 $\boldsymbol{A}=(\boldsymbol{B},\boldsymbol{N})$，相应地分划 $\boldsymbol{c}=(\boldsymbol{c_B},\boldsymbol{c_N})$. 约束方程组(2.2)可以写成

$$(\boldsymbol{B},\boldsymbol{N})\begin{pmatrix}\boldsymbol{x_B}\\ \boldsymbol{x_N}\end{pmatrix}=\boldsymbol{b},$$

即 $\boldsymbol{Bx_B}+\boldsymbol{Nx_N}=\boldsymbol{b}$. 由此解得

$$\boldsymbol{x_B}=\boldsymbol{B}^{-1}\boldsymbol{b}-\boldsymbol{B}^{-1}\boldsymbol{N}\boldsymbol{x_N}. \tag{2.7}$$

这是用非基变量表达基变量的公式.

在(2.7)中令 $\boldsymbol{x_N}=\boldsymbol{0}$，即知

$$\boldsymbol{B}^{-1}\boldsymbol{b}=\boldsymbol{x_B}^{(0)}=(x_1^{(0)},x_2^{(0)},\cdots,x_m^{(0)})^{\mathrm{T}}.$$

如记

$$\boldsymbol{B}^{-1}\boldsymbol{N}=\begin{pmatrix}b_{1,m+1} & b_{1,m+2} & \cdots & b_{1n}\\ b_{2,m+1} & b_{2,m+2} & \cdots & b_{2n}\\ \vdots & \vdots & & \vdots\\ b_{m,m+1} & b_{m,m+2} & \cdots & b_{mn}\end{pmatrix},$$

则(2.7)式相当于

$$x_i=x_i^{(0)}-\sum_{j=m+1}^{n}b_{ij}x_j\quad(i=1,2,\cdots,m). \tag{2.8}$$

将(2.7)代入目标函数的表达式，

$$\begin{aligned}\boldsymbol{cx}&=\boldsymbol{c_B x_B}+\boldsymbol{c_N x_N}=\boldsymbol{c_B}(\boldsymbol{B}^{-1}\boldsymbol{b}-\boldsymbol{B}^{-1}\boldsymbol{N}\boldsymbol{x_N})+\boldsymbol{c_N x_N}\\ &=\boldsymbol{c_B B}^{-1}\boldsymbol{b}-(\boldsymbol{c_B B}^{-1}\boldsymbol{N}-\boldsymbol{c_N})\boldsymbol{x_N},\end{aligned}$$

即得用非基变量表达目标函数的公式：

$$f=\boldsymbol{c_B B}^{-1}\boldsymbol{b}-(\boldsymbol{c_B B}^{-1}\boldsymbol{N}-\boldsymbol{c_N})\boldsymbol{x_N}, \tag{2.9}$$

或写为

$$f=\sum_{i=1}^{m}c_i x_i^{(0)}-\sum_{j=m+1}^{n}\Big(\sum_{i=1}^{m}c_i b_{ij}-c_j\Big)x_j. \tag{2.10}$$

若记目标函数在 $\boldsymbol{x}^{(0)}$ 处的值为 $f^{(0)}$，即

$$f^{(0)}=\sum_{i=1}^{m}c_i x_i^{(0)},$$

并记

$$\lambda_j = \sum_{i=1}^{m} c_i b_{ij} - c_j \quad (j = m+1, m+2, \cdots, n),$$

则目标函数的表达式可写为

$$f = f^{(0)} - \sum_{j=m+1}^{n} \lambda_j x_j. \tag{2.11}$$

以上推导表明，对于给定的一个基 $\boldsymbol{B}$，线性规划问题(2.1)～(2.3)可变换成如下的等价形式：

$$\left.\begin{aligned} \min \quad & f = \boldsymbol{c_B B^{-1} b} - (\boldsymbol{c_B B^{-1} N} - \boldsymbol{c_N})\boldsymbol{x_N}, \\ \text{s.t.} \quad & \boldsymbol{x_B} + \boldsymbol{B^{-1} N x_N} = \boldsymbol{B^{-1} b}, \\ & \boldsymbol{x} \geqslant \boldsymbol{0}, \end{aligned}\right\} \tag{2.12}$$

或写为

$$\left.\begin{aligned} \min \quad & f = f^{(0)} - \sum_{j=m+1}^{n} \lambda_j x_j, \\ \text{s.t.} \quad & x_i + \sum_{j=m+1}^{n} b_{ij} x_j = x_i^{(0)} \quad (i = 1, 2, \cdots, m), \\ & x_j \geqslant 0 \quad (j = 1, 2, \cdots, n). \end{aligned}\right\} \tag{2.13}$$

(2.12)或(2.13)的表达形式称为 LP 对应于基 $\boldsymbol{B}$ 的**典式**.

上面是就 $\boldsymbol{B} = (\boldsymbol{p}_1, \boldsymbol{p}_2, \cdots, \boldsymbol{p}_m)$ 来推导典式，对于一般的基 $\boldsymbol{B}$，可做类似推导. 所得典式，若用矩阵表达，仍具(2.12)的形式；若用代数式表达，则应将(2.13)稍加改变.

如设基 $\boldsymbol{B} = (\boldsymbol{p}_{j_1}, \boldsymbol{p}_{j_2}, \cdots, \boldsymbol{p}_{j_m})$，记基变量的下标集为 S，记非基变量的下标集为 R，即

$$S = \{j_1, j_2, \cdots, j_m\}, \quad R = \{1, 2, \cdots, n\} \backslash S.$$

则 LP 对应于基 $\boldsymbol{B}$ 的典式可写为

$$\min \quad f = f^{(0)} - \sum_{j \in R} \lambda_j x_j, \tag{2.14}$$

$$\text{s.t.} \quad x_{j_i} + \sum_{j \in R} b_{ij} x_j = b_{i0} \quad (i = 1, 2, \cdots, m), \tag{2.15}$$

$$x_j \geqslant 0 \quad (j = 1, 2, \cdots, n), \tag{2.16}$$

其中

$$\begin{pmatrix} b_{10} \\ b_{20} \\ \vdots \\ b_{m0} \end{pmatrix} = \boldsymbol{B}^{-1} \boldsymbol{b} = \begin{pmatrix} x_{j_1}^{(0)} \\ x_{j_2}^{(0)} \\ \vdots \\ x_{j_m}^{(0)} \end{pmatrix}, \tag{2.17}$$

$$\begin{pmatrix} b_{1j} \\ b_{2j} \\ \vdots \\ b_{mj} \end{pmatrix} = \boldsymbol{B}^{-1}\boldsymbol{p}_j \quad (j \in R), \tag{2.18}$$

$$f^{(0)} = \sum_{i=1}^{m} c_{j_i} x_{j_i}^{(0)}, \tag{2.19}$$

$$\lambda_j = \sum_{i=1}^{m} c_{j_i} b_{ij} - c_j \quad (j \in R). \tag{2.20}$$

上述诸λ_j称为基$\boldsymbol{B}$的(或者说基解$\boldsymbol{x}^{(0)}$的)**检验数**. 或者更清楚地说,λ_j是基$\boldsymbol{B}$的对应于非基变量x_j的检验数. λ_j等于目标函数的非基变量表达式中x_j的系数反号. 对应于基变量的检验数视为零. 于是全体检验数组成如下向量:

$$\boldsymbol{\lambda} = (\lambda_1, \lambda_2, \cdots, \lambda_n) = \boldsymbol{c_B B}^{-1}\boldsymbol{A} - \boldsymbol{c}, \tag{2.21}$$

亦即

$$\lambda_j = \boldsymbol{c_B B}^{-1}\boldsymbol{p}_j - c_j \quad (j = 1, 2, \cdots, n), \tag{2.22}$$

其中对应于基变量的检验数

$$\boldsymbol{\lambda_B} = \boldsymbol{c_B B}^{-1}\boldsymbol{B} - \boldsymbol{c_B} = \boldsymbol{0},$$

对应于非基变量的检验数

$$\boldsymbol{\lambda_N} = \boldsymbol{c_B B}^{-1}\boldsymbol{N} - \boldsymbol{c_N}, \tag{2.23}$$

亦即

$$\lambda_j = \boldsymbol{c_B B}^{-1}\boldsymbol{p}_j - c_j \quad (j \in R). \tag{2.24}$$

这一组检验数即可用来判别一个基可行解是否为最优解,因为有如下结论:

定理 2.4 对于 LP 的一个基$\boldsymbol{B}$,若$\boldsymbol{B}^{-1}\boldsymbol{b} \geqslant \boldsymbol{0}$,且

$$\boldsymbol{\lambda_N} = \boldsymbol{c_B B}^{-1}\boldsymbol{N} - \boldsymbol{c_N} \leqslant \boldsymbol{0},$$

则对应于$\boldsymbol{B}$的基解$\boldsymbol{x}^{(0)}$便是 LP 的最优解.

证 由$\boldsymbol{x}_{\boldsymbol{B}}^{(0)} = \boldsymbol{B}^{-1}\boldsymbol{b} \geqslant \boldsymbol{0}$,可知$\boldsymbol{x}^{(0)}$是基可行解. 由目标函数的非基变量表达式(2.9)和$\boldsymbol{\lambda_N} \leqslant \boldsymbol{0}$,对于 LP 的任意可行解$\boldsymbol{x}$,有

$$\begin{aligned} f(\boldsymbol{x}) &= \boldsymbol{c_B B}^{-1}\boldsymbol{b} - (\boldsymbol{c_B B}^{-1}\boldsymbol{N} - \boldsymbol{c_N})\boldsymbol{x_N} \\ &\geqslant \boldsymbol{c_B B}^{-1}\boldsymbol{b} = f(\boldsymbol{x}^{(0)}). \end{aligned}$$

所以$\boldsymbol{x}^{(0)}$是 LP 的最优解. ∎

例 1 考虑下列线性规划问题:

$$\min \quad f = x_1 - x_2 - x_3 + x_4 + x_5,$$

$$\text{s.t.}\quad \begin{aligned} 3x_1+2x_2+x_3 \qquad\qquad &= 1,\\ 5x_1+x_2-x_3+x_4 \qquad &= 3,\\ 2x_1-3x_2+x_3 \qquad +x_5 &= 4,\\ x_i\geqslant 0\quad (i=1,2,\cdots,5). \end{aligned}$$

显见 $\boldsymbol{B}_1=(\boldsymbol{p}_1,\boldsymbol{p}_4,\boldsymbol{p}_5)$ 是它的一个基. 求出 $\boldsymbol{B}_1^{-1}$，然后用 $\boldsymbol{B}_1^{-1}$ 乘约束方程组两端(或用消去法)，便可得出约束方程组对应于基 $\boldsymbol{B}_1$ 的典式：

$$\begin{aligned} x_1+\frac{2}{3}x_2+\frac{1}{3}x_3 \qquad\qquad &= \frac{1}{3},\\ -\frac{7}{3}x_2-\frac{8}{3}x_3+x_4 \qquad &= \frac{4}{3},\\ -\frac{13}{3}x_2+\frac{1}{3}x_3 \qquad +x_5 &= \frac{10}{3}. \end{aligned}$$

由此可知 $\boldsymbol{B}_1$ 对应的基解

$$\boldsymbol{x}^{(1)}=\left(\frac{1}{3},0,0,\frac{4}{3},\frac{10}{3}\right)^{\mathrm{T}},$$

它是可行解. 按公式(2.9)，或从上述方程组中解出 x_1,x_4,x_5 并代入原目标函数表达式，便可得出目标函数的非基变量表达式：

$$f=5+5x_2+x_3.$$

由此可见，对应于非基变量的检验数 $\lambda_2=-5$，$\lambda_3=-1$. 根据定理 2.4，$\boldsymbol{x}^{(1)}$ 是问题的最优解，且知最优值 $f^*=5$. 实际上，从上述目标函数的非基变量表达式可以看出，由于 x_2,x_3 的系数均为正值，x_2,x_3 取任何正值都将使目标函数值大于 5. 另一方面，x_2,x_3 又不能取负值. 所以，只有 x_2,x_3 都取零值，才能达到 f 的最小值.

易知，$\boldsymbol{B}_2=(\boldsymbol{p}_3,\boldsymbol{p}_4,\boldsymbol{p}_5)$ 也是一个基. 按照同样的方法，可得问题的典式如下：

$$\begin{aligned} \min\quad & f=6-3x_1+3x_2,\\ \text{s.t.}\quad & 3x_1+2x_2+x_3 \qquad\qquad = 1,\\ & 8x_1+3x_2 \qquad +x_4 \qquad = 4,\\ & -x_1-5x_2 \qquad\qquad +x_5 = 3,\\ & x_i\geqslant 0\quad (i=1,2,\cdots,5). \end{aligned}$$

由此看出，$\boldsymbol{B}_2$ 对应的基解 $\boldsymbol{x}^{(2)}=(0,0,1,4,3)^{\mathrm{T}}$ 也是可行解，但对应于非基变量 x_1 的检验数 $\lambda_1=3$，不符合定理 2.4 的条件. 这时，能否断定 $\boldsymbol{x}^{(2)}$ 必不是问题的最优解呢？当然，由于前面已经得知问题的最优值 $f^*=5$，而 $f(\boldsymbol{x}^{(2)})=6$，可以断定 $\boldsymbol{x}^{(2)}$ 不是最优解. 如果尚不知最优值，能否作出判断

呢？这是下面要进一步研究的问题.

定理 2.4 说明，对于一个基可行解，当它的检验数全部非正时，它便是一个最优解. 但这只是说明，检验数全部非正是基可行解为最优解的充分条件. 当它不满足时，即检验数中有正数时，会出现什么情况呢？下述结论表明情况之一.

定理 2.5 若基可行解 $\boldsymbol{x}^{(0)}$ 所对应的典式(2.14)～(2.16)中，有某个检验数 $\lambda_r > 0$，且相应地有 $b_{ir} \leqslant 0\ (i = 1,2,\cdots,m)$，则 LP 无最优解(此时目标函数在可行域上无下界).

证 令向量 $\boldsymbol{x}$ 的各分量如下：

$$\left.\begin{aligned} x_r &= \theta, \\ x_j &= 0 \quad (j \in R\backslash\{r\}), \\ x_{j_i} &= b_{i0} - b_{ir}\theta \quad (i = 1,2,\cdots,m). \end{aligned}\right\} \tag{2.25}$$

由 $b_{ir} \leqslant 0\ (i = 1,2,\cdots,m)$，对任意正数 θ，有

$$b_{i0} - b_{ir}\theta \geqslant 0 \quad (i = 1,2,\cdots,m).$$

由此可知，对任何正数 θ，按(2.25)定义的向量 $\boldsymbol{x}$ 都是 LP 的可行解. 其对应目标函数值

$$f(\boldsymbol{x}) = f^{(0)} - \lambda_r\theta \to -\infty \quad (\text{当 } \theta \to +\infty).$$

即知目标函数在可行域上无下界. 因此 LP 无最优解. ∎

例 2 现在考虑的线性规划问题，是将例 1 的问题去掉其中第一个约束方程后所得之问题. 并取基 $\boldsymbol{B} = (\boldsymbol{p}_3, \boldsymbol{p}_4)$. 不难得出问题的对应典式为

$$\begin{aligned} \min \quad & f = 3 - 4x_1 - 2x_2 + x_5, \\ \text{s.t.} \quad & 7x_1 - 2x_2 \qquad + x_4 + x_5 = 7, \\ & 2x_1 - 3x_2 + x_3 \qquad + x_5 = 4, \\ & x_i \geqslant 0 \quad (i = 1,2,\cdots,5). \end{aligned}$$

这时，有检验数 $\lambda_2 = 2 > 0$，而上述约束方程中 x_2 的系数全部非正. 根据定理 2.5，断定问题无最优解.

如果在问题的典式中，有检验数 $\lambda_r > 0$，而对应的 $(b_{1r}, b_{2r}, \cdots, b_{mr})^{\mathrm{T}}$ 中有正数，能得出什么结论呢？如例 1 中 $\boldsymbol{B}_2$ 的对应典式就属于这种情形. 从该典式中目标函数的表达式

$$f = 6 - 3x_1 + 3x_2$$

看出，由于 x_1 的系数是负的，当 x_1 由零变为正值时，可使目标函数值下降，因此可能得出更好的可行解. 确切地说，这时有如下结论：

定理 2.6 若基可行解 $\boldsymbol{x}^{(0)}$ 所对应的典式(2.14)～(2.16)中，有 $\lambda_r > 0$，而 $(b_{1r}, b_{2r}, \cdots, b_{mr})^{\mathrm{T}}$ 中至少有一个大于零，并且 $b_{i0} > 0\ (i = 1, 2, \cdots, m)$，则必存在另一基可行解，其对应目标函数值比 $f(\boldsymbol{x}^{(0)})$ 小.

证 令向量 $\boldsymbol{x}^{(1)}$ 的分量如下：

$$x_r^{(1)} = \theta, \quad x_j^{(1)} = 0\ (j \in R \backslash \{r\}),$$

$$x_{j_i}^{(1)} = b_{i0} - b_{ir}\theta \quad (i = 1, 2, \cdots, m), \tag{2.26}$$

其中

$$\theta = \min\left\{\frac{b_{i0}}{b_{ir}} \middle| b_{ir} > 0,\ i = 1, 2, \cdots, m\right\}. \tag{2.27}$$

由 $b_{i0} > 0\ (i = 1, 2, \cdots, m)$ 可知 $\theta > 0$. 当 $b_{ir} \leqslant 0$ 时，

$$b_{i0} - b_{ir}\theta \geqslant b_{i0} > 0.$$

当 $b_{ir} > 0$ 时，由 $\theta \leqslant \dfrac{b_{i0}}{b_{ir}}$，可知

$$b_{i0} - b_{ir}\theta \geqslant 0.$$

所以，$\boldsymbol{x}^{(1)}$ 是 LP 的可行解. 下面再证明 $\boldsymbol{x}^{(1)}$ 也是基解.

设(2.27)中的最小比值在 $i = s$ 处达到，即

$$\theta = \min\left\{\frac{b_{i0}}{b_{ir}} \middle| b_{ir} > 0,\ i = 1, 2, \cdots, m\right\} = \frac{b_{s0}}{b_{sr}}. \tag{2.28}$$

则

$$x_{j_s}^{(1)} = b_{s0} - b_{sr}\theta = 0.$$

因此，要证明 $\boldsymbol{x}^{(1)}$ 是基解，根据定理 2.1，只需证明列向量 $\boldsymbol{p}_{j_1}, \cdots, \boldsymbol{p}_{j_{s-1}}, \boldsymbol{p}_r, \boldsymbol{p}_{j_{s+1}}, \cdots, \boldsymbol{p}_{j_m}$ 线性无关. 用反证法，假若它们线性相关，注意到 $\boldsymbol{p}_{j_1}, \cdots, \boldsymbol{p}_{j_{s-1}}, \boldsymbol{p}_{j_{s+1}}, \cdots, \boldsymbol{p}_{j_m}$ 线性无关，故 $\boldsymbol{p}_r$ 必可由 $\boldsymbol{p}_{j_1}, \cdots, \boldsymbol{p}_{j_{s-1}}, \boldsymbol{p}_{j_{s+1}}, \cdots, \boldsymbol{p}_{j_m}$ 线性表示，即有

$$\begin{aligned}
\boldsymbol{p}_r &= \alpha_1 \boldsymbol{p}_{j_1} + \cdots + \alpha_{s-1} \boldsymbol{p}_{j_{s-1}} + \alpha_{s+1} \boldsymbol{p}_{j_{s+1}} + \cdots + \alpha_m \boldsymbol{p}_{j_m} \\
&= \alpha_1 \boldsymbol{p}_{j_1} + \cdots + \alpha_{s-1} \boldsymbol{p}_{j_{s-1}} + 0 \cdot \boldsymbol{p}_{j_s} + \alpha_{s+1} \boldsymbol{p}_{j_{s+1}} + \cdots + \alpha_m \boldsymbol{p}_{j_m} \\
&= (\boldsymbol{p}_{j_1}, \cdots, \boldsymbol{p}_{j_s}, \cdots, \boldsymbol{p}_{j_m}) \begin{pmatrix} \alpha_1 \\ \vdots \\ 0 \\ \vdots \\ \alpha_m \end{pmatrix} = \boldsymbol{B} \begin{pmatrix} \alpha_1 \\ \vdots \\ 0 \\ \vdots \\ \alpha_m \end{pmatrix}.
\end{aligned}$$

从而有

$$\begin{pmatrix} \alpha_1 \\ \vdots \\ 0 \\ \vdots \\ \alpha_m \end{pmatrix} = \boldsymbol{B}^{-1}\boldsymbol{p}_r = \begin{pmatrix} b_{1r} \\ \vdots \\ b_{sr} \\ \vdots \\ b_{mr} \end{pmatrix}.$$

由此得出 $b_{sr}=0$，这与 $b_{sr}>0$ 相矛盾.

以上证出，所作 $\boldsymbol{x}^{(1)}$ 是 LP 的基可行解. 再由 $\lambda_r>0$ 和 $\theta>0$ 可知

$$f(\boldsymbol{x}^{(1)})=f^{(0)}-\lambda_r\theta<f^{(0)}=f(\boldsymbol{x}^{(0)}). \qquad \blacksquare$$

定理 2.6 说明，对于基变量值全为正数的基可行解，当有某检验数 $\lambda_r>0$，而对应系数 $b_{ir}(i=1,2,\cdots,m)$ 不全非正时，此基可行解必不是最优解. 如对例 1，根据定理 2.6 即可断定基可行解 $\boldsymbol{x}^{(2)}$ 不是最优解. 这时必存在改进的基可行解. 实际上，在定理 2.6 的证明中，已经给出了构造一个改进的基可行解的方法. 这个方法就是：把对应于正检验数的非基变量 x_r 转变为基变量，称它为**进基变量**(或称**换入变量**)；而从原基变量中选取一个，让它变为非基变量，称此变量为**离基变量**(或称**换出变量**)，此离基变量的下标 j_s 由下列最小比值在哪一行取得所确定：

$$\theta=\min\left\{\frac{b_{i0}}{b_{ir}}\,\middle|\,b_{ir}>0,\ i=1,2,\cdots,m\right\}=\frac{b_{s0}}{b_{sr}};$$

并且进基变量的取值正好是上述最小比值 θ，其他的原非基变量仍是非基变量，其他的原基变量仍是基变量，只是取值按(2.26)作相应修改. 这样得到的新基可行解所对应的基阵与原基阵的差异仅在于列向量 $\boldsymbol{p}_{j_s}$ 被列向量 $\boldsymbol{p}_r$ 所代替.

例 3 问题如例 1，现要求从 $\boldsymbol{x}^{(2)}$ 出发构造一个改进的基可行解. 因检验数 $\lambda_1=3>0$，故令 $x_1=\theta$，x_2 仍取零值. 根据问题的典式，θ 值确定如下：

$$\theta=\min_{b_{i1}>0}\left\{\frac{b_{i0}}{b_{i1}}\right\}=\min\left\{\frac{1}{3},\frac{4}{8}\right\}=\frac{1}{3}.$$

此比值对应第一个约束方程，由此可知离基变量是 x_3. 令 x_3 取零值. 其余基变量的值确定如下：

$$x_4=4-8\theta=\frac{4}{3},\quad x_5=3+\theta=\frac{10}{3}.$$

至此得出新基可行解 $\left(\frac{1}{3},0,0,\frac{4}{3},\frac{10}{3}\right)^{\mathrm{T}}$，这正好是例 1 中的 $\boldsymbol{x}^{(1)}$.

对于 LP 的一个基可行解，如果其基分量值都是正的，就称它是一个**非退化的基可行解**；否则(即基分量值有等于零的)，就称它是**退化的基可行**

解. 若 LP 的所有基可行解都是非退化的，则称 LP 是 **非退化的线性规划问题**；否则称为**退化的线性规划问题**.

定理 2.6 说明，对于非退化的线性规划问题 LP，检验数全部非正，不仅是基可行解为最优解的充分条件，而且是必要条件. 对于退化问题，它仅是充分条件，而非必要条件.

综合定理 2.4 ～ 2.6，便可得出求解线性规划问题 LP 的一种方法，称之为**单纯形法**，其基本过程是：如果已知 LP 的一个基可行解 $\boldsymbol{x}^{(0)}$，首先求出 LP 相应于 $\boldsymbol{x}^{(0)}$ 的典式，然后检查检验数是否全部非正. 若是，则根据定理 2.4，$\boldsymbol{x}^{(0)}$ 已为最优解；若不是，看定理 2.5 的条件是否成立. 若成立，则 LP 无最优解；若不成立，则按定理 2.6，构造一个新的基可行解 $\boldsymbol{x}^{(1)}$. 再对 $\boldsymbol{x}^{(1)}$ 重复上述做法. 如此反复进行. 若 LP 是非退化的，根据定理 2.6，每次得出的新基可行解使目标函数值严格下降，因此已出现过的基可行解不可能重复出现. 又由于基可行解的个数有限，所以经有限次反复，必能得出 LP 的最优解(即最优基可行解)，或判定 LP 无最优解. 关于退化的情形，将在 2.4 节中讨论. 关于初始基可行解的求法，将在 2.5 节中讨论.

现在来讨论如何从原基解 $\boldsymbol{x}^{(0)}$ 对应的典式(2.14) ～ (2.16) 导出新基解 $\boldsymbol{x}^{(1)}$ 对应的典式.

(2.15) 中第 s 个方程为

$$x_{j_s} + b_{sr}x_r + \sum_{j\in R\setminus\{r\}} b_{sj}x_j = b_{s0}. \tag{2.29}$$

上式各项同除以 b_{sr}(注意到 $b_{sr} > 0$) 并移项得出

$$x_r = \frac{b_{s0}}{b_{sr}} - \sum_{j\in R\setminus\{r\}} \frac{b_{sj}}{b_{sr}}x_j - \frac{1}{b_{sr}}x_{j_s}. \tag{2.30}$$

将(2.30) 代入(2.14) 得

$$\begin{aligned} f &= f^{(0)} - \sum_{j\in R\setminus\{r\}} \lambda_j x_j - \lambda_r\left(\frac{b_{s0}}{b_{sr}} - \sum_{j\in R\setminus\{r\}} \frac{b_{sj}}{b_{sr}}x_j - \frac{1}{b_{sr}}x_{j_s}\right) \\ &= \left(f^{(0)} - \frac{\lambda_r b_{s0}}{b_{sr}}\right) - \sum_{j\in R\setminus\{r\}} \left(\lambda_j - \frac{\lambda_r b_{sj}}{b_{sr}}\right)x_j + \frac{\lambda_r}{b_{sr}}x_{j_s}. \end{aligned} \tag{2.31}$$

将(2.30) 代入(2.15) 的其余各方程得

$$\begin{aligned} x_{j_i} &= b_{i0} - \sum_{j\in R\setminus\{r\}} b_{ij}x_j - b_{ir}\left(\frac{b_{s0}}{b_{sr}} - \sum_{j\in R\setminus\{r\}} \frac{b_{sj}}{b_{sr}}x_j - \frac{1}{b_{sr}}x_{j_s}\right) \\ &= \left(b_{i0} - \frac{b_{ir}b_{s0}}{b_{sr}}\right) - \sum_{j\in R\setminus\{r\}} \left(b_{ij} - \frac{b_{ir}b_{sj}}{b_{sr}}\right)x_j + \frac{b_{ir}}{b_{sr}}x_{j_s} \\ &\qquad (i \in \{1,2,\cdots,m\}\setminus\{s\}). \end{aligned} \tag{2.32}$$

即得新基解 $\boldsymbol{x}^{(1)}$ 对应的典式：

$$\left.\begin{aligned}
\min \quad & f=\bar{f}^{(0)}-\sum_{j\in\bar{R}}\bar{\lambda}_j x_j, \\
\text{s.t.} \quad & x_{j_i}=\bar{b}_{i0}-\sum_{j\in\bar{R}}\bar{b}_{ij}x_j \quad (i\in\{1,2,\cdots,m\}\backslash\{s\}), \\
& x_r=\bar{b}_{s0}-\sum_{j\in\bar{R}}\bar{b}_{sj}x_j, \\
& x_j\geqslant 0 \quad (j=1,2,\cdots,n).
\end{aligned}\right\} \tag{2.33}$$

这里用$\bar{S}$,$\bar{R}$分别表示关于新基$\bar{\boldsymbol{B}}$(即$\boldsymbol{x}^{(1)}$对应的基)的基变量、非基变量下标集，即

$$\bar{S}=(S\backslash\{j_s\})\cup\{r\},\quad \bar{R}=(R\backslash\{r\})\cup\{j_s\}.$$

在(2.33)中，

$$\bar{f}^{(0)}=f^{(0)}-\frac{\lambda_r b_{s0}}{b_{sr}}, \tag{2.34}$$

$$\left.\begin{aligned}
&\bar{\lambda}_j=\lambda_j-\frac{\lambda_r b_{sj}}{b_{sr}} \quad (j\in\bar{R}\backslash\{j_s\}=R\backslash\{r\}), \\
&\bar{\lambda}_{j_s}=-\frac{\lambda_r}{b_{sr}},
\end{aligned}\right\} \tag{2.35}$$

$$\left.\begin{aligned}
&\bar{b}_{i0}=b_{i0}-\frac{b_{ir}b_{s0}}{b_{sr}} \quad (i\in\{1,2,\cdots,m\}\backslash\{s\}), \\
&\bar{b}_{ij}=b_{ij}-\frac{b_{ir}b_{sj}}{b_{sr}} \quad (i\in\{1,2,\cdots,m\}\backslash\{s\},\ j\in\bar{R}\backslash\{j_s\}=R\backslash\{r\}), \\
&\bar{b}_{ij_s}=-\frac{b_{ir}}{b_{sr}} \quad (i\in\{1,2,\cdots,m\}\backslash\{s\}),
\end{aligned}\right\} \tag{2.36}$$

$$\left.\begin{aligned}
&\bar{b}_{s0}=\frac{b_{s0}}{b_{sr}}, \\
&\bar{b}_{sj}=\frac{b_{sj}}{b_{sr}} \quad (j\in\bar{R}\backslash\{j_s\}=R\backslash\{r\}), \\
&\bar{b}_{sj_s}=\frac{1}{b_{sr}}.
\end{aligned}\right\} \tag{2.37}$$

以上导出新典式的过程是使用代数方程组的代入消去法. 当然也可考虑使用代数方程组的加减消去法. 事实上，将原典式(2.15)中第s个方程的$\left(-\frac{b_{ir}}{b_{sr}}\right)$倍加到第$i$个方程上去，即可得出(2.32)；将第$s$个方程的$\left(-\frac{\lambda_r}{b_{sr}}\right)$倍加到(2.14)上去(指加到$f^{(0)}-\sum_{j\in R}\lambda_j x_j=f$的两端)，即可得出(2.31)；第$s$个方程本身除以$b_{sr}$即可得出(2.30).

若使用电子计算机求解 LP，可按(2.33)～(2.37)的公式编制程序，以实现旧典式向新典式的转换. 对简单问题手算求解时，可按上述加减消去原理直接对原典式施行初等行变换以求出新典式.

例 4 求解线性规划问题：

$$\begin{aligned} \min \quad & f = x_1 - 2x_2 + x_4, \\ \text{s.t.} \quad & x_1 + 3x_3 + 2x_5 = 12, \\ & x_2 - 2x_3 + x_4 = 2, \\ & x_2 + x_3 + x_5 = 5, \\ & x_j \geqslant 0 \quad (j = 1,2,\cdots,5). \end{aligned}$$

解 取

$$\boldsymbol{B}_0 = (\boldsymbol{p}_1, \boldsymbol{p}_4, \boldsymbol{p}_5) = \begin{pmatrix} 1 & 0 & 2 \\ 0 & 1 & 0 \\ 0 & 0 & 1 \end{pmatrix}.$$

显见 $\boldsymbol{B}_0$ 是一个基. 为得出 $\boldsymbol{B}_0$ 对应的典式，将第三个约束方程的(−2)倍加到第一个约束方程得

$$x_1 - 2x_2 + x_3 = 2,$$

用它代替第一个约束方程. 然后，从第一、第二个方程分别解出 x_1, x_4，代入目标函数表达式；或者，将第一个方程的(−1)倍和第二个方程的(−1)倍加到表达式 $x_1 - 2x_2 + x_4 = f$ 两端，即可得出基 $\boldsymbol{B}_0$ 对应的典式：

$$\begin{aligned} \min \quad & f = 4 - x_2 + x_3, \\ \text{s.t.} \quad & x_1 - 2x_2 + x_3 = 2, \\ & x_2 - 2x_3 + x_4 = 2, \\ & x_2 + x_3 + x_5 = 5, \\ & x_j \geqslant 0 \quad (j = 1,2,\cdots,5). \end{aligned}$$

显见 $\boldsymbol{B}_0$ 是可行基，其对应基可行解为

$$\boldsymbol{x}^{(0)} = (2,0,0,2,5)^{\mathrm{T}}.$$

由对应于 x_2 的检验数 $\lambda_2 = 1 > 0$ 可知，应取 x_2 为进基变量. 这时

$$\begin{pmatrix} b_{12} \\ b_{22} \\ b_{32} \end{pmatrix} = \begin{pmatrix} -2 \\ 1 \\ 1 \end{pmatrix}, \quad \begin{pmatrix} b_{10} \\ b_{20} \\ b_{30} \end{pmatrix} = \begin{pmatrix} 2 \\ 2 \\ 5 \end{pmatrix},$$

$$\min_{b_{i2}>0} \left\{ \frac{b_{i0}}{b_{i2}} \right\} = \min \left\{ \frac{2}{1}, \frac{5}{1} \right\} = 2 = \frac{b_{20}}{b_{22}}.$$

即知 $s = 2$，$j_s = 4$. 故应取 x_4 为离基变量. 得新基

$$\boldsymbol{B}_1 = (\boldsymbol{p}_1, \boldsymbol{p}_2, \boldsymbol{p}_5) = \begin{pmatrix} 1 & 0 & 2 \\ 0 & 1 & 0 \\ 0 & 1 & 1 \end{pmatrix}.$$

为得出 $\boldsymbol{B}_1$ 对应的典式，将 $\boldsymbol{B}_0$ 对应典式中的第二个约束方程的 2 倍加到第一个约束方程上；将第二个方程的(-1)倍加到第三个约束方程上；将第二个方程的 1 倍加到 $4 - x_2 + x_3 = f$ 的两端，即得 $\boldsymbol{B}_1$ 对应的典式：

$$\begin{aligned} \min \quad & f = 2 - x_3 + x_4, \\ \text{s. t.} \quad & x_1 \quad - 3x_3 + 2x_4 \quad = 6, \\ & x_2 - 2x_3 + x_4 \quad = 2, \\ & 3x_3 - x_4 + x_5 = 3, \\ & x_j \geqslant 0 \quad (j = 1,2,\cdots,5). \end{aligned}$$

$\boldsymbol{B}_1$ 对应的基可行解为

$$\boldsymbol{x}^{(1)} = (6,2,0,0,3)^{\mathrm{T}}.$$

由 $\lambda_3 = 1 > 0$ 可知，应取 x_3 为进基变量. 由

$$\min_{b_{i3}>0} \left\{ \frac{b_{i0}}{b_{i3}} \right\} = \frac{3}{3} = \frac{b_{30}}{b_{33}},$$

可知 $s = 3$，$j_s = 5$，故应取 x_5 为离基变量. 得新基

$$\boldsymbol{B}_2 = (\boldsymbol{p}_1, \boldsymbol{p}_2, \boldsymbol{p}_3) = \begin{pmatrix} 1 & 0 & 3 \\ 0 & 1 & -2 \\ 0 & 1 & 1 \end{pmatrix}.$$

为得出 $\boldsymbol{B}_2$ 对应的典式，将 $\boldsymbol{B}_1$ 对应典式中的第三个约束方程两端同除以 3；然后，用它的 3 倍和 2 倍分别加到第一个和第二个约束方程；用它的 1 倍加到 $2 - x_3 + x_4 = f$ 的两端，即得 $\boldsymbol{B}_2$ 对应的典式：

$$\begin{aligned} \min \quad & f = 1 + \frac{2}{3}x_4 + \frac{1}{3}x_5, \\ \text{s. t.} \quad & x_1 \quad + x_4 + x_5 = 9, \\ & x_2 \quad + \frac{1}{3}x_4 + \frac{2}{3}x_5 = 4, \\ & x_3 - \frac{1}{3}x_4 + \frac{1}{3}x_5 = 1, \\ & x_j \geqslant 0 \quad (j = 1,2,\cdots,5). \end{aligned}$$

现在非基变量对应的检验数

$$\lambda_4 = -\frac{2}{3} < 0, \quad \lambda_5 = -\frac{1}{3} < 0,$$

即知检验数全部非正. 因此，$\boldsymbol{B}_2$ 对应的基可行解

$$\boldsymbol{x}^{(2)} = (9,4,1,0,0)^{\mathrm{T}}$$

便是问题的最优解. 目标函数的最小值为 $f(\boldsymbol{x}^{(2)}) = 1$.

习　题　2.2

1. 对如下线性规划问题：

$$\begin{aligned}
\min \quad & f = 4x_1 + x_2 + x_3, \\
\text{s.t.} \quad & 2x_1 + x_2 + 2x_3 = 4, \\
& 3x_1 + 3x_2 + x_3 = 3, \\
& x_1, x_2, x_3 \geqslant 0,
\end{aligned}$$

写出对应于基 $\boldsymbol{B}_1 = (\boldsymbol{p}_1, \boldsymbol{p}_3)$ 的典式，并判别它对应的基可行解 $\boldsymbol{x}^{(1)}$ 是否为问题的最优解.

2. 对习题 1 的线性规划问题，从已得出的基可行解 $\boldsymbol{x}^{(1)}$ 出发，按本节给出的方法，求出最优解.

3. 应用定理 2.5，说明下列线性规划问题无最优解：

$$\begin{aligned}
\max \quad & z = 20x_1 + 10x_2 + 3x_3, \\
\text{s.t.} \quad & 3x_1 - 3x_2 + 5x_3 \leqslant 50, \\
& x_1 + x_3 \leqslant 10, \\
& x_1 - x_2 + 4x_3 \leqslant 20, \\
& x_1, x_2, x_3 \geqslant 0.
\end{aligned}$$

4. 证明：如果 LP 的基可行解 $\boldsymbol{x}^{(0)}$ 对应两个不同的基，则 $\boldsymbol{x}^{(0)}$ 必是退化的基可行解.

2.3　单纯形法的计算步骤、单纯形表

在前面讨论的基础上，现在把**单纯形法**的计算步骤归结如下：

第一步　对于一个已知的可行基 $\boldsymbol{B} = (\boldsymbol{p}_{j_1}, \boldsymbol{p}_{j_2}, \cdots, \boldsymbol{p}_{j_m})$，写出 $\boldsymbol{B}$ 对应的典式以及 $\boldsymbol{B}$ 对应的基可行解 $\boldsymbol{x}^{(0)}$，

$$\boldsymbol{x}_{\boldsymbol{B}}^{(0)} = \boldsymbol{B}^{-1}\boldsymbol{b} = (b_{10}, b_{20}, \cdots, b_{m0})^{\mathrm{T}}.$$

第二步　检查检验数. 如果所有检验数

$$\lambda_j \leqslant 0 \quad (j = 1, 2, \cdots, n),$$

则 $\boldsymbol{x}^{(0)}$ 便是最优解，计算结束. 否则转下一步.

第三步 如果有检验数 $\lambda_r > 0$，而

$$\boldsymbol{B}^{-1}\boldsymbol{p}_r = (b_{1r}, b_{2r}, \cdots, b_{mr})^{\mathrm{T}} \leqslant \boldsymbol{0},$$

则问题无最优解，计算结束. 否则转下一步.

第四步 如有 $\lambda_r > 0$，且 $(b_{1r}, b_{2r}, \cdots, b_{mr})^{\mathrm{T}}$ 中有正数，则取 x_r 为进基变量(若有多个正检验数，可任选一个，一般说来，选取最大的检验数有利于提高迭代效率)，并求最小比值

$$\min_{b_{ir}>0}\left\{\frac{b_{i0}}{b_{ir}}\right\} = \frac{b_{s0}}{b_{sr}}.$$

由此确定 x_{j_s} 为离基变量(若上述最小比值同时在几个比值上达到，则选取其中下标最小的变量为离基变量). 然后用 $\boldsymbol{p}_r$ 代换 $\boldsymbol{p}_{j_s}$ 得新基 $\overline{\boldsymbol{B}}$，再接下一步.

第五步 求出新基 $\overline{\boldsymbol{B}}$ 对应的典式(或按公式(2.33)～(2.37)计算，或直接通过初等行变换来实现)以及 $\overline{\boldsymbol{B}}$ 对应的基可行解，

$$\boldsymbol{x}_{\boldsymbol{B}}^{(1)} = \overline{\boldsymbol{B}}^{-1}\boldsymbol{b} = (\bar{b}_{10}, \bar{b}_{20}, \cdots, \bar{b}_{m0})^{\mathrm{T}}.$$

然后，以 $\overline{\boldsymbol{B}}$ 取代 $\boldsymbol{B}$，$\boldsymbol{x}^{(1)}$ 取代 $\boldsymbol{x}^{(0)}$，返回第二步.

从第二步到第五步的每一次循环，称为一次**单纯形迭代**. 上述迭代过程的框图如图 2-1 所示.

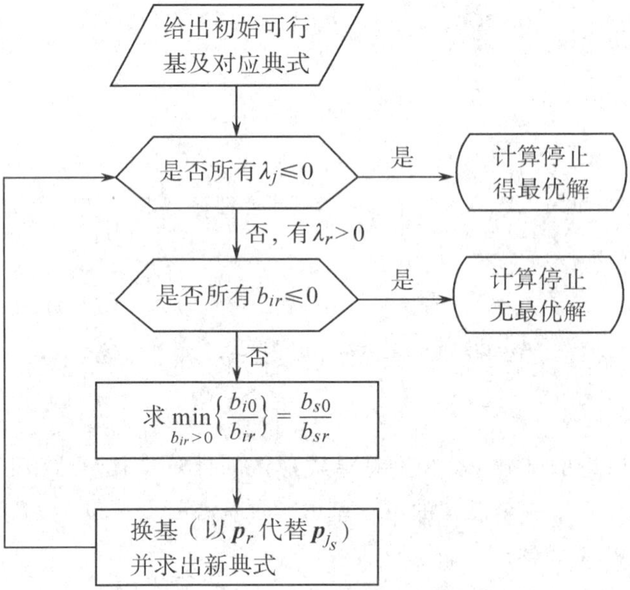

图 2-1

为便于手算求解，单纯形迭代可以通过表格进行，这种表格称为单纯形表. 给定 LP 的一个基，对应一个典式，一个典式对应一个单纯形表. 所谓

单纯形表，实际上就是用非基变量表达基变量和目标函数时的系数矩阵. 典式(2.12)对应的单纯形表便是如下矩阵：

$$\begin{pmatrix} \boldsymbol{c}_B\boldsymbol{B}^{-1}\boldsymbol{b} & \boldsymbol{c}_B\boldsymbol{B}^{-1}\boldsymbol{A}-\boldsymbol{c} \\ \boldsymbol{B}^{-1}\boldsymbol{b} & \boldsymbol{B}^{-1}\boldsymbol{A} \end{pmatrix}. \tag{2.38}$$

对应于基 $\boldsymbol{B}$ 的单纯形表可简记为 $T(\boldsymbol{B})$. 为清楚起见，列出表格并标明变量. 如典式(2.13)对应的单纯形表如表 2-1 所示.

表 2-1

	常数列 \ 变量	x_1	x_2	$\cdots$	x_m	x_{m+1}	x_{m+2}	$\cdots$	x_n
目标函数 f	$f^{(0)}$	0	0	$\cdots$	0	λ_{m+1}	λ_{m+2}	$\cdots$	λ_n
基变量 x_1	$x_1^{(0)}$	1	0	$\cdots$	0	$b_{1,m+1}$	$b_{1,m+2}$	$\cdots$	b_{1n}
基变量 x_2	$x_2^{(0)}$	0	1	$\cdots$	0	$b_{2,m+1}$	$b_{2,m+2}$	$\cdots$	b_{2n}
$\vdots$	$\vdots$	$\vdots$	$\vdots$		$\vdots$	$\vdots$	$\vdots$		$\vdots$
基变量 x_m	$x_m^{(0)}$	0	0	$\cdots$	1	$b_{m,m+1}$	$b_{m,m+2}$	$\cdots$	b_{mn}

典式(2.14)～(2.16)对应的单纯形表如表 2-2 所示.

表 2-2

		x_1	x_2	$\cdots$	x_r	$\cdots$	x_n
f	$f^{(0)}$	λ_1	λ_2	$\cdots$	λ_r	$\cdots$	λ_n
x_{j_1}	b_{10}	b_{11}	b_{12}	$\cdots$	b_{1r}	$\cdots$	b_{1n}
$\vdots$	$\vdots$	$\vdots$	$\vdots$		$\vdots$		$\vdots$
x_{j_s}	b_{s0}	b_{s1}	b_{s2}	$\cdots$	b_{sr}^*	$\cdots$	b_{sn}
$\vdots$	$\vdots$	$\vdots$	$\vdots$		$\vdots$		$\vdots$
x_{j_m}	b_{m0}	b_{m1}	b_{m2}	$\cdots$	b_{mr}	$\cdots$	b_{mn}

在表 2-2 中，除变量记号外，其第一列(下称第 0 列，向右依次称为第 1 列、第 2 列等)是常数项列，同时也是解列，因除 $f^{(0)}$ 外其他各元素正好是该表所对应的基可行解的各基分量值，而 $f^{(0)}$ 是该基可行解对应的目标函数值. 表中(除变量记号外)第一行(下称第 0 行，向下依次称为第 1 行、第 2 行等)除 $f^{(0)}$ 外是各变量对应的检验数. 表中对应于基变量的列是单位列向量，如对应于 x_{j_1} 的列(即单纯形表的第 j_1 列，在表 2-2 中未标出)，除 $b_{1j_1}=1$ 外，其他元素(包括检验数)都是 0.

如果在表 2-2 中，除 $f^{(0)}$ 外，第 0 列元素都 $\geqslant 0$，第 0 行元素都 $\leqslant 0$，则

该表对应的基解便是问题的最优解. 最优基可行解对应的单纯形表称为最优单纯形表，或称**最优解表**.

现设 $\lambda_r > 0$. 如果表 2-2 中 λ_r 所在列的其他各元素都 $\leqslant 0$，则判定问题无最优解. 否则，可选取 x_r 为进基变量. 为确定离基变量，在表 2-2 上用第 r 列中的正数(除去 λ_r 外) 去除第 0 列的对应元素，设最小比值在第 s 行取得，则选取第 s 行的对应基变量 x_{j_s} 为离基变量. 这时元素 b_{sr}(它必为正数) 居于重要地位，称这一元素为该单纯形表的枢纽元素，简称**枢元**. 为显明起见，可在枢元右上角标以 * 号. 枢元所在的列称为**枢列**(或称**旋转列**)，枢元所在的行称为**枢行**. 为得出新基对应的单纯形表，可直接对表 2-2 施行初等行变换，使枢列变为单位向量，即将 b_{sr} 变为 1，该列其他元素变为 0. 这只要用 b_{sr} 除第 s 行，然后以新 s 行的$(-\lambda_r)$ 倍加到第 0 行，以它的$(-b_{ir})$ 倍加到第 i 行$(i=1,\cdots,s-1,s+1,\cdots,m)$，便可得出新基对应的单纯形表. 在新表中将原基变量 x_{j_s} 所在位置填成 x_r. 这种从旧基对应单纯形表(从而对应典式) 向新基对应单纯形表(对应典式) 的转换，称为以(s,r) 为枢元的**旋转变换**，或简称(s,r) 旋转变换.

下面再通过具体例子来说明使用单纯形表的求解过程. 先对上节的例 4 再用单纯形表演算一次，以便对照.

例 1 求解线性规划问题

$$
\begin{aligned}
\min\quad & f = x_1 - 2x_2 + x_4, \\
\text{s.t.}\quad & x_1 + 3x_3 + 2x_5 = 12, \\
& x_2 - 2x_3 + x_4 = 2, \\
& x_2 + x_3 + x_5 = 5, \\
& x_j \geqslant 0 \quad (j = 1,2,\cdots,5).
\end{aligned}
$$

已知初始可行基 $\boldsymbol{B}_0 = (\boldsymbol{p}_1, \boldsymbol{p}_4, \boldsymbol{p}_5)$，其对应典式为

$$
\begin{aligned}
\min\quad & f = 4 - x_2 + x_3, \\
\text{s.t.}\quad & x_1 - 2x_2 + x_3 = 2, \\
& x_2 - 2x_3 + x_4 = 2, \\
& x_2 + x_3 + x_5 = 5, \\
& x_j \geqslant 0 \quad (j = 1,2,\cdots,5).
\end{aligned}
$$

于是可列出 $\boldsymbol{B}_0$ 对应的单纯形表 $T(\boldsymbol{B}_0)$，如表 2-3 所示.

从表 2-3 可以看出，检验数中仅有 $\lambda_2 > 0$，故取 x_2 为进基变量. 由于最小比值

$$
\min_{b_{i2}>0}\left\{\frac{b_{i0}}{b_{i2}}\right\} = \frac{2}{1}
$$

表 2-3

		x_1	x_2	x_3	x_4	x_5
f	4	0	1	-1	0	0
x_1	2	1	-2	1	0	0
x_4	2	0	1^*	-2	1	0
x_5	5	0	1	1	0	1

在第 2 行取得，故取第 2 行对应的基变量 x_4 为离基变量. 于是元素 $b_{22}=1$ 是表 2-3 的枢元.

为求出新基 $\boldsymbol{B}_1=(\boldsymbol{p}_1,\boldsymbol{p}_2,\boldsymbol{p}_5)$ 对应的单纯形表，对 $T(\boldsymbol{B}_0)$ 作初等行变换，使 x_2 对应的列变为单位列向量. 在表 2-3 中枢元已经是 1，故只需将第 2 行的(—1)倍、2 倍、(—1)倍分别加到第 0 行、第 1 行、第 3 行，即得 $T(\boldsymbol{B}_1)$，如表 2-4 所示. 注意原基变量 x_4 现在换为 x_2.

表 2-4

		x_1	x_2	x_3	x_4	x_5
f	2	0	0	1	-1	0
x_1	6	1	0	-3	2	0
x_2	2	0	1	-2	1	0
x_5	3	0	0	3^*	-1	1

从表 2-4 可以看出，应取 x_3 为进基变量，x_5 为离基变量，枢元为 $b_{33}=3$. 为求出新基 $\boldsymbol{B}_2=(\boldsymbol{p}_1,\boldsymbol{p}_2,\boldsymbol{p}_3)$ 对应的单纯形表，将表 2-4 的第 3 行除以 3，然后，以它的(—1)倍、3 倍、2 倍分别加到第 0 行、第 1 行、第 2 行，即得 $T(\boldsymbol{B}_2)$，如表 2-5 所示.

表 2-5

		x_1	x_2	x_3	x_4	x_5
f	1	0	0	0	$-\frac{2}{3}$	$-\frac{1}{3}$
x_1	9	1	0	0	1	1
x_2	4	0	1	0	$\frac{1}{3}$	$\frac{2}{3}$
x_3	1	0	0	1	$-\frac{1}{3}$	$\frac{1}{3}$

在表 2-5 中，检验数已全非正，$T(\boldsymbol{B}_2)$ 是最优解表. 对应最优解为 $\boldsymbol{x}^{(2)}=(9,4,1,0,0)^{\mathrm{T}}$，最优值为 $f(\boldsymbol{x}^{(2)})=1$.

例 2 求解线性规划问题

$$\begin{aligned} \min \quad & f = 2x_3 - 3x_5, \\ \text{s.t.} \quad & x_1 + x_3 - x_5 = 1, \\ & x_2 - 2x_3 + x_5 = 1, \\ & 3x_3 + x_4 - 2x_5 = 2, \\ & x_j \geqslant 0 \quad (j = 1,2,\cdots,5). \end{aligned}$$

问题有明显的可行基 $\boldsymbol{B}_0=(\boldsymbol{p}_1,\boldsymbol{p}_2,\boldsymbol{p}_4)$，且题目本身就是对应典式. 列出 $T(\boldsymbol{B}_0)$ 如表 2-6.

表 2-6

		x_1	x_2	x_3	x_4	x_5
f	0	0	0	-2	0	3
x_1	1	1	0	1	0	-1
x_2	1	0	1	-2	0	1^*
x_4	2	0	0	3	1	-2

经(2,5)旋转变换得新单纯形表，如表 2-7.

表 2-7

		x_1	x_2	x_3	x_4	x_5
f	-3	0	-3	4	0	0
x_1	2	1	1	-1	0	0
x_5	1	0	1	-2	0	1
x_4	4	0	2	-1	1	0

在表 2-7 中，$\lambda_3>0$，而

$$\begin{pmatrix} b_{13} \\ b_{23} \\ b_{33} \end{pmatrix} = \begin{pmatrix} -1 \\ -2 \\ -1 \end{pmatrix} \leqslant \boldsymbol{0},$$

因此判定问题无最优解.

从上面两个例子可以看出，单纯形表还可稍加简化. 因表中基变量对应的列都是单位向量，可以不必列出. 为了得出离基变量 x_{j_s} 在新表中的对应

列，只要注意到(2.35)中的公式

$$\bar{\lambda}_{j_s} = -\frac{\lambda_r}{b_{sr}},$$

(2.36)中的公式

$$\bar{b}_{ij_s} = -\frac{b_{ir}}{b_{sr}} \quad (i \in \{1,2,\cdots,m\}\backslash\{s\})$$

和(2.37)中的公式

$$\bar{b}_{sj_s} = \frac{1}{b_{sr}},$$

便知：只要将现表中进基变量 x_r 所在列的各元(除去枢元外)除以枢元反号，枢元本身变成它的倒数，就形成了新表中 x_{j_s} 的对应列. 按这种方式列出的单纯形表可称为**简化单纯形表**(或称为**缩略单纯形表**). 例如表2-6、表2-7的对应简化单纯形表分别如表 2-6′、表 2-7′ 所示.

表 2-6′

		x_3	x_5
f	0	-2	3
x_1	1	1	-1
x_2	1	-2	1^*
x_4	2	3	-2

表 2-7′

		x_3	x_2
f	-3	4	-3
x_1	2	-1	1
x_5	1	-2	1
x_4	4	-1	2

为了简便无误地得出新基对应的简化单纯形表，建议按下述步骤进行：

(1) 在新表中填写各变量. 注意要将原表中的进基变量 x_r 与离基变量 x_{j_s} 互换位置.

(2) 填写新表中非基变量 x_{j_s} 的对应列. 它相应于原表枢列的位置. 原枢元的对应位置先不填，该列其他元素等于原表中的对应元素除以原枢元反号.

(3) 填写新表中基变量 x_r 的对应行. 它相应于原表中枢行的位置. 原枢元对应位置先不填，该行其他元素等于原表中的对应元素除以原枢元.

(4) 填写原枢元的对应位置. 它等于原枢元的倒数.

(5) 填写新表中其他各元素. 按照(2.34)～(2.36)的有关公式，新表中第 j 列(包括第0列)的元素 $\bar{b}_{ij}$ $(i \in \{0,1,\cdots,m\}\backslash\{s\})$ 等于原表中对应元素 b_{ij} 减去数 $\frac{b_{ir}b_{sj}}{b_{sr}}$. 注意此减数是原表中元素 b_{ir} 与 b_{sj} 的乘积再除以枢元 b_{sr}. 并注意到元素 b_{ir}, b_{sj} 的位置，b_{ir} 是与 b_{ij} 同行而与 b_{sr} 同列的元素，b_{sj} 是与

b_{ij} 同列而与 b_{sr} 同行的元素．按照这种位置规则去计算 $\bar{b}_{ij}$，较为方便且不易出错．

例 3 求解线性规划问题

$$\begin{aligned} \min \quad & f = x_2 - 3x_3 + 2x_5, \\ \text{s. t.} \quad & x_1 + 3x_2 - x_3 + 2x_5 = 7, \\ & -2x_2 + 4x_3 + x_4 = 12, \\ & -4x_2 + 3x_3 + 8x_5 + x_6 = 10, \\ & x_j \geqslant 0 \quad (j = 1,2,\cdots,6). \end{aligned}$$

问题有明显的可行基 $\boldsymbol{B}_0 = (\boldsymbol{p}_1, \boldsymbol{p}_4, \boldsymbol{p}_6)$，且题目本身就是对应典式，对应的简化单纯形表如表 2-8 所示．

表 2-8

		x_2	x_3	x_5
f	0	-1	3	-2
x_1	7	3	-1	2
x_4	12	-2	4^*	0
x_6	10	-4	3	8

从表 2-8 看出，应取 x_3 为进基变量，取 x_4 为离基变量，枢元为 $b_{23} = 4$．然后按照上面所述的步骤和规则，便可得出新基 $\boldsymbol{B}_1 = (\boldsymbol{p}_1, \boldsymbol{p}_3, \boldsymbol{p}_6)$ 对应的简化单纯形表，如表 2-9．

表 2-9

		x_2	x_4	x_5
f	-9	$\frac{1}{2}$	$-\frac{3}{4}$	-2
x_1	10	$\frac{5}{2}^*$	$\frac{1}{4}$	2
x_3	3	$-\frac{1}{2}$	$\frac{1}{4}$	0
x_6	1	$-\frac{5}{2}$	$-\frac{3}{4}$	8

按同样方法再迭代一次，得表 2-10．

表 2-10 是最优解表．即得问题的最优解为 $\boldsymbol{x}^* = (0,4,5,0,0,11)^{\mathrm{T}}$，最优值为 $f^* = -11$．

表 2-10

		x_1	x_4	x_5
f	-11	$-\frac{1}{5}$	$-\frac{4}{5}$	$-\frac{12}{5}$
x_2	4	$\frac{2}{5}$	$\frac{1}{10}$	$\frac{4}{5}$
x_3	5	$\frac{1}{5}$	$\frac{3}{10}$	$\frac{2}{5}$
x_6	11	1	$-\frac{1}{2}$	10

例 4 求解线性规划问题

$$
\begin{aligned}
\min\quad & f=-x_1-2x_2,\\
\text{s. t.}\quad & x_1+x_3=4,\\
& x_2+x_4=3,\\
& x_1+2x_2+x_5=8,\\
& x_j\geqslant 0\quad (j=1,2,\cdots,5).
\end{aligned}
$$

取初始可行基($\boldsymbol{p}_3,\boldsymbol{p}_4,\boldsymbol{p}_5$)，其对应的简化单纯形表如表 2-11.

表 2-11

		x_1	x_2
f	0	1	2
x_3	4	1	0
x_4	3	0	1^*
x_5	8	1	2

连续迭代两次，依次得表 2-12 和表 2-13.

表 2-12

		x_1	x_4
f	-6	1	-2
x_3	4	1	0
x_2	3	0	1
x_5	2	1^*	-2

表 2-13

		x_5	x_4
f	-8	-1	0
x_3	2	-1	2^*
x_2	3	0	1
x_1	2	1	-2

表 2-13 是最优解表，对应最优解为 $\boldsymbol{x}^*=(2,3,2,0,0)^{\mathrm{T}}$，最优值为 $f^*=-8$.

在表 2-13 中，非基变量 x_4 对应的检验数为零. 这时，若再选取 x_4 为进基变量，仍按最小比值法则确定 x_3 为离基变量，以 $b_{14}=2$ 为枢元作旋转变换，得表 2-14.

表 2-14

		x_5	x_3
f	-8	-1	0
x_4	1	$-\frac{1}{2}$	$\frac{1}{2}$
x_2	2	$\frac{1}{2}$	$-\frac{1}{2}$
x_1	4	0	1

显见，表 2-14 也是最优解表，于是得到问题的另一个最优基可行解 $\bar{x}=(4,2,0,1,0)^{\mathrm{T}}$.

一般说来，在最优单纯形表中，如果非基变量对应的检验数有零时，则该问题的最优基可行解可能不止一个. 当存在另外的最优基可行解时，若选取零检验数对应的非基变量为进基变量，继续进行单纯形迭代，便可求出其他的最优基可行解.

若线性规划问题 LP 的最优基可行解多于一个，则该问题必有无穷多个最优解. 因为，容易验证：若 $\boldsymbol{x}^{(1)}$ 和 $\boldsymbol{x}^{(2)}$ 是 LP 的两个最优解，则对于任一小于 1 的正数 α，$\boldsymbol{x}=\alpha\boldsymbol{x}^{(1)}+(1-\alpha)\boldsymbol{x}^{(2)}$ 都是 LP 的最优解. 更一般地，若 $\boldsymbol{x}^{(1)}$，$\boldsymbol{x}^{(2)},\cdots,\boldsymbol{x}^{(p)}$ 都是 LP 的最优解，则它们的任意凸组合，即

$$\boldsymbol{x}=\alpha_1\boldsymbol{x}^{(1)}+\alpha_2\boldsymbol{x}^{(2)}+\cdots+\alpha_p\boldsymbol{x}^{(p)},$$

其中 $\alpha_i\geqslant 0\ (i=1,2,\cdots,p)$ 且 $\sum_{i=1}^{p}\alpha_i=1$，都是 LP 的最优解(参见本章复习题第 12,13 题).

习 题 2.3

1. 用单纯形法求解下列线性规划问题：

(1)
$$\begin{aligned}\min\quad & f=x_1-x_2+x_3,\\ \text{s.t.}\quad & x_1+x_2-2x_3\leqslant 2,\\ & 2x_1+x_2+x_3\leqslant 3,\\ & -x_1+x_3\leqslant 4,\\ & x_1,x_2,x_3\geqslant 0;\end{aligned}$$

(2) $$\begin{aligned} \min\quad & f = 3 - 3x_2 + x_3, \\ \text{s.t.}\quad & 2x_1 + x_2 - x_3 = 1, \\ & x_2 + 3x_3 + x_4 = 7, \\ & x_i \geqslant 0 \quad (i = 1,2,3,4); \end{aligned}$$

(3) $$\begin{aligned} \min\quad & f = 4 - x_2 + x_3, \\ \text{s.t.}\quad & x_1 - 2x_2 + x_3 = 2, \\ & x_2 - 2x_3 + x_4 = 2, \\ & x_2 + x_3 + x_5 = 5, \\ & x_i \geqslant 0 \quad (i = 1,2,\cdots,5). \end{aligned}$$

2. 用单纯形法验证下列线性规划问题目标函数无界：

$$\begin{aligned} \max\quad & z = 6x_1 + 2x_2 + 10x_3 + 8x_4, \\ \text{s.t.}\quad & 3x_1 - 3x_2 + 2x_3 + 8x_4 \leqslant 25, \\ & 5x_1 + 6x_2 - 4x_3 - 4x_4 \leqslant 20, \\ & 4x_1 - 2x_2 + x_3 + 3x_4 \leqslant 10, \\ & x_1, x_2, x_3, x_4 \geqslant 0. \end{aligned}$$

3. 对下列线性规划问题，用单纯形法求出所有最优基可行解，并写出全体最优解的表达式：

$$\begin{aligned} \max\quad & z = x_1 + x_2 + x_3 + x_4, \\ \text{s.t.}\quad & x_1 + x_2 \leqslant 2, \\ & x_3 + x_4 \leqslant 5, \\ & x_1, x_2, x_3, x_4 \geqslant 0. \end{aligned}$$

2.4 退化情形的处理

前面已经指出，对于非退化的线性规划问题，使用单纯形法，经有限次迭代，必能求得最优解或判定问题无最优解. 这是因为每次迭代都使目标函数值有所改进. 对于退化的线性规划问题，可以照常使用单纯形法. 只要在迭代过程中基不重复，即已经出现过的基在以后的迭代过程中不再重复出现(基可行解可以重复)，由于基的个数有限，故经有限次迭代也必能得出最优解或判定问题无解. 但如果前面出现过的基在迭代过程中又重新出现，则后面的迭代过程将会在几个可行基上兜圈子，使问题的最优解不能达到. 这种现象称为**基的循环**. 由于退化问题的目标函数值在迭代过程中可能并不改进，因此有可能出现基的循环. 1951 年，A. J. Hoffman 首先构造出一个出现基的循环的例子. 1955 年，E. M. L. Beale 构造了一个更简单的例子. 下面就是 Beale 的例子：

$$\min \quad f = -\frac{3}{4}x_1 + 150x_2 - \frac{1}{50}x_3 + 6x_4,$$

$$\text{s.t.} \quad \frac{1}{4}x_1 - 60x_2 - \frac{1}{25}x_3 + 9x_4 + x_5 = 0,$$

$$\frac{1}{2}x_1 - 90x_2 - \frac{1}{50}x_3 + 3x_4 + x_6 = 0,$$

$$x_3 + x_7 = 1,$$

$$x_j \geqslant 0 \quad (j = 1,2,\cdots,7).$$

这是一个退化线性规划问题. 有明显的可行基 $\boldsymbol{B}_0 = (\boldsymbol{p}_5, \boldsymbol{p}_6, \boldsymbol{p}_7)$. 从 $\boldsymbol{B}_0$ 出发进行单纯形迭代. 进基变量和离基变量的确定仍按前面讲的规则. 当有多个检验数为正数时，选最大检验数的对应变量为进基变量；当有多行同时达到最小比值 θ 时，选对应基变量中下标最小的变量为离基变量. 表 2-15 至表 2-21 是前 6 次迭代的结果.

表 2-15

		x_1	x_2	x_3	x_4	x_5	x_6	x_7
f	0	$\frac{3}{4}$	-150	$\frac{1}{50}$	-6	0	0	0
x_5	0	$\frac{1}{4}^*$	-60	$-\frac{1}{25}$	9	1	0	0
x_6	0	$\frac{1}{2}$	-90	$-\frac{1}{50}$	3	0	1	0
x_7	1	0	0	1	0	0	0	1

表 2-16

		x_1	x_2	x_3	x_4	x_5	x_6	x_7
f	0	0	30	$\frac{7}{50}$	-33	-3	0	0
x_1	0	1	-240	$-\frac{4}{25}$	36	4	0	0
x_6	0	0	30^*	$\frac{3}{50}$	-15	-2	1	0
x_7	1	0	0	1	0	0	0	1

表 2-17

		x_1	x_2	x_3	x_4	x_5	x_6	x_7
f	0	0	0	$\frac{2}{25}$	-18	-1	-1	0
x_1	0	1	0	$\frac{8}{25}^{*}$	-84	-12	8	0
x_2	0	0	1	$\frac{1}{500}$	$-\frac{1}{2}$	$-\frac{1}{15}$	$\frac{1}{30}$	0
x_7	1	0	0	1	1	0	0	1

表 2-18

		x_1	x_2	x_3	x_4	x_5	x_6	x_7
f	0	$-\frac{1}{4}$	0	0	3	2	-3	-6
x_3	0	$\frac{25}{8}$	0	1	$-\frac{525}{2}$	$-\frac{75}{2}$	25	0
x_2	0	$-\frac{1}{160}$	1	0	$\frac{1}{40}^{*}$	$\frac{1}{120}$	$-\frac{1}{60}$	0
x_7	1	$-\frac{25}{8}$	0	0	$\frac{525}{2}$	$\frac{75}{2}$	-25	1

表 2-19

		x_1	x_2	x_3	x_4	x_5	x_6	x_7
f	0	$\frac{1}{2}$	-120	0	0	1	-1	0
x_3	0	$-\frac{125}{2}$	10 500	1	0	50^{*}	-150	0
x_4	0	$-\frac{1}{4}$	40	0	1	$\frac{1}{3}$	$-\frac{2}{3}$	0
x_7	1	$\frac{125}{2}$	$-10\ 500$	0	0	-50	150	1

表 2-20

		x_1	x_2	x_3	x_4	x_5	x_6	x_7
f	0	$\frac{7}{4}$	-330	$-\frac{1}{50}$	0	0	2	0
x_5	0	$-\frac{5}{4}$	210	$\frac{1}{50}$	0	1	-3	0
x_4	0	$\frac{1}{6}$	-30	$-\frac{1}{150}$	1	0	$\frac{1}{3}^{*}$	0
x_7	1	0	0	1	0	0	0	1

表 2-21

		x_1	x_2	x_3	x_4	x_5	x_6	x_7
f	0	$\frac{3}{4}$	-150	$\frac{1}{50}$	-6	0	0	0
x_5	0	$\frac{1}{4}$	-60	$-\frac{1}{25}$	9	1	0	0
x_6	0	$\frac{1}{2}$	-90	$-\frac{1}{50}$	3	0	1	0
x_7	1	0	0	1	0	0	0	1

表 2-21 与表 2-15 完全相同，即迭代 6 次后又出现了基 $\boldsymbol{B}_0$. 显然，若按同样的规则继续迭代下去，必然导致"死循环"，得不出最优解. 因此，有必要给出避免循环的办法.

较早出现的避免循环的办法是摄动法和在此基础上改进而成的字典序法. 1976 年，R. G. Bland 提出了一个简单的办法. 他指出，在进行单纯形迭代时，若按下面的两条规则确定进基变量和离基变量就不会出现基的循环.

规则 1 当有多个检验数是正数时，选对应变量中下标最小者为进基变量. 即由

$$\min\{j \mid \lambda_j > 0\} = r \tag{2.39}$$

确定进基变量为 x_r.

规则 2 当有多行的比值 $\frac{b_{i0}}{b_{ir}}$ 同时达到最小比值 θ 时，选对应基变量中下标最小者为离基变量. 即由

$$\min\left\{j_l \left| \frac{b_{l0}}{b_{lr}} = \min_{b_{ir}>0}\left\{\frac{b_{i0}}{b_{ir}}\right\}\right.\right\} = j_s \tag{2.40}$$

确定离基变量为 x_{j_s}.

这两条规则，称为**布兰德(Bland)规则**. 其中，确定离基变量的规则 2，与我们前面使用的规则是一致的；确定进基变量的规则 1，与我们前面使用的规则有所不同. 正是这一微小的改变就可以使基的循环得以避免. 下面来证明这一事实.

定理 2.7 对任一线性规划问题 LP 用单纯形法求解时，若按 Bland 规则确定进基变量和离基变量，便不会出现基的循环.

证 用反证法. 假设迭代过程中出现了基的循环如下：

$$T(\boldsymbol{B}_1) \to T(\boldsymbol{B}_2) \to \cdots \to T(\boldsymbol{B}_t) \to T(\boldsymbol{B}_1).$$

现将指标集$\{1,2,\cdots,n\}$剖分为三个子集I,H,J之并. 其中，I称为固定基变量指标集，$j \in I$当且仅当x_j是所有$T(\boldsymbol{B}_k)$的基变量；H称为固定非基变量指标集，$j \in H$当且仅当x_j是所有$T(\boldsymbol{B}_k)$的非基变量；J称为循环变量指标集，$j \in J$当且仅当x_j既是某$T(\boldsymbol{B}_p)$的基变量，又是某$T(\boldsymbol{B}_l)$的非基变量.

记$T(\boldsymbol{B}_k)$ $(k=1,2,\cdots,t)$的对应典式为

$$\begin{aligned} \min \quad & f = f^{(0)} - \sum_{j \in R_k} \lambda_j^{(k)} x_j, \\ \text{s.t.} \quad & x_{j_i} = b_{i0}^{(k)} - \sum_{j \in R_k} b_{ij}^{(k)} x_j \quad (j_i \in S_k,\ i = 1,2,\cdots,m), \\ & x_j \geqslant 0 \quad (j = 1,2,\cdots,n), \end{aligned}$$

其中S_k,R_k分别表示$T(\boldsymbol{B}_k)$的基变量、非基变量指标集.

记$T(\boldsymbol{B}_k)$中枢元所在的列标和行标分别为r_k和$s_k(k=1,2,\cdots,t)$. 易知

$$J = \bigcup_{k=1}^{t} \{r_k\} = \bigcup_{k=1}^{t} \{j_{s_k}\}.$$

令$q = \max\{j \mid j \in J\}$，并设

$$q = r_u = j_{s_v},$$

即设x_q在$T(\boldsymbol{B}_u)$中为进基变量，在$T(\boldsymbol{B}_v)$中为离基变量. 则由规则1可知，$T(\boldsymbol{B}_u)$中的检验数

$$\lambda_{r_u}^{(u)} > 0, \quad \lambda_j^{(u)} \leqslant 0\ (j \in J \backslash \{q\}). \tag{2.41}$$

并记

$$\boldsymbol{\lambda}_u = \boldsymbol{c}_{\boldsymbol{B}_u} \boldsymbol{B}_u^{-1} \boldsymbol{A} - \boldsymbol{c} = (\lambda_1^{(u)}, \lambda_2^{(u)}, \cdots, \lambda_n^{(u)}).$$

注意到，在整个循环过程中，目标函数值始终未变，因为每次迭代不会使目标函数值上升，又因循环一周回到原可行基，说明目标函数值也没有下降. 因此，每次迭代时，最小比值θ都等于零. 从而得知，在整个循环过程中基可行解始终未变. 因此有

$$x_j^{(k)} = 0 \quad (j \in J;\ k = 1,2,\cdots,t).$$

特别地，有

$$b_{i0}^{(v)} = x_{j_i}^{(v)} = 0 \quad (j_i \in S_v \cap J).$$

则由规则2可知

$$b_{s_v r_v}^{(v)} > 0, \quad b_{i r_v}^{(v)} \leqslant 0\ (j_i \in (S_v \cap J) \backslash \{q\}). \tag{2.42}$$

现在令$\boldsymbol{y} = (y_1, y_2, \cdots, y_n)^{\mathrm{T}}$，其中

$$y_{j_i} = -b_{ir_v}^{(v)} \quad (j_i \in S_v,\ i = 1,2,\cdots,m),$$
$$y_{r_v} = 1,$$
$$y_j = 0 \quad (j \in R_v \setminus \{r_v\}),$$

则有

$$\begin{aligned} \boldsymbol{A}\boldsymbol{y} &= \sum_{j=1}^{n} y_j \boldsymbol{p}_j = \boldsymbol{p}_{r_v} - \sum_{j_i \in S_v} b_{ir_v}^{(v)} \boldsymbol{p}_{j_i} \\ &= \boldsymbol{p}_{r_v} - \boldsymbol{B}_v \begin{pmatrix} b_{1r_v}^{(v)} \\ b_{2r_v}^{(v)} \\ \vdots \\ b_{mr_v}^{(v)} \end{pmatrix} = \boldsymbol{0} \quad (\text{见式}(2.18)), \end{aligned}$$

$$\boldsymbol{c}\boldsymbol{y} = \sum_{j=1}^{n} c_j y_j = c_{r_v} - \sum_{j_i \in S_v} c_{j_i} b_{ir_v}^{(v)} = -\lambda_{r_v}^{(v)} \quad (\text{见式}(2.20)).$$

于是有

$$\boldsymbol{\lambda}_u \boldsymbol{y} = (\boldsymbol{c}_{\boldsymbol{B}_u} \boldsymbol{B}_u^{-1} \boldsymbol{A} - \boldsymbol{c}) \boldsymbol{y} = -\boldsymbol{c}\boldsymbol{y} = \lambda_{r_v}^{(v)} > 0.$$

另一方面，注意到，$j \in I$ 时，$\lambda_j^{(u)} = 0$；$j \in H$ 时，$y_j = 0$；以及(2.41)和(2.42)可得

$$\begin{aligned} \boldsymbol{\lambda}_u \boldsymbol{y} &= \sum_{j=1}^{n} \lambda_j^{(u)} y_j = \sum_{i \in I} \lambda_i^{(u)} y_i + \sum_{k \in H} \lambda_k^{(u)} y_k + \sum_{j \in J} \lambda_j^{(u)} y_j \\ &= \sum_{j \in J} \lambda_j^{(u)} y_j = \lambda_q^{(u)} y_q + \sum_{j \in J \setminus \{q\}} \lambda_j^{(u)} y_j \\ &\leqslant \lambda_q^{(u)} y_q = -\lambda_{r_u}^{(u)} b_{s_v r_v}^{(v)} < 0. \end{aligned}$$

至此得出矛盾. ∎

例如，对前述 Beale 的例子，若采用 Bland 规则，前 4 次迭代，即从表 2-15 到表 2-19，情况不变. 对于表 2-19，按 Bland 规则，应选取 x_1 为进基变量(而不是 x_5)，迭代一次得表 2-22，再迭代一次得表 2-23.

表 2-22

		x_1	x_2	x_3	x_4	x_5	x_6	x_7
f	$-\frac{1}{125}$	0	-204	0	0	$\frac{7}{5}$	$-\frac{11}{5}$	$-\frac{1}{125}$
x_3	1	0	0	1	0	0	0	1
x_4	$\frac{1}{250}$	0	-2	0	1	$\frac{2}{15}^*$	$-\frac{1}{15}$	$\frac{1}{250}$
x_1	$\frac{2}{125}$	1	-168	0	0	$-\frac{4}{5}$	$\frac{12}{5}$	$\frac{2}{125}$

表 2-23

		x_1	x_2	x_3	x_4	x_5	x_6	x_7
f	$-\frac{1}{20}$	0	$-1\,065$	0	$-\frac{21}{2}$	0	$-\frac{3}{2}$	$-\frac{1}{20}$
x_3	1	0	0	1	0	0	0	1
x_5	$\frac{3}{100}$	0	-15	0	$\frac{15}{2}$	1	$-\frac{1}{2}$	$\frac{3}{100}$
x_1	$\frac{1}{25}$	1	-180	0	6	0	2	$\frac{1}{25}$

表 2-23 已是最优解表，这就避免了循环. 得问题的最优解为 $\boldsymbol{x}^* = \left(\frac{1}{25},0,1,0,\frac{3}{100},0,0\right)^{\mathrm{T}}$，最优值为 $f^* = -\frac{1}{20}$.

Bland 规则可以避免循环，但一般说来，按它求解 LP 迭代效率较低. 长期的实际应用表明，退化是常有的，而循环则极为罕见. 因此，一般仍可按以前讲述的规则进行单纯形迭代，万一遇到循环现象，再改用 Bland 规则.

综合定理 2.2 至定理 2.7 可以得知，线性规划问题 LP (不管是否退化) 有且仅有如下三种可能情况：

(1) 问题无可行解(当然也就没有最优解)；

(2) 有可行解，但目标函数在可行解集上无下界(此时也无最优解)；

(3) 有最优解，且必能在基可行解中找到最优解.

因此又得知如下结论：

定理 2.8 若线性规划问题 LP 的可行域不空，且目标函数在可行域上有下界，则 LP 必有最优解.

习 题 2.4

1. 用单纯形法，按两种迭代规则(Bland 规则和取最大检验数规则)，求解下列线性规划问题，并比较其迭代次数：

$$
\begin{aligned}
\max\quad & x_5, \\
\text{s.t.}\quad & -2x_1+8x_2+x_3-9x_4+x_5 = 0, \\
& x_1+2x_2+x_3-x_6 = 0, \\
& 2x_1-2x_2-x_3+3x_4+x_7 = 15, \\
& x_3+x_4+x_8 = 5, \\
& x_i \geqslant 0 \quad (i=1,2,\cdots,8).
\end{aligned}
$$

2. 对于退化的线性规划问题，“检验数全部非正数”是“基可行解为最优解”的必要条件吗？如认为是，请给出证明. 如认为不是，请举出反例.

3. 设 LP 有最优解，用单纯形法迭代到某步出现退化的基可行解，但尚未达到最优，并且只有一个基变量取零值. 试证明：这个基可行解在以后的迭代过程中(即使采用最大检验数规则确定进基变量)必然会转移，且转移后不会再现.

2.5 初始基可行解的求法

前面所讲的单纯形迭代过程，是在已知一个基可行解(或可行基)的条件下进行的. 现在要问这第一个基可行解如何求得？

有时，所给问题本身就具有明显的可行基. 例如，当原问题的约束条件呈如下形式：

$$\boldsymbol{Ax} \leqslant \boldsymbol{b} \quad (\boldsymbol{b} \geqslant \boldsymbol{0}),$$
$$\boldsymbol{x} \geqslant \boldsymbol{0},$$

则引进松弛变量 $\boldsymbol{x}_s = (x_{n+1}, x_{n+2}, \cdots, x_{n+m})^{\mathrm{T}}$，将约束条件化为

$$\boldsymbol{Ax} + \boldsymbol{I}_m \boldsymbol{x}_s = \boldsymbol{b},$$
$$\boldsymbol{x} \geqslant \boldsymbol{0}, \quad \boldsymbol{x}_s \geqslant \boldsymbol{0},$$

其中 $\boldsymbol{I}_m$ 为 m 阶单位矩阵，它便是一个明显的可行基，其对应基可行解为

$$\boldsymbol{x} = \boldsymbol{0}, \quad \boldsymbol{x}_s = \boldsymbol{b}.$$

但是在一般情况下，难以凭观察得出一个可行基，甚至连有无可行基都难以断定. 因此有必要给出寻求初始基可行解的一般方法.

仍设 LP 为(2.1) ~ (2.3) 所表达的标准线性规划问题，且不妨设 $\boldsymbol{b} \geqslant \boldsymbol{0}$，但现在并不要求系数矩阵 $\boldsymbol{A}$ 是行满秩的.

寻求 LP 的初始基可行解的一般方法是设立和求解如下的辅助问题 $(\mathrm{LP})_1$：

$$\begin{aligned}
\min \quad & z = x_{n+1} + x_{n+2} + \cdots + x_{n+m}, \\
\text{s.t.} \quad & a_{11}x_1 + a_{12}x_2 + \cdots + a_{1n}x_n + x_{n+1} = b_1, \\
& a_{21}x_1 + a_{22}x_2 + \cdots + a_{2n}x_n + x_{n+2} = b_2, \\
& \cdots\cdots \\
& a_{m1}x_1 + a_{m2}x_2 + \cdots + a_{mn}x_n + x_{n+m} = b_m, \\
& \quad x_j \geqslant 0 \quad (j = 1, 2, \cdots, n+m),
\end{aligned}$$

或写为

$$\left.\begin{aligned} \min \quad & z = \boldsymbol{e}_m \boldsymbol{x}_a, \\ \text{s.t.} \quad & \boldsymbol{A}\boldsymbol{x} + \boldsymbol{I}_m \boldsymbol{x}_a = \boldsymbol{b}, \\ & \boldsymbol{x} \geqslant \boldsymbol{0},\ \boldsymbol{x}_a \geqslant \boldsymbol{0}, \end{aligned}\right\} \tag{2.43}$$

其中，$\boldsymbol{e}_m = (1,1,\cdots,1)$ 是分量全为 1 的 m 维行向量；$\boldsymbol{x}_a = (x_{n+1}, x_{n+2}, \cdots, x_{n+m})^{\mathrm{T}}$，其分量称为**人工变量**. 显然，其中 $\boldsymbol{I}_m$ 便是$(\mathrm{LP})_1$ 的一个可行基(即以全体人工变量为基变量)，称此基为**人造基**. 其对应基可行解为

$$x_j = 0\ (j = 1,2,\cdots,n), \quad x_{n+i} = b_i\ (i = 1,2,\cdots,m).$$

目标函数 z 的表达式可改写为

$$\begin{aligned} z &= \sum_{i=1}^{m} x_{n+i} = \sum_{i=1}^{m}\left(b_i - \sum_{j=1}^{n} a_{ij} x_j\right) \\ &= \sum_{i=1}^{m} b_i - \sum_{j=1}^{n}\left(\sum_{i=1}^{m} a_{ij}\right) x_j. \end{aligned} \tag{2.44}$$

于是，$(\mathrm{LP})_1$ 对应于人造基的单纯形表如表 2-24.

表 2-24

		x_1	x_2	$\cdots$	x_n	x_{n+1}	x_{n+2}	$\cdots$	x_{n+m}
z	$\sum_{i=1}^{m} b_i$	$\sum_{i=1}^{m} a_{i1}$	$\sum_{i=1}^{m} a_{i2}$	$\cdots$	$\sum_{i=1}^{m} a_{in}$	0	0	$\cdots$	0
x_{n+1}	b_1	a_{11}	a_{12}	$\cdots$	a_{1n}	1	0	$\cdots$	0
x_{n+2}	b_2	a_{21}	a_{22}	$\cdots$	a_{2n}	0	1	$\cdots$	0
$\vdots$	$\vdots$	$\vdots$	$\vdots$		$\vdots$	$\vdots$	$\vdots$		$\vdots$
x_{n+m}	b_m	a_{m1}	a_{m2}	$\cdots$	a_{mn}	0	0	$\cdots$	1

注意到，在可行域上，目标函数

$$z = \sum_{i=1}^{m} x_{n+i} \geqslant 0,$$

即知 z 在可行域上有下界. 由定理 2.8 知，辅助问题$(\mathrm{LP})_1$ 必有最优解. 于是，从人造基出发，经有限次单纯形迭代，必能求得$(\mathrm{LP})_1$ 的最优解. 设所得最优解为

$$\overline{\boldsymbol{x}}^{(0)} = (x_1^{(0)}, \cdots, x_n^{(0)}, x_{n+1}^{(0)}, \cdots, x_{n+m}^{(0)})^{\mathrm{T}},$$

设目标函数 z 的最优值为 z^*. 则有且仅有下列三种可能情形：

(1) $z^* > 0$. 这时，原问题 LP 无可行解. 因为，假如 LP 有可行解 $\boldsymbol{x}' = (x_1', x_2', \cdots, x_n')^{\mathrm{T}}$，令

$$x_{n+1}' = \cdots = x_{n+m}' = 0,$$

则 $\overline{\boldsymbol{x}}' = (x_1', \cdots, x_n', x_{n+1}', \cdots, x_{n+m}')^{\mathrm{T}}$ 便是$(\mathrm{LP})_1$ 的一个可行解，且对应目标

函数值 $z=0$. 这与 $\min z=z^*>0$ 相矛盾.

(2) $z^*=0$，且人工变量都是非基变量. 这时，$\boldsymbol{x}^{(0)}=(x_1^{(0)},x_2^{(0)},\cdots,x_n^{(0)})^{\mathrm{T}}$(即 $\overline{\boldsymbol{x}}^{(0)}$ 的前 n 个分量组成的向量)便是LP的一个基可行解. 因为，由 $z^*=\sum_{i=1}^{m}x_{n+i}^{(0)}=0$ 可知必有 $x_{n+1}^{(0)}=\cdots=x_{n+m}^{(0)}=0$. 从而可知 $\boldsymbol{x}^{(0)}=(x_1^{(0)},x_2^{(0)},\cdots,x_n^{(0)})^{\mathrm{T}}$ 是 LP 的可行解. 又因基变量全在 $x_1,x_2,\cdots,x_n$ 之中，可知 $\overline{\boldsymbol{x}}^{(0)}$ 对应的基阵必含于系数矩阵 $\boldsymbol{A}$ 中.

(3) $z^*=0$，但基变量中含有人工变量. 设人工变量 x_{n+t} 是基变量. 则 $\overline{\boldsymbol{x}}^{(0)}$ 对应的单纯形表中基变量 x_{n+t} 所在行(设为第 s 行)对应的方程为

$$x_{n+t}+\sum_{j\in J}b_{sj}x_j+\sum_{k\in L}b_{sk}x_k=0.$$

这里，L 表示人工变量中非基变量的指标集，J 表示非人工变量中非基变量的指标集.

这时，如果所有 $b_{sj}=0\ (j\in J)$，则有

$$x_{n+t}+\sum_{k\in L}b_{sk}x_k=0.$$

这表明人工变量 x_{n+t} 可由诸人工变量 $x_k(k\in L)$ 线性表出. 从而可知，原约束方程组 $\boldsymbol{Ax}=\boldsymbol{b}$ 中，第 t 个方程可由另外一些方程(即人工变量 $x_k(k\in L)$ 对应的那些约束方程)的适当线性组合而得出. 因此，第 t 个约束方程是多余的，应当删去.

如果存在 $r\in J$，使 $b_{sr}\neq 0$ (无论是正还是负)，则以 b_{sr} 为枢元，施行 (s,r) 旋转变换，得出新单纯形表. 易知新表仍是$(\mathrm{LP})_1$ 的最优解表，但人工变量 x_{n+t} 成了非基变量，非人工变量 x_r 换成了基变量. 如果新表的基变量中还有人工变量，再重复此法. 经有限次，必能化为情形(2).

综上所述，对于不具明显可行基的问题 LP，可先解它的对应辅助问题 $(\mathrm{LP})_1$. 解的结果，或者说明原问题 LP 无可行解，或者找到 LP 的一个基可行解. 然后再从这个基可行解开始解原问题 LP. 这种求解 LP 的方法，通常称为**两阶段法**(或称为**人造基方法**). 辅助问题$(\mathrm{LP})_1$ 又称为**第一阶段问题**.

例 1 求解线性规划问题

$$\begin{aligned}
\min\quad & f=3x_1-x_3,\\
\text{s.t.}\quad & x_1+x_2+x_3+x_4=4,\\
& -2x_1+x_2-x_3=1,\\
& 3x_2+x_3+x_4=9,\\
& x_j\geqslant 0\quad (j=1,2,3,4).
\end{aligned}$$

此问题没有明显的可行基. 引进人工变量 x_5, x_6, x_7. 先解第一阶段问题:

$$\begin{aligned}
\min\quad & z = x_5 + x_6 + x_7, \\
\text{s. t.}\quad & x_1 + x_2 + x_3 + x_4 + x_5 = 4, \\
& -2x_1 + x_2 - x_3 + x_6 = 1, \\
& 3x_2 + x_3 + x_4 + x_7 = 9, \\
& x_j \geqslant 0 \quad (j = 1,2,\cdots,7).
\end{aligned}$$

以人造基为初始可行基，列出对应单纯形表，如表 2-25.

表 2-25

		x_1	x_2	x_3	x_4	x_5	x_6	x_7
f	0	-3	0	1	0	0	0	0
z	14	-1	5	1	2	0	0	0
x_5	4	1	1	1	1	1	0	0
x_6	1	-2	1^*	-1	0	0	1	0
x_7	9	0	3	1	1	0	0	1

注意表 2-25 中增添了原目标函数 f 对应的行. 目的在于使第一阶段迭代完成时，立即得出第二阶段的初始单纯形表. 在施行旋转变换时，对 f 行也作相应变换. 当得出第一阶段问题的最优解表时，把 z 行和人工变量的对应列划去，即为原问题的初始单纯形表.

再注意到表 2-25 中 z 行的元素(除人工变量列外) 恰好等于同列其余元素之和. 这一规律从表 2-24 中即可得知.

对表 2-25，首先检查 z 行中的检验数. 由于其中最大的检验数为 $\lambda_2 = 5$，故选取 x_2 为进基变量. 由于最小比值 $\theta = 1$ 在 x_6 的行达到，故选取 x_6 为离基变量. 经(2,2) 旋转变换得表 2-26.

表 2-26

		x_1	x_2	x_3	x_4	x_5	x_6	x_7
f	0	-3	0	1	0	0	0	0
z	9	9	0	6	2	0	-5	0
x_5	3	3^*	0	2	1	1	-1	0
x_2	1	-2	1	-1	0	0	1	0
x_7	6	6	0	4	1	0	-3	1

在表 2-26 中，z 行中的最大检验数为 $\lambda_1 = 9$，故选取 x_1 为进基变量. 最小比值 $\theta = 1$ 同时在两行达到，选取其中下标小的变量 x_5 为离基变量. 经 (1,1) 旋转变换得表 2-27.

表 2-27

		x_1	x_2	x_3	x_4	x_5	x_6	x_7
f	3	0	0	3	1	1	-1	0
z	0	0	0	0	-1	-3	-2	0
x_1	1	1	0	$\frac{2}{3}$	$\frac{1}{3}$	$\frac{1}{3}$	$-\frac{1}{3}$	0
x_2	3	0	1	$\frac{1}{3}$	$\frac{2}{3}$	$\frac{2}{3}$	$\frac{1}{3}$	0
x_7	0	0	0	0	-1^*	-2	-1	1

在表 2-27 中，z 行检验数已全部非正. 表 2-27 是第一阶段问题的最优解表，且最优值 $z^* = 0$. 但基变量中尚有人工变量 x_7，且有 $b_{34} = -1 \neq 0$. 故以 b_{34} 为枢元作旋转变换得表 2-28.

表 2-28

		x_1	x_2	x_3	x_4	x_5	x_6	x_7
f	3	0	0	3	0	-1	-2	1
z	0	0	0	0	0	-1	-1	-1
x_1	1	1	0	$\frac{2}{3}^*$	0	$-\frac{1}{3}$	$-\frac{2}{3}$	$\frac{1}{3}$
x_2	3	0	1	$\frac{1}{3}$	0	$-\frac{2}{3}$	$-\frac{1}{3}$	$\frac{2}{3}$
x_4	0	0	0	0	1	2	1	-1

表 2-28 也是第一阶段问题的最优解表，且基变量中已不含人工变量. 至此，第一阶段的迭代完成，把表 2-28 中的 z 行和人工变量 x_5, x_6, x_7 的对应列划去，即为原问题的初始单纯形表. 这时，由于 f 行的检验数仅有 $\lambda_3 > 0$，故选取 x_3 为进基变量. 由于最小比值 θ 仅在 x_1 的对应行达到，故选取 x_1 为离基变量，经 (1,3) 旋转变换得表 2-29.

表 2-29 中检验数全非正，即知表 2-29 是原问题的最优解表. 至此，得原问题的最优解为 $\boldsymbol{x}^* = \left(0, \frac{5}{2}, \frac{3}{2}, 0\right)^{\mathrm{T}}$，最优值为 $f^* = -\frac{3}{2}$.

表 2-29

		x_1	x_2	x_3	x_4
f	$-\frac{3}{2}$	$-\frac{9}{2}$	0	0	0
x_3	$\frac{3}{2}$	$\frac{3}{2}$	0	1	0
x_2	$\frac{5}{2}$	$-\frac{1}{2}$	1	0	0
x_4	0	0	0	0	1

例 2 求解线性规划问题

$$\begin{aligned}
\min\quad & f = 4x_1 + 3x_3,\\
\text{s.t.}\quad & \frac{1}{2}x_1 + x_2 + \frac{1}{2}x_3 - \frac{2}{3}x_4 = 2,\\
& \frac{3}{2}x_1 + \frac{3}{4}x_3 = 3,\\
& 3x_1 - 6x_2 + 4x_4 = 0,\\
& x_i \geqslant 0 \quad (i = 1,2,3,4).
\end{aligned}$$

引进人工变量 x_5,x_6,x_7. 先解第一阶段问题. 列出初始单纯形表，现采用简化单纯形表，如表 2-30. 连续迭代两次，依次得表 2-31 和表 2-32.

表 2-30

		x_1	x_2	x_3	x_4
f	0	-4	0	-3	0
z	5	5	-5	$\frac{5}{4}$	$\frac{10}{3}$
x_5	2	$\frac{1}{2}$	1	$\frac{1}{2}$	$-\frac{2}{3}$
x_6	3	$\frac{3}{2}$	0	$\frac{3}{4}$	0
x_7	0	3^*	-6	0	4

表 2-31

		x_7	x_2	x_3	x_4
f	0	$\frac{4}{3}$	-8	-3	$\frac{16}{3}$
z	5	$-\frac{5}{3}$	5	$\frac{5}{4}$	$-\frac{10}{3}$
x_5	2	$-\frac{1}{6}$	2^*	$\frac{1}{2}$	$-\frac{4}{3}$
x_6	3	$-\frac{1}{2}$	3	$\frac{3}{4}$	-2
x_1	0	$\frac{1}{3}$	-2	0	$\frac{4}{3}$

表 2-32

		x_7	x_5	x_3	x_4
f	8	$-\frac{2}{3}$	4	-1	0
z	0	$-\frac{5}{4}$	$-\frac{5}{2}$	0	0
x_2	1	$-\frac{1}{12}$	$\frac{1}{2}$	$\frac{1}{4}$	$-\frac{2}{3}$
x_6	0	$-\frac{1}{4}$	$-\frac{3}{2}$	0	0
x_1	2	$\frac{1}{6}$	1	$\frac{1}{2}$	0

表2-32是第一阶段问题的最优解表，且最优值 $z^*=0$. 但基变量中含有人工变量 x_6，且 x_6 行的对应方程为

$$x_6=\frac{3}{2}x_5+\frac{1}{4}x_7,$$

这表明原约束方程组中第二个方程是多余的(因第一个方程的 3/2 倍与第三个方程的1/4倍相加即得第二个方程)，因此将它去掉. 相应地，在表2-32中应划去 x_6 行. 这时，基变量中已不含人工变量，从而得出原问题的一个基可行解. 再将表2-32中的 z 行和 x_5，x_7 列划去，即为原问题的初始单纯形表. 此时，f 行的检验数已全非正，因此它也是原问题的最优解表.

于是得出原问题的最优解为 $\boldsymbol{x}^*=(2,1,0,0)^{\mathrm{T}}$，最优值为 $f^*=8$.

例 3 求解线性规划问题

$$\begin{aligned}\min\quad & f=3x_1+2x_2+x_3,\\ \text{s.t.}\quad & x_1+2x_2+x_3=15,\\ & 2x_1+5x_3=18,\\ & 2x_1+4x_2+x_3+x_4=10,\\ & x_j\geqslant 0\quad (j=1,2,3,4).\end{aligned}$$

注意到，系数矩阵中含有一个单位向量 $\boldsymbol{p}_4$，这时可以省去一个人工变量，即只引进两个人工变量 x_5，x_6. 于是，第一阶段问题为

$$\begin{aligned}\min\quad & z=x_5+x_6,\\ \text{s.t.}\quad & x_1+2x_2+x_3+x_5=15,\\ & 2x_1+5x_3+x_6=18,\\ & 2x_1+4x_2+x_3+x_4=10,\\ & x_j\geqslant 0\quad (j=1,2,\cdots,6).\end{aligned}$$

列出初始单纯形表(简化的)，如表2-33.

表 2-33

		x_1	x_2	x_3
f	0	-3	-2	-1
z	33	3	2	6
x_5	15	1	2	1
x_6	18	2	0	5^*
x_4	10	2	4	1

注意表 2-33 中 z 行的元素只等于人工变量 x_5,x_6 所在行的对应元素之和，而不是同列其余各元素之和. 相继迭代两次，得表 2-34 和表 2-35.

表 2-34

		x_1	x_2	x_6
f	$\frac{18}{5}$	$-\frac{13}{5}$	-2	$\frac{1}{5}$
z	$\frac{57}{5}$	$\frac{3}{5}$	2	$-\frac{6}{5}$
x_5	$\frac{57}{5}$	$\frac{3}{5}$	2	$-\frac{1}{5}$
x_3	$\frac{18}{5}$	$\frac{2}{5}$	0	$\frac{1}{5}$
x_4	$\frac{32}{5}$	$\frac{8}{5}$	4^*	$-\frac{1}{5}$

表 2-35

		x_1	x_4	x_6
f	$\frac{34}{5}$	$-\frac{9}{5}$	$\frac{1}{2}$	$\frac{1}{10}$
z	$\frac{41}{5}$	$-\frac{1}{5}$	$-\frac{1}{2}$	$-\frac{11}{10}$
x_5	$\frac{41}{5}$	$-\frac{1}{5}$	$-\frac{1}{2}$	$-\frac{1}{10}$
x_3	$\frac{18}{5}$	$\frac{2}{5}$	0	$\frac{1}{5}$
x_2	$\frac{8}{5}$	$\frac{2}{5}$	$\frac{1}{4}$	$-\frac{1}{20}$

表 2-35 是第一阶段问题的最优解表，但最优值 $z^* = \frac{41}{5} > 0$. 由此判定原问题无可行解.

习 题 2.5

用两阶段法解下列线性规划问题：

1. $\max \quad x_0 = x_1 + 5x_2 + 3x_3,$

$$\begin{aligned} \text{s.t.} \quad & x_1 + 2x_2 + x_3 = 3, \\ & 2x_1 - x_2 = 4, \\ & x_1, x_2, x_3 \geqslant 0; \end{aligned}$$

2. $\min \quad f = 4x_1 + x_2,$

$$\begin{aligned} \text{s.t.} \quad & 3x_1 + x_2 = 3, \\ & 9x_1 + 3x_2 \geqslant 6, \\ & x_1 + 2x_2 \leqslant 3, \\ & x_1, x_2 \geqslant 0; \end{aligned}$$

3. $\min \quad f = 2x_1 + 4x_2,$

$$\begin{aligned} \text{s.t.} \quad & 2x_1 - 3x_2 \geqslant 2, \\ & -x_1 + x_2 \geqslant 3, \\ & x_1, x_2 \geqslant 0. \end{aligned}$$

2.6 单纯形法的几何意义

在第一章介绍二变量线性规划问题的图解法时，我们看到，问题的最优解(如果存在)必能在可行域的顶点上找到. 本节我们将指出，这个结论对于一般的线性规划问题也是成立的. 并且还将指出，一次单纯形迭代实际上就是从可行域的一个顶点到另一个相邻顶点的转移. 为此，先来介绍 n 维向量空间 $\mathbf{R}^n$ 中的一些几何概念.

设 $\boldsymbol{x}^{(1)}, \boldsymbol{x}^{(2)} \in \mathbf{R}^n$. 称集合

$$\{\boldsymbol{x} \mid \boldsymbol{x} = (1-\alpha)\boldsymbol{x}^{(1)} + \alpha\boldsymbol{x}^{(2)},\ 0 \leqslant \alpha \leqslant 1\} \tag{2.45}$$

为 $\mathbf{R}^n$ 中的直线段，可记为$\overline{\boldsymbol{x}^{(1)}\boldsymbol{x}^{(2)}}$, $\boldsymbol{x}^{(1)}, \boldsymbol{x}^{(2)}$ 叫做此线段的端点(它们分别对应于 $\alpha = 0$ 和 $\alpha = 1$). 该线段上其余的点叫做线段的内点.

定义 1 设 $C \subset \mathbf{R}^n$. 若对于任意 $\boldsymbol{x}^{(1)}, \boldsymbol{x}^{(2)} \in C$ 和任意数 $\alpha \in (0,1)$, 有

$$(1-\alpha)\boldsymbol{x}^{(1)} + \alpha\boldsymbol{x}^{(2)} \in C,$$

则称 C 为 $\mathbf{R}^n$ 中的**凸集**.

换言之，凸集是这样的集合，其中任意两点间的直线段上的所有点都属于该集合. 如在图 2-2 中所示的两个平面集合，集 A 是 $\mathbf{R}^2$ 中的凸集，集 B 则非凸集.

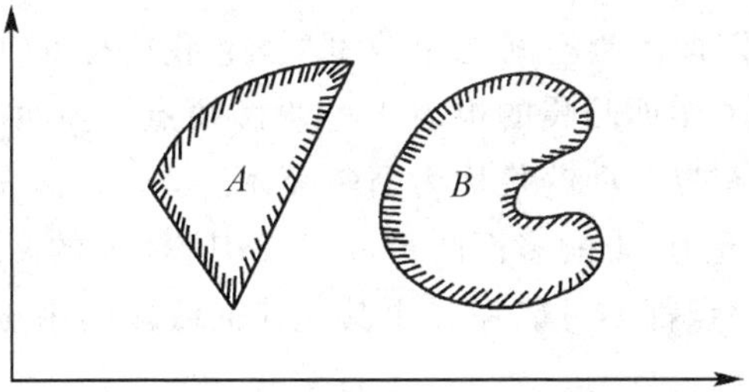

图 2-2

空集视为一个特殊凸集.

当 $0 \leqslant \alpha \leqslant 1$ 时，称向量 $(1-\alpha)\boldsymbol{x}^{(1)}+\alpha\boldsymbol{x}^{(2)}$ 为 $\boldsymbol{x}^{(1)}$ 与 $\boldsymbol{x}^{(2)}$ 的凸组合. 更一般地，设 $\boldsymbol{x}^{(i)} \in \mathbf{R}^n (i=1,2,\cdots,k)$，$\alpha_i \geqslant 0$ 且 $\sum_{i=1}^{k}\alpha_i = 1$，则称 $\sum_{i=1}^{k}\alpha_i\boldsymbol{x}^{(i)}$ 是 $\boldsymbol{x}^{(1)},\boldsymbol{x}^{(2)},\cdots,\boldsymbol{x}^{(k)}$ 的**凸组合**. 不难验证：凸集 C 中任意有限个点的凸组合仍属于 C（习题 2.6 第 5 题）.

定义 2 设 C 为 $\mathbf{R}^n$ 中的凸集，$\boldsymbol{x}^{(0)} \in C$，称 $\boldsymbol{x}^{(0)}$ 是 C 的**极点**当且仅当：如果存在 $\boldsymbol{x}^{(1)},\boldsymbol{x}^{(2)} \in C$，使

$$\boldsymbol{x}^{(0)} = (1-\alpha)\boldsymbol{x}^{(1)}+\alpha\boldsymbol{x}^{(2)}, \quad 0<\alpha<1,$$

则必有 $\boldsymbol{x}^{(1)} = \boldsymbol{x}^{(2)} = \boldsymbol{x}^{(0)}$.

换言之，凸集 C 的极点是 C 中这样的点，它不可能是 C 中任何直线段的内点. 例如，在平面上，闭正方形区域是凸集，它的极点就是该正方形的 4 个顶点；闭圆域是凸集，圆周上的任一点都是它的极点；开圆域也是凸集，但它没有极点；第一象限区域是一个凸集，它的极点只有一个，就是坐标原点；整个平面是凸集，它没有极点.

对于给定的非零向量 $\boldsymbol{a}=(a_1,a_2,\cdots,a_n)$ 和实数 β（注意这里 $\boldsymbol{a}$ 是行向量，而 $\boldsymbol{x}$ 表示列向量)，集合

$$H = \{\boldsymbol{x} \mid \boldsymbol{a}\boldsymbol{x}=\beta,\ \boldsymbol{x} \in \mathbf{R}^n\} \tag{2.46}$$

称为 $\mathbf{R}^n$ 中的**超平面**. 集合

$$H^- = \{\boldsymbol{x} \mid \boldsymbol{a}\boldsymbol{x} \leqslant \beta,\ \boldsymbol{x} \in \mathbf{R}^n\}, \tag{2.47}$$

$$H^+ = \{\boldsymbol{x} \mid \boldsymbol{a}\boldsymbol{x} \geqslant \beta,\ \boldsymbol{x} \in \mathbf{R}^n\} \tag{2.48}$$

称为 $\mathbf{R}^n$ 中的**闭半空间**，即由超平面 H 所划分的两个闭半空间. 易知，闭半空

间是闭凸集(习题 2.6 第 2 题).

对于给定的 $m\times n$ 阶矩阵 $\boldsymbol{A}$ 和 m 维列向量 $\boldsymbol{b}$，集合

$$\{\boldsymbol{x}\mid \boldsymbol{A}\boldsymbol{x}\leqslant \boldsymbol{b},\ \boldsymbol{x}\in \mathbf{R}^n\} \tag{2.49}$$

是 $\mathbf{R}^n$ 中的有限个闭半空间的交. 由于，凸集之交是凸集(习题2.6 第 3 题)，闭集之交是闭集，因此闭半空间之交是闭凸集. 我们称 $\mathbf{R}^n$ 中有限个闭半空间的交集为**多面凸集**. 多面凸集的极点也可叫做**顶点**. 多面凸集是闭凸集，但不一定是有界集. 有界多面凸集称为**凸多面体**.

定义 3 设 K 是 $\mathbf{R}^n$ 中的多面凸集，$\boldsymbol{x}^{(1)},\boldsymbol{x}^{(2)}$ 是 K 的两个极点. 如果线段 $\overline{\boldsymbol{x}^{(1)}\boldsymbol{x}^{(2)}}$ 上的任意一点都不可能是 K 中其他任何线段的内点，则称 $\boldsymbol{x}^{(1)}$ 与 $\boldsymbol{x}^{(2)}$ 是 K 的**相邻极点**.

换言之，对于多面凸集 K 的两个极点 $\boldsymbol{x}^{(1)},\boldsymbol{x}^{(2)}$，$\boldsymbol{x}^{(1)}$ 与 $\boldsymbol{x}^{(2)}$ 相邻当且仅当：$\boldsymbol{x}^{(1)}\neq \boldsymbol{x}^{(2)}$，且任取 $\boldsymbol{x}^{(0)}\in\overline{\boldsymbol{x}^{(1)}\boldsymbol{x}^{(2)}}$，若存在 $\boldsymbol{x}^{(3)},\boldsymbol{x}^{(4)}\in K$，使得

$$\boldsymbol{x}^{(0)}=(1-\alpha)\boldsymbol{x}^{(3)}+\alpha\boldsymbol{x}^{(4)},\quad 0<\alpha<1,$$

则必有 $\boldsymbol{x}^{(3)},\boldsymbol{x}^{(4)}\in\overline{\boldsymbol{x}^{(1)}\boldsymbol{x}^{(2)}}$.

具体到线性规划问题的可行解集，有下面的一些结论成立.

定理 2.9 任意一个线性规划问题的可行解集是一个闭凸集，并且是多面凸集.

证 任一线性规划问题的约束条件是由有限个形如

$$a_{i1}x_1+a_{i2}x_2+\cdots+a_{in}x_n\leqslant b_i\quad(\text{或}\geqslant b_i)$$

的线性不等式和形如

$$a_{k1}x_1+a_{k2}x_2+\cdots+a_{kn}x_n=b_k$$

的线性方程式以及非负性条件 $x_j\geqslant 0$ 所组成的. 由于，集合

$$\{\boldsymbol{x}\mid \boldsymbol{a}_i\boldsymbol{x}\leqslant b_i\},\quad \{\boldsymbol{x}\mid \boldsymbol{a}_i\boldsymbol{x}\geqslant b_i\}$$

是 $\mathbf{R}^n$ 中的闭半空间，其中 $\boldsymbol{a}_i=(a_{i1},a_{i2},\cdots,a_{in})$；集合

$$\{\boldsymbol{x}\mid x_j\geqslant 0\}=\{\boldsymbol{x}\mid \boldsymbol{e}_j\boldsymbol{x}\geqslant 0\}$$

也是 $\mathbf{R}^n$ 中的闭半空间，其中 $\boldsymbol{e}_j$ 表示第 j 个分量等于 1 的 n 维单位行向量；又有

$$\{\boldsymbol{x}\mid \boldsymbol{a}_k\boldsymbol{x}=b_k\}=\{\boldsymbol{x}\mid \boldsymbol{a}_k\boldsymbol{x}\leqslant b_k\}\cap\{\boldsymbol{x}\mid \boldsymbol{a}_k\boldsymbol{x}\geqslant b_k\},$$

即 $\mathbf{R}^n$ 中的超平面是两个闭半空间的交，所以，任何线性规划问题的可行解集是 $\mathbf{R}^n$ 中有限个闭半空间的交. 即知可行解集是多面凸集，当然也是闭凸集.

■

定理 2.10 设 K 为标准线性规划问题 LP 的可行解集，则 $\boldsymbol{x}^{(0)}$ 是 K 的极点的充要条件是：$\boldsymbol{x}^{(0)}$ 是 LP 的基可行解.

证 必要性. $\boldsymbol{x}^{(0)}$ 是 K 的极点，则 $\boldsymbol{x}^{(0)}$ 是 LP 的可行解. 若 $\boldsymbol{x}^{(0)}$ 不是 LP 的基解，由定理 2.1，$\boldsymbol{x}^{(0)}$ 的非零分量 $x_{i_1}^{(0)}, x_{i_2}^{(0)}, \cdots, x_{i_r}^{(0)}$ 所对应的系数列向量 $\boldsymbol{p}_{i_1}, \boldsymbol{p}_{i_2}, \cdots, \boldsymbol{p}_{i_r}$ 必线性相关. 即存在一组不全为零的数 $\delta_{i_k}\ (k=1,2,\cdots,r)$，使

$$\sum_{k=1}^{r}\delta_{i_k}\boldsymbol{p}_{i_k}=\boldsymbol{0}.$$

令 $\boldsymbol{\delta}=(\delta_1,\delta_2,\cdots,\delta_n)^{\mathrm{T}}$，其分量

$$\delta_j=\begin{cases}\delta_{i_k}, & \text{当 } j=i_k,\ k=1,2,\cdots,r;\\ 0, & \text{当 } j\neq i_k,\ k=1,2,\cdots,r.\end{cases}$$

并令

$$\boldsymbol{x}^{(1)}=\boldsymbol{x}^{(0)}+\varepsilon\boldsymbol{\delta},\quad \boldsymbol{x}^{(2)}=\boldsymbol{x}^{(0)}-\varepsilon\boldsymbol{\delta},$$

其中

$$\varepsilon=\min\left\{\frac{x_{i_k}^{(0)}}{|\delta_{i_k}|}\,\middle|\,\delta_{i_k}\neq 0,\ k=1,2,\cdots,r\right\}.$$

则 $\boldsymbol{x}^{(1)},\boldsymbol{x}^{(2)}\in K$；且由 $\boldsymbol{\delta}\neq\boldsymbol{0}$ 和 $\varepsilon>0$ 可知 $\boldsymbol{x}^{(1)}\neq\boldsymbol{x}^{(2)}$；而

$$\boldsymbol{x}^{(0)}=\frac{1}{2}\boldsymbol{x}^{(1)}+\frac{1}{2}\boldsymbol{x}^{(2)}.$$

这与 $\boldsymbol{x}^{(0)}$ 是 K 的极点相矛盾. 所以 $\boldsymbol{x}^{(0)}$ 必为 LP 的基可行解.

充分性. $\boldsymbol{x}^{(0)}$ 是 LP 的基可行解. 设对应基阵 $\boldsymbol{B}=(\boldsymbol{p}_{j_1},\boldsymbol{p}_{j_2},\cdots,\boldsymbol{p}_{j_m})$. 如果存在 $\boldsymbol{x}^{(1)},\boldsymbol{x}^{(2)}\in K$，使

$$\boldsymbol{x}^{(0)}=(1-\alpha)\boldsymbol{x}^{(1)}+\alpha\boldsymbol{x}^{(2)},\quad 0<\alpha<1,$$

则由分量 $x_j^{(0)}=0\ (j\neq j_k,\ k=1,2,\cdots,m)$ 可知

$$x_j^{(1)}=x_j^{(2)}=0\quad (j\neq j_k,\ k=1,2,\cdots,m).$$

又由 $\boldsymbol{A}\boldsymbol{x}^{(1)}=\boldsymbol{b}$ 和 $\boldsymbol{A}\boldsymbol{x}^{(2)}=\boldsymbol{b}$ 可知

$$\sum_{k=1}^{m}x_{j_k}^{(1)}\boldsymbol{p}_{j_k}=\boldsymbol{b},\quad \sum_{k=1}^{m}x_{j_k}^{(2)}\boldsymbol{p}_{j_k}=\boldsymbol{b}.$$

再由向量组 $\boldsymbol{p}_{j_1},\boldsymbol{p}_{j_2},\cdots,\boldsymbol{p}_{j_m}$ 线性无关，可知

$$x_{j_k}^{(1)}=x_{j_k}^{(2)}\quad (k=1,2,\cdots,m).$$

从而得出 $\boldsymbol{x}^{(1)}=\boldsymbol{x}^{(2)}=\boldsymbol{x}^{(0)}$. 所以 $\boldsymbol{x}^{(0)}$ 是 K 的极点. ∎

定理 2.11 设对 LP 施行一次单纯形迭代时，从基可行解 $\boldsymbol{x}^{(1)}$ 转换到 $\boldsymbol{x}^{(2)}$，且知 $\boldsymbol{x}^{(1)}$ 是非退化的，则 $\boldsymbol{x}^{(1)}$ 与 $\boldsymbol{x}^{(2)}$ 是 LP 的可行解集 K 的相邻极点.

证 设 $\boldsymbol{x}^{(1)}$ 对应典式中的约束方程组为

$$x_{j_i}=x_{j_i}^{(1)}-\sum_{j\in R}b_{ij}x_j\quad (i=1,2,\cdots,m),\tag{2.50}$$

并设迭代时，进基变量为 x_r，离基变量为 x_{j_s}. 则由单纯形迭代规则可知，$\boldsymbol{x}^{(2)}$ 的分量满足下列关系：

$$x_r^{(2)} = \frac{x_{j_s}^{(1)}}{b_{sr}}, \tag{2.51}$$

$$x_j^{(2)} = 0 \quad (j \in R\backslash\{r\}),$$

$$x_{j_i}^{(2)} = x_{j_i}^{(1)} - b_{ir}\frac{x_{j_s}^{(1)}}{b_{sr}} \quad (i = 1,2,\cdots,m). \tag{2.52}$$

因 $\boldsymbol{x}^{(1)}$ 非退化，所以 $x_{j_s}^{(1)} > 0$，从而知 $\boldsymbol{x}^{(2)} \neq \boldsymbol{x}^{(1)}$.

任取 $\boldsymbol{x}^{(0)} \in \overline{\boldsymbol{x}^{(1)}\boldsymbol{x}^{(2)}}$，即

$$\boldsymbol{x}^{(0)} = (1-\gamma)\boldsymbol{x}^{(1)} + \gamma\boldsymbol{x}^{(2)}, \quad 0 \leqslant \gamma \leqslant 1, \tag{2.53}$$

若存在 $\boldsymbol{x}^{(3)}, \boldsymbol{x}^{(4)} \in K$，使

$$\boldsymbol{x}^{(0)} = (1-\alpha)\boldsymbol{x}^{(3)} + \alpha\boldsymbol{x}^{(4)}, \quad 0 < \alpha < 1, \tag{2.54}$$

下面来证明 $\boldsymbol{x}^{(3)}, \boldsymbol{x}^{(4)} \in \overline{\boldsymbol{x}^{(1)}\boldsymbol{x}^{(2)}}$.

由 $x_j^{(1)} = x_j^{(2)} = 0 \ (j \in R\backslash\{r\})$ 和(2.53)可知

$$x_j^{(0)} = 0 \quad (j \in R\backslash\{r\}).$$

又由(2.54)知

$$(1-\alpha)x_j^{(3)} + \alpha x_j^{(4)} = 0 \quad (j \in R\backslash\{r\}).$$

再注意到 $\boldsymbol{x}^{(3)} \geqslant \boldsymbol{0}$，$\boldsymbol{x}^{(4)} \geqslant \boldsymbol{0}$，以及 $0 < \alpha < 1$，便可得知

$$x_j^{(3)} = x_j^{(4)} = 0 \quad (j \in R\backslash\{r\}). \tag{2.55}$$

由(2.50)和(2.55)有

$$x_{j_i}^{(3)} = x_{j_i}^{(1)} - \sum_{j\in R} b_{ij}x_j^{(3)} = x_{j_i}^{(1)} - b_{ir}x_r^{(3)} \quad (i = 1,2,\cdots,m). \tag{2.56}$$

再由 $\boldsymbol{x}^{(3)} \geqslant \boldsymbol{0}$，可知

$$x_{j_i}^{(1)} - b_{ir}x_r^{(3)} \geqslant 0 \quad (i = 1,2,\cdots,m).$$

再注意到 x_{j_s} 是离基变量和式(2.51)，可得

$$0 \leqslant x_r^{(3)} \leqslant \min\left\{\frac{x_{j_i}^{(1)}}{b_{ir}}\,\middle|\, b_{ir} > 0,\ i = 1,2,\cdots,m\right\} = \frac{x_{j_s}^{(1)}}{b_{sr}} = x_r^{(2)}.$$

从而必有某数 β，$0 \leqslant \beta \leqslant 1$，使

$$x_r^{(3)} = \beta x_r^{(2)}. \tag{2.57}$$

由(2.56)，(2.51)和(2.52)可得

$$\begin{aligned} x_{j_i}^{(3)} &= x_{j_i}^{(1)} - b_{ir}\beta x_r^{(2)} = x_{j_i}^{(1)} - \beta b_{ir}\frac{x_{j_s}^{(1)}}{b_{sr}} \\ &= x_{j_i}^{(1)} - \beta(x_{j_i}^{(1)} - x_{j_i}^{(2)}) \\ &= (1-\beta)x_{j_i}^{(1)} + \beta x_{j_i}^{(2)} \quad (i = 1,2,\cdots,m). \end{aligned} \tag{2.58}$$

由 $x_r^{(1)}=0$ 和(2.57)，可知

$$x_r^{(3)}=(1-\beta)x_r^{(1)}+\beta x_r^{(2)}. \tag{2.59}$$

再注意到 $x_j^{(1)}=x_j^{(2)}=x_j^{(3)}=0\ (j\in R\backslash\{r\})$，所以有

$$x_j^{(3)}=(1-\beta)x_j^{(1)}+\beta x_j^{(2)}\quad (j\in R\backslash\{r\}). \tag{2.60}$$

综合(2.58),(2.59) 和(2.60)，即得

$$\boldsymbol{x}^{(3)}=(1-\beta)\boldsymbol{x}^{(1)}+\beta\boldsymbol{x}^{(2)},\quad 0\leqslant\beta\leqslant 1,$$

即知 $\boldsymbol{x}^{(3)}\in\overline{\boldsymbol{x}^{(1)}\boldsymbol{x}^{(2)}}$. 同理可知 $\boldsymbol{x}^{(4)}\in\overline{\boldsymbol{x}^{(1)}\boldsymbol{x}^{(2)}}$. 这就证明了 $\boldsymbol{x}^{(1)}$ 与 $\boldsymbol{x}^{(2)}$ 是相邻极点. ∎

总括本章的定理，得知下述结论：

线性规划问题LP的可行解集 K 是 $\mathbf{R}^n$ 中的多面凸集，若 K 不空，则必有极点，且极点个数有限. 若 LP 有最优解，则必能在 K 的极点中找到最优解. 单纯形法的迭代过程，就是从 K 的一个极点向另一个相邻极点的相继转换过程，使目标函数值逐步改进，直至得出最优解或判定问题无最优解.

上面说 LP 的可行解集 $K=\{\boldsymbol{x}\in\mathbf{R}^n\mid \boldsymbol{Ax}=\boldsymbol{b},\ \boldsymbol{x}\geqslant\boldsymbol{0}\}$ 是 $\mathbf{R}^n$ 中的多面凸集，实际上也可视 K 为 $\mathbf{R}^{n-m}$ 中的多面凸集. 因 $\boldsymbol{A}$ 的秩为 m，不妨设 $\boldsymbol{A}$ 的最后 m 列线性无关，由它们组成基阵 $\boldsymbol{B}$. 约束方程组 $\boldsymbol{Ax}=\boldsymbol{b}$ 两端同乘 $\boldsymbol{B}^{-1}$ 后变为如下形式：

$$x_i=b_{i0}-\sum_{j=1}^{n-m}b_{ij}x_j,\quad i=n-m+1,\cdots,n. \tag{2.61}$$

依这一关系，原约束条件 $\boldsymbol{Ax}=\boldsymbol{b}$，$\boldsymbol{x}\geqslant\boldsymbol{0}$ 等价于下列不等式组：

$$\left.\begin{aligned} b_{i0}-\sum_{j=1}^{n-m}b_{ij}x_j\geqslant 0,&\quad i=n-m+1,\cdots,n,\\ x_j\geqslant 0,&\quad j=1,2,\cdots,n-m,\end{aligned}\right\} \tag{2.62}$$

而(2.62) 正好确定了 $\mathbf{R}^{n-m}$ 中的一个多面凸集，记为 $\widetilde{K}$. 并且可以证明，LP 的基可行解与 $\widetilde{K}$ 的顶点一一对应(见本章复习题第 17 题).

例 考虑下列线性规划问题：

$$\begin{aligned} \min\quad & f=2x_2+x_4+5x_7,\\ \text{s. t.}\quad & x_1+x_2+x_3+x_4=4,\\ & x_1+x_5=2,\\ & x_3+x_6=3,\\ & 3x_2+x_3+x_7=6,\\ & x_i\geqslant 0\quad (i=1,2,\cdots,7).\end{aligned}$$

用单纯形法求解. 以 $\boldsymbol{x}^{(1)}=(0,0,0,4,2,3,6)^{\mathrm{T}}$ 为初始基可行解，对应单

纯形表如表 2-36. 迭代一次得

$$\boldsymbol{x}^{(2)}=(0,2,0,2,2,3,0)^{\mathrm{T}},$$

对应单纯形表如表 2-37. 再迭代一次得

$$\boldsymbol{x}^{(3)}=(0,1,3,0,2,0,0)^{\mathrm{T}},$$

对应单纯形表如表 2-38. $\boldsymbol{x}^{(3)}$ 是问题的最优解.

表 2-36

		x_1	x_2	x_3
f	34	1	14	6
x_4	4	1	1	1
x_5	2	1	0	0
x_6	3	0	0	1
x_7	6	0	3^*	1

表 2-37

		x_1	x_7	x_3
f	6	1	$-\frac{14}{3}$	$\frac{4}{3}$
x_4	2	1	$-\frac{1}{3}$	$\frac{2}{3}^*$
x_5	2	1	0	0
x_6	3	0	0	1
x_2	2	0	$\frac{1}{3}$	$\frac{1}{3}$

表 2-38

		x_1	x_7	x_4
f	2	-1	-4	-2
x_3	3	$\frac{3}{2}$	$-\frac{1}{2}$	$\frac{3}{2}$
x_5	2	1	0	0
x_6	0	$-\frac{3}{2}$	$\frac{1}{2}$	$-\frac{3}{2}$
x_2	1	$-\frac{1}{2}$	$\frac{1}{2}$	$-\frac{1}{2}$

原问题等价于如下问题：

$$
\begin{aligned}
\min \quad & f = 34 - x_1 - 14x_2 - 6x_3, \\
\text{s.t.} \quad & x_1 + x_2 + x_3 \leqslant 4, \\
& x_1 \leqslant 2, \\
& x_3 \leqslant 3, \\
& 3x_2 + x_3 \leqslant 6, \\
& x_1 \geqslant 0,\ x_2 \geqslant 0,\ x_3 \geqslant 0.
\end{aligned}
$$

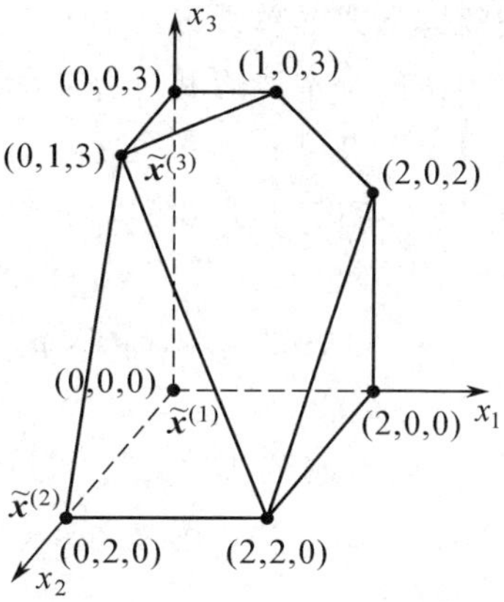

图 2-3

上述 7 个不等式确定了 $\mathbf{R}^3$ 中一个多面凸集 P，如图 2-3 所示. P 的每一个顶点对应于原线性规划问题的一个基可行解. 上述单纯形迭代过程，从图形上看，就是从 P 的顶点 $\tilde{\boldsymbol{x}}^{(1)} = (0,0,0)^{\mathrm{T}}$ 向顶点 $\tilde{\boldsymbol{x}}^{(2)} = (0,2,0)^{\mathrm{T}}$，再向顶点 $\tilde{\boldsymbol{x}}^{(3)} = (0,1,3)^{\mathrm{T}}$ 的转移过程.

习　题　2.6

1. 按凸集定义验证标准线性规划问题 LP 的可行解集 K 是凸集.
2. 证明：$\mathbf{R}^n$ 中的闭半空间是闭凸集.
3. 证明：$\mathbf{R}^n$ 中任意一族凸集的交集仍为凸集.
4. 设 C 和 D 是 $\mathbf{R}^n$ 中的两个凸集，证明下列集合都是 $\mathbf{R}^n$ 中的凸集：

$$
\begin{aligned}
C + D &= \{\boldsymbol{z} \mid \boldsymbol{z} = \boldsymbol{x} + \boldsymbol{y},\ \boldsymbol{x} \in C,\ \boldsymbol{y} \in D\}, \\
C - D &= \{\boldsymbol{z} \mid \boldsymbol{z} = \boldsymbol{x} - \boldsymbol{y},\ \boldsymbol{x} \in C,\ \boldsymbol{y} \in D\}, \\
\lambda C &= \{\boldsymbol{z} \mid \boldsymbol{z} = \lambda \boldsymbol{x},\ \boldsymbol{x} \in C\},
\end{aligned}
$$

其中 λ 是任一实数.

5. 证明：凸集 C（$\in \mathbf{R}^n$）中任意有限个点的凸组合仍属于 C.
6. 设 C 为凸集，$\boldsymbol{x}^{(0)} \in C$. 试证明：若 $C \setminus \{\boldsymbol{x}^{(0)}\}$ 为凸集，则 $\boldsymbol{x}^{(0)}$ 必是 C 的一个极点.

2.7　改进单纯形法

按前述单纯形法解算 LP 时，每次迭代，单纯形表上的所有数据都参与运算. 实际上，其中有些运算是不必要的. 如果直接按这种方法编制程序上计算机解题，会在存储量和计算量方面造成浪费，所谓**改进单纯形法**(或称为**逆矩阵形式的单纯形法**）便是针对这一问题提出来的. 下面就来介绍改进单纯形法的基本思想和计算步骤.

设 $\boldsymbol{x}^{(0)}$ 为 LP 的基可行解，对应基 $\boldsymbol{B}=(\boldsymbol{p}_{j_1},\boldsymbol{p}_{j_2},\cdots,\boldsymbol{p}_{j_m})$. 单纯形表 $T(\boldsymbol{B})$ 中元素的记号也与以前相同. 回顾单纯形法的计算步骤，可以看出，对 $T(\boldsymbol{B})$ 进行单纯形迭代时，我们所关心的只是下面这些数据：

（ⅰ） 检验数 $\lambda_j=\boldsymbol{c_B}\boldsymbol{B}^{-1}\boldsymbol{p}_j-c_j\,(j\in R)$，并由检验数确定进基变量的下标 r.

（ⅱ） 旋转列 $\boldsymbol{B}^{-1}\boldsymbol{p}_r=(b_{1r},b_{2r},\cdots,b_{mr})^{\mathrm{T}}$ 和常数列（亦即解列）$\boldsymbol{B}^{-1}\boldsymbol{b}=(b_{10},b_{20},\cdots,b_{m0})^{\mathrm{T}}$，并由这两列元素按最小比值法则确定离基变量的下标 j_s 及对应行标 s.

确定了 r,s 后，就可以换基，新基为

$$\overline{\boldsymbol{B}}=(\boldsymbol{p}_{j_1},\cdots,\boldsymbol{p}_{j_{s-1}},\boldsymbol{p}_r,\boldsymbol{p}_{j_{s+1}},\cdots,\boldsymbol{p}_{j_m}).$$

注意到上述数据，只要知道了 $\boldsymbol{B}^{-1}$，就可直接由问题的初始数据计算出来，因此，若能从 $\boldsymbol{B}^{-1}$ 直接求得 $\overline{\boldsymbol{B}}^{-1}$，则一次迭代就告完成，因为在新基 $\overline{\boldsymbol{B}}$ 下我们所关心的数据又可同样算出. 下面来看，如何由 $\boldsymbol{B}^{-1}$ 去求 $\overline{\boldsymbol{B}}^{-1}$.

由

$$\boldsymbol{B}^{-1}\boldsymbol{B}=(\boldsymbol{B}^{-1}\boldsymbol{p}_{j_1},\cdots,\boldsymbol{B}^{-1}\boldsymbol{p}_{j_s},\cdots,\boldsymbol{B}^{-1}\boldsymbol{p}_{j_m})=\boldsymbol{I}_m$$

和

$$\boldsymbol{B}^{-1}\boldsymbol{p}_r=(b_{1r},\cdots,b_{sr},\cdots,b_{mr})^{\mathrm{T}}$$

可知

$$\boldsymbol{B}^{-1}\overline{\boldsymbol{B}}=(\boldsymbol{B}^{-1}\boldsymbol{p}_{j_1},\cdots,\boldsymbol{B}^{-1}\boldsymbol{p}_{j_{s-1}},\boldsymbol{B}^{-1}\boldsymbol{p}_r,\boldsymbol{B}^{-1}\boldsymbol{p}_{j_{s+1}},\cdots,\boldsymbol{B}^{-1}\boldsymbol{p}_{j_m})$$

$$=\begin{pmatrix}1&\cdots&0&b_{1r}&0&\cdots&0\\ \vdots&&\vdots&\vdots&\vdots&&\vdots\\ 0&\cdots&1&b_{s-1,r}&0&\cdots&0\\ 0&\cdots&0&b_{sr}&0&\cdots&0\\ 0&\cdots&0&b_{s+1,r}&1&\cdots&0\\ \vdots&&\vdots&\vdots&\vdots&&\vdots\\ 0&\cdots&0&b_{mr}&0&\cdots&1\end{pmatrix}\text{（第 } s \text{ 行）}. \qquad (2.63)$$

（第 s 列）

把(2.63)中的矩阵记为 $\boldsymbol{I}_{sr}$. 把单位矩阵 $\boldsymbol{I}_m$ 的第 s 列换成旋转列 $\boldsymbol{B}^{-1}\boldsymbol{p}_r$ 即得 $\boldsymbol{I}_{sr}$. 在上式两端左乘以矩阵 $\boldsymbol{I}_{sr}^{-1}$，再右乘以矩阵 $\overline{\boldsymbol{B}}^{-1}$，即得

$$\overline{\boldsymbol{B}}^{-1}=\boldsymbol{I}_{sr}^{-1}\boldsymbol{B}^{-1}.$$

记 $\boldsymbol{E}_{sr}=\boldsymbol{I}_{sr}^{-1}$，并称之为**初等变换矩阵**. 易知

$$
\boldsymbol{E}_{sr}=\begin{pmatrix}
1 & \cdots & 0 & -\dfrac{b_{1r}}{b_{sr}} & 0 & \cdots & 0 \\
\vdots & & \vdots & \vdots & \vdots & & \vdots \\
0 & \cdots & 1 & -\dfrac{b_{s-1,r}}{b_{sr}} & 0 & \cdots & 0 \\
0 & \cdots & 0 & \dfrac{1}{b_{sr}} & 0 & \cdots & 0 \\
0 & \cdots & 0 & -\dfrac{b_{s+1,r}}{b_{sr}} & 1 & \cdots & 0 \\
\vdots & & \vdots & \vdots & \vdots & & \vdots \\
0 & \cdots & 0 & -\dfrac{b_{mr}}{b_{sr}} & 0 & \cdots & 1
\end{pmatrix}\text{（第 } s \text{ 行）}, \qquad (2.64)
$$

（第 s 列）

即得计算公式：

$$\overline{\boldsymbol{B}}^{-1}=\boldsymbol{E}_{sr}\boldsymbol{B}^{-1}. \qquad (2.65)$$

至此可见，确定了 r,s 后，便可按(2.64)形成初等变换矩阵 $\boldsymbol{E}_{sr}$，然后按(2.65)，即可求出新基的逆 $\overline{\boldsymbol{B}}^{-1}$.

对应于新基的常数列(即解列)也可按如下的变换关系计算：

$$\boldsymbol{x}_{\overline{\boldsymbol{B}}}=\overline{\boldsymbol{B}}^{-1}\boldsymbol{b}=\boldsymbol{E}_{sr}\boldsymbol{B}^{-1}\boldsymbol{b}=\boldsymbol{E}_{sr}\boldsymbol{x}_{\boldsymbol{B}}.$$

现在把改进单纯形法的计算步骤表述如下：

设已知 LP 的一个可行基 $\boldsymbol{B}=(\boldsymbol{p}_{j_1},\boldsymbol{p}_{j_2},\cdots,\boldsymbol{p}_{j_m})$ 和 $\boldsymbol{B}^{-1}$，并算出

$$\boldsymbol{x}_{\boldsymbol{B}}=\boldsymbol{B}^{-1}\boldsymbol{b}=(b_{10},b_{20},\cdots,b_{m0})^{\mathrm{T}}.$$

步骤 1 计算向量 $\boldsymbol{\pi}=\boldsymbol{c}_{\boldsymbol{B}}\boldsymbol{B}^{-1}$(称 $\boldsymbol{\pi}$ 为对应于基 $\boldsymbol{B}$ 的**单纯形乘子向量**).

步骤 2 按下标顺序依次计算检验数 $\lambda_j=\boldsymbol{\pi}\boldsymbol{p}_j-c_j$. 若所有 $\lambda_j\leqslant 0$，则终止计算，$\boldsymbol{B}$ 为最优基；否则，确定 $r=\min\{j\mid\lambda_j>0\}$ (这里是按 Bland 规则，也可按最大检验数法则确定 r)，转下一步.

步骤 3 计算旋转列 $\boldsymbol{B}^{-1}\boldsymbol{p}_r=(b_{1r},b_{2r},\cdots,b_{mr})^{\mathrm{T}}$. 若 $\boldsymbol{B}^{-1}\boldsymbol{p}_r\leqslant\boldsymbol{0}$，则终止计算，问题无最优解；否则，转下一步.

步骤 4 求出

$$j_s=\min\left\{j_t\,\middle|\,\frac{b_{t0}}{b_{tr}}=\min_{b_{ir}>0}\left\{\frac{b_{i0}}{b_{ir}}\right\}\right\}$$

及对应行标 s. 从而得知新基 $\overline{\boldsymbol{B}}=(\boldsymbol{p}_{j_1},\cdots,\boldsymbol{p}_{j_{s-1}},\boldsymbol{p}_r,\boldsymbol{p}_{j_{s+1}},\cdots,\boldsymbol{p}_{j_m})$. 接下一步.

步骤 5 按(2.64)形成初等变换矩阵 $\boldsymbol{E}_{sr}$，即把单位矩阵 $\boldsymbol{I}_m$ 的第 s 列换成

$$\left(-\frac{b_{1r}}{b_{sr}},\cdots,-\frac{b_{s-1,r}}{b_{sr}},\frac{1}{b_{sr}},-\frac{b_{s+1,r}}{b_{sr}},\cdots,-\frac{b_{mr}}{b_{sr}}\right)^{\mathrm{T}},$$

便得出 $\boldsymbol{E}_{sr}$. 接下一步.

步骤 6 计算

$$\overline{\boldsymbol{B}}^{-1}=\boldsymbol{E}_{sr}\boldsymbol{B}^{-1},\quad \boldsymbol{x}_{\overline{\boldsymbol{B}}}=\boldsymbol{E}_{sr}\boldsymbol{x}_{\boldsymbol{B}}.$$

然后用 $\overline{\boldsymbol{B}},\overline{\boldsymbol{B}}^{-1},\boldsymbol{x}_{\overline{\boldsymbol{B}}}$ 分别代替 $\boldsymbol{B},\boldsymbol{B}^{-1},\boldsymbol{x}_{\boldsymbol{B}}$，返回步骤 1.

例 求解线性规划问题

$$\begin{aligned}\min\quad & f=-2x_1-x_2,\\ \text{s.t.}\quad & x_1+x_2+x_3=5,\\ & -x_1+x_2+x_4=0,\\ & 6x_1+2x_2+x_5=21,\\ & x_j\geqslant 0\quad (j=1,2,\cdots,5).\end{aligned}$$

初始数据为 $\boldsymbol{c}=(-2,-1,0,0,0)$，

$$\boldsymbol{A}=\begin{pmatrix}1&1&1&0&0\\-1&1&0&1&0\\6&2&0&0&1\end{pmatrix},\quad \boldsymbol{b}=\begin{pmatrix}5\\0\\21\end{pmatrix},$$

取初始可行基 $\boldsymbol{B}_0=(\boldsymbol{p}_3,\boldsymbol{p}_4,\boldsymbol{p}_5)$，$\boldsymbol{B}_0^{-1}=\boldsymbol{I}_3$，$\boldsymbol{c}_{\boldsymbol{B}_0}=(0,0,0)$，

$$\boldsymbol{x}_{\boldsymbol{B}_0}=\begin{pmatrix}x_3^{(0)}\\x_4^{(0)}\\x_5^{(0)}\end{pmatrix}=\begin{pmatrix}5\\0\\21\end{pmatrix}.$$

第一次迭代：

1. $\boldsymbol{\pi}=\boldsymbol{c}_{\boldsymbol{B}_0}\boldsymbol{B}_0^{-1}=(0,0,0)$.

2. $\lambda_1=\boldsymbol{\pi}\boldsymbol{p}_1-c_1=2$，故 $r=1$.

3. $\boldsymbol{B}_0^{-1}\boldsymbol{p}_1=(1,-1,6)^{\mathrm{T}}$.

4. $\min\left\{\frac{5}{1},\frac{21}{6}\right\}=\frac{21}{6}$，故 $s=3$，$j_s=5$. 得新基 $\boldsymbol{B}_1=(\boldsymbol{p}_3,\boldsymbol{p}_4,\boldsymbol{p}_1)$. $\boldsymbol{c}_{\boldsymbol{B}_1}=(0,0,-2)$.

5. $\boldsymbol{E}_{31}=\begin{pmatrix}1&0&-1/6\\0&1&1/6\\0&0&1/6\end{pmatrix}$.

6. $\boldsymbol{B}_1^{-1}=\boldsymbol{E}_{31}\boldsymbol{B}_0^{-1}=\begin{pmatrix}1&0&-1/6\\0&1&1/6\\0&0&1/6\end{pmatrix}$，$\boldsymbol{x}_{\boldsymbol{B}_1}=\begin{pmatrix}x_3^{(1)}\\x_4^{(1)}\\x_1^{(1)}\end{pmatrix}=\boldsymbol{E}_{31}\boldsymbol{x}_{\boldsymbol{B}_0}=\begin{pmatrix}3/2\\7/2\\7/2\end{pmatrix}$.

第二次迭代：

1. $\boldsymbol{\pi}=\boldsymbol{c}_{\boldsymbol{B}_1}\boldsymbol{B}_1^{-1}=\left(0,0,-\dfrac{1}{3}\right)$.

2. $\lambda_2=\boldsymbol{\pi}\boldsymbol{p}_2-c_2=\dfrac{1}{3}$，故 $r=2$.

3. $\boldsymbol{B}_1^{-1}\boldsymbol{p}_2=\begin{pmatrix}1&0&-1/6\\0&1&1/6\\0&0&1/6\end{pmatrix}\begin{pmatrix}1\\1\\2\end{pmatrix}=\begin{pmatrix}2/3\\4/3\\1/3\end{pmatrix}$.

4. $\min\left\{\dfrac{3/2}{2/3},\dfrac{7/2}{4/3},\dfrac{7/2}{1/3}\right\}=\dfrac{9}{4}$，故知 $s=1$，$j_s=3$. 得 $\boldsymbol{B}_2=(\boldsymbol{p}_2,\boldsymbol{p}_4,\boldsymbol{p}_1)$，$\boldsymbol{c}_{\boldsymbol{B}_2}=(-1,0,-2)$.

5. $\boldsymbol{E}_{12}=\begin{pmatrix}3/2&0&0\\-2&1&0\\-1/2&0&1\end{pmatrix}$.

6. $\boldsymbol{B}_2^{-1}=\boldsymbol{E}_{12}\boldsymbol{B}_1^{-1}=\begin{pmatrix}3/2&0&-1/4\\-2&1&1/2\\-1/2&0&1/4\end{pmatrix}$,

$$\boldsymbol{x}_{\boldsymbol{B}_2}=\begin{pmatrix}x_2^{(2)}\\x_4^{(2)}\\x_1^{(2)}\end{pmatrix}=\boldsymbol{E}_{12}\boldsymbol{x}_{\boldsymbol{B}_1}=\begin{pmatrix}9/4\\1/2\\11/4\end{pmatrix}.$$

第三次迭代：

1. $\boldsymbol{\pi}=\boldsymbol{c}_{\boldsymbol{B}_2}\boldsymbol{B}_2^{-1}=\left(-\dfrac{1}{2},0,-\dfrac{1}{4}\right)$.

2. $\lambda_3=\boldsymbol{\pi}\boldsymbol{p}_3-c_3=-\dfrac{1}{2}$，$\lambda_5=\boldsymbol{\pi}\boldsymbol{p}_5-c_5=-\dfrac{1}{4}$. 即知所有$\lambda_j\leqslant 0$. 迭代终止. $\boldsymbol{B}_2$ 为最优基. 得问题的最优解为

$$\boldsymbol{x}^*=\left(\frac{11}{4},\frac{9}{4},0,\frac{1}{2},0\right)^{\mathrm{T}},$$

最优值为 $f^*=-2\times\dfrac{11}{4}-\dfrac{9}{4}=-\dfrac{31}{4}$.

习 题 2.7

1. 将线性规划问题：

$$\min\quad f=3x_1+2x_2-6x_3,$$

$$
\begin{aligned}
\text{s.t.}\quad & 2x_1 - x_2 + 2x_3 \leqslant 2, \\
& x_1 \qquad + 4x_3 \leqslant 3, \\
& x_1, x_2, x_3 \geqslant 0
\end{aligned}
$$

表示为矩阵形式，并利用基$\boldsymbol{B}=(\boldsymbol{p}_1,\boldsymbol{p}_3)$的逆$\boldsymbol{B}^{-1}$，列出以$x_1,x_3$为基变量的单纯形表.

2. 已知

$$
\boldsymbol{B}=\begin{pmatrix}1 & 0.01 & 0 & 0\\ 0 & 0.02 & 0 & 0\\ 0 & 0 & 1 & 0\\ 0 & 0 & 0 & 1\end{pmatrix},\quad \boldsymbol{B}^{-1}=\begin{pmatrix}1 & -0.5 & 0 & 0\\ 0 & 50 & 0 & 0\\ 0 & 0 & 1 & 0\\ 0 & 0 & 0 & 1\end{pmatrix},
$$

$$
\boldsymbol{B}_1=\begin{pmatrix}1 & 0.01 & 0.01 & 0\\ 0 & 0.02 & 0 & 0\\ 0 & 0 & 0.02 & 0\\ 0 & 0 & 0 & 1\end{pmatrix}.
$$

试利用$\boldsymbol{B}^{-1}$确定$\boldsymbol{B}_1^{-1}$.

3. 用改进单纯形法求解下列问题：

$$
\begin{aligned}
\min\quad & f=-6x_1+2x_2-x_3, \\
\text{s.t.}\quad & 2x_1 - x_2 + 2x_3 \leqslant 2, \\
& x_1 \qquad + 4x_3 \leqslant 4, \\
& x_1, x_2, x_3 \geqslant 0.
\end{aligned}
$$

本章小结

本章内容较多，其主要目的是介绍求解线性规划问题的最基本的方法——单纯形法. 为此首先引进了基可行解的概念，并论证了有关重要结论. 在此基础上，介绍了单纯形法(即原单纯形法）的原理和步骤，以及初始基可行解的求法和退化情形的处理方法，并阐述了单纯形法的几何意义，最后介绍了适于电子计算机上使用的改进单纯形法.

对本章的学习有以下要求：

1. 弄清基阵、基变量、非基变量、基解、基可行解等概念. 理解三个基本定理(定理 2.1 ～ 2.3).

2. 弄清单纯形法的基本原理，包括典式的建立，基可行解最优性的判别，进基变量和离基变量的确定，旧基对应典式向新基对应典式的转换，问题无最优解的判别等方法及其道理. 掌握单纯形法的计算步骤，能运用单纯形表手算求解较简单的数字题目.

3. 掌握引入人工变量建立辅助问题(第一阶段问题) 以寻求初始基可行解的方法，会用两阶段法求解不具明显初始可行基的线性规划问题.

4. 清楚什么是退化(或非退化) 的基可行解和退化(或非退化) 的线性规划问题. 了解什么是基的循环和避免循环的 Bland 规则.

5. 弄清凸集、极点、超平面、多面凸集、极点的相邻等概念. 理解单纯形法的几何意义和有关定理.

6. 对改进单纯形法，应了解其意义，理解其原理和步骤.

复 习 题

1. 对线性规划问题

$$\begin{aligned} \max \quad & z = 3x_1 + 5x_2, \\ \text{s.t.} \quad & x_1 + x_3 = 4, \\ & 2x_2 + x_4 = 12, \\ & 3x_1 + 2x_2 + x_5 = 18, \\ & x_j \geqslant 0 \quad (j = 1,2,\cdots,5), \end{aligned}$$

找出所有基解，指出哪些是基可行解，并比较出最优基可行解.

2. 设线性规划问题 LP 有 r 个基可行解：$\boldsymbol{x}^{(1)}, \boldsymbol{x}^{(2)}, \cdots, \boldsymbol{x}^{(r)}$，且知 LP 的可行解集 K 满足

$$K = \left\{ \boldsymbol{x} \,\middle|\, \boldsymbol{x} = \sum_{i=1}^{r} \alpha_i \boldsymbol{x}^{(i)},\ \alpha_i \geqslant 0,\ \sum_{i=1}^{r} \alpha_i = 1 \right\}.$$

试证：LP 的最优解 $\boldsymbol{x}^*$ 满足

$$f(\boldsymbol{x}^*) = \min\{ f(\boldsymbol{x}^{(1)}), f(\boldsymbol{x}^{(2)}), \cdots, f(\boldsymbol{x}^{(r)}) \}.$$

3. 说明线性规划问题(LP)′：

$$\begin{aligned} \min \quad & f = \mu \boldsymbol{c} \boldsymbol{x}, \\ \text{s.t.} \quad & \boldsymbol{A}\boldsymbol{x} = \lambda \boldsymbol{b}, \\ & \boldsymbol{x} \geqslant \boldsymbol{0} \end{aligned}$$

与问题 LP：$\min\{ \boldsymbol{c}\boldsymbol{x} \mid \boldsymbol{A}\boldsymbol{x} = \boldsymbol{b},\ \boldsymbol{x} \geqslant \boldsymbol{0} \}$ 两者的最优解有何关系，其中 λ, μ 是正实数.

4. 证明：LP 的非退化的基可行解 $\boldsymbol{x}^{(0)}$ 是惟一最优解的充要条件是：$\boldsymbol{x}^{(0)}$ 的所有非基变量对应的检验数都小于零.

5. 用单纯形法求解下列问题：

(1)
$$\begin{aligned} \min\quad & f = 4x_1 + 3x_2 + 8x_3, \\ \text{s.t.}\quad & x_1 + x_3 \geqslant 2, \\ & x_2 + 2x_3 \geqslant 5, \\ & x_1, x_2, x_3 \geqslant 0; \end{aligned}$$

(2)
$$\begin{aligned} \min\quad & f = 3x_1 + 4x_3 + 50x_5, \\ \text{s.t.}\quad & \frac{1}{2}x_1 - \frac{2}{3}x_2 + \frac{1}{2}x_3 + x_4 = 2, \\ & \frac{3}{4}x_1 + \frac{3}{2}x_3 + x_5 = 3, \\ & x_j \geqslant 0 \quad (j = 1,2,\cdots,5); \end{aligned}$$

(3)
$$\begin{aligned} \max\quad & z = -x_1 + x_2 - x_3 + 3x_5, \\ \text{s.t.}\quad & x_2 + x_3 - x_4 + 2x_5 = 6, \\ & x_1 + 2x_2 - 2x_4 = 5, \\ & 2x_2 + x_4 + 3x_5 + x_6 = 8, \\ & x_j \geqslant 0 \quad (j = 1,2,\cdots,6); \end{aligned}$$

(4)
$$\begin{aligned} \max\quad & z = x_1 - x_2 + x_3 - 3x_4 + x_5 - x_6 - 3x_7, \\ \text{s.t.}\quad & 3x_3 + x_5 + x_6 = 6, \\ & x_2 + 2x_3 - x_4 = 10, \\ & -x_1 + x_6 = 0, \\ & x_3 + x_6 + x_7 = 6, \\ & x_j \geqslant 0 \quad (j = 1,2,\cdots,7). \end{aligned}$$

6. 求解下列线性规划问题：

(1)
$$\begin{aligned} \max\quad & z = x_1 + 2x_2, \\ \text{s.t.}\quad & 2x_1 + x_2 \leqslant 8, \\ & -x_1 + x_2 \leqslant 4, \\ & x_1 - x_2 \leqslant 0, \\ & 0 \leqslant x_1 \leqslant 3,\ x_2 \geqslant 0; \end{aligned}$$

(2)
$$\begin{aligned} \min\quad & f = -3x_1 - 11x_2 - 9x_3 + x_4 + 29x_5, \\ \text{s.t.}\quad & x_2 + x_3 + x_4 - 2x_5 \leqslant 4, \\ & x_1 - x_2 + x_3 + 2x_4 + x_5 \geqslant 0, \\ & x_1 + x_2 + x_3 - 3x_5 \leqslant 1, \\ & x_1 \text{ 无符号限制},\ x_j \geqslant 0 \quad (j = 2,3,4,5); \end{aligned}$$

(3) $\max \quad z = x_1 + 6x_2 + 4x_3$,

$$\begin{aligned} \text{s.t.} \quad & -x_1 + 2x_2 + 2x_3 \leqslant 13, \\ & 4x_1 - 4x_2 + x_3 \leqslant 20, \\ & x_1 + 2x_2 + x_3 \leqslant 17, \\ & x_1 \geqslant 1,\ x_2 \geqslant 2,\ x_3 \geqslant 3. \end{aligned}$$

7. 用两阶段法求解下列问题：

(1) $\min \quad f = 2x_1 + x_2 - x_3 - x_4$,

$$\begin{aligned} \text{s.t.} \quad & x_1 - x_2 + 2x_3 - x_4 = 2, \\ & 2x_1 + x_2 - 3x_3 + x_4 = 6, \\ & x_1 + x_2 + x_3 + x_4 = 7, \\ & x_j \geqslant 0 \quad (j = 1,2,3,4); \end{aligned}$$

(2) $\max \quad z = 10x_1 + 15x_2 + 12x_3$,

$$\begin{aligned} \text{s.t.} \quad & 5x_1 + 3x_2 + x_3 \leqslant 9, \\ & -5x_1 + 6x_2 + 15x_3 \leqslant 15, \\ & 2x_1 + x_2 + x_3 \geqslant 5, \\ & x_1, x_2, x_3 \geqslant 0; \end{aligned}$$

(3) $\max \quad z = 2x_1 - x_2 + 2x_3$,

$$\begin{aligned} \text{s.t.} \quad & x_1 + x_2 + x_3 \geqslant 6, \\ & -2x_1 + x_3 \geqslant 2, \\ & 2x_2 - x_3 \geqslant 0, \\ & x_1, x_2, x_3 \geqslant 0; \end{aligned}$$

(4) $\max \quad z = 5x_1 + 3x_2 + 6x_3$,

$$\begin{aligned} \text{s.t.} \quad & x_1 + 2x_2 + x_3 \leqslant 18, \\ & 2x_1 + x_2 + 3x_3 \leqslant 16, \\ & x_1 + x_2 + x_3 = 10, \\ & x_1, x_2 \geqslant 0,\ x_3 \text{ 无符号限制}. \end{aligned}$$

8. 在单纯形迭代中，从基变量中替换出来的变量在紧接着的下一次迭代中会不会成为进基变量，为什么？在一次迭代中的进基变量，在紧接着的下一次迭代中能否立即被替换出来？

9. 设对某线性规划问题进行单纯形迭代时，到某一步的单纯形表如表2-39所示. 问表中 a,b,c,d 各为何值时，

(1) 该表对应基解为LP的惟一最优解；

表 2-39

		x_1	x_2	x_3	x_4	x_5
f	-10	a	-2	0	0	0
x_3	4	-1	3	1	0	0
x_4	1	c	-4	0	1	0
x_5	b	d	3	0	0	1

(2) 该表对应基解为 LP 的最优解，但最优解有无穷多个；

(3) LP 有可行解，但目标函数无界.

10. 试将求线性方程组的非负解问题化为一个线性规划问题.

11. 对于仅有一个约束方程的线性规划问题：

$$\begin{aligned} \min \quad & f = \sum_{j=1}^{n} c_j x_j, \\ \text{s.t.} \quad & \sum_{j=1}^{n} a_j x_j = b, \\ & x_j \geqslant 0 \quad (j = 1,2,\cdots,n), \end{aligned}$$

找出一个简便解法.

12. 证明：LP 的最优解集合是凸集.

13. 设 $\boldsymbol{p}_0, \boldsymbol{p}_1, \cdots, \boldsymbol{p}_k \in \mathbf{R}^n$，且 $\boldsymbol{p}_1 - \boldsymbol{p}_0, \cdots, \boldsymbol{p}_k - \boldsymbol{p}_0$ 线性无关，则由 $\{\boldsymbol{p}_0, \boldsymbol{p}_1, \cdots, \boldsymbol{p}_k\}$ 所生成的凸集

$$\left\{\boldsymbol{x} \,\middle|\, \boldsymbol{x} = \sum_{i=0}^{k} \alpha_i \boldsymbol{p}_i,\ \alpha_i \geqslant 0\ (i = 0,1,\cdots,k),\ \sum_{i=0}^{k} \alpha_i = 1\right\}$$

被称为 k 维单纯形(易知，零维单纯形是一个点，一维单纯形是直线段，二维单纯形是三角形，三维单纯形是四面体). 试分析：单纯形法与单纯形有何联系？

14. 证明下述结论：

设 $\boldsymbol{x}^{(1)}, \boldsymbol{x}^{(2)}$ 是 LP 的可行解集 $K = \{\boldsymbol{x} \mid \boldsymbol{A}\boldsymbol{x} = \boldsymbol{b},\ \boldsymbol{x} \geqslant \boldsymbol{0}\}$ 的两个极点，则 $\boldsymbol{x}^{(1)}$ 与 $\boldsymbol{x}^{(2)}$ 相邻的充要条件是：$\boldsymbol{A}$ 的列向量集 $\{\boldsymbol{p}_i \mid x_i^{(1)} + x_i^{(2)} > 0\}$ 线性相关，且存在指标 l 使 $\{\boldsymbol{p}_i \mid x_i^{(1)} + x_i^{(2)} > 0,\ i \neq l\}$ 线性无关($x_i^{(1)}, x_i^{(2)}$ 分别表示 $\boldsymbol{x}^{(1)}, \boldsymbol{x}^{(2)}$ 的第 i 个分量).

15. 设 $\boldsymbol{x}^{(0)}$ 是方程组 $\boldsymbol{A}\boldsymbol{x} = \boldsymbol{b}$ 的一个基解，且 $\boldsymbol{x}^{(0)} \geqslant \boldsymbol{0}$. 试证：必存在行向量 $\boldsymbol{c} \in \mathbf{R}^n$，使 $\boldsymbol{x}^{(0)}$ 是线性规划问题

$$\min\{\boldsymbol{c}\boldsymbol{x} \mid \boldsymbol{A}\boldsymbol{x} = \boldsymbol{b},\ \boldsymbol{x} \geqslant \boldsymbol{0}\}$$

的惟一最优解.

16. 设 P 是 $\mathbf{R}^l$ 中的多面凸集. 试证：若存在超平面 $H=\{\boldsymbol{x}\mid \boldsymbol{ax}=\beta,\ \boldsymbol{x}\in\mathbf{R}^l\}$，使 P 与半空间 $H^-=\{\boldsymbol{x}\mid \boldsymbol{ax}\leqslant\beta,\ \boldsymbol{x}\in\mathbf{R}^l\}$ 的交为单点集 $\{\boldsymbol{x}^{(0)}\}$，则 $\boldsymbol{x}^{(0)}$ 必是 P 的极点.

17. 证明：由式(2.62)确定的 $\mathbf{R}^{n-m}$ 中的多面凸集 $\widetilde{K}$ 的顶点与LP的基可行解一一对应.

18. 用改进单纯形法求解下列问题：

(1)
$$\begin{aligned}\max\quad & z=4x_1+3x_2+6x_3,\\ \text{s.t.}\quad & 3x_1+x_2+3x_3\leqslant 30,\\ & 2x_1+2x_2+3x_3\leqslant 40,\\ & x_j\geqslant 0\quad (j=1,2,3);\end{aligned}$$

(2)
$$\begin{aligned}\min\quad & f=-2x_1+x_2-x_3,\\ \text{s.t.}\quad & 3x_1+x_2+x_3\leqslant 60,\\ & x_1-x_2+2x_3\leqslant 10,\\ & x_1+x_2-x_3\leqslant 20,\\ & x_j\geqslant 0\quad (j=1,2,3).\end{aligned}$$

19. 对线性规划问题：

$$\begin{aligned}\max\quad & z=x_1+2x_2+3x_3+4x_4,\\ \text{s.t.}\quad & x_1+2x_2+2x_3+3x_4\leqslant 20,\\ & 2x_1+x_2+3x_3+2x_4\leqslant 20,\\ & x_j\geqslant 0\quad (j=1,2,3,4),\end{aligned}$$

不经单纯形迭代，证明：

$$(\boldsymbol{p}_3,\boldsymbol{p}_4)=\begin{pmatrix}2 & 3\\ 3 & 2\end{pmatrix}$$

为其最优基，并求出最优解.

20. 用长8米的角钢切割钢窗用料，每副钢窗含长1.5米的料2根，1.45米的料2根，1.3米的料6根，0.35米的料12根. 若需钢窗用料100副，问最少需切割8米长的角钢多少根？

21. 某厂用 A_1,A_2 两台机床，加工 B_1,B_2,B_3 三种不同零件. 已知在一个生产周期内 A_1 只能工作80机时，A_2 只能工作100机时，一生产周期内计划加工零件 B_1 70件，B_2 50件，B_3 20件. 两台机床加工每个零件的时间和加工每个零件的成本分别如表2-40和表2-41所示. 问怎样安排两台机床一生产周期的加工任务，才能使加工成本最低？

表 2-40　　加工每个零件的时间表　　（单位：机时／个）

时间 零件 机床	B_1	B_2	B_3
A_1	1	1	1
A_2	1	2	3

表 2-41　　加工每个零件的成本表　　（单位：元／个）

成本 零件 机床	B_1	B_2	B_3
A_1	2	3	5
A_2	3	4	6

第三章　对偶原理与对偶算法

随着线性规划问题及其解法的提出，人们发现，任何一个线性规划问题，都伴随着另一个线性规划问题，称为它的对偶问题，二者之间存在着密切的依存关系，因而把这两个问题放在一起研究往往更为有利. 本章将介绍：什么是对偶线性规划问题，互为对偶的两个线性规划问题之间的关系，并在此基础上导出对偶单纯形法和原 - 对偶单纯形法.

3.1　对偶线性规划问题

先通过一个实例，来说明对偶线性规划问题的意义.

例 1　某农场种植某种作物，全部生产过程中至少需要氮肥 32 公斤、磷肥 24 公斤、钾肥 42 公斤. 市场上有甲、乙、丙、丁四种综合肥料可供选用. 已知这四种肥料每公斤的价格和每公斤所含氮、磷、钾成分的数量如表 3-1 所示. 问应如何配合使用这些肥料，才能既满足作物对氮、磷、钾的需要，又能使施肥成本最低?

表 3-1

所含成分的数量 / 公斤 \ 肥料 / 成分	甲	乙	丙	丁
氮	0.03	0.3	0	0.15
磷	0.05	0	0.2	0.1
钾	0.14	0	0	0.07
单价 / 元	0.04	0.15	0.1	0.13

设甲、乙、丙、丁四种肥料的用量分别为 x_1, x_2, x_3, x_4 公斤，则问题的数学模型是如下的线性规划问题：

$$\min \quad f = 0.04x_1 + 0.15x_2 + 0.1x_3 + 0.13x_4,$$

$$\text{s.t.}\quad \begin{aligned} &0.03x_1+0.3x_2 \qquad\qquad +0.15x_4 \geqslant 32,\\ &0.05x_1 \qquad\qquad +0.2x_3+0.1x_4 \geqslant 24,\\ &0.14x_1 \qquad\qquad\qquad\qquad +0.07x_4 \geqslant 42,\\ &x_j \geqslant 0 \quad (j=1,2,3,4). \end{aligned}$$

现在从另外一个方面提出如下问题：

某肥料公司，针对上述类型的农场的需要，计划生产氮、磷、钾三种单成分的化肥. 该公司要为这三种化肥确定单价，既要使获利最大，又要能与市场现有的甲、乙、丙、丁四种综合肥料相竞争，问应如何定价？

设氮肥、磷肥、钾肥的单价分别定为 u_1, u_2, u_3 元. 为了使农场宁愿购买该公司的单成分化肥而放弃购买综合肥料，必须设想以氮、磷、钾三种单成分化肥合成一单位甲种肥料（指肥效相当）其价格应不超过 0.04 元. 于是，变量 u_1, u_2, u_3 应满足

$$0.03u_1 + 0.05u_2 + 0.14u_3 \leqslant 0.04.$$

同样，用单成分化肥合成乙种肥料、丙种肥料、丁种肥料的单位价格应分别不超过 0.15 元、0.1 元、0.13 元. 即知 u_1, u_2, u_3 还应满足

$$\begin{aligned} 0.3u_1 &\leqslant 0.15,\\ 0.2u_2 &\leqslant 0.1,\\ 0.15u_1 + 0.1u_2 + 0.07u_3 &\leqslant 0.13. \end{aligned}$$

为要获利最大，就应使收益函数

$$g = 32u_1 + 24u_2 + 42u_3$$

达到最大值.

所以，这个问题的数学模型是如下的线性规划问题：

$$\begin{aligned} \max\quad & g = 32u_1 + 24u_2 + 42u_3,\\ \text{s.t.}\quad & 0.03u_1+0.05u_2+0.14u_3 \leqslant 0.04,\\ & 0.3u_1 \leqslant 0.15,\\ & 0.2u_2 \leqslant 0.1,\\ & 0.15u_1+0.1u_2+0.07u_3 \leqslant 0.13,\\ & u_i \geqslant 0 \quad (i=1,2,3). \end{aligned}$$

在这两个问题中所出现的数据完全相同，如表 3-2 所示.

表 3-2 中第一行的数与对应变量 x_j 乘积之和就是前一问题的目标函数，求其最小值；其他各行的前 4 个数与对应变量 x_j 乘积之和令其 $\geqslant$ 该行最后一数就是前一问题的约束条件. 表中最右一列的数与对应变量 u_i 乘积之和就是后一问题的目标函数，求其最大值；其他各列的后 3 个数与对应变量 u_i 乘

积之和令其$\leqslant$该列头一数就是后一问题的约束条件. 这两个问题，给定其中一个，则另一个便可按表3-2写出. 我们称后一个问题是前一问题的对偶问题.

表 3-2

	x_1	x_2	x_3	x_4	
	0.04	0.15	0.1	0.13	min f / max g
u_1	0.03	0.3	0	0.15	32
u_2	0.05	0	0.2	0.1	24
u_3	0.14	0	0	0.07	42

把上述关系推广到一般，便有如下定义：

线性规划问题：

$$\left.\begin{array}{ll}\min & \boldsymbol{cx},\\ \text{s.t.} & \boldsymbol{Ax}\geqslant\boldsymbol{b},\\ & \boldsymbol{x}\geqslant\boldsymbol{0}\end{array}\right\}\tag{3.1}$$

的**对偶问题**定义为如下的线性规划问题：

$$\left.\begin{array}{ll}\max & \boldsymbol{ub},\\ \text{s.t.} & \boldsymbol{uA}\leqslant\boldsymbol{c},\\ & \boldsymbol{u}\geqslant\boldsymbol{0},\end{array}\right\}\tag{3.2}$$

其中 $\boldsymbol{x}=(x_1,x_2,\cdots,x_n)^{\mathrm{T}}$，$\boldsymbol{b}=(b_1,b_2,\cdots,b_m)^{\mathrm{T}}$，$\boldsymbol{c}=(c_1,c_2,\cdots,c_n)$，$\boldsymbol{u}=(u_1,u_2,\cdots,u_m)$，

$$\boldsymbol{A}=\begin{pmatrix}a_{11} & a_{12} & \cdots & a_{1n}\\ a_{21} & a_{22} & \cdots & a_{2n}\\ \vdots & \vdots & & \vdots\\ a_{m1} & a_{m2} & \cdots & a_{mn}\end{pmatrix},$$

并称(3.1)为原问题. 原问题与对偶问题的结构关系如表3-3所示.

表 3-3

	x_1	x_2	$\cdots$	x_n	
	c_1	c_2	$\cdots$	c_n	min / max
u_1	a_{11}	a_{12}	$\cdots$	a_{1n}	b_1
u_2	a_{21}	a_{22}	$\cdots$	a_{2n}	b_2
$\vdots$	$\vdots$	$\vdots$		$\vdots$	$\vdots$
u_m	a_{m1}	a_{m2}	$\cdots$	a_{mn}	b_m

按上述定义所确定的对偶关系是相互的. 也就是说，如果把(3.2) 当做原问题，则其对偶问题也必然是(3.1). 因为问题(3.2) 等价于问题：

$$\left.\begin{aligned}\min\quad & (-\boldsymbol{b}^{\mathrm{T}})\boldsymbol{u}^{\mathrm{T}},\\ \text{s.t.}\quad & (-\boldsymbol{A}^{\mathrm{T}})\boldsymbol{u}^{\mathrm{T}}\geqslant -\boldsymbol{c}^{\mathrm{T}},\\ & \boldsymbol{u}^{\mathrm{T}}\geqslant \boldsymbol{0},\end{aligned}\right\}\tag{3.3}$$

这里 $\boldsymbol{A}^{\mathrm{T}}$ 表示矩阵 $\boldsymbol{A}$ 的转置. 按定义，问题(3.3) 的对偶问题为

$$\left.\begin{aligned}\max\quad & \boldsymbol{x}^{\mathrm{T}}(-\boldsymbol{c}^{\mathrm{T}}),\\ \text{s.t.}\quad & \boldsymbol{x}^{\mathrm{T}}(-\boldsymbol{A}^{\mathrm{T}})\leqslant -\boldsymbol{b}^{\mathrm{T}},\\ & \boldsymbol{x}^{\mathrm{T}}\geqslant \boldsymbol{0}.\end{aligned}\right\}\tag{3.4}$$

而问题(3.4) 又等价于

$$\begin{aligned}\min\quad & \boldsymbol{cx},\\ \text{s.t.}\quad & \boldsymbol{Ax}\geqslant \boldsymbol{b},\\ & \boldsymbol{x}\geqslant \boldsymbol{0}.\end{aligned}$$

这正好是(3.1). 这就说明(3.1) 与(3.2) 是相互对偶的.

由于任何一个线性规划问题都可以化成(3.1) 的形式，因此任一线性规划问题都可以按上述定义写出其对偶问题.

标准形式的线性规划问题 LP：

$$\left.\begin{aligned}\min\quad & \boldsymbol{cx},\\ \text{s.t.}\quad & \boldsymbol{Ax}=\boldsymbol{b},\\ & \boldsymbol{x}\geqslant \boldsymbol{0}\end{aligned}\right\}\tag{3.5}$$

可改写成

$$\left.\begin{aligned}\min\quad & \boldsymbol{cx},\\ \text{s.t.}\quad & \begin{pmatrix}\boldsymbol{A}\\ -\boldsymbol{A}\end{pmatrix}\boldsymbol{x}\geqslant \begin{pmatrix}\boldsymbol{b}\\ -\boldsymbol{b}\end{pmatrix},\\ & \boldsymbol{x}\geqslant \boldsymbol{0}.\end{aligned}\right\}\tag{3.6}$$

按定义，(3.6) 的对偶问题为

$$\left.\begin{aligned}\max\quad & (\boldsymbol{u}^{(1)},\boldsymbol{u}^{(2)})\begin{pmatrix}\boldsymbol{b}\\ -\boldsymbol{b}\end{pmatrix},\\ \text{s.t.}\quad & (\boldsymbol{u}^{(1)},\boldsymbol{u}^{(2)})\begin{pmatrix}\boldsymbol{A}\\ -\boldsymbol{A}\end{pmatrix}\leqslant \boldsymbol{c},\\ & (\boldsymbol{u}^{(1)},\boldsymbol{u}^{(2)})\geqslant \boldsymbol{0},\end{aligned}\right\}\tag{3.7}$$

其中 $\boldsymbol{u}^{(1)},\boldsymbol{u}^{(2)}$ 均为 m 维行向量. 令 $\boldsymbol{u}=\boldsymbol{u}^{(1)}-\boldsymbol{u}^{(2)}$，则(3.7) 变成如下的线性规划问题 DP：

$$\left.\begin{aligned} \max \quad & \boldsymbol{ub}, \\ \text{s.t.} \quad & \boldsymbol{uA} \leqslant \boldsymbol{c}. \end{aligned}\right\} \tag{3.8}$$

注意(3.8)中对 $\boldsymbol{u}$ 没有非负性条件. 此 DP 即为 LP 的对偶问题.

通常，称(3.5)与(3.8)为**非对称型对偶规划**，称(3.1)与(3.2)为**对称型对偶规划**.

再来考虑如下的更一般的线性规划问题：

$$\left.\begin{aligned} \min \quad & \boldsymbol{c}_1\boldsymbol{x}_1 + \boldsymbol{c}_2\boldsymbol{x}_2, \\ \text{s.t.} \quad & \boldsymbol{A}_{11}\boldsymbol{x}_1 + \boldsymbol{A}_{12}\boldsymbol{x}_2 \geqslant \boldsymbol{b}_1, \\ & \boldsymbol{A}_{21}\boldsymbol{x}_1 + \boldsymbol{A}_{22}\boldsymbol{x}_2 = \boldsymbol{b}_2, \\ & \boldsymbol{x}_1 \geqslant \boldsymbol{0},\ \boldsymbol{x}_2 \text{ 无符号限制}, \end{aligned}\right\} \tag{3.9}$$

其中，$\boldsymbol{A}_{ij}$ 是 $m_i \times n_j$ 阶矩阵($i = 1,2$; $j = 1,2$)，$\boldsymbol{b}_1, \boldsymbol{b}_2$ 分别为 m_1, m_2 维列向量，$\boldsymbol{c}_1, \boldsymbol{c}_2$ 分别为 n_1, n_2 维行向量，$\boldsymbol{x}_1, \boldsymbol{x}_2$ 分别为 n_1, n_2 维列向量.

令 $\boldsymbol{x}_2 = \boldsymbol{x}_{21} - \boldsymbol{x}_{22}$，$\boldsymbol{x}_{21} \geqslant \boldsymbol{0}$，$\boldsymbol{x}_{22} \geqslant \boldsymbol{0}$，则(3.9)可化为

$$\left.\begin{aligned} \min \quad & \boldsymbol{c}_1\boldsymbol{x}_1 + \boldsymbol{c}_2\boldsymbol{x}_{21} - \boldsymbol{c}_2\boldsymbol{x}_{22}, \\ \text{s.t.} \quad & \boldsymbol{A}_{11}\boldsymbol{x}_1 + \boldsymbol{A}_{12}\boldsymbol{x}_{21} - \boldsymbol{A}_{12}\boldsymbol{x}_{22} \geqslant \boldsymbol{b}_1, \\ & \boldsymbol{A}_{21}\boldsymbol{x}_1 + \boldsymbol{A}_{22}\boldsymbol{x}_{21} - \boldsymbol{A}_{22}\boldsymbol{x}_{22} \geqslant \boldsymbol{b}_2, \\ & -\boldsymbol{A}_{21}\boldsymbol{x}_1 - \boldsymbol{A}_{22}\boldsymbol{x}_{21} + \boldsymbol{A}_{22}\boldsymbol{x}_{22} \geqslant -\boldsymbol{b}_2, \\ & \boldsymbol{x}_1 \geqslant \boldsymbol{0},\ \boldsymbol{x}_{21} \geqslant \boldsymbol{0},\ \boldsymbol{x}_{22} \geqslant \boldsymbol{0}. \end{aligned}\right\} \tag{3.10}$$

按定义，(3.10)的对偶问题为

$$\left.\begin{aligned} \max \quad & \boldsymbol{u}_1\boldsymbol{b}_1 + \boldsymbol{u}_{21}\boldsymbol{b}_2 - \boldsymbol{u}_{22}\boldsymbol{b}_2, \\ \text{s.t.} \quad & \boldsymbol{u}_1\boldsymbol{A}_{11} + \boldsymbol{u}_{21}\boldsymbol{A}_{21} - \boldsymbol{u}_{22}\boldsymbol{A}_{21} \leqslant \boldsymbol{c}_1, \\ & \boldsymbol{u}_1\boldsymbol{A}_{12} + \boldsymbol{u}_{21}\boldsymbol{A}_{22} - \boldsymbol{u}_{22}\boldsymbol{A}_{22} \leqslant \boldsymbol{c}_2, \\ & -\boldsymbol{u}_1\boldsymbol{A}_{12} - \boldsymbol{u}_{21}\boldsymbol{A}_{22} + \boldsymbol{u}_{22}\boldsymbol{A}_{22} \leqslant -\boldsymbol{c}_2, \\ & \boldsymbol{u}_1 \geqslant \boldsymbol{0},\ \boldsymbol{u}_{21} \geqslant \boldsymbol{0},\ \boldsymbol{u}_{22} \geqslant \boldsymbol{0}. \end{aligned}\right\} \tag{3.11}$$

再令 $\boldsymbol{u}_2 = \boldsymbol{u}_{21} - \boldsymbol{u}_{22}$，并注意到(3.11)中的后两个不等式约束相当于一个等式约束，则(3.11)化为

$$\left.\begin{aligned} \max \quad & \boldsymbol{u}_1\boldsymbol{b}_1 + \boldsymbol{u}_2\boldsymbol{b}_2, \\ \text{s.t.} \quad & \boldsymbol{u}_1\boldsymbol{A}_{11} + \boldsymbol{u}_2\boldsymbol{A}_{21} \leqslant \boldsymbol{c}_1, \\ & \boldsymbol{u}_1\boldsymbol{A}_{12} + \boldsymbol{u}_2\boldsymbol{A}_{22} = \boldsymbol{c}_2, \\ & \boldsymbol{u}_1 \geqslant \boldsymbol{0},\ \boldsymbol{u}_2 \text{ 无符号限制}. \end{aligned}\right\} \tag{3.12}$$

即知(3.12)是(3.9)的对偶问题. 称(3.9)与(3.12)是**混合型对偶规划**.

综上所述，可总结出构成对偶规划的一般规则：

1. 把原问题中的不等式约束统一成 $\geqslant$ 的形式，对目标函数求最小值(或把不等式约束统一成 $\leqslant$ 的形式，对目标函数求最大值).

2. 原问题的每一个行约束(指除非负性条件外的线性等式或不等式约束)对应对偶问题的一个变量 u_i. 如果该行约束是不等式，则限制 $u_i \geqslant 0$；如果该行约束是等式，则 u_i 无符号限制.

3. 原问题中每个变量 x_j 的相应系数列向量 $\boldsymbol{p}_j = (a_{1j}, a_{2j}, \cdots, a_{mj})^{\mathrm{T}}$ 对应对偶问题的一个行约束. 如果该 x_j 有非负限制，则对应行约束为

$$\sum_{i=1}^{m} a_{ij} u_i \leqslant c_j$$

(当原问题不等式约束是统一成 $\leqslant$ 时，则为 $\sum_{i=1}^{m} a_{ij} u_i \geqslant c_j$)；如果该 x_j 无符号限制，则对应行约束为

$$\sum_{i=1}^{m} a_{ij} u_i = c_j.$$

这里 c_j 为原问题的目标函数表达式中 x_j 的系数.

4. 如果原问题是对目标函数 $\boldsymbol{cx}$ 求最小值(或最大值)，则对偶问题是对目标函数 $\boldsymbol{ub}$ 求最大值(或最小值). 这里 $\boldsymbol{b}$ 是原问题约束条件中的常数列向量.

例 2 设原问题为

$$\begin{aligned} \min \quad & f = 5x_1 - 6x_2 + 7x_3 + 4x_4, \\ \text{s.t.} \quad & x_1 + 2x_2 - x_3 - x_4 = -7, \\ & 6x_1 - 3x_2 + x_3 - 7x_4 \geqslant 14, \\ & -28x_1 - 17x_2 + 4x_3 + 2x_4 \leqslant -3, \\ & x_1, x_2 \geqslant 0,\ x_3, x_4 \text{ 无符号限制}. \end{aligned}$$

把不等式约束统一成 $\geqslant$ 的形式. 为清楚起见，列出表格，如表 3-4 所示.

表 3-4

	x_1	x_2	x_3	x_4	
	5	-6	7	4	min f
u_1	1	2	-1	-1	$=-7$
u_2	6	-3	1	-7	$\geqslant 14$
u_3	28	17	-4	-2	$\geqslant 3$
	$x_1 \geqslant 0$	$x_2 \geqslant 0$	x_3 无限制	x_4 无限制	

于是可写出它的对偶规划为

$$\begin{aligned}
\max\quad & g=-7u_1+14u_2+3u_3,\\
\text{s.t.}\quad & u_1+6u_2+28u_3\leqslant 5,\\
& 2u_1-3u_2+17u_3\leqslant -6,\\
& -u_1+u_2-4u_3=7,\\
& -u_1-7u_2-2u_3=4,\\
& u_1\text{ 无符号限制},\ u_2\geqslant 0,\ u_3\geqslant 0.
\end{aligned}$$

例 3 原问题为

$$\begin{aligned}
\max\quad & f=3x_1-2x_2-5x_3+7x_4+8x_5,\\
\text{s.t.}\quad & x_2-x_3+3x_4-4x_5=-6,\\
& 2x_1+3x_2-3x_3-x_4\geqslant 2,\\
& -x_1+2x_3-2x_4\leqslant -5,\\
& -2\leqslant x_1\leqslant 10,\\
& 5\leqslant x_2\leqslant 25,\\
& x_3\geqslant 0,\ x_4\geqslant 0,\ x_5\text{ 无符号限制}.
\end{aligned}$$

把不等式行约束统一成 $\leqslant$ 的形式. 列表如表 3-5.

表 3-5

	x_1	x_2	x_3	x_4	x_5	
	3	-2	-5	7	8	$\max f$
u_1		1	-1	3	-4	$=-6$
u_2	-2	-3	3	1		$\leqslant -2$
u_3	-1		2	-2		$\leqslant -5$
u_4	1					$\leqslant 10$
u_5	-1					$\leqslant 2$
u_6		1				$\leqslant 25$
u_7		-1				$\leqslant -5$
	x_1 无限制	x_2 无限制	$x_3\geqslant 0$	$x_4\geqslant 0$	x_5 无限制	

（表中空格处都是零值）

于是可写出它的对偶规划为

$$\min\quad g=-6u_1-2u_2-5u_3+10u_4+2u_5+25u_6-5u_7,$$

$$
\begin{aligned}
\text{s.t.}\quad & -2u_2-u_3+u_4-u_5 = 3,\\
& u_1-3u_2+u_6-u_7=-2,\\
& -u_1+3u_2+2u_3 \geqslant -5,\\
& 3u_1+u_2-2u_3 \geqslant 7,\\
& -4u_1 = 8,\\
& u_1 \text{ 无符号限制},\ u_j \geqslant 0\ (j=2,3,\cdots,7).
\end{aligned}
$$

习 题 3.1

1. 对下述问题建立线性规划模型，然后写出对偶规划问题，并对此对偶问题的实际意义作出解释：

某工厂在计划期内要安排甲、乙两种产品的生产，这些产品分别需要在A,B,C,D四种不同设备上加工. 已知各产品在各设备上所需的加工台时数(一台设备工作一小时称为一台时)和设备在计划期内的有效台时数如表3-6所示. 又知该厂每生产甲种产品一件可获得利润2元，每生产乙种产品一件可获得利润3元. 问该厂应如何安排这两种产品的生产量，才能在不超过设备能力的条件下使利润最大.

表 3-6

产品 \ 设备	A	B	C	D
甲	2	1	4	0
乙	2	2	0	4
设备有效台时数	12	8	16	12

2. 写出下列线性规划问题的对偶问题：

(1)
$$
\begin{aligned}
\max\quad & z=2x_1+x_2+3x_3+x_4,\\
\text{s.t.}\quad & x_1+x_2+x_3+x_4 \leqslant 5,\\
& 2x_1-x_2+3x_3=-4,\\
& x_1-x_3+x_4 \geqslant 1,\\
& x_1,x_3 \geqslant 0,\ x_2,x_4 \text{ 无符号限制};
\end{aligned}
$$

(2)
$$
\begin{aligned}
\min\quad & f=3x_1+2x_2-3x_3+4x_4,\\
\text{s.t.}\quad & x_1-2x_2+3x_3+4x_4 \leqslant 3,\\
& x_2+3x_3+4x_4 \geqslant -5,\\
& 2x_1-3x_2-7x_3-4x_4=2,\\
& x_1 \geqslant 0,\ x_4 \leqslant 0,\ x_2,x_3 \text{ 无符号限制}.
\end{aligned}
$$

3. 对下列三个线性规划问题，分别写出其对偶问题，并加以比较：

(1) $\max \quad \sum_{j=1}^{n} c_j x_j$,

$$\text{s.t.} \quad \sum_{j=1}^{n} a_{ij} x_j \leqslant b_i \quad (i = 1,2,\cdots,m),$$

$$x_j \geqslant 0 \quad (j = 1,2,\cdots,n);$$

(2) $\max \quad \sum_{j=1}^{n} c_j x_j$,

$$\text{s.t.} \quad \sum_{j=1}^{n} a_{ij} x_j + x_{si} = b_i \quad (i = 1,2,\cdots,m),$$

$$x_j \geqslant 0 \ (j = 1,2,\cdots,n),\ x_{si} \geqslant 0 \ (i = 1,2,\cdots,m);$$

(3) $\max\left\{ \sum_{j=1}^{n} c_j x_j - \sum_{i=1}^{m} M x_{ai} \right\}$,

$$\text{s.t.} \quad \sum_{j=1}^{n} a_{ij} x_j + x_{si} + x_{ai} = b_i \quad (i = 1,2,\cdots,m),$$

$$x_j \geqslant 0 \ (j = 1,2,\cdots,n),\ x_{si}, x_{ai} \geqslant 0 \ (i = 1,2,\cdots,m),$$

其中 M 表示充分大的正数.

3.2 对偶定理

现在来讨论互为对偶的线性规划问题之间的内在联系. 下面仅就(3.5)与(3.8)所表达的非对称型对偶规划 LP 与 DP 的情形来论述，对于对称型的对偶规划可以写出相应的结论.

$$\left.\begin{aligned} \min \quad & f = \boldsymbol{cx}, \\ \text{s.t.} \quad & \boldsymbol{Ax} = \boldsymbol{b}, \\ & \boldsymbol{x} \geqslant \boldsymbol{0}, \end{aligned}\right\} \text{(LP)} \qquad \left.\begin{aligned} \max \quad & g = \boldsymbol{ub}, \\ \text{s.t.} \quad & \boldsymbol{uA} \leqslant \boldsymbol{c}. \end{aligned}\right\} \text{(DP)}$$

定理 3.1 对于 LP 的任一可行解 $\boldsymbol{x}$ 和 DP 的任一可行解 $\boldsymbol{u}$，恒有 $\boldsymbol{ub} \leqslant \boldsymbol{cx}$.

证 由 $\boldsymbol{uA} \leqslant \boldsymbol{c}$ 和 $\boldsymbol{x} \geqslant \boldsymbol{0}$ 可得

$$\boldsymbol{uAx} \leqslant \boldsymbol{cx}.$$

再由 $\boldsymbol{Ax} = \boldsymbol{b}$ 即得 $\boldsymbol{ub} \leqslant \boldsymbol{cx}$. ∎

由定理 3.1 可知，若 LP 的目标函数在可行解集上无下界，则对偶问题 DP 无可行解；若 DP 的目标函数在可行解集上无上界，则 LP 无可行解.

定理3.2 若 LP,DP 均有可行解，则 LP,DP 均有最优解.

证 设 $\boldsymbol{x}^{(0)}, \boldsymbol{u}^{(0)}$ 分别为 LP,DP 的可行解，则对于 LP 的任一可行解 $\boldsymbol{x}$，由定理 3.1，有

$$\boldsymbol{cx} \geqslant \boldsymbol{u}^{(0)}\boldsymbol{b}.$$

即知LP的目标函数在可行解集上有下界. 由定理2.8知，LP必有最优解. 同样，对于 DP 的任一可行解 $\boldsymbol{u}$，由定理 3.1，有

$$\boldsymbol{ub} \leqslant \boldsymbol{cx}^{(0)}.$$

即知 DP 的目标函数在可行解集上有上界，从而 DP 必有最优解(注意到函数 $\boldsymbol{ub}$ 的最大值问题可转化为函数 $-\boldsymbol{ub}$ 的最小值问题，然后再用定理2.8即知).

■

定理3.3 若 $\boldsymbol{x}^{(0)}, \boldsymbol{u}^{(0)}$ 分别为 LP,DP 的可行解，且 $\boldsymbol{cx}^{(0)} = \boldsymbol{u}^{(0)}\boldsymbol{b}$，则 $\boldsymbol{x}^{(0)}$，$\boldsymbol{u}^{(0)}$ 分别为 LP,DP 的最优解.

证 对 LP 的任一可行解 $\boldsymbol{x}$，有

$$\boldsymbol{cx} \geqslant \boldsymbol{u}^{(0)}\boldsymbol{b} = \boldsymbol{cx}^{(0)},$$

所以 $\boldsymbol{x}^{(0)}$ 是 LP 的最优解. 同样，对 DP 的任一可行解 $\boldsymbol{u}$，有

$$\boldsymbol{ub} \leqslant \boldsymbol{cx}^{(0)} = \boldsymbol{u}^{(0)}\boldsymbol{b},$$

所以 $\boldsymbol{u}^{(0)}$ 是 DP 的最优解. ■

定理3.4 设 $\boldsymbol{x}^{(0)}$ 是用单纯形法得出的 LP 的最优基可行解，对应基阵为 $\boldsymbol{B}$，则 $\boldsymbol{u}^{(0)} = \boldsymbol{c_B B}^{-1}$ 是 DP 的最优解.

证 由单纯形迭代规则可知，最优基可行解 $\boldsymbol{x}^{(0)}$ 的检验数全部非正，即有(见式(2.21))：

$$\boldsymbol{c_B B}^{-1}\boldsymbol{A} - \boldsymbol{c} \leqslant \boldsymbol{0}.$$

从而得知 $\boldsymbol{u}^{(0)} = \boldsymbol{c_B B}^{-1}$ 满足：$\boldsymbol{uA} \leqslant \boldsymbol{c}$，即 $\boldsymbol{u}^{(0)}$ 为 DP 的可行解. 又由 $\boldsymbol{x}^{(0)} = (\boldsymbol{x}_B^{(0)}, \boldsymbol{x}_N^{(0)}) = (\boldsymbol{B}^{-1}\boldsymbol{b}, \boldsymbol{0})$，可知

$$\boldsymbol{u}^{(0)}\boldsymbol{b} = \boldsymbol{c_B B}^{-1}\boldsymbol{b} = \boldsymbol{c_B x_B}^{(0)} = \boldsymbol{cx}^{(0)}.$$

再由定理 3.3，即知 $\boldsymbol{u}^{(0)}$ 是 DP 的最优解. ■

至此，不难得出如下结论(习题 3.2 第 1 题)：

推论1 设 $\boldsymbol{x}^{(0)}$ 是 LP 的一个基解，对应基阵 $\boldsymbol{B}$. 令 $\boldsymbol{u}^{(0)} = \boldsymbol{c_B B}^{-1}$. 如果 $\boldsymbol{x}^{(0)}$，$\boldsymbol{u}^{(0)}$ 分别为 LP,DP 的可行解，则 $\boldsymbol{x}^{(0)}, \boldsymbol{u}^{(0)}$ 分别为 LP,DP 的最优解.

由定理3.4还可推出一个重要事实：对于LP，若约束方程组的系数矩阵 $\boldsymbol{A}$ 中含有单位矩阵 $\boldsymbol{I}_m$，则从LP的最优单纯形表中可以直接得出对偶问题DP的最优解. 具体地说，有如下结论：

推论2 如果在LP的系数矩阵 $\boldsymbol{A}$ 中含有单位阵：

$$(\boldsymbol{p}_{t_1},\boldsymbol{p}_{t_2},\cdots,\boldsymbol{p}_{t_m})=\boldsymbol{I}_m,$$

则在LP的最优单纯形表中，对应于变量 $x_{t_1},x_{t_2},\cdots,x_{t_m}$ 的检验数分别加上目标函数表达式中的对应系数所组成的向量

$$\boldsymbol{u}^{(0)}=(\lambda_{t_1}+c_{t_1},\lambda_{t_2}+c_{t_2},\cdots,\lambda_{t_m}+c_{t_m}) \tag{3.13}$$

便是对偶问题DP的最优解.

证 设LP的最优单纯形表对应于基 $\boldsymbol{B}$. 由定理3.4知，单纯形乘子向量

$$\boldsymbol{u}^{(0)}=\boldsymbol{c_B}\boldsymbol{B}^{-1}=(u_1^{(0)},u_2^{(0)},\cdots,u_m^{(0)})$$

是DP的最优解. 又由检验数的计算公式，对应于变量 x_{t_k} 的检验数

$$\lambda_{t_k}=\boldsymbol{c_B}\boldsymbol{B}^{-1}\boldsymbol{p}_{t_k}-c_{t_k}=\boldsymbol{u}^{(0)}\boldsymbol{p}_{t_k}-c_{t_k}\quad(k=1,2,\cdots,m).$$

注意到 $\boldsymbol{p}_{t_k}$ 是 $\boldsymbol{I}_m$ 中的第 k 个单位列向量，即得

$$\lambda_{t_k}=u_k^{(0)}-c_{t_k}\quad(k=1,2,\cdots,m).$$

从而得

$$u_k^{(0)}=\lambda_{t_k}+c_{t_k}\quad(k=1,2,\cdots,m),$$

即知(3.13)是DP的最优解. ∎

相应地，对于对称型对偶规划(3.1)与(3.2)，有如下结论：

推论3 用单纯形法求解问题(3.1)时，引入松弛变量 $x_{n+1},x_{n+2},\cdots,x_{n+m}$，则在最优单纯形表中，由松弛变量对应的检验数反号所组成的向量

$$\boldsymbol{u}^{(0)}=(-\lambda_{n+1},-\lambda_{n+2},\cdots,-\lambda_{n+m}) \tag{3.14}$$

便是对偶问题(3.2)的最优解.

证 引入松弛变量 $\boldsymbol{x}_s=(x_{n+1},x_{n+2},\cdots,x_{n+m})^{\mathrm{T}}$ 后，问题(3.1)可化为如下的标准形式：

$$\left.\begin{aligned}\min\quad & f=(\boldsymbol{c},\boldsymbol{c}_s)\begin{pmatrix}\boldsymbol{x}\\ \boldsymbol{x}_s\end{pmatrix},\\ \text{s.t.}\quad & \boldsymbol{A}\boldsymbol{x}-\boldsymbol{I}_m\boldsymbol{x}_s=\boldsymbol{b},\\ & \boldsymbol{x}\geqslant\boldsymbol{0},\ \boldsymbol{x}_s\geqslant\boldsymbol{0},\end{aligned}\right\} \tag{3.15}$$

其中 $\boldsymbol{c}_s=\boldsymbol{0}$. 设它的最优单纯形表对应于基 $\boldsymbol{B}$. (3.15)的对偶问题仍为(3.2). 由定理3.4，向量 $\boldsymbol{u}^{(0)}=\boldsymbol{c_B}\boldsymbol{B}^{-1}$ 是(3.2)的最优解. 记

$$\boldsymbol{\lambda}_s = (\lambda_{n+1}, \lambda_{n+2}, \cdots, \lambda_{n+m}).$$

由检验数的计算公式可知

$$\boldsymbol{\lambda}_s = \boldsymbol{c}_{\boldsymbol{B}}\boldsymbol{B}^{-1}(-\boldsymbol{I}_m) - \boldsymbol{c}_s = -\boldsymbol{c}_{\boldsymbol{B}}\boldsymbol{B}^{-1}. \tag{3.16}$$

从而得知 $\boldsymbol{u}^{(0)} = -\boldsymbol{\lambda}_s$. 即知(3.14) 是问题(3.2) 的最优解. ∎

同理可知，对于线性规划问题(即问题(3.2) 的另一种写法)

$$\left.\begin{aligned} \max \quad & z = \boldsymbol{cx}, \\ \text{s.t.} \quad & \boldsymbol{Ax} \leqslant \boldsymbol{b}, \\ & \boldsymbol{x} \geqslant \boldsymbol{0}, \end{aligned}\right\} \tag{3.17}$$

用单纯形法求解对应标准问题：

$$\begin{aligned} \min \quad & f = -\boldsymbol{cx}, \\ \text{s.t.} \quad & \boldsymbol{Ax} + \boldsymbol{I}_m\boldsymbol{x}_s = \boldsymbol{b}, \\ & \begin{pmatrix} \boldsymbol{x} \\ \boldsymbol{x}_s \end{pmatrix} \geqslant \boldsymbol{0}, \end{aligned}$$

得出最优单纯形表，对应基阵 $\boldsymbol{B}$，则 $\boldsymbol{u}^{(0)} = \boldsymbol{c}_{\boldsymbol{B}}\boldsymbol{B}^{-1}$ 便是对偶问题

$$\left.\begin{aligned} \min \quad & g = \boldsymbol{ub}, \\ \text{s.t.} \quad & \boldsymbol{uA} \geqslant \boldsymbol{c}, \\ & \boldsymbol{u} \geqslant \boldsymbol{0} \end{aligned}\right\} \tag{3.18}$$

的最优解. 这时该最优单纯形表中，松弛变量的对应检验数为 $\boldsymbol{\lambda}_s = -\boldsymbol{c}_{\boldsymbol{B}}\boldsymbol{B}^{-1}$. 即知，$\boldsymbol{\lambda}_s$ 反号便是对偶问题的最优解.

定理3.5 在 LP 与 DP 中，若一个有最优解，则另一个也有最优解，且二者的目标函数最优值相等. 若其中一个问题的目标函数无界，则另一个问题无可行解.

证 若 LP 有最优解，则可用单纯形法求得最优基可行解，设为 $\boldsymbol{x}^{(0)}$，对应基阵设为 $\boldsymbol{B}$. 由定理 3.4，$\boldsymbol{u}^{(0)} = \boldsymbol{c}_{\boldsymbol{B}}\boldsymbol{B}^{-1}$ 是 DP 的最优解，并且

$$\boldsymbol{cx}^{(0)} = \boldsymbol{c}_{\boldsymbol{B}}\boldsymbol{x}_{\boldsymbol{B}}^{(0)} = \boldsymbol{c}_{\boldsymbol{B}}\boldsymbol{B}^{-1}\boldsymbol{b} = \boldsymbol{u}^{(0)}\boldsymbol{b}.$$

若 DP 有最优解，由于任何线性规划问题都可化为标准形式和对偶关系的相互性，可知 LP 也必有最优解，且二者最优值相等.

定理的后一部分由定理 3.1 即可得出. ∎

定理 3.5 被称为对偶基本定理. 至此可得如下结论：

推论 互为对偶的两个线性规划问题的解不外以下三种情形：

(1) 两个问题都有最优解，且最优值相等；

(2) 两个问题都无可行解；

(3) 一个问题无可行解，另一个问题有可行解但目标函数在可行解集上无界.

定理 3.6 设 $\boldsymbol{x}^{(0)},\boldsymbol{u}^{(0)}$ 分别为 LP,DP 的可行解，则 $\boldsymbol{x}^{(0)},\boldsymbol{u}^{(0)}$ 分别为 LP,DP 的最优解的充要条件是

$$(\boldsymbol{c}-\boldsymbol{u}^{(0)}\boldsymbol{A})\boldsymbol{x}^{(0)}=0. \tag{3.19}$$

证 已知 $\boldsymbol{x}^{(0)},\boldsymbol{u}^{(0)}$ 分别为 LP,DP 的可行解，由定理 3.3 和定理 3.5 可知，$\boldsymbol{x}^{(0)},\boldsymbol{u}^{(0)}$ 分别是 LP,DP 的最优解当且仅当 $\boldsymbol{c}\boldsymbol{x}^{(0)}=\boldsymbol{u}^{(0)}\boldsymbol{b}$，从而当且仅当 $\boldsymbol{c}\boldsymbol{x}^{(0)}=\boldsymbol{u}^{(0)}\boldsymbol{A}\boldsymbol{x}^{(0)}$，亦即当且仅当 $(\boldsymbol{c}-\boldsymbol{u}^{(0)}\boldsymbol{A})\boldsymbol{x}^{(0)}=0$. ∎

据此定理可得下列结论(习题 3.2 第 2 题)：

推论 1 设 $\boldsymbol{x}^{(0)},\boldsymbol{u}^{(0)}$ 分别为 LP,DP 的可行解，则 $\boldsymbol{x}^{(0)},\boldsymbol{u}^{(0)}$ 分别为 LP,DP 的最优解的充要条件是：

对任一指标 $j\in\{1,2,\cdots,n\}$，当 $x_j^{(0)}>0$ 时，必有 $\boldsymbol{u}^{(0)}\boldsymbol{p}_j=c_j$.

或者说是：

对任一指标 $j\in\{1,2,\cdots,n\}$，当 $\boldsymbol{u}^{(0)}\boldsymbol{p}_j<c_j$ 时，必有 $x_j^{(0)}=0$.

推论 2 若 LP 有最优解 $\boldsymbol{x}^{(0)}$，使对某个指标 j，有 $x_j^{(0)}>0$，则对于 DP 的每一最优解 $\boldsymbol{u}$，必有 $\boldsymbol{u}\boldsymbol{p}_j=c_j$. 若 DP 有最优解 $\boldsymbol{u}^{(0)}$，使对某个指标 j，有 $\boldsymbol{u}^{(0)}\boldsymbol{p}_j<c_j$，则对于 LP 的每一最优解 $\boldsymbol{x}$，必有 $x_j=0$.

称 $\boldsymbol{u}\boldsymbol{p}_j\leqslant c_j$ 与 $x_j\geqslant 0$ 是一对互为对偶的约束. 任意一个约束，如果它对于问题的每一个最优解都取等号，则称它是**紧约束**；反之，若存在一个最优解，使该约束取严格不等号，则称它是**松约束**. 推论 2 表明：松约束的对偶约束必是紧约束.

定理 3.6 及其推论称为对偶规划的**互补松弛性质**. 对于对称型对偶规划 (3.1),(3.2)，有相应的结论成立. 下面仅写出结论，证明留作习题.

定理 3.7 设 $\boldsymbol{x}^{(0)},\boldsymbol{u}^{(0)}$ 分别为(3.1),(3.2) 的可行解，则 $\boldsymbol{x}^{(0)},\boldsymbol{u}^{(0)}$ 分别为(3.1),(3.2) 的最优解的充要条件是

$$(\boldsymbol{c}-\boldsymbol{u}^{(0)}\boldsymbol{A})\boldsymbol{x}^{(0)}=0 \quad \text{且} \quad \boldsymbol{u}^{(0)}(\boldsymbol{A}\boldsymbol{x}^{(0)}-\boldsymbol{b})=0.$$

推论 1 设 $\boldsymbol{x}^{(0)},\boldsymbol{u}^{(0)}$ 分别为(3.1),(3.2) 的可行解，则 $\boldsymbol{x}^{(0)},\boldsymbol{u}^{(0)}$ 分别为(3.1),(3.2) 的最优解的充要条件是：当 $x_j^{(0)}>0$ 时，必有 $\boldsymbol{u}^{(0)}\boldsymbol{p}_j=c_j$；当 $\boldsymbol{a}_i\boldsymbol{x}^{(0)}>b_i$ 时，必有 $u_i^{(0)}=0$ ($\boldsymbol{a}_i$ 表示 $\boldsymbol{A}$ 的第 i 个行向量). 或者说是：

当 $u_i^{(0)} > 0$ 时，必有 $\boldsymbol{a}_i\boldsymbol{x}^{(0)} = b_i$；当 $\boldsymbol{u}^{(0)}\boldsymbol{p}_j < c_j$ 时，必有 $x_j^{(0)} = 0$.

推论2 设(3.1)有最优解 $\boldsymbol{x}^{(0)}$. 若有 $x_j^{(0)} > 0$，则对于(3.2)的每一最优解 $\boldsymbol{u}$，必有 $\boldsymbol{u}\boldsymbol{p}_j = c_j$；若有 $\boldsymbol{a}_i\boldsymbol{x}^{(0)} > b_i$，则对于(3.2)的每一最优解 $\boldsymbol{u}$，必有 $u_i = 0$. 设(3.2)有最优解 $\boldsymbol{u}^{(0)}$. 若有 $u_i^{(0)} > 0$，则对于(3.1)的每一最优解 $\boldsymbol{x}$，必有 $\boldsymbol{a}_i\boldsymbol{x} = b_i$；若有 $\boldsymbol{u}^{(0)}\boldsymbol{p}_j < c_j$，则对于(3.1)的每一最优解 $\boldsymbol{x}$，必有 $x_j = 0$.

对偶最优解有一个重要的经济解释，通常称之为影子价格. 下面以资源利用问题(见 1.1 节例 1)为背景来说明其含义.

某企业用 m 种资源 $R_1, R_2, \cdots, R_m$ 来生产 n 种产品. 已知每一种产品对各资源的单位消耗量和各种资源的现有量(或可供量). 要求计划各产品的生产量，使企业获利最大. 问题的数学模型如(3.17)所示，即为

$$\max \quad z = \sum_{j=1}^{n} c_j x_j,$$

$$\text{s.t.} \quad \sum_{j=1}^{n} a_{ij} x_j \leqslant b_i \quad (i = 1, 2, \cdots, m),$$

$$x_j \geqslant 0 \quad (j = 1, 2, \cdots, n),$$

其中，x_j 和 c_j 分别为第 j 种产品的生产量和单位利润，b_i 为第 i 种资源的现有量.

设上述问题的最优解为 $\boldsymbol{x}^*$，对应最优基为 $\boldsymbol{B}$，则 $\boldsymbol{c_B B}^{-1}$ 便是对偶问题(3.18)的最优解，记为 $\boldsymbol{u}^* = (u_1^*, u_2^*, \cdots, u_m^*)$. 于是总利润的最大值

$$z^* = \boldsymbol{c}\boldsymbol{x}^* = \boldsymbol{u}^*\boldsymbol{b} = u_1^* b_1 + u_2^* b_2 + \cdots + u_m^* b_m.$$

由上式可知，当资源 R_k 的现有量从 b_k 改变为 $b_k + \Delta b_k$ 时(其他资源不变)，最大总利润(在最优基不变的条件下)将从 z^* 改变为 $z^* + u_k^* \Delta b_k$. 即知 u_k^* 是资源 R_k 增加一单位时最大总利润的增加量. 可见 u_k^* 反映了资源最优利用时第 k 种资源的边际价值. 通常即称 u_k^* 为第 k 种资源的**影子价格**. 显然，影子价格不同于市场价格，它是针对具体的经济结构在最优计划前提下经计算得出的一种潜在价格.

由对偶规划的互补松弛性质可知，当 $u_k^* > 0$ 时，必有 $\sum_{j=1}^{n} a_{kj} x_j = b_k$. 此式表明，在最优计划下，资源 R_k 的现有量将全部用完. 这意味着 R_k 是短缺资源(或称短线资源). 这时增加 R_k 将使总利润提高. 反之，如果 $\sum_{j=1}^{n} a_{kj} x_j < b_k$，

即在最优计划下 R_k 的现有量有剩余，这时必有 $u_k^* = 0$. 这表明过剩资源(或称长线资源)的影子价格为零. 这时增加 R_k 将不会提高总利润，反而增加库存积压. 所以影子价格在一定范围内也反映了资源的稀缺程度. 在经济管理决策分析中，影子价格是一个重要的数量依据.

例 1 考虑 1.1 节例 1 中的具体问题. 有关数据如表 3-7 所示.

表 3-7

单位消耗量 \ 产品 / 资源	A	B	现有资源限额
煤 / 吨	9	4	360
电 / 百度	4	5	200
劳力 / 劳动日	3	10	300
单位产品利润 / 百元	7	12	

用 x_1, x_2 分别表示产品 A, B 的生产量(单位：公斤). 问题的线性规划模型为

$$\begin{aligned} \max \quad & z = 7x_1 + 12x_2, \\ \text{s.t.} \quad & 9x_1 + 4x_2 \leqslant 360, \\ & 4x_1 + 5x_2 \leqslant 200, \\ & 3x_1 + 10x_2 \leqslant 300, \\ & x_1 \geqslant 0,\ x_2 \geqslant 0. \end{aligned}$$

今要求：

(1) 求出问题的最优生产方案；

(2) 求出各种资源(煤、电、劳力)的影子价格；

(3) 若厂方想增加一种新产品 C，已知生产 C 每公斤需耗煤 5 吨，耗电 2 百度，用工 14 个劳动日.

问产品 C 的单位利润多大才值得投产？

解 将原问题转化为求解下列标准形式的线性规划问题：

$$\begin{aligned} \min \quad & f = -7x_1 - 12x_2, \\ \text{s.t.} \quad & 9x_1 + 4x_2 + y_1 = 360, \\ & 4x_1 + 5x_2 + y_2 = 200, \\ & 3x_1 + 10x_2 + y_3 = 300, \\ & x_1, x_2, y_1, y_2, y_3 \geqslant 0, \end{aligned}$$

这里 y_1, y_2, y_3 为松弛变量. 然后用单纯形法求解. 迭代过程如表 3-8、表

3-9、表 3-10 所示.

表 3-8

		x_1	x_2	y_1	y_2	y_3
f	0	7	12	0	0	0
y_1	360	9	4	1	0	0
y_2	200	4	5	0	1	0
y_3	300	3	10*	0	0	1

表 3-9

		x_1	x_2	y_1	y_2	y_3
f	−360	3.4	0	0	0	−1.2
y_1	240	7.8	0	1	0	−0.4
y_2	50	2.5*	0	0	1	−0.5
x_2	30	0.3	1	0	0	0.1

表 3-10

		x_1	x_2	y_1	y_2	y_3
f	−428	0	0	0	−1.36	−0.52
y_1	84	0	0	1	−3.12	1.16
x_1	20	1	0	0	0.4	−0.2
x_2	24	0	1	0	−0.12	0.16

从最优单纯形表(表 3-10)得知，原问题的最优生产方案为：生产产品 A 20 公斤，产品 B 24 公斤. 可获利润 42 800 元.

在最优单纯形表中，松弛变量的对应检验数的相反数便是各对应资源的影子价格. 据此得知，煤的影子价格为 0 元 / 吨，电的影子价格为 136 元 / 百度，劳力的影子价格为 52 元 / 劳动日. 由此可见，对该厂的最优生产计划而言，煤是长线资源，电力和劳力是短线资源.

在各资源限额不变的前提下，要投产新产品 C，就得从产品 A,B 的生产中抽出资源. 每生产 1 公斤 C 产品，需抽出煤 5 吨、电 2 百度、劳力 14 个劳动日. 因一种资源的影子价格就是该资源增加(或减少) 一个单位时最大总利润将增加(减少) 的数量，所以，每生产产品 C 1 公斤，将使产品 A,B 的生产失

去利润

$$5 \times 0 + 2 \times 136 + 14 \times 52 = 1\,000\ (\text{元}).$$

由此可见，新产品 C 的单位利润必须在 1 000 元 / 公斤以上，才值得投产.

例 2 应用对偶理论证明下列线性规划问题无最优解：

$$\begin{aligned} \min \quad & f = x_1 - x_2 + x_3, \\ \text{s.t.} \quad & x_1 \qquad - x_3 \geqslant 4, \\ & x_1 - x_2 + 2x_3 \geqslant 3, \\ & x_1, x_2, x_3 \geqslant 0. \end{aligned}$$

证 观察可知所给问题的可行域不空，如$(4,0,0)^T$便是可行解. 其对偶问题为

$$\begin{aligned} \max \quad & z = 4u_1 + 3u_2, \\ \text{s.t.} \quad & u_1 + u_2 \leqslant 1, \\ & -u_2 \leqslant -1, \\ & -u_1 + 2u_2 \leqslant 1, \\ & u_1 \geqslant 0,\ u_2 \geqslant 0. \end{aligned}$$

将其中第一个约束不等式与第三个约束不等式左右两端分别相加得 $u_2 \leqslant \dfrac{2}{3}$. 此与第二个约束(即 $u_2 \geqslant 1$)相矛盾. 即知对偶问题无可行解. 根据定理 3.5 的推论，可知原问题目标函数无界，故无最优解.

例 3 应用对偶理论说明线性规划问题

$$\begin{aligned} \max \quad & z = 4x_1 + 5x_2 + 9x_3, \\ \text{s.t.} \quad & x_1 + x_2 + 2x_3 \leqslant 16, \\ & 7x_1 + 5x_2 + 3x_3 \leqslant 25, \\ & x_1, x_2, x_3 \geqslant 0, \end{aligned}$$

及其对偶问题都有最优解. 并求最优值的上界和下界.

解 对偶问题为

$$\begin{aligned} \min \quad & f = 16u_1 + 25u_2, \\ \text{s.t.} \quad & u_1 + 7u_2 \geqslant 4, \\ & u_1 + 5u_2 \geqslant 5, \\ & 2u_1 + 3u_2 \geqslant 9, \\ & u_1, u_2 \geqslant 0. \end{aligned}$$

观察可知，原问题有可行解：$x_1 = 0$，$x_2 = 0$，$x_3 = 8$；对偶问题有可行解：$u_1 = 5$，$u_2 = 0$. 根据对偶基本定理，原问题和对偶问题都有最优解，且最优

值 $z^* = f^*$. 因此

$$z(0,0,8) \leqslant f^* = z^* \leqslant f(5,0).$$

故知 $z(0,0,8) = 72$ 是最优值的一个下界；$f(5,0) = 80$ 是最优值的一个上界.

例 4 已知线性规划问题

$$\begin{aligned} \max \quad & z = x_1 + 2x_2 + 3x_3 + 4x_4, \\ \text{s.t.} \quad & x_1 + 2x_2 + 2x_3 + 3x_4 \leqslant 20, \\ & 2x_1 + x_2 + 3x_3 + 2x_4 \leqslant 20, \\ & x_1, x_2, x_3, x_4 \geqslant 0 \end{aligned}$$

的对偶问题的最优解为：$u_1^{(0)} = 1.2$, $u_2^{(0)} = 0.2$. 试利用互补松弛性质求出原问题的最优解.

解 对偶问题为

$$\begin{aligned} \min \quad & f = 20u_1 + 20u_2, \\ \text{s.t.} \quad & u_1 + 2u_2 \geqslant 1, \\ & 2u_1 + u_2 \geqslant 2, \\ & 2u_1 + 3u_2 \geqslant 3, \\ & 3u_1 + 2u_2 \geqslant 4, \\ & u_1, u_2 \geqslant 0. \end{aligned}$$

注意到 $u_1^{(0)} > 0$, $u_2^{(0)} > 0$, $u_1^{(0)} + 2u_2^{(0)} > 1$, $2u_1^{(0)} + u_2^{(0)} > 2$. 根据互补松弛性质，原问题的最优解应满足：

$$\begin{aligned} x_1 + 2x_2 + 2x_3 + 3x_4 &= 20, \\ 2x_1 + x_2 + 3x_3 + 2x_4 &= 20, \\ x_1 = 0,\ x_2 &= 0. \end{aligned}$$

由此解得原问题的最优解 $\boldsymbol{x}^* = (0,0,4,4)^{\mathrm{T}}$.

习 题 3.2

1. 证明定理 3.4 的推论 1.
2. 证明定理 3.6 的推论 1 和推论 2.
3. 证明定理 3.7 及其推论.
4. 判断下列关于对偶问题的说法是否正确：

(1) 若原问题存在可行解，则其对偶问题必定存在可行解；

(2) 若对偶问题无可行解，则原问题必无可行解；

(3) 若原问题和对偶问题都有可行解，则两者必都有最优解.

5. 设 LP 有最优解，并设问题(LP)′：

$$\begin{aligned}\min \quad & f = \boldsymbol{c}\boldsymbol{x}, \\ \text{s.t.} \quad & \boldsymbol{A}\boldsymbol{x} = \boldsymbol{d}, \\ & \boldsymbol{x} \geqslant \boldsymbol{0}\end{aligned}$$

有可行解. 试利用对偶理论证明：(LP)′ 必有最优解.

6. 利用互补松弛性质求解下列问题：

$$\begin{aligned}\max \quad & z = 4x_1 + 3x_2 + 6x_3, \\ \text{s.t.} \quad & 3x_1 + x_2 + 3x_3 \leqslant 30, \\ & 2x_1 + 2x_2 + 3x_3 \leqslant 40, \\ & x_1, x_2, x_3 \geqslant 0.\end{aligned}$$

7. 某工厂计划用 M_1, M_2, M_3 三种原料生产 A 型和 B 型两种产品，其有关数据如表 3-11 所示. 问这两种产品各生产多少件才能使总利润最大？

表 3-11

原　料	每件产品所需原料 / 公斤		现有原料数 / 公斤
	A 型	B 型	
M_1	1	3	90
M_2	2	1	80
M_3	1	1	45
产品利润 /(元 / 件)	5	4	

写出上述问题的线性规划模型和对偶问题的数学模型；用单纯形法求解原问题，并从最优单纯形表中得出对偶问题的最优解.

3.3　对偶单纯形法

第二章讲的单纯形法，又称为**原单纯形法**. 从原则上讲，它可以求解任何线性规划问题. 但在某些情况下，使用起来显得不大方便. 例如，对线性规划问题

$$\begin{aligned}\min \quad & f = x_1 + 3x_2 + x_3, \\ \text{s.t.} \quad & 2x_1 + x_2 + x_3 \geqslant 3, \\ & 3x_1 + 2x_2 \qquad \geqslant 4, \\ & x_1 + 2x_2 - x_3 \geqslant 1, \\ & x_1, x_2, x_3 \geqslant 0\end{aligned}$$

用原单纯形法求解，应引入松弛变量，化为如下标准形式：

$$\begin{aligned}\min\quad & f = x_1 + 3x_2 + x_3,\\ \text{s.t.}\quad & 2x_1 + x_2 + x_3 - x_4 = 3,\\ & 3x_1 + 2x_2 - x_5 = 4,\\ & x_1 + 2x_2 - x_3 - x_6 = 1,\\ & x_j \geqslant 0 \quad (j = 1,2,\cdots,6).\end{aligned}$$

显见，$(\boldsymbol{p}_4, \boldsymbol{p}_5, \boldsymbol{p}_6)$ 是它的一个基阵，但对应基解 $(0,0,0,-3,-4,-1)^{\mathrm{T}}$ 不是可行解，因此不能从它出发进行原单纯形迭代. 于是，应按第二章所讲的人造基方法，引入人工变量，先求解如下的第一阶段问题：

$$\begin{aligned}\min\quad & z = x_7 + x_8 + x_9,\\ \text{s.t.}\quad & 2x_1 + x_2 + x_3 - x_4 + x_7 = 3,\\ & 3x_1 + 2x_2 - x_5 + x_8 = 4,\\ & x_1 + 2x_2 - x_3 - x_6 + x_9 = 1,\\ & x_i \geqslant 0 \quad (i = 1,2,\cdots,9).\end{aligned}$$

在上述问题最优解的基础上再去求解原问题. 这样做，不仅增加了变量，也显得不大方便. 对于 $(\boldsymbol{p}_4, \boldsymbol{p}_5, \boldsymbol{p}_6)$ 这样一个明显的基阵(一个负单位矩阵)却未能被利用. 联想到前面建立的对偶理论，可以考虑先求解原问题的对偶问题：

$$\begin{aligned}\max\quad & g = 3u_1 + 4u_2 + u_3,\\ \text{s.t.}\quad & 2u_1 + 3u_2 + u_3 \leqslant 1,\\ & u_1 + 2u_2 + 2u_3 \leqslant 3,\\ & u_1 - u_3 \leqslant 1,\\ & u_i \geqslant 0 \quad (i = 1,2,3).\end{aligned}$$

然后从对偶问题的最优单纯形表去寻求原问题的最优解. 在这里，求解对偶问题确实简便一些，但对偶问题的最优解表中所显示的毕竟还不直接是原问题的最优解. 因此这对于求解原问题来说仍有不便之处. 考虑到对偶问题的数据阵列恰好是原问题数据阵列的转置，自然想到，能否把通过对偶规划求解原规划的过程直接转移到原问题的单纯形表中去实现.

设 $\boldsymbol{x}^{(0)}$ 是 LP 的一个基解(不一定是可行解)，对应基阵 $\boldsymbol{B}$. 由检验数公式

$$\boldsymbol{\lambda} = (\lambda_1, \lambda_2, \cdots, \lambda_n) = \boldsymbol{c_B B}^{-1} \boldsymbol{A} - \boldsymbol{c}$$

可知，$\boldsymbol{x}^{(0)}$ 的检验数全部非正等价于 $\boldsymbol{u}^{(0)} = \boldsymbol{c_B B}^{-1}$ 是 DP 的可行解. 因此，当 $\boldsymbol{x}^{(0)}$ 满足检验数全部非正的条件时，又称 $\boldsymbol{x}^{(0)}$ 具有**对偶可行性**. 为简便起见，把检验数全部非正的基解称为 LP 的**正则解**. 其对应基阵称为**正则基**.

原单纯形法是从一个基解迭代到另一个基解，在迭代过程中始终保持可行性，使其非正则性(即对偶不可行性)逐步消失，一旦满足正则性(即对偶可行性)，便是最优解. 由对偶关系的启发，考虑这样一个迭代过程：从一个基解迭代到另一个基解，在迭代过程中保持正则性，使其不可行性逐步消失，一旦满足可行性，便是最优解. 这就是**对偶单纯形法**的基本思想. 下面进一步来讨论这个迭代过程如何具体实现.

设已知 LP 的一个正则基 $\boldsymbol{B}=(\boldsymbol{p}_{j_1},\boldsymbol{p}_{j_2},\cdots,\boldsymbol{p}_{j_m})$，对应正则解 $\boldsymbol{x}^{(0)}$. 仍用 S 和 R 分别记对应基变量指标集和非基变量指标集. 设 LP 关于基 $\boldsymbol{B}$ 的典式为

$$\left.\begin{aligned}
&\min \quad f=f^{(0)}-\sum_{j\in R}\lambda_j x_j,\\
&\text{s.t.} \quad x_{j_i}=b_{i0}-\sum_{j\in R}b_{ij}x_j \quad (i=1,2,\cdots,m),\\
&\qquad\quad x_j\geqslant 0 \quad (j=1,2,\cdots,n).
\end{aligned}\right\} \tag{3.20}$$

因 $\boldsymbol{x}^{(0)}$ 是正则解，故(3.20)中的检验数

$$\lambda_j\leqslant 0 \quad (j\in R). \tag{3.21}$$

如果有

$$b_{i0}\geqslant 0 \quad (i=1,2,\cdots,m), \tag{3.22}$$

则 $\boldsymbol{x}^{(0)}$ 已为最优解. 否则，有某个 $b_{s0}<0$，则可选取 x_{j_s} 为离基变量.

下面来分析如何选取进基变量. 假设进基变量是 x_r. 不难知道(参见定理 2.6 的证明)，只要 $b_{sr}\neq 0$，将 $\boldsymbol{B}$ 中的 $\boldsymbol{p}_{j_s}$ 换成 $\boldsymbol{p}_r$ 后仍为一基，记此新基为 $\overline{\boldsymbol{B}}$. 将(3.20)经$(s,r)$旋转变换(参见式(2.33)～(2.37))，即可得出基 $\overline{\boldsymbol{B}}$ 对应的典式：

$$\left.\begin{aligned}
&\min \quad f=\left(f^{(0)}-\frac{\lambda_r b_{s0}}{b_{sr}}\right)-\sum_{j\in R\setminus\{r\}}\left(\lambda_j-\frac{\lambda_r b_{sj}}{b_{sr}}\right)x_j-\left(-\frac{\lambda_r}{b_{sr}}\right)x_{j_s},\\
&\text{s.t.} \quad x_{j_i}=\left(b_{i0}-\frac{b_{ir}b_{s0}}{b_{sr}}\right)-\sum_{j\in R\setminus\{r\}}\left(b_{ij}-\frac{b_{ir}b_{sj}}{b_{sr}}\right)x_j+\frac{b_{ir}}{b_{sr}}x_{j_s}\\
&\qquad\qquad\qquad (i\in\{1,2,\cdots,m\}\setminus\{s\}),\\
&\qquad\quad x_r=\frac{b_{s0}}{b_{sr}}-\sum_{j\in R\setminus\{r\}}\frac{b_{sj}}{b_{sr}}x_j-\frac{1}{b_{sr}}x_{j_s},\\
&\qquad\quad x_j\geqslant 0 \quad (j=1,2,\cdots,n).
\end{aligned}\right\} \tag{3.23}$$

为使 $\overline{\boldsymbol{B}}$ 仍为正则基，则应要求：

$$-\frac{\lambda_r}{b_{sr}}\leqslant 0, \tag{3.24}$$

$$\lambda_j - \frac{\lambda_r b_{sj}}{b_{sr}} \leqslant 0 \quad (j \in R \backslash \{r\}). \tag{3.25}$$

要(3.24)成立，则应要求 $b_{sr} < 0$. 从而，当 $b_{sj} \geqslant 0$ 时，(3.25)自然成立. 因此，要(3.25)成立，只需要求：

$$\frac{\lambda_r}{b_{sr}} \leqslant \frac{\lambda_j}{b_{sj}} \quad (j \in R,\ b_{sj} < 0). \tag{3.26}$$

由此可知，应按如下的最小比值

$$\min\left\{\frac{\lambda_j}{b_{sj}} \middle| b_{sj} < 0,\ j \in R\right\} = \frac{\lambda_r}{b_{sr}} \tag{3.27}$$

确定选取 x_r 为进基变量. 同样，称 $b_{sr}(<0)$ 为枢元.

如果所有 $b_{sj} \geqslant 0\ (j \in R)$，怎么办呢？这时有如下结论：

对于典式(3.20)，如果有 $b_{s0} < 0$，而 $b_{sj} \geqslant 0\ (j \in R)$，则可判定 LP 无可行解.

这是因为，假如 LP 有可行解 $\boldsymbol{x}' = (x_1', x_2', \cdots, x_n')^{\mathrm{T}}$，则有

$$x_{j_s}' = b_{s0} - \sum_{j \in R} b_{sj} x_j'. \tag{3.28}$$

由(3.28)，并注意到 $b_{s0} < 0$ 和 $b_{sj} \geqslant 0\ (j \in R)$ 以及 $x_j' \geqslant 0\ (j \in R)$，便可得出 $x_{j_s}' < 0$，此与 $\boldsymbol{x}' \geqslant \boldsymbol{0}$ 相矛盾.

所以，只要 LP 有可行解，$b_{sj} \geqslant 0\ (j \in R)$ 的情况便不会发生. 从而可按(3.27)确定进基变量. 确定了离基变量 x_{j_s} 和进基变量 x_r 后，作 (s,r) 旋转变换得出新基 $\overline{\boldsymbol{B}}$ 对应的典式(3.23)，便完成了一次迭代.

注意到，由 $\lambda_r \leqslant 0$，$b_{s0} < 0$，$b_{sr} < 0$ 可知，新基 $\overline{\boldsymbol{B}}$ 对应基解 $\overline{\boldsymbol{x}}$ 的对应目标函数值

$$f(\overline{\boldsymbol{x}}) = f^{(0)} - \frac{\lambda_r b_{s0}}{b_{sr}} \geqslant f^{(0)} = f(\boldsymbol{x}^{(0)}). \tag{3.29}$$

如果 $\lambda_r < 0$，则有 $f(\overline{\boldsymbol{x}}) > f(\boldsymbol{x}^{(0)})$. 由此可知，在对偶单纯形迭代过程中，目标函数值是递增的. 这与原单纯形迭代的情况正好相反. 原因在于，对偶单纯形迭代过程是从可行域的外部逐步趋于最优解.

综上所述，得出**对偶单纯形法**的计算步骤如下：

设已知 LP 的一个正则解 $\boldsymbol{x}^{(0)}$、对应基 $\boldsymbol{B}$ 及对应典式(3.20).

步骤 1　检查 $b_{i0}(i = 1,2,\cdots,m)$. 如果 $b_{i0} \geqslant 0\ (i = 1,2,\cdots,m)$，则 $\boldsymbol{x}^{(0)}$ 是最优解，迭代终止. 否则，按

$$\min\{b_{i0} \mid b_{i0} < 0,\ 1 \leqslant i \leqslant m\} = b_{s0} \tag{3.30}$$

确定离基变量为 x_{j_s}(若有多个 b_{i0} 同时达到上述最小值，约定选取对应基变量中下标最小者离基). 然后接下一步.

步骤 2 检查 $b_{sj}\ (j\in R)$（注意下标 s 是离基变量所在行的行标）. 如果 $b_{sj}\geqslant 0\ (j\in R)$，则 LP 无可行解，迭代终止. 否则，按

$$\min\left\{\frac{\lambda_j}{b_{sj}}\middle| b_{sj}<0,\ j\in R\right\}=\frac{\lambda_r}{b_{sr}} \tag{3.31}$$

确定进基变量为 x_r（若有多个比值 $\frac{\lambda_j}{b_{sj}}$ 同时达到上述最小值，约定选取对应变量中下标最小者进基）. 然后接下一步.

步骤 3 以 $\boldsymbol{p}_r$ 取代 $\boldsymbol{p}_{j_s}$ 得新基 $\overline{\boldsymbol{B}}$，并以 b_{sr} 为枢元，作 (s,r) 旋转变换，得出新基对应典式及对应基解 $\bar{x}$. 然后，以 $\overline{\boldsymbol{B}}$，$\bar{\boldsymbol{x}}$ 及新典式分别取代 $\boldsymbol{B}$，$\boldsymbol{x}^{(0)}$ 及原典式，返回步骤 1.

由前面的分析可知，若 LP 的每一个正则解，其非基变量对应的检验数都小于零，则按上述方法，经有限次迭代，必能得出 LP 的最优解，或判定 LP 无最优解. 对于更一般的情形，有可能出现基的循环（实际上极少出现）. 为规避循环，可将步骤 1 中确定离基变量的规则改为：按

$$\min\{j_i \mid b_{i0}<0,\ 1\leqslant i\leqslant m\}=j_s \tag{3.30$'$}$$

确定 x_{j_s} 为离基变量.

对比原单纯形法与对偶单纯形法，两者都是从一个基解迭代到另一个基解，但前者是在基可行解中迭代，后者是在正则解中迭代. 在每一次迭代中，原单纯形法是先确定进基变量后确定离基变量，而对偶单纯形法是先确定离基变量后确定进基变量. 至于 (s,r) 旋转变换的方法，两者是相同的. 因此对偶单纯形法也可通过单纯形表（或简化单纯形表）进行. 确定了枢元以后，从旧表到新表的演化方法与 2.3 节中所讲的方法完全相同. 下面再通过具体例子来说明对偶单纯形法的迭代过程.

例 1 再来考虑本节开始所举的线性规划问题. 引入松弛变量后，原问题可化为

$$\begin{aligned}
\min\quad & f=x_1+3x_2+x_3,\\
\text{s.t.}\quad & -2x_1-x_2-x_3+x_4=-3,\\
& -3x_1-2x_2+x_5=-4,\\
& -x_1-2x_2+x_3+x_6=-1,\\
& x_j\geqslant 0\quad (j=1,2,\cdots,6).
\end{aligned}$$

$(\boldsymbol{p}_4,\boldsymbol{p}_5,\boldsymbol{p}_6)$ 是一个明显的正则基，列出对应单纯形表（简化的），如表 3-12 所示.

表 3-12 中，b_{10}，b_{20}，b_{30} 都是负数，由取值最小者为 $b_{20}(=-4)$，确定 x_5 为离基变量（这里 $s=2$，$j_s=5$）. 由

$$\min_{b_{2j}<0}\left\{\frac{\lambda_j}{b_{2j}}\right\}=\min\left\{\frac{-1}{-3},\frac{-3}{-2}\right\}$$

$$=\frac{1}{3}=\frac{\lambda_1}{b_{21}},$$

确定 x_1 为进基变量. 以 $b_{21}(=-3)$ 为枢元，经(2,1)旋转变换得新表，如表 3-13. 在表 3-13 中，显见应取 x_4 为离基变量，x_5 为进基变量，以 $b_{15}(=-\frac{2}{3})$ 为枢元作旋转变换，得表 3-14.

表 3-12

		x_1	x_2	x_3
f	0	-1	-3	-1
x_4	-3	-2	-1	-1
x_5	-4	-3^*	-2	0
x_6	-1	-1	-2	1

表 3-13

		x_5	x_2	x_3
f	$\frac{4}{3}$	$-\frac{1}{3}$	$-\frac{7}{3}$	-1
x_4	$-\frac{1}{3}$	$-\frac{2}{3}^*$	$\frac{1}{3}$	-1
x_1	$\frac{4}{3}$	$-\frac{1}{3}$	$\frac{2}{3}$	0
x_6	$\frac{1}{3}$	$-\frac{1}{3}$	$-\frac{4}{3}$	1

表 3-14

		x_4	x_2	x_3
f	$\frac{3}{2}$	$-\frac{1}{2}$	$-\frac{5}{2}$	$-\frac{1}{2}$
x_5	$\frac{1}{2}$	$-\frac{3}{2}$	$-\frac{1}{2}$	$\frac{3}{2}$
x_1	$\frac{3}{2}$	$-\frac{1}{2}$	$\frac{1}{2}$	$\frac{1}{2}$
x_6	$\frac{1}{2}$	$-\frac{1}{2}$	$-\frac{3}{2}$	$\frac{3}{2}$

表 3-14 对应的正则解是可行解. 即知表 3-14 为最优解表. 至此得原问题的最优解为

$$x_1^*=\frac{3}{2},\quad x_2^*=0,\quad x_3^*=0,$$

最优值为 $f^*=\frac{3}{2}$.

例 2 求解线性规划问题

$$\begin{aligned}\min\quad & f=2x_1+x_2,\\ \text{s.t.}\quad & x_1-x_2+x_3=-1,\\ & x_1+x_2+x_4=0,\\ & x_j\geqslant 0\quad (j=1,2,3,4).\end{aligned}$$

$(\boldsymbol{p}_3,\boldsymbol{p}_4)$ 为一正则基，对应单纯形表如表 3-15. 按对偶单纯形法，迭代一次得表 3-16. 在表 3-16 中，$b_{20}(=-1)<0$，而该行其余元素全部非负. 由此判定问题无可行解.

表 3-15

		x_1	x_2
f	0	-2	-1
x_3	-1	1	-1^*
x_4	0	1	1

表 3-16

		x_1	x_3
f	1	-3	-1
x_2	1	-1	-1
x_4	-1	2	1

习　题　3.3

用对偶单纯形法求解下列线性规划问题：

1. $$\begin{aligned} \min\quad & f = 5x_1 + 2x_2 + 4x_3, \\ \text{s.t.}\quad & 3x_1 + x_2 + 2x_3 \geqslant 4, \\ & 6x_1 + 3x_2 + 5x_3 \geqslant 10, \\ & x_1, x_2, x_3 \geqslant 0. \end{aligned}$$

2. $$\begin{aligned} \min\quad & f = 3x_1 + 2x_2 + x_3, \\ \text{s.t.}\quad & x_1 + x_2 + x_3 \leqslant 6, \\ & x_1 - x_3 \geqslant 4, \\ & x_2 - x_3 \geqslant 3, \\ & x_1, x_2, x_3 \geqslant 0. \end{aligned}$$

3. $$\begin{aligned} \min\quad & f = x_1 + 2x_2 + 3x_3, \\ \text{s.t.}\quad & 2x_1 - x_2 + x_3 \geqslant 4, \\ & x_1 + x_2 + 2x_3 \leqslant 8, \\ & x_2 - x_3 \geqslant 2, \\ & x_1, x_2, x_3 \geqslant 0. \end{aligned}$$

3.4　初始正则解的求法

要运用对偶单纯形法求解线性规划问题，必须先知道一个初始正则解. 如果所给问题不含明显的正则基，如何运用对偶单纯形法呢？一般的方法是：增加一个人工约束，把原问题的求解转化为所谓扩充问题的求解. 下面来具体地介绍这一方法.

设已知 LP 的一个基解 $\boldsymbol{x}^{(0)}$，它不是正则解(也不必是可行解)，对应基阵 $\boldsymbol{B}$，对应典式如(3.20). 现在引进如下的一个约束，称为**人工约束**：

$$\sum_{j\in R} x_j \leqslant M, \tag{3.32}$$

其中 M 表示充分大正数(在迭代过程中，把 M 视为比参与运算的其他任何数都更大的正数). 再引进一个松弛变量 x_{n+1}，则人工约束(3.32) 相当于

$$\left.\begin{aligned} \sum_{j\in R} x_j + x_{n+1} &= M, \\ x_{n+1} &\geqslant 0. \end{aligned}\right\} \tag{3.33}$$

然后，考虑如下的线性规划问题：

$$\left.\begin{aligned} &\min \quad f = f^{(0)} - \sum_{j\in R}\lambda_j x_j, \\ &\text{s. t.} \quad x_{j_i} = b_{i0} - \sum_{j\in R} b_{ij}x_j \quad (i = 1,2,\cdots,m), \\ &\qquad x_{n+1} = M - \sum_{j\in R} x_j, \\ &\qquad x_j \geqslant 0 \quad (j = 1,\cdots,n,n+1). \end{aligned}\right\} \tag{3.34}$$

(3.34) 相当于对原问题增添了一个人工约束(3.32). 故称(3.34) 为 LP 关于基 $\boldsymbol{B}$ 的**扩充问题**.

对于扩充问题(3.34)，按下述方法处理，即可得出它的一个正则解. 设

$$\lambda_r = \max\{\lambda_j \mid \lambda_j > 0,\ j \in R\}, \tag{3.35}$$

选对应变量 x_r 为进基变量，并指定 x_{n+1} 为离基变量. 以 $b_{m+1,r}(=1)$ 为枢元，施行$(m+1,r)$ 旋转变换，得新典式. 易知新典式中目标函数的表达式为

$$f = (f^{(0)} - \lambda_r M) - \sum_{j\in R\setminus\{r\}} (\lambda_j - \lambda_r)x_j - (-\lambda_r)x_{n+1}, \tag{3.36}$$

其中检验数

$$\bar{\lambda}_j = \lambda_j - \lambda_r \leqslant 0\ (j \in R\setminus\{r\}),\quad \bar{\lambda}_{n+1} = -\lambda_r < 0. \tag{3.37}$$

因此，经上述迭代所得新基解便是(3.34) 的正则解.

扩充问题(3.34) 有了初始正则解后，便可开始对偶单纯形迭代. 迭代结果有且仅有下列三种可能情形：

(1) 扩充问题无可行解，则原问题也无可行解.

因为，假如原问题有可行解 $\boldsymbol{x}^{(0)} = (x_1^{(0)},x_2^{(0)},\cdots,x_n^{(0)})^{\mathrm{T}}$，令

$$x_{n+1}^{(0)} = M - \sum_{j\in R} x_j^{(0)},$$

则 $\bar{\boldsymbol{x}}^{(0)} = (x_1^{(0)},\cdots,x_n^{(0)},x_{n+1}^{(0)})^{\mathrm{T}}$ 便是扩充问题的可行解，这与扩充问题无可行解相矛盾.

(2) 扩充问题有最优解 $\bar{\boldsymbol{x}}^* = (x_1^*,\cdots,x_n^*,x_{n+1}^*)^{\mathrm{T}}$，且对应目标函数值 $f(\bar{\boldsymbol{x}}^*)$ 与 M 无关，则 $\boldsymbol{x}^* = (x_1^*,x_2^*,\cdots,x_n^*)^{\mathrm{T}}$ 便是原问题的最优解.

因为，$\boldsymbol{x}^*$ 显然是原问题的可行解，如果 $\boldsymbol{x}^*$ 不是原问题的最优解，则存在原问题的另一可行解 $\boldsymbol{x}'=(x_1',x_2',\cdots,x_n')^{\mathrm{T}}$，使 $f(\boldsymbol{x}')<f(\boldsymbol{x}^*)$. 令

$$x_{n+1}'=M-\sum_{j\in R}x_j',$$

则 $\overline{\boldsymbol{x}}'=(x_1',\cdots,x_n',x_{n+1}')^{\mathrm{T}}$ 是扩充问题的可行解. 再注意到，扩充问题的目标函数与原问题的目标函数相同(与 x_{n+1} 无关)，因此有

$$f(\overline{\boldsymbol{x}}')=f(\boldsymbol{x}')<f(\boldsymbol{x}^*)=f(\overline{\boldsymbol{x}}^*).$$

这与 $\overline{\boldsymbol{x}}^*$ 是扩充问题的最优解相矛盾.

注 $\boldsymbol{x}^*$ 可能与 M 有关，这时说明原问题有无穷多个最优解，且可行域无界(参见习题 3.4 第 3 题).

(3) 扩充问题有最优解 $\overline{\boldsymbol{x}}^*=(x_1^*,\cdots,x_n^*,x_{n+1}^*)^{\mathrm{T}}$，但对应目标函数值 $f(\overline{\boldsymbol{x}}^*)$ 与 M 有关，则原问题无最优解(目标函数在可行域上无下界).

因为，$f(\overline{\boldsymbol{x}}^*)$ 与 M 有关，说明 $\overline{\boldsymbol{x}}^*$ 与 M 有关，不妨记为

$$\overline{\boldsymbol{x}}^*(M)=(x_1^*(M),\cdots,x_n^*(M),x_{n+1}^*(M))^{\mathrm{T}}.$$

由对偶单纯形迭代的演算规则可知，$f(\overline{\boldsymbol{x}}^*(M))$ 必是 M 的一次函数，即

$$f(\overline{\boldsymbol{x}}^*(M))=aM+d,$$

其中 a,d 都是与 M 无关的常数，且 $a\neq 0$. 又由于扩充问题只是在原问题上增加一个人工约束：

$$\sum_{j\in R}x_j\leqslant M,$$

由此不难知道，当 M 增大时，扩充问题在 $\mathbf{R}^n$ 中的可行域不会缩小，从而目标函数的最小值 $f(\overline{\boldsymbol{x}}^*(M))$ 不增. 因此必有 $a<0$. 再注意到，对一切充分大的 M，$\boldsymbol{x}^*(M)$ 都是相应扩充问题的最优解. 从而，对一切充分大的 M，$\boldsymbol{x}^*(M)=(x_1^*(M),x_2^*(M),\cdots,x_n^*(M))^{\mathrm{T}}$ 都是原问题的可行解，而

$$f(\boldsymbol{x}^*(M))=f(\overline{\boldsymbol{x}}^*(M))=aM+d\to-\infty\quad(\text{当 } M\to+\infty),$$

所以，原问题中目标函数在可行域上无下界.

综上所述可知，对于 LP，当系数矩阵 $\boldsymbol{A}$ 不含明显正则基时，欲用对偶单纯形法，应建立和求解扩充问题. 只要知道 LP 的一个基及对应典式(3.20)，便可写出对应扩充问题(3.34). 对于扩充问题按上面所讲方法容易得出一个正则解，从而能起动对偶单纯形迭代. 通过扩充问题的求解，即可得出原问题的最优解，或判定原问题无最优解.

例 1 求解线性规划问题

$$\begin{aligned}\min\quad & f=-2x_2+3x_3,\\ \text{s.t.}\quad & x_1+x_2+2x_3=5,\\ & x_2-x_3+x_4=-1,\\ & x_j\geqslant 0\quad(j=1,2,3,4).\end{aligned}$$

显见，$(\boldsymbol{p}_1,\boldsymbol{p}_4)$ 为一基，但非可行基，也非正则基，因检验数 $\lambda_2(=2)>0$. 增加人工约束

$$x_2+x_3+x_5=M,$$

求解对应扩充问题：

$$\begin{aligned} \min \quad & f=-2x_2+3x_3,\\ \text{s.t.} \quad & x_1+x_2+2x_3 = 5,\\ & x_2-x_3+x_4 = -1,\\ & x_2+x_3+x_5 = M,\\ & x_j \geqslant 0 \quad (j=1,2,\cdots,5). \end{aligned}$$

列出扩充问题的初始单纯形表，如表 3-17.

首次迭代的离基变量指定为 x_5，由 $\max\limits_{\lambda_j>0}\{\lambda_j\}=2=\lambda_2$，选取 x_2 为进基变量，施行(3,2)旋转变换得表 3-18.

表 3-17

		x_2	x_3
f	0	2	-3
x_1	5	1	2
x_4	-1	1	-1
x_5	M	1^*	1

表 3-18

		x_5	x_3
f	$-2M$	-2	-5
x_1	$-M+5$	-1	1
x_4	$-M-1$	-1^*	-2
x_2	M	1	1

表 3-18 对应基解已是扩充问题的正则解. 以下即按对偶单纯形法进行迭代. 迭代一次得表 3-19，其对应基解仍非可行解. 再迭代一次得表 3-20.

表 3-19

		x_4	x_3
f	2	-2	-1
x_1	6	-1	3
x_5	$M+1$	-1	2
x_2	-1	1	-1^*

表 3-20

		x_4	x_2
f	3	-3	-1
x_1	3	2	3
x_5	$M-1$	1	2
x_3	1	-1	-1

表 3-20 对应的基解已是可行解，从而是扩充问题的最优解，且对应目标函数值与 M 无关，因此，去掉分量 x_5 后，便得出原问题的最优解为 $\boldsymbol{x}^*=(3,0,1,0)^{\mathrm{T}}$，最优值为 $f^*=3$.

例 2 求解线性规划问题

$$
\begin{aligned}
\min \quad & f = -x_4 + x_5, \\
\text{s.t.} \quad & x_1 - x_4 + 4x_5 = -5, \\
& x_2 + x_4 - 3x_5 = 1, \\
& x_3 - 2x_4 + 5x_5 = -1, \\
& x_j \geqslant 0 \quad (j = 1,2,\cdots,5).
\end{aligned}
$$

显见，$(\boldsymbol{p}_1, \boldsymbol{p}_2, \boldsymbol{p}_3)$为一基，但非可行基，也非正则基. 添加人工约束：

$$x_4 + x_5 + x_6 = M.$$

求解对应扩充问题. 列出扩充问题的初始单纯形表，如表 3-21.

首次迭代离基变量是 x_6，迭代后得表 3-22.

表 3-21

		x_4	x_5
f	0	1	-1
x_1	-5	-1	4
x_2	1	1	-3
x_3	-1	-2	5
x_6	M	1^*	1

表 3-22

		x_6	x_5
f	$-M$	-1	-2
x_1	$M-5$	1	5
x_2	$-M+1$	-1	-4^*
x_3	$2M-1$	2	7
x_4	M	1	1

然后连续施行两次对偶单纯形迭代，依次得表 3-23、表 3-24.

表 3-23

		x_6	x_2
f	$\frac{-M-1}{2}$	$-\frac{1}{2}$	$-\frac{1}{2}$
x_1	$\frac{-M-15}{4}$	$-\frac{1}{4}^*$	$\frac{5}{4}$
x_5	$\frac{M-1}{4}$	$\frac{1}{4}$	$-\frac{1}{4}$
x_3	$\frac{M+3}{4}$	$\frac{1}{4}$	$\frac{7}{4}$
x_4	$\frac{3M+1}{4}$	$\frac{3}{4}$	$\frac{1}{4}$

表 3-24

		x_1	x_2
f	7	-2	-3
x_6	$M+15$	-4	-5
x_5	-4	1	1
x_3	-3	1	3
x_4	-11	3	4

在表 3-24 中，$b_{20} < 0$，而 $b_{2j} \geqslant 0\ (j \in R)$. 由此可知扩充问题无可行解. 从而得知原问题无可行解.

例 3 求解线性规划问题

$$\begin{aligned}
\min \quad & f = x_1 + 3x_2 - 2x_6, \\
\text{s. t.} \quad & x_1 + x_4 - 3x_5 + 7x_6 = -5, \\
& x_2 - x_4 + x_5 - x_6 = 1, \\
& x_3 + 3x_4 + x_5 - 10x_6 = 8, \\
& x_j \geqslant 0 \quad (j = 1,2,\cdots,6).
\end{aligned}$$

取$(\boldsymbol{p}_1, \boldsymbol{p}_2, \boldsymbol{p}_3)$为初始基，对应基解 $\boldsymbol{x}^{(0)} = (-5,1,8,0,0,0)^{\mathrm{T}}$，$\boldsymbol{x}^{(0)}$ 非可行解. 目标函数的非基变量表达式为

$$f = -2 + 2x_4 - 6x_6.$$

由检验数 $\lambda_6 = 6 > 0$ 可知，$\boldsymbol{x}^{(0)}$ 也非正则解. 增加人工约束：

$$x_4 + x_5 + x_6 + x_7 = M.$$

求解对应扩充问题. 列出扩充问题的初始单纯形表，如表 3-25. 首次迭代得表 3-26. 然后进行两次对偶单纯形迭代，依次得表 3-27 和表 3-28.

表 3-25

		x_4	x_5	x_6
f	-2	-2	0	6
x_1	-5	1	-3	7
x_2	1	-1	1	-1
x_3	8	3	1	-10
x_7	M	1	1	1^*

表 3-26

		x_4	x_5	x_7
f	$-6M-2$	-8	-6	-6
x_1	$-7M-5$	-6	-10^*	-7
x_2	$M+1$	0	2	1
x_3	$10M+8$	13	11	10
x_6	M	1	1	1

表 3-28 对应的基解是扩充问题的最优解，但对应目标函数值$\left(-\dfrac{1}{3}M+1\right)$与 M 有关. 由此可知原问题的目标函数在可行域上无下界，因此无最优解.

表 3-27

		x_4	x_1	x_7
f	$-\frac{9}{5}M+1$	$-\frac{22}{5}$	$-\frac{3}{5}$	$-\frac{9}{5}$
x_5	$\frac{7}{10}M+\frac{1}{2}$	$\frac{3}{5}$	$-\frac{1}{10}$	$\frac{7}{10}$
x_2	$-\frac{2}{5}M$	$-\frac{6}{5}^{*}$	$\frac{1}{5}$	$-\frac{2}{5}$
x_3	$\frac{23}{10}M+\frac{5}{2}$	$\frac{32}{5}$	$\frac{11}{10}$	$\frac{23}{10}$
x_6	$\frac{3}{10}M-\frac{1}{2}$	$\frac{2}{5}$	$\frac{1}{10}$	$\frac{3}{10}$

表 3-28

		x_2	x_1	x_7
f	$-\frac{1}{3}M+1$	$-\frac{11}{3}$	$-\frac{4}{3}$	$-\frac{1}{3}$
x_5	$\frac{1}{2}M+\frac{1}{2}$	$\frac{1}{2}$	0	$\frac{1}{2}$
x_4	$\frac{1}{3}M$	$-\frac{5}{6}$	$-\frac{1}{6}$	$\frac{1}{3}$
x_3	$\frac{1}{6}M+\frac{5}{2}$	$\frac{16}{3}$	$\frac{13}{6}$	$\frac{1}{6}$
x_6	$\frac{1}{6}M-\frac{1}{2}$	$\frac{1}{3}$	$\frac{1}{6}$	$\frac{1}{6}$

习　题　3.4

利用扩充问题求解下列线性规划问题：

1. $$\begin{aligned} \max \quad & z = x_2 + 2x_3, \\ \text{s.t.} \quad & x_1 - x_2 - x_3 = 4, \\ & x_2 + 2x_3 \leqslant 8, \\ & x_2 - x_3 \geqslant 2, \\ & x_1, x_2, x_3 \geqslant 0. \end{aligned}$$

2. $$\begin{aligned} \min \quad & f = -x_4 + 2x_5 + 3x_6, \\ \text{s.t.} \quad & x_1 + 5x_4 - x_5 + 5x_6 + x_7 = 17, \\ & x_2 - x_4 + 2x_5 - x_6 + x_7 = -22, \\ & x_3 + x_4 + x_5 - x_6 + x_7 = -33, \\ & x_i \geqslant 0 \quad (i = 1, 2, \cdots, 7). \end{aligned}$$

3. $\min \quad f = x_1 - 2x_2$,

$$\begin{aligned} \text{s.t.} \quad & 4x_1 - x_2 - x_3 = 1, \\ & -x_1 + 2x_2 + x_4 = 5, \\ & x_i \geqslant 0 \quad (i = 1,2,3,4). \end{aligned}$$

3.5 原-对偶单纯形法

原-对偶单纯形法是求解线性规划问题的又一种方法，它能同时求出原问题和对偶问题的最优解，此法的理论基础是对偶规划的互补松弛性质.

现在同时考虑问题 LP：

$$\begin{aligned} \min \quad & \boldsymbol{cx}, \\ \text{s.t.} \quad & \boldsymbol{Ax} = \boldsymbol{b} \quad (\boldsymbol{b} \geqslant \boldsymbol{0}), \\ & \boldsymbol{x} \geqslant \boldsymbol{0} \end{aligned}$$

及其对偶问题 DP：

$$\begin{aligned} \max \quad & \boldsymbol{ub}, \\ \text{s.t.} \quad & \boldsymbol{uA} \leqslant \boldsymbol{c}. \end{aligned}$$

由定理 3.6 可知，若 $\boldsymbol{x}^{(0)}, \boldsymbol{u}^{(0)}$ 满足下列 4 个条件：

(i) $\boldsymbol{Ax}^{(0)} = \boldsymbol{b}$,

(ii) $\boldsymbol{x}^{(0)} \geqslant \boldsymbol{0}$,

(iii) $\boldsymbol{u}^{(0)}\boldsymbol{A} \leqslant \boldsymbol{c}$,

(iv) $(\boldsymbol{c} - \boldsymbol{u}^{(0)}\boldsymbol{A})\boldsymbol{x}^{(0)} = 0$,

则 $\boldsymbol{x}^{(0)}, \boldsymbol{u}^{(0)}$ 分别是 LP,DP 的最优解.

原单纯形法，实际上是在保持满足(i),(ii),(iv) 的条件下，通过迭代逐渐使条件(iii) 得到满足，从而求出最优解. 对偶单纯形法，实际上是在保持满足(i),(iii),(iv) 的条件下，通过迭代逐步使条件(ii) 得到满足，从而求出最优解. 本节介绍的原-对偶单纯形法，则是在保持满足(ii),(iii),(iv) 的条件下，通过迭代逐渐使条件(i) 得到满足，从而求出最优解.

原-对偶单纯形法出发于对偶问题的可行解. 设已知 DP 的一个可行解 $\boldsymbol{u}^{(0)}$，记指标集

$$J_0 = \{ j \mid \boldsymbol{u}^{(0)} \boldsymbol{p}_j = c_j,\ j = 1,2,\cdots,n \}. \tag{3.38}$$

对应于 $\boldsymbol{u}^{(0)}$，定义一个新的线性规划问题：

$$\left.\begin{aligned} \min\quad & \sum_{i=1}^{m} y_i, \\ \text{s.t.}\quad & \boldsymbol{Ax} + \boldsymbol{y} = \boldsymbol{b}, \\ & x_j = 0 \quad (j \notin J_0), \\ & x_j \geqslant 0 \quad (j \in J_0), \\ & \boldsymbol{y} \geqslant \boldsymbol{0} \quad (\boldsymbol{y} = (y_1, y_2, \cdots, y_m)^{\mathrm{T}}), \end{aligned}\right\} \tag{3.39}$$

称(3.39)为LP相应于$\boldsymbol{u}^{(0)}$的**限定问题**. 限定问题的引进，是考虑到LP相应于$\boldsymbol{u}^{(0)}$的可行解$\boldsymbol{x}^{(0)}$要满足条件(iv)，必须有$x_j = 0\ (j \notin J_0)$,并考虑到两阶段法中第一阶段的作用,故引入人工变量$\boldsymbol{y}$.

易知(习题3.5第1题)问题(3.39)的对偶规划问题为

$$\left.\begin{aligned} \max\quad & \boldsymbol{wb} \quad (\boldsymbol{w} = (w_1, w_2, \cdots, w_m)), \\ \text{s.t.}\quad & \boldsymbol{wp}_j \leqslant 0 \quad (j \in J_0), \\ & w_i \leqslant 1 \quad (i = 1, 2, \cdots, m). \end{aligned}\right\} \tag{3.40}$$

若求得(3.39),(3.40)的最优解分别为$\begin{pmatrix} \boldsymbol{x}^{(0)} \\ \boldsymbol{y}^{(0)} \end{pmatrix}$,$\boldsymbol{w}^{(0)}$，则有下列结论：

(1) 若$\boldsymbol{y}^{(0)} = \boldsymbol{0}$，则$\boldsymbol{x}^{(0)}$,$\boldsymbol{u}^{(0)}$分别是LP,DP的最优解.

这是因为，当$\boldsymbol{y}^{(0)} = \boldsymbol{0}$时，显然$\boldsymbol{x}^{(0)}$,$\boldsymbol{u}^{(0)}$满足条件(i),(ii),(iii),(iv).

(2) 若$\boldsymbol{y}^{(0)} \neq \boldsymbol{0}$，且$\boldsymbol{w}^{(0)}\boldsymbol{A} \leqslant \boldsymbol{0}$，则LP无可行解.

这是因为，令

$$\boldsymbol{u}(\theta) = \boldsymbol{u}^{(0)} + \theta \boldsymbol{w}^{(0)} \quad (\theta \geqslant 0),$$

则有

$$\boldsymbol{u}(\theta)\boldsymbol{A} = \boldsymbol{u}^{(0)}\boldsymbol{A} + \theta \boldsymbol{w}^{(0)}\boldsymbol{A} \leqslant \boldsymbol{c} \quad (\theta \geqslant 0).$$

即对任意的$\theta \geqslant 0$，$\boldsymbol{u}(\theta)$都是DP的可行解. 又由互为对偶的两规划的最优值相等和$\boldsymbol{y}^{(0)} \geqslant \boldsymbol{0}$且$\boldsymbol{y}^{(0)} \neq \boldsymbol{0}$可知

$$\boldsymbol{w}^{(0)}\boldsymbol{b} = \sum_{i=1}^{m} y_i^{(0)} > 0.$$

从而有

$$\boldsymbol{u}(\theta)\boldsymbol{b} = \boldsymbol{u}^{(0)}\boldsymbol{b} + \theta \boldsymbol{w}^{(0)}\boldsymbol{b} \to +\infty \quad (\text{当}\ \theta \to +\infty).$$

即知DP的目标函数在可行域上无上界. 由定理3.5即知LP无可行解.

(3) 若$\boldsymbol{y}^{(0)} \neq \boldsymbol{0}$，且存在$j$使$\boldsymbol{w}^{(0)}\boldsymbol{p}_j > 0$，令

$$\boldsymbol{u}^{(1)} = \boldsymbol{u}^{(0)} + \theta_0 \boldsymbol{w}^{(0)}, \tag{3.41}$$

其中

$$\theta_0 = \min\left\{\frac{c_j - \boldsymbol{u}^{(0)}\boldsymbol{p}_j}{\boldsymbol{w}^{(0)}\boldsymbol{p}_j} \middle| \boldsymbol{w}^{(0)}\boldsymbol{p}_j > 0\right\}. \tag{3.42}$$

则 $\boldsymbol{u}^{(1)}$ 是 DP 的可行解，且 $\boldsymbol{u}^{(1)}\boldsymbol{b} > \boldsymbol{u}^{(0)}\boldsymbol{b}$.

这是因为，当 $\boldsymbol{w}^{(0)}\boldsymbol{p}_j > 0$ 时，由(3.40)知 $j \notin J_0$，于是有 $\boldsymbol{u}^{(0)}\boldsymbol{p}_j < c_j$，由此可知

$$\theta_0 = \min\left\{\frac{c_j - \boldsymbol{u}^{(0)}\boldsymbol{p}_j}{\boldsymbol{w}^{(0)}\boldsymbol{p}_j} \middle| \boldsymbol{w}^{(0)}\boldsymbol{p}_j > 0\right\} > 0.$$

对任意的 j，若 $\boldsymbol{w}^{(0)}\boldsymbol{p}_j \leqslant 0$，则有

$$\boldsymbol{u}^{(1)}\boldsymbol{p}_j = \boldsymbol{u}^{(0)}\boldsymbol{p}_j + \theta_0\boldsymbol{w}^{(0)}\boldsymbol{p}_j \leqslant \boldsymbol{u}^{(0)}\boldsymbol{p}_j \leqslant c_j;$$

若 $\boldsymbol{w}^{(0)}\boldsymbol{p}_j > 0$，由 θ_0 的定义，也有

$$\boldsymbol{u}^{(1)}\boldsymbol{p}_j = \boldsymbol{u}^{(0)}\boldsymbol{p}_j + \theta_0\boldsymbol{w}^{(0)}\boldsymbol{p}_j \leqslant c_j.$$

所以 $\boldsymbol{u}^{(1)}$ 是 DP 的可行解. 且由 $\theta_0 > 0$ 和 $\boldsymbol{y}^{(0)} \geqslant \boldsymbol{0}$，$\boldsymbol{y}^{(0)} \neq \boldsymbol{0}$ 可知

$$\boldsymbol{u}^{(1)}\boldsymbol{b} = \boldsymbol{u}^{(0)}\boldsymbol{b} + \theta_0\boldsymbol{w}^{(0)}\boldsymbol{b} = \boldsymbol{u}^{(0)}\boldsymbol{b} + \theta_0\sum_{i=1}^{m} y_i^{(0)} > \boldsymbol{u}^{(0)}\boldsymbol{b}.$$

(4) 在(3)的前提下，令

$$J_1 = \{j \mid \boldsymbol{u}^{(1)}\boldsymbol{p}_j = c_j,\ j = 1,2,\cdots,n\}, \tag{3.43}$$

LP 相应于 $\boldsymbol{u}^{(1)}$ 的限定问题为

$$\left.\begin{aligned}
\min \quad & \sum_{i=1}^{m} y_i, \\
\text{s.t.} \quad & \boldsymbol{A}\boldsymbol{x} + \boldsymbol{y} = \boldsymbol{b}, \\
& x_j = 0 \quad (j \notin J_1), \\
& x_j \geqslant 0 \quad (j \in J_1), \\
& \boldsymbol{y} \geqslant \boldsymbol{0},
\end{aligned}\right\} \tag{3.44}$$

则 $\begin{pmatrix}\boldsymbol{x}^{(0)} \\ \boldsymbol{y}^{(0)}\end{pmatrix}$ 也是(3.44)的可行解.

这是因为，$\begin{pmatrix}\boldsymbol{x}^{(0)} \\ \boldsymbol{y}^{(0)}\end{pmatrix}$ 是(3.39)的可行解，故有

$$\boldsymbol{A}\boldsymbol{x}^{(0)} + \boldsymbol{y}^{(0)} = \boldsymbol{b}, \quad \boldsymbol{x}^{(0)} \geqslant \boldsymbol{0},\ \boldsymbol{y}^{(0)} \geqslant \boldsymbol{0}.$$

且当 $x_j^{(0)} > 0$ 时，必有 $j \in J_0$. 又由互补松弛性质可知，若 $x_j^{(0)} > 0$，则必有 $\boldsymbol{w}^{(0)}\boldsymbol{p}_j = 0$，从而有

$$\boldsymbol{u}^{(1)}\boldsymbol{p}_j = \boldsymbol{u}^{(0)}\boldsymbol{p}_j + \theta_0\boldsymbol{w}^{(0)}\boldsymbol{p}_j = \boldsymbol{u}^{(0)}\boldsymbol{p}_j = c_j,$$

即知 $j \in J_1$. 由此得知，当 $j \notin J_1$ 时，必有 $x_j^{(0)} = 0$. 所以 $\begin{pmatrix}\boldsymbol{x}^{(0)} \\ \boldsymbol{y}^{(0)}\end{pmatrix}$ 是(3.44)

的可行解. 若$\begin{pmatrix} \boldsymbol{x}^{(0)} \\ \boldsymbol{y}^{(0)} \end{pmatrix}$是由单纯形法得出的，它也是(3.44)的基可行解.

根据上述结论，得出原 - 对偶单纯形法的计算步骤如下：

设已知 DP 的一个可行解 $\boldsymbol{u}^{(0)}$.

步骤 1 求出 $J_0 = \{j \mid \boldsymbol{u}^{(0)} \boldsymbol{p}_j = c_j, j = 1,2,\cdots,n\}$. 确定相应于 $\boldsymbol{u}^{(0)}$ 的限定问题及其对偶问题(如(3.39)与(3.40)所示).

步骤 2 用单纯形法求解限定问题，得其最优解$\begin{pmatrix} \boldsymbol{x}^{(0)} \\ \boldsymbol{y}^{(0)} \end{pmatrix}$. 若 $\boldsymbol{y}^{(0)} = \boldsymbol{0}$，迭代终止，得 LP,DP 的最优解分别为 $\boldsymbol{x}^{(0)}, \boldsymbol{u}^{(0)}$. 否则，转下一步.

步骤 3 由限定问题的最优单纯形表，按定理 3.4 的推论 2，得出其对偶问题的最优解 $\boldsymbol{w}^{(0)}$，并计算 $\boldsymbol{w}^{(0)} \boldsymbol{A}$. 若 $\boldsymbol{w}^{(0)} \boldsymbol{A} \leqslant \boldsymbol{0}$，则 LP 无可行解，迭代终止. 否则，转下一步.

步骤 4 计算：

$$\theta_0 = \min\left\{ \frac{c_j - \boldsymbol{u}^{(0)} \boldsymbol{p}_j}{\boldsymbol{w}^{(0)} \boldsymbol{p}_j} \,\middle|\, \boldsymbol{w}^{(0)} \boldsymbol{p}_j > 0 \right\},$$

$$\boldsymbol{u}^{(1)} = \boldsymbol{u}^{(0)} + \theta_0 \boldsymbol{w}^{(0)}.$$

然后以 $\boldsymbol{u}^{(1)}$ 代替 $\boldsymbol{u}^{(0)}$，返回步骤 1. 并注意到，已得出的$\begin{pmatrix} \boldsymbol{x}^{(0)} \\ \boldsymbol{y}^{(0)} \end{pmatrix}$可作为新限定问题的初始基可行解.

由于每次迭代所得新的对偶可行解使目标函数值严格增加($\boldsymbol{u}^{(1)} \boldsymbol{b} > \boldsymbol{u}^{(0)} \boldsymbol{b}$)，所以经有限次迭代，必能得出 LP 和 DP 的最优解，或判定原问题无最优解.

例 设原问题为

$$\begin{aligned} \min \quad & f = 2x_1 + x_2 + 4x_3, \\ \text{s.t.} \quad & x_1 + x_2 + 2x_3 = 3, \\ & 2x_1 + x_2 + 3x_3 = 5, \\ & x_j \geqslant 0 \quad (j = 1,2,3). \end{aligned}$$

则其对偶问题为

$$\begin{aligned} \max \quad & g = 3u_1 + 5u_2, \\ \text{s.t.} \quad & u_1 + 2u_2 \leqslant 2, \\ & u_1 + u_2 \leqslant 1, \\ & 2u_1 + 3u_2 \leqslant 4. \end{aligned}$$

对偶问题有明显的可行解 $\boldsymbol{u}^{(0)} = (0,0)$. 相应的

$$J_0 = \{j \mid \boldsymbol{u}^{(0)} \boldsymbol{p}_j = c_j, j = 1,2,3\} = \varnothing.$$

于是，相应于 $\boldsymbol{u}^{(0)}$ 的限定问题为

$$\begin{aligned} \min \quad & z = y_1 + y_2, \\ \text{s. t.} \quad & x_1 + x_2 + 2x_3 + y_1 = 3, \\ & 2x_1 + x_2 + 3x_3 + y_2 = 5, \\ & x_j = 0 \quad (j = 1,2,3), \\ & y_i \geqslant 0 \quad (i = 1,2). \end{aligned}$$

现在用原单纯形法求解限定问题. 为演算方便起见，列出原问题的第一阶段问题

$$\begin{aligned} \min \quad & z = y_1 + y_2, \\ \text{s. t.} \quad & x_1 + x_2 + 2x_3 + y_1 = 3, \\ & 2x_1 + x_2 + 3x_3 + y_2 = 5, \\ & x_j \geqslant 0 \quad (j = 1,2,3), \\ & y_i \geqslant 0 \quad (i = 1,2) \end{aligned}$$

的初始单纯形表，如表 3-29 所示.

表 3-29

		(x_1)	(x_2)	(x_3)	y_1	y_2
z	8	3	2	5	0	0
y_1	3	1	1	2	1	0
y_2	5	2	1	3	0	1

在表 3-29 中，把带括号的变量的对应列划掉(因这些变量必取零值)，便是相应于 $\boldsymbol{u}^{(0)}$ 的限定问题的初始单纯形表. 显见，这时该表已是限定问题的最优解表. 即知该限定问题的最优解为

$$\begin{pmatrix} \boldsymbol{x}^{(0)} \\ \boldsymbol{y}^{(0)} \end{pmatrix} = (0,0,0,3,5)^{\mathrm{T}}.$$

并且按照公式(3.13) 可得出该限定问题的对偶问题的最优解为 $\boldsymbol{w}^{(0)} = (1,1)$. 然后再算出：

$$\boldsymbol{w}^{(0)} \boldsymbol{A} = (3,2,5),$$

$$\theta_0 = \min_{\boldsymbol{w}^{(0)} \boldsymbol{p}_j > 0} \left\{ \frac{c_j - \boldsymbol{u}^{(0)} \boldsymbol{p}_j}{\boldsymbol{w}^{(0)} \boldsymbol{p}_j} \right\} = \min\left\{ \frac{2}{3}, \frac{1}{2}, \frac{4}{5} \right\} = \frac{1}{2},$$

$$u^{(1)} = u^{(0)} + \theta_0 w^{(0)} = \left(\frac{1}{2}, \frac{1}{2}\right),$$

$$J_1 = \{j \mid u^{(1)} p_j = c_j, j = 1,2,3\} = \{2\}.$$

然后进入第二个循环.

相应于 $u^{(1)}$ 的限定问题，只是在原第一阶段问题中增加限制 $x_1 = 0$ 和 $x_3 = 0$. 并注意到 $\begin{pmatrix} x^{(0)} \\ y^{(0)} \end{pmatrix}$ 可作为新限定问题的初始基可行解，因此在表 3-29 中去掉变量 x_1, x_3 的对应列，便是新限定问题的初始单纯形表，对它施行单纯形迭代(x_2 进基，y_1 离基）得表 3-30.

表 3-30

		(x_1)	x_2	(x_3)	y_1	y_2
z	2	1	0	1	-2	0
x_2	3	1	1	2	1	0
y_2	2	1	0	1	-1	1

由表 3-30 得知，相应于 $u^{(1)}$ 的限定问题和它的对偶问题的最优解分别为

$$\begin{pmatrix} x^{(1)} \\ y^{(1)} \end{pmatrix} = (0,3,0,0,2)^{T}, \quad w^{(1)} = (-1,1).$$

再算出：

$$w^{(1)} A = (1,0,1),$$

$$\theta_1 = \min\left\{\frac{1/2}{1}, \frac{3/2}{1}\right\} = \frac{1}{2},$$

$$u^{(2)} = u^{(1)} + \theta_1 w^{(1)} = (0,1),$$

$$J_2 = \{j \mid u^{(2)} p_j = c_j, j = 1,2,3\} = \{1,2\}.$$

然后进入第三个循环.

相应于 $u^{(2)}$ 的限定问题，只是在原第一阶段问题中增加限制 $x_3 = 0$. 并注意到 $\begin{pmatrix} x^{(1)} \\ y^{(1)} \end{pmatrix}$ 可作为此限定问题的初始基可行解. 因此在表 3-30 中去掉变量 x_3 的对应列，便是此限定问题的初始单纯形表. 对它施行单纯形迭代(x_1 进基，y_2 离基）得表 3-31.

表 3-31

		x_1	x_2	(x_3)	y_1	y_2
z	0	0	0	0	-1	-1
x_2	1	0	1	1	2	-1
x_1	2	1	0	1	-1	1

由表 3-31 得知，相应于 $\boldsymbol{u}^{(2)}$ 的限定问题的最优解为

$$\begin{pmatrix} \boldsymbol{x}^{(2)} \\ \boldsymbol{y}^{(2)} \end{pmatrix} = (2,1,0,0,0)^{\mathrm{T}}.$$

现在人工变量已全部取零值，迭代结束. 至此得出原问题与对偶问题的最优解分别为

$$\boldsymbol{x}^* = (2,1,0)^{\mathrm{T}}, \quad \boldsymbol{u}^* = (0,1),$$

最优值为 $f^* = g^* = 5$.

使用原单纯形法，一般要进行两个演算阶段，即先求解第一阶段问题，以得出原问题的初始基可行解，然后进入第二阶段求解原问题本身. 在第一阶段的迭代过程中，只考虑降低人工变量之和，没有考虑对于原目标函数是否朝着有利方向变化. 因此，一般在第一阶段完成后，第二阶段还要付出大量的运算. 原 - 对偶单纯形法，把这两个演算阶段结合起来，在降低人工变量之和的同时，就考虑到向原问题的最优解逼近. 因此，在人工变量之和降到零时，便立即得到原问题的最优解，即无需进行第二阶段演算. 但是，这里的限定问题已不同于原来的第一阶段问题，它随着 $\boldsymbol{u}^{(k)}$ 的变化而变化. 每次迭代需求出不同的限定问题及其对偶问题的最优解，这显得不大方便. 因此，原 - 对偶单纯形法很少用于求解一般线性规划问题. 但是，对于许多网络优化问题的求解，原 - 对偶单纯形法的思想起着重要的作用.

习 题 3.5

1. 导出限定问题(3.39) 的对偶线性规划问题.
2. 用原 - 对偶单纯形法求下列问题及其对偶问题的最优解：

$$\begin{aligned} \min \quad & f = -1.1x_1 - 2.2x_2 + 3.3x_3 - 4.4x_4, \\ \text{s.t.} \quad & x_1 + x_2 + 2x_3 = 5, \\ & x_1 + 2x_2 + x_3 + 3x_4 = 4, \\ & x_j \geqslant 0 \quad (j = 1,2,3,4). \end{aligned}$$

本章小结

本章引进了对偶规划的概念，揭示了互为对偶的线性规划问题之间的内在联系，在此基础上介绍了求解线性规划问题的又一种基本方法 —— 对偶单纯形法，以及寻求初始正则解的方法. 最后介绍了以互补松弛性质为其理论基础的原 - 对偶单纯形法.

对本章的学习有以下要求：

1. 清楚对偶线性规划问题的定义，了解对偶问题的实际背景，掌握写出对偶规划问题的一般规则.

2. 理解对偶理论的基本结论(3.2 节中的定理与推论)及其运用. 理解影子价格的概念.

3. 清楚对偶单纯形法的原理，掌握对偶单纯形法的计算步骤. 能运用单纯形表按对偶单纯形法迭代规则手算求解较简单的数字题目.

4. 对于不具明显正则解的线性规划问题，会引入人工约束，建立和求解扩充问题，以得出原问题的最优解，或判定原问题无最优解，并明白其道理.

5. 了解原 - 对偶单纯形法的原理和计算步骤.

复 习 题

1. 写出线性规划问题

$$
\begin{aligned}
&\max\{3x_1+x_2+4x_3\},\\
&\text{s.t.}\quad 6x_1+3x_2+5x_3\leqslant 25,\\
&\qquad\quad 3x_1+4x_2+5x_3\leqslant 20,\\
&\qquad\quad x_j\geqslant 0\quad (j=1,2,3)
\end{aligned}
$$

的对偶问题，然后用图解法求解对偶问题，并求原问题的最优值.

2. 写出下列线性规划问题的对偶问题：

$$
\begin{aligned}
\max\quad & f=-17x_2+83x_4-8x_5,\\
\text{s.t.}\quad & -x_1-13x_2+45x_3+16x_5-7x_6\geqslant 107,\\
& 3x_3-18x_4+30x_7\leqslant 81,\\
& 4x_1-5x_3+x_6=-13,
\end{aligned}
$$

$$-10 \leqslant x_1 \leqslant -2,\ -3 \leqslant x_2 \leqslant 17,\ x_3 \geqslant 16,\ x_4 \leqslant 0,$$
$$x_5 \text{ 无符号限制},\ x_6 \geqslant 0,\ x_7 \geqslant 0.$$

3. 写出线性规划问题

$$\begin{aligned} \max \quad & z = x_1 + 2x_2 + x_3, \\ \text{s.t.} \quad & x_1 + x_2 - x_3 \leqslant 2, \\ & x_1 - x_2 + x_3 = 1, \\ & 2x_1 + x_2 + x_3 \geqslant 2, \\ & x_1 \geqslant 0,\ x_2 \leqslant 0,\ x_3 \text{ 无符号限制} \end{aligned}$$

的对偶问题，并利用对偶理论证明 z 的最大值不超过 1.

4. 试应用对偶理论证明下述线性规划问题无最优解：

$$\begin{aligned} \max \quad & z = x_1 + x_2, \\ \text{s.t.} \quad & -x_1 + x_2 + x_3 \leqslant 2, \\ & -2x_1 + x_2 - x_3 \leqslant 1, \\ & x_j \geqslant 0 \quad (j = 1,2,3). \end{aligned}$$

5. 写出如下运输问题的对偶规划问题：

$$\begin{aligned} \min \quad & f = \sum_{i=1}^{m}\sum_{j=1}^{n} c_{ij} x_{ij}, \\ \text{s.t.} \quad & \sum_{j=1}^{n} x_{ij} = a_i \quad (i = 1,2,\cdots,m), \\ & \sum_{i=1}^{m} x_{ij} = b_j \quad (j = 1,2,\cdots,n), \\ & x_{ij} \geqslant 0\ (i = 1,2,\cdots,m;\ j = 1,2,\cdots,n), \end{aligned}$$

其中常数项满足

$$\sum_{i=1}^{m} a_i = \sum_{j=1}^{n} b_j.$$

并证明可行解 $\{x_{ij}^{(0)}\}$ 是最优解的充要条件是存在 $u_i(i = 1,2,\cdots,m)$，$v_j(j = 1,2,\cdots,n)$，满足：

$$c_{ij} - u_i - v_j \geqslant 0, \quad (c_{ij} - u_i - v_j)x_{ij}^{(0)} = 0.$$

6. 对于标准线性规划问题：

$$\min\{\boldsymbol{cx} \mid \boldsymbol{Ax} = \boldsymbol{b},\ \boldsymbol{x} \geqslant \boldsymbol{0}\},$$

假设 $\boldsymbol{A}$ 为对称方阵，且 $\boldsymbol{c}^{\mathrm{T}} = \boldsymbol{b}$. 试证明：若 $\boldsymbol{x}^{(0)}$ 为它的可行解，则 $\boldsymbol{x}^{(0)}$ 也是它的最优解.

7. 一家昼夜服务的饭店，24 小时中需要的服务员人数如表 3-32 所示. 每个服务员每天连续工作 8 小时，且在时段开始时上班. 问题是如何安排在各时段上班的服务员人数，使能满足上述要求，又使总的上班人数最少.

表 3-32

时　段	起讫时间	所需服务员的最少人数
1	2 ～ 6 点	4
2	6 ～ 10 点	8
3	10 ～ 14 点	10
4	14 ～ 18 点	7
5	18 ～ 22 点	12
6	22 ～ 2 点	4

试建立上述问题的线性规划模型，然后写出其对偶线性规划问题，并通过解对偶问题求出原问题的最优解.

8. 应用对偶理论说明线性规划问题

$$
\begin{aligned}
\max \quad & x_0 = 3x_1 + 2x_2, \\
\text{s.t.} \quad & -x_1 + 2x_2 \leqslant 4, \\
& 3x_1 + 2x_2 \leqslant 14, \\
& x_1 - x_2 \leqslant 3, \\
& x_1, x_2 \geqslant 0
\end{aligned}
$$

及其对偶问题都有最优解，并求最优值的上界和下界.

9. 已知线性规划问题

$$
\begin{aligned}
\min \quad & f = 8x_1 + 6x_2 + 3x_3 + 6x_4, \\
\text{s.t.} \quad & x_1 + 2x_2 + x_4 \geqslant 3, \\
& 3x_1 + x_2 + x_3 + x_4 \geqslant 6, \\
& x_3 + x_4 \geqslant 2, \\
& x_1 + x_3 \geqslant 2, \\
& x_j \geqslant 0 \quad (j = 1, 2, \cdots, 4)
\end{aligned}
$$

的最优解为 $\boldsymbol{x}^* = (1,1,2,0)^{\mathrm{T}}$，试利用互补松弛性质，求出其对偶问题的最优解.

10. 对于标准线性规划问题 LP，分别说明在下列三种情况下，其对偶问题的解有何变化：

(1) 原问题的第 k 个约束条件乘以常数 λ $(\lambda \neq 0)$；

(2) 在原问题中，将第 k 个约束条件的 λ 倍 $(\lambda \neq 0)$ 加到第 r 个约束条件上；

(3) 原问题中所有 x_1 用 $3x_1'$ 代换.

11. 证明：若 $\boldsymbol{x}^{(0)}$ 满足 $\boldsymbol{A}\boldsymbol{x}^{(0)} < \boldsymbol{b}$，$\boldsymbol{x}^{(0)} > \boldsymbol{0}$，则 $\boldsymbol{x}^{(0)}$ 必定不是如下线性规划问题的最优解：

$$\begin{aligned} \max\quad & z = \boldsymbol{c}\boldsymbol{x} \quad (\boldsymbol{c} \neq \boldsymbol{0}), \\ \text{s.t.}\quad & \boldsymbol{A}\boldsymbol{x} \leqslant \boldsymbol{b}, \\ & \boldsymbol{x} \geqslant \boldsymbol{0}. \end{aligned}$$

12. 设 $\boldsymbol{A}$ 是 $m \times n$ 阶矩阵，$\boldsymbol{b}$ 是 m 维列向量，$\boldsymbol{c}$ 是 n 维行向量，$\boldsymbol{x} \in \mathbf{R}^n$，$\boldsymbol{y} \in \mathbf{R}^m$. 试证：如果线性规划问题

$$\begin{aligned} \min\quad & \boldsymbol{c}\boldsymbol{x} - \boldsymbol{b}^{\mathrm{T}}\boldsymbol{y}, \\ \text{s.t.}\quad & \boldsymbol{A}\boldsymbol{x} \geqslant \boldsymbol{b}, \\ & -\boldsymbol{A}^{\mathrm{T}}\boldsymbol{y} \geqslant -\boldsymbol{c}^{\mathrm{T}}, \\ & \boldsymbol{x} \geqslant \boldsymbol{0},\ \boldsymbol{y} \geqslant \boldsymbol{0} \end{aligned}$$

有可行解，则必有最优解，且最优值为零.

13. 用对偶单纯形法求解下列问题：

(1)
$$\begin{aligned} \min\quad & f = 4x_1 + 12x_2 + 18x_3, \\ \text{s.t.}\quad & x_1 + 3x_3 \geqslant 3, \\ & 2x_2 + 2x_3 \geqslant 5, \\ & x_j \geqslant 0 \quad (j = 1,2,3); \end{aligned}$$

(2)
$$\begin{aligned} \min\quad & f = 3x_1 + 2x_2 + x_3, \\ \text{s.t.}\quad & x_1 + x_2 + x_3 \leqslant 6, \\ & x_1 - x_3 \geqslant 4, \\ & x_2 - x_3 \geqslant 3, \\ & x_i \geqslant 0 \quad (i = 1,2,3); \end{aligned}$$

(3)
$$\begin{aligned} \min\quad & f = -1.1x_1 - 2.2x_2 + 3.3x_3 - 4.4x_4, \\ \text{s.t.}\quad & x_1 + x_2 + 2x_3 = 2, \\ & x_1 + 1.5x_3 - 3x_4 = 1, \\ & x_i \geqslant 0 \quad (i = 1,2,3,4); \end{aligned}$$

(4)
$$\begin{aligned} \min\quad & f = -2x_1 + 4x_2 + x_3 + 6x_4 - 9x_5 - 5x_6, \\ \text{s.t.}\quad & x_1 - 2x_4 + x_5 - 2x_6 = -3, \\ & x_2 + x_4 - 3x_5 - x_6 = -14, \\ & x_3 - x_4 - x_5 + x_6 = -5, \\ & x_j \geqslant 0 \quad (j = 1,2,\cdots,6). \end{aligned}$$

14. 用原-对偶单纯形法求下列问题及其对偶问题的最优解：

(1)
$$\begin{aligned} \min \quad & f = x_1 + 2x_2, \\ \text{s. t.} \quad & 3x_1 + 2x_2 \geqslant 6, \\ & x_1 + 6x_2 \geqslant 3, \\ & x_1, x_2 \geqslant 0. \end{aligned}$$

(2)
$$\begin{aligned} \min \quad & f = -3x_1 + x_2, \\ \text{s. t.} \quad & x_1 + 2x_2 - x_3 = 1, \\ & x_1 - 2x_2 + x_4 = 2, \\ & x_1 + x_2 + x_5 = 3, \\ & x_j \geqslant 0 \quad (j = 1,2,\cdots,5). \end{aligned}$$

第四章　运输问题

在 1.1 节中，我们曾提出一个物资调运问题，并写出了它的线性规划模型. 还有其他一些实际问题也可归结成这种特殊类型的线性规划模型. 由于这种模型最早是从物资调运问题产生出来的，所以现在称这种模型为**运输模型**或**运输问题**. 又由于最早研究这类问题的是康托洛维奇(Л. В. Канторовиц)和希奇柯克(F. L. Hitchcock)，故又称这种模型为**康-希模型**.

运输问题既然是一种线性规划问题，当然可以用单纯形法求解. 但一般说来，用单纯形法求解大型运输问题，在计算量和存储量方面都会遇到困难. 由于运输问题的特殊性，可以找出更简易的解算方法. 本章将给出求解运输问题的一种特殊方法，叫做表上作业法. 为此，应首先了解运输问题的一些特性.

4.1　运输问题的特性

考虑如下的运输问题：

设某种物资有 m 个产地 $A_1,A_2,\cdots,A_m$，产量分别为 $a_1,a_2,\cdots,a_m$(个单位)；有 n 个销地 $B_1,B_2,\cdots,B_n$，销量分别为 $b_1,b_2,\cdots,b_n$(个单位). 并知 A_i 到 B_j 的单位物资运价是 c_{ij} 元. 求调运方案，使从各产地调出的物资能满足各销地的需求，并使总运费最少.

设由产地 A_i 运给销地 B_j 的物资量为 x_{ij}(个单位). 为清楚起见，把问题的已知数据和未知量列表，如表 4-1 所示.

按照表 4-1 和题意，可写出上述运输问题的数学模型如下：

$$\min \quad f=\sum_{i=1}^{m}\sum_{j=1}^{n}c_{ij}x_{ij}, \tag{4.1}$$

$$\text{s.t.} \quad \sum_{j=1}^{n}x_{ij}=a_i \quad (i=1,2,\cdots,m), \tag{4.2}$$

$$\sum_{i=1}^{m}x_{ij}=b_j \quad (j=1,2,\cdots,n), \tag{4.3}$$

$$x_{ij} \geqslant 0 \quad (i = 1,2,\cdots,m;\ j = 1,2,\cdots,n), \tag{4.4}$$

其中常数项 $a_i \geqslant 0\ (i = 1,2,\cdots,m)$, $b_j \geqslant 0\ (j = 1,2,\cdots,n)$.

表 4-1

产地＼销地	B_1	B_2	…	B_n	产量
A_1	x_{11} c_{11}	x_{12} c_{12}	…	x_{1n} c_{1n}	a_1
A_2	x_{21} c_{21}	x_{22} c_{22}	…	x_{2n} c_{2n}	a_2
⋮	⋮ ⋮	⋮ ⋮		⋮ ⋮	⋮
A_m	x_{m1} c_{m1}	x_{m2} c_{m2}	…	x_{mn} c_{mn}	a_m
销量	b_1	b_2	…	b_n	

下面来论述运输问题具有的一些特殊性质.

定理 4.1 运输问题(4.1)～(4.4)有可行解的充要条件是

$$\sum_{i=1}^{m} a_i = \sum_{j=1}^{n} b_j. \tag{4.5}$$

证 必要性. 设$\{x_{ij}^{(0)}\}$是问题(4.1)～(4.4)的可行解，则有

$$\sum_{j=1}^{n} x_{ij}^{(0)} = a_i \quad (i = 1,2,\cdots,m),$$

$$\sum_{i=1}^{m} x_{ij}^{(0)} = b_j \quad (j = 1,2,\cdots,n).$$

从而有

$$\sum_{i=1}^{m} a_i = \sum_{i=1}^{m}\sum_{j=1}^{n} x_{ij}^{(0)} = \sum_{j=1}^{n}\sum_{i=1}^{m} x_{ij}^{(0)} = \sum_{j=1}^{n} b_j.$$

充分性. 记 $\sum_{i=1}^{m} a_i = \sum_{j=1}^{n} b_j = Q$. 令

$$x_{ij} = \frac{a_i b_j}{Q} \quad (i = 1,2,\cdots,m;\ j = 1,2,\cdots,n),$$

则易验证$\{x_{ij}\}$满足(4.2),(4.3),(4.4)，即$\{x_{ij}\}$是运输问题(4.1)～(4.4)的一个可行解. ■

条件(4.5)表示产销平衡. 满足条件(4.5)的运输问题(4.1)～(4.4)称为**平衡运输问题**. 下面主要讨论平衡运输问题. 关于不平衡的运输问题将在

4.5节中讨论.

推论 任何平衡运输问题都有最优解.

证 记

$$M=\max\{|c_{ij}| \mid i=1,2,\cdots,m;\ j=1,2,\cdots,n\}.$$

由定理4.1知，平衡运输问题的可行域 $K\neq\varnothing$. 对任意 $\boldsymbol{x}=\{x_{ij}\}\in K$，有

$$\begin{aligned}|f(\boldsymbol{x})| &\leqslant \sum_{i=1}^{m}\sum_{j=1}^{n}|c_{ij}|x_{ij}\leqslant M\sum_{i=1}^{m}\sum_{j=1}^{n}x_{ij}\\ &= M\sum_{i=1}^{m}a_i = MQ,\end{aligned}$$

即知目标函数在可行域上有界. 于是根据定理2.8得知，平衡运输问题必有最优解. ∎

运输问题的最优解，当然也必能在基可行解中找到. 下面来讨论运输问题的基可行解的特征.

将变量 x_{ij} 按字典顺序排列. 约束方程组(4.2),(4.3)的增广矩阵为

$$\bar{\boldsymbol{A}}=\begin{array}{c} \begin{matrix} x_{11} & x_{12} & \cdots & x_{1n} & x_{21} & x_{22} & \cdots & x_{2n} & \cdots & x_{m1} & x_{m2} & \cdots & x_{mn} & \end{matrix}\\ \begin{pmatrix} 1 & 1 & \cdots & 1 & & & & & & & & & & a_1\\ & & & & 1 & 1 & \cdots & 1 & & & & & & a_2\\ & & & & & & & & \ddots & & & & & \vdots\\ & & & & & & & & & 1 & 1 & \cdots & 1 & a_m\\ 1 & & & & 1 & & & & & 1 & & & & b_1\\ & 1 & & & & 1 & & & & & 1 & & & b_2\\ & & \ddots & & & & \ddots & & & & & \ddots & & \vdots\\ & & & 1 & & & & 1 & & & & & 1 & b_n \end{pmatrix}\end{array},$$

其中没有写出的元素都是0. 去掉 $\bar{\boldsymbol{A}}$ 的最后一列，就是约束方程组的系数矩阵 $\boldsymbol{A}$. 此矩阵的结构具有特殊性，由此引出运输问题的特殊解法.

定理4.2 平衡运输问题的约束方程组(4.2),(4.3)的系数矩阵 $\boldsymbol{A}$ 和增广矩阵 $\bar{\boldsymbol{A}}$ 的秩相等，等于 $m+n-1$.

证 首先，注意到 $\bar{\boldsymbol{A}}$ 的前 m 行之和等于后 n 行之和，即知 $\bar{\boldsymbol{A}}$ 的行是线性相关的. 因此 $\bar{\boldsymbol{A}}$ 的秩必定小于 $m+n$. 其次，由 $\bar{\boldsymbol{A}}$ 的第 $2,3,\cdots,m+n$ 行与变量 $x_{11},x_{12},\cdots,x_{1n},x_{21},x_{31},\cdots,x_{m1}$ 的对应列相交的子式

$$D=\left|\begin{array}{cccc|cccc} & & & & 1 & & & \\ & & & & & 1 & & \\ & & & & & & \ddots & \\ & & & & & & & 1 \\ \hline 1 & & & & 1 & 1 & \cdots & 1 \\ & 1 & & & & & & \\ & & \ddots & & & & & \\ & & & 1 & & & & \end{array}\right| \neq 0,$$

可知 $\bar{\boldsymbol{A}}$ 的秩恰好等于 $m+n-1$. 由于子式 D 也含于系数矩阵 $\boldsymbol{A}$ 中，故 $\boldsymbol{A}$ 的秩也等于 $m+n-1$. ■

定理 4.2 说明，平衡运输问题的 $m+n$ 个约束方程中只有 $m+n-1$ 个是独立的. 不难看出，其中任何一个方程都是其余 $m+n-1$ 个方程适当线性组合的结果（习题 4.1 第 1 题）. 因此该问题的基可行解应含有 $m+n-1$ 个基分量. 怎样的 $m+n-1$ 个变量可以作为基变量呢？为回答这个问题，引进如下的概念：

定义 凡能排成如下形式：

$$x_{i_1j_1}, x_{i_1j_2}, x_{i_2j_2}, x_{i_2j_3}, \cdots, x_{i_sj_s}, x_{i_sj_1}$$

（其中，$i_1, i_2, \cdots, i_s$ 互不相同，$j_1, j_2, \cdots, j_s$ 互不相同）的一组变量称为一个**闭回路**. 其中的各变量称为该闭回路的顶点.

例如，设 $m=3$，$n=4$，则变量组

$$x_{12}, x_{13}, x_{23}, x_{24}, x_{34}, x_{32}$$

就是一个闭回路. 变量组

$$x_{11}, x_{12}, x_{32}, x_{34}, x_{24}, x_{21}$$

也是一个闭回路. 在变量表上，用直线段把一个闭回路的相邻顶点连接起来（最后一个顶点与第一个顶点连接），则上述两个闭回路的图形如表 4-2 和表 4-3 所示.

表 4-2

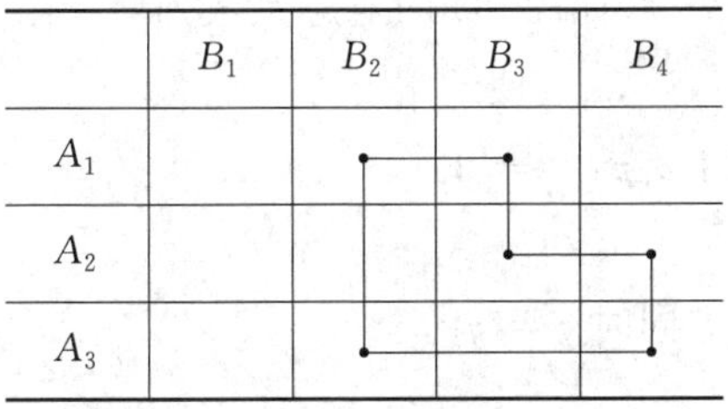

表 4-3

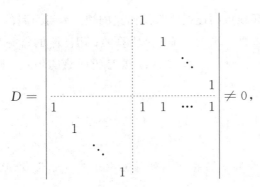

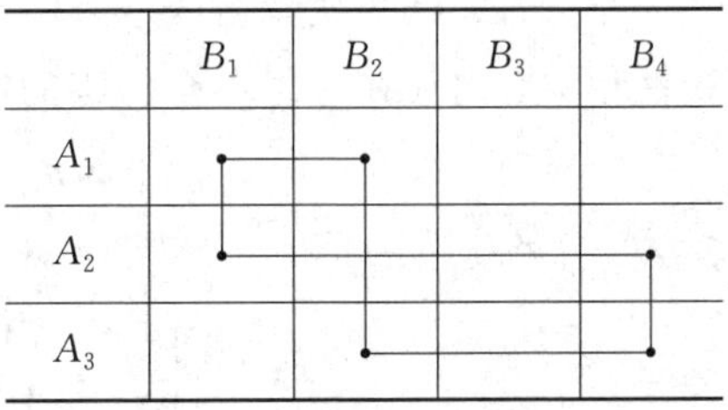

闭回路中相邻顶点的连线称为闭回路的**边**. 由闭回路的定义可知，闭回路的每一条边或者是水平的，或者是铅垂的；闭回路的每一个顶点都是该封闭折线的转角点；表中每一行(或列) 若有闭回路的顶点，则必恰有两个顶点.

定理4.3 对于运输问题(4.1) ～ (4.4)，变量组

$$x_{i_1j_1},x_{i_2j_2},\cdots,x_{i_rj_r} \tag{4.6}$$

的对应系数列向量组线性无关的充要条件是：变量组(4.6) 不含闭回路.

证 必要性. 已知变量组(4.6) 对应的系数列向量组线性无关. 假如变量组(4.6) 含有闭回路，不妨设闭回路为

$$x_{i_1j_1},x_{i_1j_2},x_{i_2j_2},x_{i_2j_3},\cdots,x_{i_sj_s},x_{i_sj_1}. \tag{4.7}$$

用 $\boldsymbol{p}_{ij}$ 表示变量 x_{ij} 对应的系数列向量. 由矩阵 $\boldsymbol{A}$ 的结构可知

$$\boldsymbol{p}_{ij}=\begin{pmatrix}0\\ \vdots\\ 1\\ \vdots\\ 0\\ \vdots\\ 1\\ \vdots\\ 0\end{pmatrix}\begin{matrix}\\ \\ \leftarrow 第\ i\ 行\\ \\ \\ \\ \leftarrow 第\ m+j\ 行\\ \\ \\ \end{matrix}.$$

于是有

$$\boldsymbol{p}_{i_1j_1}-\boldsymbol{p}_{i_1j_2}+\boldsymbol{p}_{i_2j_2}-\boldsymbol{p}_{i_2j_3}+\cdots+\boldsymbol{p}_{i_sj_s}-\boldsymbol{p}_{i_sj_1}=\boldsymbol{0},$$

即知变量组(4.7) 的对应系数列向量组线性相关. 从而变量组(4.6) 的对应系数列向量组线性相关(因(4.7) 是(4.6) 的部分组)，此与前提相矛盾. 所以，变量组(4.6) 不含闭回路.

充分性. 已知变量组(4.6) 不含闭回路. 假如(4.6) 的对应系数列向量组线性相关，则存在一组不全为零的数 $\alpha_1,\alpha_2,\cdots,\alpha_r$，使

$$\alpha_1\boldsymbol{p}_{i_1j_1}+\alpha_2\boldsymbol{p}_{i_2j_2}+\cdots+\alpha_r\boldsymbol{p}_{i_rj_r}=\boldsymbol{0}.$$

令 $\overline{\boldsymbol{x}}=\{\overline{x}_{ij}\}$ 为

$$\overline{x}_{ij}=\begin{cases}\alpha_k, & 当\ i=i_k，同时\ j=j_k，\\ 0, & 其他\ i,j，\end{cases} \tag{4.8}$$

则有 $\sum_{i=1}^{m}\sum_{j=1}^{n}\bar{x}_{ij}\boldsymbol{p}_{ij}=\mathbf{0}$，即 $\boldsymbol{A}\bar{x}=\mathbf{0}$，亦即有

$$\sum_{j=1}^{n}\bar{x}_{ij}=0\quad(i=1,2,\cdots,m),\tag{4.9}$$

$$\sum_{i=1}^{m}\bar{x}_{ij}=0\quad(j=1,2,\cdots,n).\tag{4.10}$$

由 $\alpha_i(i=1,2,\cdots,r)$ 不全为零可知，$\{\bar{x}_{ij}\}$ 必有非零分量. 设 $\bar{x}_{i_0j_0}\neq 0$. 再由(4.9)和(4.10)可推知，$\{\bar{x}_{ij}\}$ 中存在一列非零分量：

$$\bar{x}_{i_0j_0}\neq 0\xrightarrow{\text{由(4.9)，必存在}}\bar{x}_{i_0j_1}\neq 0\xrightarrow{\text{由(4.10)，必存在}}$$

$$\bar{x}_{i_1j_1}\neq 0\xrightarrow{\text{由(4.9)}}\bar{x}_{i_1j_2}\neq 0\xrightarrow{\text{由(4.10)}}\bar{x}_{i_2j_2}\neq 0\rightarrow\cdots.$$

由于$\{\bar{x}_{ij}\}$的分量个数有限，上述过程进行到某步，分量的行标或列标便开始出现重复. 设如 $j_{k+1}=j_0$ 或 $i_k=i_0$. 于是变量组

$$x_{i_0j_0},x_{i_0j_1},x_{i_1j_1},x_{i_1j_2},\cdots,x_{i_kj_k},x_{i_kj_0}$$

或

$$x_{i_0j_1},x_{i_1j_1},x_{i_1j_2},\cdots,x_{i_{k-1}j_k},x_{i_0j_k}$$

便构成闭回路. 由(4.8)可知，$\{\bar{x}_{ij}\}$的非零分量只能在变量组(4.6)中出现，因此上述闭回路必含于(4.6)中，此与前提相矛盾. 所以，变量组(4.6)的对应列向量组必线性无关. ∎

推论 对于平衡运输问题(4.1)～(4.4)，$m+n-1$ 个变量：

$$x_{i_1j_1},x_{i_2j_2},\cdots,x_{i_{m+n-1}j_{m+n-1}}\tag{4.11}$$

构成某个基解的对应基变量组的充要条件是：变量组(4.11)不含闭回路.

证 由定理 4.2 知，平衡运输问题(4.1)～(4.4)的一个基解，恰有 $m+n-1$ 个基分量. 由基解的定义可知，变量组(4.11)构成某个基解的对应基变量组的充要条件是对应系数列向量组

$$\boldsymbol{p}_{i_1j_1},\boldsymbol{p}_{i_2j_2},\cdots,\boldsymbol{p}_{i_{m+n-1}j_{m+n-1}}$$

线性无关. 再由定理 4.3，即可得出推论的结论.

但还需说明一点，按第二章的论述，系数列向量应该是在约束方程组中去掉多余方程后剩下的全部独立方程的系数列向量. 但对于平衡运输问题来说，去掉的一行是其余各行的线性组合，因此添上此行的元素，不会改变列向量组的线性相关性. 所以，这里的 $\boldsymbol{p}_{ij}$ 就取矩阵 $\boldsymbol{A}$ 的列向量. ∎

为揭示运输问题的另一特性，引进如下概念：

定义 若一个矩阵的所有元素都是整数，并且它的各阶子式只取 0,1，-1 这三个值，则称此矩阵是**全单模的**.

例如，矩阵

$$\begin{pmatrix} 1 & 1 & 0 & 0 \\ 0 & 0 & -1 & -1 \\ 1 & 0 & 0 & 1 \end{pmatrix}$$

就是一个全单模矩阵. 因为，它的一阶子式显然只取 0,1 或 -1 值，不难验算，它的所有二阶和三阶子式也只取 0,1 或 -1 值.

定理 4.4 运输问题(4.1)～(4.4)的约束方程组的系数矩阵 $\boldsymbol{A}$ 是全单模的.

证 用数学归纳法. 显见 $\boldsymbol{A}$ 的一阶子式或为 0 或为 1. 设 $\boldsymbol{A}$ 的所有阶数小于 k 的子式都只取 0,1 或 -1，下面来证明 $\boldsymbol{A}$ 的所有 k 阶子式也只能取 0,1 或 -1 值.

在 $\boldsymbol{A}$ 中任取一个 k 阶子行列式 D. 由于 $\boldsymbol{A}$ 的每一列恰有两个 1，其余元素为 0，因此 D 的每一列或者有两个 1，或者有一个 1，或者没有 1. 如果 D 中有一列没有 1，即该列元素都是 0，则 $D = 0$. 如果 D 中有一列只含一个 1，则按此列展开，可得 $D = D_1$ 或 $-D_1$，D_1 是 $\boldsymbol{A}$ 的一个 $k-1$ 阶子式. 由归纳法假设，D_1 只取 0,1 或 -1 值. 因此 D 也只取值 0,1 或 -1. 如果 D 的每一列都含两个 1，则这两个 1 必定是一个属于 $\boldsymbol{A}$ 的前 m 行另一个属于 $\boldsymbol{A}$ 的后 n 行，且可推知，D 中属于 $\boldsymbol{A}$ 的前 m 行的行之和恰好等于 D 中属于 $\boldsymbol{A}$ 的后 n 行的行之和，因此必有 $D = 0$.

综上所述，$\boldsymbol{A}$ 的任一子式的值都不外乎是 0,1 或 -1，所以 $\boldsymbol{A}$ 是全单模的. ∎

定理 4.5 对于线性规划 LP，若约束方程组 $\boldsymbol{A}\boldsymbol{x} = \boldsymbol{b}$ 中，$\boldsymbol{A},\boldsymbol{b}$ 的元素都是整数，且 $\boldsymbol{A}$ 是全单模矩阵，则 LP 的每一个基解都是整数解(即所有分量都取整数值).

证 设 $\boldsymbol{x}^{(0)}$ 是该线性规划问题的基解，对应基阵为 $\boldsymbol{B}$，对应基变量为 $x_{j_1}, x_{j_2}, \cdots, x_{j_m}$. 则由基解的定义可知

$$x_{j_k}^{(0)} = \frac{|\boldsymbol{B}_k|}{|\boldsymbol{B}|} \quad (k = 1,2,\cdots,m),$$

这里，$|\boldsymbol{B}|$ 表示 $\boldsymbol{B}$ 的行列式，$|\boldsymbol{B}_k|$ 为 $\boldsymbol{B}$ 的第 k 列换成 $\boldsymbol{b}$ 后的对应行列式. 由 $\boldsymbol{A}$ 全单模和 $|\boldsymbol{B}| \neq 0$ 可知 $|\boldsymbol{B}| = 1$ 或 -1. 又由 $\boldsymbol{A},\boldsymbol{b}$ 的元素都是整数可知

$|\boldsymbol{B}_k|$ 为整数，所以，$x_{j_k}^{(0)}(k=1,2,\cdots,m)$ 必为整数．而非基分量都取零值．∎

推论 如果运输问题(4.1)～(4.4)中所有 a_i 与 b_j 都是整数，则它的每一个基可行解都必为整数解．

证 由定理 4.4，运输问题的约束方程组的系数矩阵是全单模的．去掉一个多余方程后其系数矩阵仍是全单模的．因此推论成立． ∎

习 题 4.1

1．具体说明平衡运输问题的约束方程组(4.2)，(4.3)中任何一个方程都是其余 $m+n-1$ 个方程的线性组合．

2．在运输问题(4.1)～(4.4)中，将运价矩阵 $(c_{ij})_{m\times n}$ 的任意行或列加上或减去一个常数，得一新运价矩阵 $(c'_{ij})_{m\times n}$．此时目标函数变为 $\bar{f}=\sum_{i=1}^{m}\sum_{j=1}^{n}c'_{ij}x_{ij}$，约束条件不变．这时问题的最优解有无变化？为什么？

3．设变量阵列中的一组变量具有这样的性质：若某行含有该组的变量，则至少有两个；若某列含该组的变量，也至少有两个．试证：此变量组必含有闭回路．

4．证明：在 $m\times n$ 个变量的阵列中，任取 $m+n$ 个变量所组成的变量组必含有闭回路．

4.2 初始方案的求法

本节和下面两节介绍求解运输问题的**表上作业法**．这种解法的基本步骤是：首先编制一个初始调运方案，这一步实际上就是求出一个初始基可行解；然后判别现有方案是否是最优方案，这一步实际上是求基可行解的对应检验数，用以判别其最优性；如果不满足最优性条件，再加以调整，得出新的调运方案，即得出改进的基可行解；如此反复判别和调整，直至得出最优方案．可见，表上作业法的基本步骤与单纯形法是一致的，但每一步骤的具体做法不同．对于规模不大的问题，可以在表格上直接进行整个解算过程，因此有表上作业法之称．

本节讨论初始调运方案的编制问题．下面介绍两种求初始方案的方法．

为清楚起见，结合具体例子来说明此方法.

例 1 设运输问题的数据表如表 4-4（单位暂略去）. 现在要求出一个调运方案.

表 4-4

销地 产地	B_1	B_2	B_3	B_4	产量
A_1	x_{11} 3	x_{12} 11	x_{13} 3	x_{14} 12	7
A_2	x_{21} 1	x_{22} 9	x_{23} 2	x_{24} 8	4
A_3	x_{31} 7	x_{32} 4	x_{33} 10	x_{34} 5	9
销量	3	6	5	6	

方法 1 **左上角法(或称西北角法)**

从表 4-4 的左上角变量 x_{11} 开始，给 x_{11} 以尽可能大的值，只要满足约束条件. 由此，令

$$x_{11}=\min\{7,3\}=3.$$

这样一来，x_{21},x_{31} 必须为 0. 于是第一列变量的值已全部确定. 把已确定的值填在另一表上，见表 4-5，并为分明起见，对 x_{11} 处的值 3 画一个圈，对 x_{21},x_{31} 处的 0 值用 × 号代替. 然后确定表中余下部分的左上角变量 x_{12}. 同样让 x_{12} 取尽可能大的值. 因此令

$$x_{12}=\min\{7-3,6\}=4.$$

这样一来，x_{13},x_{14} 必须为 0. 按同样的规矩把这些已确定的值填入表中. 然后再确定表中余下部分的左上角变量 x_{22}. 同理令

$$x_{22}=\min\{4,6-4\}=2.$$

从而 $x_{32}=0$. 填值入表后，再确定余下部分的左上角变量 x_{23}. 令

$$x_{23}=\min\{4-2,5\}=2.$$

从而 $x_{24}=0$. 填值入表. 再定余下部分的左上角变量 x_{33}. 令

$$x_{33}=\min\{9,5-2\}=3.$$

填入表中. 最后确定变量 x_{34}，这时

$$x_{34}=\min\{9-3,6\}=6.$$

填入表中，也要加圈. 至此，已得出一个调运方案，由表 4-5 中各个格子的右上侧所标数值组成(其中 × 号代表 0 值).

表 4-5

	B_1	B_2	B_3	B_4	
A_1	3 ③	11 ④	3 ×	12 ×	7
A_2	1 ×	9 ②	2 ②	8 ×	4
A_3	7 ×	4 ×	10 ③	3 ⑥	9
	3	6	5	6	

注意，表 4-5 中画圈的数正好有 $m+n-1=3+4-1=6$ 个. 后面我们将证明，这样得出的 $\{x_{ij}\}$ 是运输问题的一个基可行解，画圈的数就是它的基分量值.

现在把**左上角法**概括如下：

(1) 先确定左上角变量的值. 令它取尽可能大的值. 将这个值填入该变量的对应位置，并对该数画上圈. 画圈格子的对应变量是基变量.

(2) 在画圈格子所在行或列的应取 0 值的变量处填上×号. 当画圈格子所在行和列的其余变量都应取 0 时，则或者只对行打×，或者只对列打×，不能同时对行、列都打×. 画×格子的对应变量是非基变量.

(3) 对表中尚未画圈和打×的部分，重复(1),(2) 的手续(若遇左上角变量取 0 值，则在该位置填 0，并且同样要画圈，对应变量仍是基变量).

下面按此法再算一个例子.

例 2 对如表 4-6 所示的运输问题，求出一个调运方案.

表 4-6

销地 / 产地	B_1	B_2	B_3	B_4	产量
A_1	7 x_{11}	8 x_{12}	1 x_{13}	4 x_{14}	3
A_2	2 x_{21}	6 x_{22}	5 x_{23}	3 x_{24}	5
A_3	1 x_{31}	4 x_{32}	2 x_{33}	7 x_{34}	8
销量	2	1	7	6	

按左上角法，首先令

$$x_{11} = \min\{3,2\} = 2.$$

从而 $x_{21} = x_{31} = 0$. 其次令

$$x_{12} = \min\{3-2,1\} = 1.$$

从而 $x_{13} = x_{14} = 0$. 这时 x_{22}, x_{32} 也应取 0 值，但按规定只能在行或列的一个方向上打 ×，现在我们只在第 1 行打 ×. 再令

$$x_{22} = \min\{5,1-1\} = 0.$$

注意此值填入表中也要画圈. 从而 $x_{32} = 0$. 接下去应令

$$x_{23} = \min\{5,7\} = 5.$$

从而 $x_{24} = 0$. 再下去应令

$$x_{33} = \min\{8,7-5\} = 2.$$

最后令

$$x_{34} = \min\{8-2,6\} = 6.$$

所得调运方案见表 4-7.

表 4-7

	B_1	B_2	B_3	B_4	
A_1	7 ②	8 ①	1 ×	4 ×	3
A_2	2 ×	6 ⓪	5 ⑤	3 ×	5
A_3	1 ×	4 ×	2 ②	7 ⑥	8
	2	1	7	6	

方法 2　**最小元素法**

上面的左上角法没有利用运价的信息. 现在要介绍的最小元素法，在编制调运方案时，考虑了 c_{ij} 的值，对运价低的点优先供应. 下面仍就例 1（见表 4-4）来说明此方法.

现在不是从左上角开始定值，而是从 c_{ij} 取值最小的格子开始. 在表 4-4 中，最小运价是 $c_{21} = 1$. 因此先给 x_{21} 以尽可能大的值，即令

$$x_{21} = \min\{4,3\} = 3.$$

在 x_{21} 处填上数 3 并画圈(见表 4-8). 从而 x_{31} 和 x_{11} 应取 0，在 x_{31}, x_{11} 处打 ×. 然后在表的剩余部分找最小运价. 这时最小运价是 $c_{23} = 2$. 于是令

$$x_{23} = \min\{4-3,5\} = 1.$$

在 x_{23} 处填上 1 并画圈. 在 x_{22} 和 x_{24} 处打 ×. 再观察表的剩余部分，这时最

小运价是 $c_{13}=3$. 于是令

$$x_{13}=\min\{7,5-1\}=4.$$

在 x_{13} 处填上 4 并画圈，在 x_{33} 处打×. 再看剩余部分，最小运价是 $c_{32}=4$. 于是令

$$x_{32}=\min\{9,6\}=6.$$

在 x_{32} 处填上 6 并画圈，在 x_{12} 处打×. 再看剩余部分，最小运价是 $c_{34}=5$. 于是令

$$x_{34}=\min\{9-6,6\}=3.$$

在 x_{34} 处填上 3 并画圈. 最后令

$$x_{14}=\min\{7-4,6-3\}=3.$$

在 x_{14} 处填上 3 并画圈. 至此，得出一个调运方案，如表 4-8 所示.

表 4-8

	B_1	B_2	B_3	B_4	
A_1	3 ×	11 ×	3 ④	12 ③	7
A_2	1 ③	9 ×	2 ①	8 ×	4
A_3	7 ×	4 ⑥	10 ×	5 ③	9
	3	6	5	6	

现在把**最小元素法**概括如下：

(1) 先确定表上运价最小的格子所对应的变量的值. 若有几个格子同时达到最小运价，则可任取一个. 令该变量取尽可能大的值. 把此值填入该变量的对应位置并画圈. 画圈格子的对应变量是基变量.

(2) 在画圈格子所在行或列的应取 0 值的变量处填×号. 当画圈格子所在的行和列的其余变量都应取 0 时,则或者只对行打×，或者只对列打×. 画×格子的对应变量是非基变量.

(3) 对表的剩余部分(即尚未画圈和打×的部分)重复(1),(2)的手续. 当表的剩余部分仅是一行或一列时，确定其最小运价对应变量的值后，不管其余元素是否取 0 值，都不能打×，而应作为剩余部分处理(否则画圈格子的个数不足 $m+n-1$ 个).

按照最小元素法再计算一个例子.

例 3 运输问题如表 4-9 所示.

表 4-9

产地＼销地	B_1	B_2	B_3	产量
A_1	x_{11} 1	x_{12} 2	x_{13} 2	1
A_2	x_{21} 3	x_{22} 1	x_{23} 3	2
A_3	x_{31} 2	x_{32} 3	x_{33} 1	4
销量	1	2	4	

在表 4-9 中，c_{11}, c_{22}, c_{33} 同时取最小运价 1，可在 x_{11}, x_{22}, x_{33} 中任取一个先定值. 现取 $x_{11} = \min\{1,1\} = 1$. 并在 x_{12}, x_{13} 处打×，见表 4-10. 对剩余部分，取 $x_{22} = \min\{2,2\} = 2$. 并在 x_{21}, x_{23} 处打×. 剩余部分仅一行. 取 $x_{33} = \min\{4,4\} = 4$. 这时，虽然 x_{31}, x_{32} 应取 0 值，但不能打×，应填上 0 值并画圈. 这样便得出一个调运方案，如表 4-10 所示.

表 4-10

	B_1	B_2	B_3	
A_1	① 1	× 2	× 2	1
A_2	× 3	② 1	× 3	2
A_3	⓪ 2	⓪ 3	④ 1	4
	1	2	4	

对任一平衡运输问题，使用左上角法或最小元素法，都可求出一个初始调运方案. 左上角法不考虑运价，用起来要简便些. 最小元素法，由于考虑了运价，所得调运方案一般说来更好(即对应总运费要小)，从而可减少表上作业法求解过程的迭代次数. 这两种方法所得出的调运方案都是运输问题的基可行解. 下面就来证明这一结论.

定理 4.6 用左上角法或最小元素法得出的$\{x_{ij}\}$是平衡运输问题(4.1)～(4.4)的一个基可行解，其中画圈格子的对应变量正好是基变量.

证 首先，由这两种方法的具体步骤可知，所得$\{x_{ij}\}$满足全部约束条件，因而是问题的可行解.

其次，画圈的格子数恰好是 $m+n-1$ 个. 因为，在这两种方法下都可推知，每填一个画圈的数后，行数与列数之和便减少 1. 即有如下对应关系：

行、列数之和	画圈格子个数
$m+n$	0
$m+n-1$	1
$m+n-2$	2
$\vdots$	$\vdots$
3	$m+n-3$
2	$m+n-2$

在填了 $m+n-2$ 个画圈的数后，行数与列数之和为 2，即只剩下一个格子，这时恰能再填一个画圈数，所以共有 $m+n-1$ 个画圈数.

下面证明画圈格子的对应变量组不含闭回路. 假若不然，设它含有闭回路如下图所示：

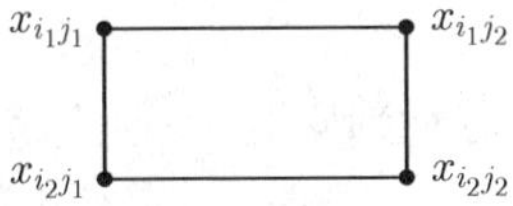

如果填数 $x_{i_1j_1}$ 时，抹去的是行(若抹去的是列可作类似推理)，则数 $x_{i_1j_2}$ 一定比 $x_{i_1j_1}$ 先填，并且填后抹去的是列. 从而 $x_{i_2j_2}$ 又一定比 $x_{i_1j_2}$ 先填，并且填后抹去的是行. 从而又推知 $x_{i_2j_1}$ 一定比 $x_{i_2j_2}$ 先填，并且填后抹去的是列. 但这样一来，$x_{i_1j_1}$ 处根本就不可能填数，于是得出矛盾. 对于更一般的闭回路可用同样的推理得出矛盾.

综上事实，再根据定理 4.3 的推论，即知定理的结论成立. ■

习　题　4.2

1. 用左上角法和最小元素法求下列数据表的对应运输问题的初始调运方案，并比较两种方法所得方案之运费：

(1)

单位运价 收点 / 发点	B_1	B_2	B_3	发量
A_1	1	2	6	7
A_2	0	4	2	12
A_3	3	1	5	11
收量	10	10	10	

(2)

单位运价 收点 / 发点	B_1	B_2	B_3	B_4	发量
A_1	2	2	2	1	3
A_2	10	8	5	4	7
A_3	7	6	6	8	5
收量	4	3	4	4	

2. 一般说来，用最小元素法得出的调运方案还不是最优方案，其原因何在？能否提出改进措施？

4.3 检验数的求法

有了一个调运方案后，要判别它是否是最优方案，也就是判别一个已知的基可行解是否为最优解. 在 2.2 节中，我们已经知道，如果一个基可行解的对应检验数全部非正，则此基可行解便是最优解. 否则，就应进行调整，以得出新的基可行解. 在用单纯形法求解时，每次迭代所得检验数都显示在单纯形表中. 现在我们要根据运输问题的特殊性，建立求检验数的特殊方法. 下面介绍的方法称为**位势法**(本章复习题第 3,4 题提供了求检验数的另外两种方法).

在 2.2 节中我们已经知道，对于标准线性规划问题 LP：

$$\min\{\boldsymbol{cx} \mid \boldsymbol{Ax} = \boldsymbol{b},\ \boldsymbol{x} \geqslant \boldsymbol{0}\},$$

它的一个基可行解(对应基 $\boldsymbol{B}$) 的对应检验数为(见式(2.22))：

$$\lambda_j = \boldsymbol{c_B B}^{-1} \boldsymbol{p}_j - c_j \quad (j = 1,2,\cdots,n).$$

因此，要求检验数，应先求单纯形乘子向量 $\boldsymbol{c_B B}^{-1}$，而 $\boldsymbol{c_B B}^{-1}$ 显然是如下方程组的惟一解：

$$\boldsymbol{uB} = \boldsymbol{c_B}, \tag{4.12}$$

其中行向量 $\boldsymbol{u}$ 是未知向量. 因此，先来考虑方程组(4.12).

具体到运输问题(4.1) ~ (4.4)，设所给基可行解的对应基变量为

$$x_{i_1 j_1}, x_{i_2 j_2}, \cdots, x_{i_r j_r},$$

这里 $r = m + n - 1$. 在写出对应基阵 $\boldsymbol{B}$ 时，应先从约束方程组中去掉一个多余方程，设如去掉第一个方程，则

$$B = (p'_{i_1j_1}, p'_{i_2j_2}, \cdots, p'_{i_rj_r}),$$

其中 $p'_{i_kj_k}$ 表示从 $p_{i_kj_k}$ 去掉第一行元素所得之列向量. 由于 B 是 $m+n-1$ 阶方阵，故这时方程组(4.12)中的未知行向量 u 也应该是 $m+n-1$ 维的，记其分量为

$$u_2, u_3, \cdots, u_m, v_1, v_2, \cdots, v_n.$$

为形式整齐起见，对 u 再增加一个分量 u_1，即令

$$u = (u_1, u_2, \cdots, u_m, v_1, v_2, \cdots, v_n).$$

同时用 p_{ij} 代替 p'_{ij}. 易知，方程组(4.12)等价于如下方程组：

$$\begin{cases} u(p_{i_1j_1}, p_{i_2j_2}, \cdots, p_{i_rj_r}) = (c_{i_1j_1}, c_{i_2j_2}, \cdots, c_{i_rj_r}), & (4.13) \\ u_1 = 0. & (4.14) \end{cases}$$

这时求检验数的公式可改写为

$$\lambda_{ij} = up_{ij} - c_{ij} \quad (i = 1, 2, \cdots, m;\ j = 1, 2, \cdots, n), \tag{4.15}$$

其中 u 是方程组(4.13),(4.14)的解.

再注意到

$$p_{i_kj_k} = \begin{pmatrix} 0 \\ \vdots \\ 1 \\ \vdots \\ 0 \\ \vdots \\ 1 \\ \vdots \\ 0 \end{pmatrix} \begin{matrix} \\ \\ \leftarrow \text{第 } i_k \text{ 行} \\ \\ \\ \\ \leftarrow \text{第 } m+j_k \text{ 行} \\ \\ \\ \end{matrix} \quad (k = 1, 2, \cdots, r),$$

可知(4.13)即为如下方程组：

$$\begin{cases} u_{i_1} + v_{j_1} = c_{i_1j_1}, \\ u_{i_2} + v_{j_2} = c_{i_2j_2}, \\ \cdots\cdots\cdots\cdots \\ u_{i_r} + v_{j_r} = c_{i_rj_r}. \end{cases} \tag{4.16}$$

通常称(4.16)为运输问题的对应于该基可行解(或者说对应于基 B)的**位势方程组**. (4.16)的解称为该基可行解(或者说对应于基 B)的**位势**.

位势方程组(4.16)(即(4.13))的系数矩阵是

$$(p_{i_1j_1}, p_{i_2j_2}, \cdots, p_{i_rj_r})^{\mathrm{T}}.$$

它的秩为 $r = m+n-1$，等于(4.16)中方程的个数. 由此可知，任何基可行

解对应的位势方程组都有解. 又由于位势方程组中未知量的个数是$m+n$，恰有一个自由未知量，因此方程组(4.16)的解不惟一. 注意到运输问题的约束方程组(4.2),(4.3)的系数矩阵中的任意一行都是其余各行的线性组合. 由此可知，从$(\boldsymbol{p}_{i_1j_1},\boldsymbol{p}_{i_2j_2},\cdots,\boldsymbol{p}_{i_rj_r})$中去掉任意一行后都是满秩方阵. 这说明(4.16)中的任一变量都可取作自由变量. 因此，当补充条件$u_1=0$后，便可惟一确定(4.16)的一组解$\boldsymbol{u}=(u_1,u_2,\cdots,u_m,v_1,v_2,\cdots,v_n)$. 将此解代入(4.15)，便得出计算检验数的公式：

$$\lambda_{ij}=u_i+v_j-c_{ij}\quad(i=1,2,\cdots,m;\ j=1,2,\cdots,n),\tag{4.17}$$

这里是令$u_1=0$. 实际上，令u_1为任一定值$u_1^{(0)}$，从位势方程组(4.16)解得

$$\boldsymbol{u}=(u_1^{(0)},u_2^{(0)},\cdots,u_m^{(0)},v_1^{(0)},v_2^{(0)},\cdots,v_n^{(0)}),$$

将这样的$u_i^{(0)}$和$v_j^{(0)}$代入(4.17)，可得出相同的检验数来(见习题4.3第2题).

综上所述，得知如下结论：

定理4.7 运输问题(4.1)～(4.4)的任一基可行解对应的位势方程组(4.16)都有解. 并且，对应于变量x_{ij}的检验数为

$$\lambda_{ij}=u_i+v_j-c_{ij}\quad(i=1,2,\cdots,m;\ j=1,2,\cdots,n),$$

其中$(u_1,u_2,\cdots,u_m,v_1,v_2,\cdots,v_n)$是该基可行解的位势.

上述讨论提供了一种针对运输问题的求检验数的方法，称为**位势法**. 其步骤是：写出对应于所给基可行解的位势方程组(4.16)；令其中任一变量取某一定值，通常令$u_1=0$；求解位势方程组，得出一组位势$(u_1,u_2,\cdots,u_m,v_1,v_2,\cdots,v_n)$；将此位势代入(4.17)，即可得出所有非基变量的对应检验数(基变量的对应检验数为零).

例 承前节例1. 我们已经用最小元素法得出了它的一个初始调运方案，见表4-8，便可写出对应的位势方程组：

$$\begin{aligned}u_1+v_3&=3,\\u_1+v_4&=12,\\u_2+v_1&=1,\\u_2+v_3&=2,\\u_3+v_2&=4,\\u_3+v_4&=5.\end{aligned}$$

令$u_1=0$，解得：$u_2=-1$，$u_3=-7$，$v_1=2$，$v_2=11$，$v_3=3$，$v_4=12$. 从而非基变量的对应检验数为

$$\lambda_{11}=u_1+v_1-c_{11}=0+2-3=-1,$$
$$\lambda_{12}=u_1+v_2-c_{12}=0+11-11=0,$$
$$\lambda_{22}=u_2+v_2-c_{22}=-1+11-9=1,$$
$$\lambda_{24}=u_2+v_4-c_{24}=-1+12-8=3,$$
$$\lambda_{31}=u_3+v_1-c_{31}=-7+2-7=-12,$$
$$\lambda_{33}=u_3+v_3-c_{33}=-7+3-10=-14.$$

上述计算过程可以直接在表上进行，不必写出位势方程组和 λ_{ij} 的计算式. 仍就上例来说明，其具体做法如下：

从表 4-8 出发，把表中的 × 号抹去，只要记住这些位置的对应变量是非基变量，它取值0，并且我们现在的目的就是要求这些变量对应的检验数. 我们将在原来打 × 的位置填写对应的检验数. 首先注意画圈的格子，它的对应运价 $c_{ij}=u_i+v_j$. 如表中的 $c_{13}=3=u_1+v_3$. 因此，若令 $u_1=0$，则得 $v_3=3$. 把 u_1 的值 0 标在表上 A_1 的左边. 把 v_3 的值 3 标在表上 B_3 的上边，见表 4-11. 同理，由 $c_{14}=12$ 和 $u_1=0$，可得 $v_4=12$，把此值标在 B_4 的上边. 又由 $c_{23}=2$ 和 $v_3=3$，可得 $u_2=-1$，把此值标在 A_2 的左边. 再由 $c_{34}=5$ 和 $v_4=12$，可得 $u_3=-7$，把此值标在 A_3 的左边. 再由 $c_{21}=1$ 和 $u_2=-1$，可得 $v_1=2$. 由 $c_{32}=4$ 和 $u_3=-7$，可得 $v_2=11$. 把这两个值分别标在 B_1,B_2 的上边. 这样便求出了位势，如表 4-11 所示.

表 4-11

	2 B_1	11 B_2	3 B_3	12 B_4	
0 A_1	3	11	3 ④	12 ③	7
−1 A_2	1 ③	9	2 ①	8	4
−7 A_3	7	4 ⑥	10	5 ③	9
	3	6	5	6	

求出位势后，再把注意力转向未画圈的格子. 每个格子(i,j)的对应位势 u_i,v_j 之和减去运价 c_{ij} 便是变量 x_{ij} 对应的检验数 λ_{ij}. 把此检验数填在该格原来打 × 的位置上，如表 4-12 所示.

表 4-12

	2 B_1	11 B_2	3 B_3	12 B_4	
0 A_1	−1 3	0 11	④ 3	③ 12	7
−1 A_2	③ 1	1 9	① 2	3 8	4
−7 A_3	−12 7	⑥ 4	−14 10	③ 5	9
	3	6	5	6	

表 4-12 使我们一目了然，该基可行解对应的位势为

$$u_1 = 0,\ u_2 = -1,\ u_3 = -7,\ v_1 = 2,\ v_2 = 11,\ v_3 = 3,\ v_4 = 12.$$

各非基变量的对应检验数，就是各无圈格子中右上方所标之数. 基变量的检验数肯定是零，因此不必标出. 表中画圈的数仍为该基可行解的各基分量值.

习 题 4.3

1. 用位势法计算习题 4.2 中第 1 题的两个运输问题按最小元素法所得调运方案的检验数.

2. 证明：若 $\bar{u}_1, \bar{u}_2, \cdots, \bar{u}_m, \bar{v}_1, \bar{v}_2, \cdots, \bar{v}_n$ 是位势方程组(4.16) 的一组解，则位势方程组的一般解为

$$u_1 = \bar{u}_1 + c,\ u_2 = \bar{u}_2 + c,\ \cdots,\ u_m = \bar{u}_m + c,$$
$$v_1 = \bar{v}_1 - c,\ v_2 = \bar{v}_2 - c,\ \cdots,\ v_n = \bar{v}_n - c,$$

其中 c 为任意实数.

4.4 方案的调整

当现有方案的检验数出现正数时，就应进行调整，以得出一个新方案，即求出一个改进的基可行解. 从第二章知道，首要问题是确定一个进基变量和一个离基变量. 进基变量应当在正检验数的对应变量中选取，一般选取最大检验数的对应变量为进基变量. 如何确定离基变量呢？为此，先了解如下结论：

定理4.8 设变量组

$$x_{i_1j_1},x_{i_2j_2},\cdots,x_{i_rj_r}\quad (r=m+n-1) \tag{4.18}$$

是运输问题(4.1)～(4.4)的某一基可行解的基变量组，x_{kl} 是任一非基变量，则在变量组

$$x_{kl},x_{i_1j_1},x_{i_2j_2},\cdots,x_{i_rj_r} \tag{4.19}$$

中必存在惟一的闭回路.

证 首先，注意到变量组(4.19)所对应的系数列向量组

$$\boldsymbol{p}_{kl},\boldsymbol{p}_{i_1j_1},\boldsymbol{p}_{i_2j_2},\cdots,\boldsymbol{p}_{i_rj_r}$$

线性相关，再由定理4.3，即知变量组(4.19)必含有闭回路.

其次，假如(4.19)中含有两个不同的闭回路，则这两个闭回路都必包含变量 x_{kl}. 从而，列向量 $\boldsymbol{p}_{kl}$ 可以用两种不同方式表示成 $\boldsymbol{p}_{i_1j_1},\boldsymbol{p}_{i_2j_2},\cdots,\boldsymbol{p}_{i_rj_r}$ 的线性组合. 这与 $\boldsymbol{p}_{i_1j_1},\boldsymbol{p}_{i_2j_2},\cdots,\boldsymbol{p}_{i_rj_r}$ 线性无关相矛盾. 所以变量组(4.19)仅含惟一的闭回路. ■

根据定理4.8，当我们确定了进基变量，设为 x_{kl}，把它添入基变量组后必含惟一的闭回路，设为

$$x_{kl},x_{kq_1},x_{p_1q_1},x_{p_1q_2},\cdots,x_{p_tl}. \tag{4.20}$$

把这条闭回路的顶点排序，x_{kl} 叫做第一个顶点，与它同行的 x_{kq_1} 叫做第二个顶点，与第二个顶点同列的 $x_{p_1q_1}$ 叫做第三个顶点，如此等等. 在这个闭回路中，除第一个顶点是非基变量外，其余顶点都是基变量. 我们就在这条闭回路上进行调整.

在闭回路(4.20)的基变量中，选取一个使之转换为非基变量，以 x_{kl} 去取代它为基变量. 设 x_{kl} 的值由0调整为 θ. 为了保持约束条件被满足，就应使第二个顶点的值减去 θ，从而第三个顶点的值应加 θ，依次类推. 即闭回路上所有奇序数顶点的值应加 θ，所有偶序数顶点的值应减 θ. 由此可见，调整量 θ 应取为偶序顶点中的最小值. 因为这样可使偶序顶点中至少有一个被调为0值，同时又能保持各变量取值的非负性. 然后从被调为0值的基变量中选取一个为离基变量.

在闭回路(4.20)上作上述调整，而令此闭回路之外的所有变量取值不变，这样便得出一个新的调运方案，它仍为该运输问题的基可行解. 因为，按上述做法，它满足全部约束条件，并且原基变量组(4.18)被 x_{kl}(进基变量)取代一个变量(离基变量)后所得新组仍是一个基变量组. 这是由于，(4.18)添上 x_{kl} 后仅含惟一的闭回路(4.20)，而从(4.20)去掉一个顶点(离基变量)后就不再是闭回路(因由闭回路的定义可知，若某一行(或一列)有

闭回路的顶点，则必恰有两个顶点，因此闭回路去掉一个顶点后就不再是闭回路）. 这说明原基变量组经上述置换后所得新组仍不含闭回路. 再由定理 4.3 的推论，即知它构成一个基可行解的基变量组.

综上得出调整不满足最优性条件的调运方案的方法，称之为**闭回路调整法**. 其步骤如下：

首先，选取最大检验数所对应的非基变量为进基变量，即由

$$\max\{\lambda_{ij} \mid x_{ij} \text{ 为非基变量}\} = \lambda_{kl}$$

确定 x_{kl} 为进基变量(若有几个检验数同时取最大值，可任选其中之一）(注：为规避死循环，也可选取对应检验数为正的其他变量为进基变量). 从 x_{kl} 出发，寻求一条以基变量为其余顶点的闭回路(这种闭回路存在且惟一). 并将此闭回路的顶点依次编号(x_{kl} 是第一个). 将其中偶序顶点的基变量值的最小者取作调整量 θ，并将该基变量选取为离基变量(若有几个偶序顶点同时达到最小值，则在其中任取一个). 然后，将该闭回路上奇序顶点的值加 θ，偶序顶点的值减 θ. 闭回路之外的 x_{ij} 值一概不变. 经此调整后所得的一组新值 $\{x'_{ij}\}$ 便是一个新的调运方案. 为清楚起见，应将 $\{x'_{ij}\}$ 值列入新表. 在新表中，进基变量 x_{kl} 的值 x'_{kl} 应加圈，离基变量处则无圈，其余基变量的值不管是否取零值都应继续加圈.

如果调整量 $\theta > 0$，按上述方法得出的新调运方案必定是一个改进的调运方案. 因由原方案对应的目标函数的典式可知，新方案的对应目标函数值比原方案的对应目标函数值下降了 $\lambda_{kl}\theta$.

例 1 承 4.2 节中例 1. 前面已经得出了它的初始调运方案，如表 4-8，并在上节用位势法求出了此方案的检验数，如表 4-12. 由于检验数中有正数，故应进行调整. 由

$$\max\{\lambda_{ij}\} = 3 = \lambda_{24},$$

可知应取 x_{24} 为进基变量. 从 x_{24} 出发，找到闭回路 $\{x_{24}, x_{23}, x_{13}, x_{14}\}$，见表 4-13. 于是调整量为

$$\theta = \min\{x_{23}, x_{14}\} = \min\{1,3\} = 1.$$

故取 x_{23} 为离基变量. 然后令

$$\begin{aligned}
x'_{24} &= x_{24} + \theta = 0 + 1 = 1, \\
x'_{23} &= x_{23} - \theta = 1 - 1 = 0, \\
x'_{13} &= x_{13} + \theta = 4 + 1 = 5, \\
x'_{14} &= x_{14} - \theta = 3 - 1 = 2, \\
x'_{ij} &= x_{ij} \quad (\text{对其他 } i,j),
\end{aligned}$$

即得新方案，如表 4-14 所示.

表 4-13

	B_1	B_2	B_3	B_4	
A_1	−1 3	0 11	④ 3	③ 12	7
A_2	③ 1	1 9	① 2	3 8	4
A_3	−12 7	⑥ 4	−14 10	③ 5	9
	3	6	5	6	

表 4-14

	B_1	B_2	B_3	B_4	
A_1	3	11	⑤ 3	② 12	7
A_2	③ 1	9	2	① 8	4
A_3	7	⑥ 4	10	③ 5	9
	3	6	5	6	

初始调运方案对应的总运费为

$$f = 3\times 4+12\times 3+1\times 3+2\times 1+4\times 6+5\times 3$$
$$= 92.$$

新方案对应的总运费为

$$f' = 3\times 5+12\times 2+1\times 3+8\times 1+4\times 6+5\times 3$$
$$= 89,$$

它比初始方案下降了 3，这个数正好等于 $\lambda_{24}\theta$.

为了判别上述新方案是否最优，应再用位势法求其检验数. 见表 4-15.

在表 4-15 中，还有一个正检验数 $\lambda_{11}=2$，因此应再用闭回路法进行调整. 这时进基变量为 x_{11}，闭回路为 $\{x_{11},x_{14},x_{24},x_{21}\}$. 调整量 $\theta=2$，离基变量为 x_{14}. 调整后得新调运方案如表 4-16.

表 4-15

	5 B_1	11 B_2	3 B_3	12 B_4	
0 A_1	2 3	0 11	⑤ 3	② 12	7
−4 A_2	③ 1	−2 9	−3 2	① 8	4
−7 A_3	−9 7	⑥ 4	−14 10	③ 5	9
	3	6	5	6	

表 4-16

	B_1	B_2	B_3	B_4	
A_1	② 3	11	⑤ 3	12	7
A_2	① 1	9	2	③ 8	4
A_3	7	⑥ 4	10	③ 5	9
	3	6	5	6	

对表 4-16 再用位势法求检验数，见表 4-17.

表 4-17

	3 B_1	9 B_2	3 B_3	10 B_4	
0 A_1	② 3	−2 11	⑤ 3	−2 12	7
−2 A_2	① 1	−2 9	−1 2	③ 8	4
−5 A_3	−9 7	⑥ 4	−12 10	③ 5	9
	3	6	5	6	

这时检验数已全部非正. 因此表 4-16 的调运方案是最优方案. 对应最小

运费为

$$f^* = 3\times2+3\times5+1\times1+8\times3+4\times6+5\times3$$
$$= 85.$$

综上所述，求解运输问题的**表上作业法**的基本步骤是：先用最小元素法或左上角法求出一个初始调运方案. 然后用位势法求出已知方案的对应检验数. 若检验数全部非正，则为最优方案. 否则，用闭回路调整法求出一个新的调运方案. 再对新方案重复上述做法. 如此迭代有限次后，便能得出最优调运方案.

例 2 求解表 4-18 所示的运输问题.

表 4-18

单位运价 销地 / 产地	B_1	B_2	B_3	B_4	产量
A_1	2	9	10	7	9
A_2	1	3	4	2	5
A_3	8	4	2	5	7
销量	3	8	4	6	

解 用最小元素法得初始调运方案如表 4-19.

表 4-19

	B_1	B_2	B_3	B_4	
A_1	× 2	⑤ 9	× 10	④ 7	9
A_2	③ 1	× 3	× 4	② 2	5
A_3	× 8	③ 4	④ 2	× 5	7
	3	8	4	6	

对表 4-19 用位势法求检验数，得表 4-20.

对表 4-20，用闭回路法进行调整，得新方案，如表 4-21.

对新方案求检验数，仍见表 4-21. 检验数中有正数，应再调整，得出新方案，并求新方案的检验数，得表 4-22.

表 4-20

	6 B_1	9 B_2	7 B_3	7 B_4	
0 A_1	4 2	⑤ 9	−3 10	④ 7	9
−5 A_2	③ 1	1 3	−2 4	② 2	5
−5 A_3	−7 8	③ 4	④ 2	−3 5	7
	3	8	4	6	

表 4-21

	2 B_1	9 B_2	7 B_3	7 B_4	
0 A_1	③ 2	⑤ 9	−3 10	① 7	9
−5 A_2	−4 1	1 3	−2 4	⑤ 2	5
−5 A_3	−11 8	③ 4	④ 2	−3 5	7
	3	8	4	6	

表 4-22

	2 B_1	8 B_2	6 B_3	7 B_4	
0 A_1	③ 2	−1 9	−4 10	⑥ 7	9
−5 A_2	−4 1	⑤ 3	−3 4	⓪ 2	5
−4 A_3	−10 8	③ 4	④ 2	−2 5	7
	3	8	4	6	

在表 4-22 中，检验数已全部非正，因此表 4-22 的调运方案是最优方案.

对应最小运费为

$$f^* = 2\times3+7\times6+3\times5+4\times3+2\times4=83.$$

习 题 4.4

1. 对习题 4.2 中第 1 题的两个运输问题，以最小元素法所得调运方案为初始方案，用表上作业法求其最优解.

2. 某地区有 A,B,C 三个化肥厂，供应本地甲、乙、丙、丁四个产粮区. 已知各化肥厂可供应化肥的数量和各产粮区对化肥的需要量，以及各厂到各区每吨化肥的运价，如表 4-23 所示. 试制定一个使总运费最少的化肥调拨方案.

表 4-23

化肥厂 \ 运价（元/吨） \ 产粮区	甲	乙	丙	丁	各厂供应量 / 万吨
A	5	8	7	3	7
B	4	9	10	7	8
C	8	4	2	9	3
各区需要量 / 万吨	6	6	3	3	

3. 某百货公司去外地采购 A,B,C,D 四种规格的服装，数量分别为：A—1 500 套，B—2 000 套，C—3 000 套，D—3 500 套. 有三个城市可供应这些服装，供应数量(含各种规格)为：城Ⅰ—2 500 套，城Ⅱ—2 500 套，城Ⅲ—5 000 套. 由于这些城市各种服装的质量、运价及销售情况不一样，预计售出的利润也不一样，见表 4-24. 试为该公司确定一个预期盈利最大的采购方案.

表 4-24

城市 \ 单位利润（元/套） \ 服装规格	A	B	C	D
Ⅰ	10	5	6	7
Ⅱ	8	2	7	6
Ⅲ	9	3	4	8

4.5 不平衡的运输问题

前面所讲的表上作业法，是针对平衡运输问题来讲的，但在实际应用中，常会遇到不平衡的运输问题. 所谓**不平衡运输问题**，指总产量 $\sum_{i=1}^{m} a_i$ 与总销量 $\sum_{j=1}^{n} b_j$ 不相等的运输问题. 当产大于销，即

$$\sum_{i=1}^{m} a_i > \sum_{j=1}^{n} b_j \tag{4.21}$$

时，运输问题的数学模型为

$$\left.\begin{aligned} \min \quad & f = \sum_{i=1}^{m}\sum_{j=1}^{n} c_{ij} x_{ij}, \\ \text{s.t.} \quad & \sum_{j=1}^{n} x_{ij} \leqslant a_i \quad (i = 1,2,\cdots,m), \\ & \sum_{i=1}^{m} x_{ij} = b_j \quad (j = 1,2,\cdots,n), \\ & x_{ij} \geqslant 0 \quad (i = 1,2,\cdots,m;\ j = 1,2,\cdots,n). \end{aligned}\right\} \tag{4.22}$$

这种问题可转化为平衡运输问题. 因为，引入松弛变量 $x_{i,n+1} \geqslant 0$ $(i = 1, 2,\cdots,m)$ 后，上面的不等式约束变为

$$\sum_{j=1}^{n} x_{ij} + x_{i,n+1} = a_i \quad (i = 1,2,\cdots,m).$$

同时，设想有一个虚拟的销地 B_{n+1}，它的销量为

$$b_{n+1} = \sum_{i=1}^{m} a_i - \sum_{j=1}^{n} b_j. \tag{4.23}$$

把松弛变量 $x_{i,n+1}$ 视为 A_i 到 B_{n+1} 的物资运量，实际上是 A_i 处就地存储的多余物资数量. 并令相应的单位运价

$$c_{i,n+1} = 0 \quad (i = 1,2,\cdots,m). \tag{4.24}$$

于是，求解不平衡运输问题(4.22)，相当于求解如下的平衡运输问题：

$$\left.\begin{aligned} \min \quad & f = \sum_{i=1}^{m}\sum_{j=1}^{n} c_{ij} x_{ij}, \\ \text{s.t.} \quad & \sum_{j=1}^{n+1} x_{ij} = a_i \quad (i = 1,2,\cdots,m), \\ & \sum_{i=1}^{m} x_{ij} = b_j \quad (j = 1,\cdots,n,n+1), \\ & x_{ij} \geqslant 0 \quad (i = 1,2,\cdots,m;\ j = 1,\cdots,n,n+1), \end{aligned}\right\} \tag{4.25}$$

其中 $\sum_{i=1}^{m} a_i = \sum_{j=1}^{n+1} b_j$.

例 1 设某种物资，有 3 个产地 A_1, A_2, A_3，产量分别为 30,50,60（单位暂略去），另有 4 个销地 B_1, B_2, B_3, B_4，销量分别为 15,10,40,45. 各产地到各销地的单位运价如表 4-25 所示. 求一个总运费最省的运输方案.

表 4-25

单位运价 / 产地 \ 销地	B_1	B_2	B_3	B_4
A_1	3	5	8	4
A_2	7	4	8	6
A_3	10	3	5	2

在上述问题中，总产量为 140，而总销量为 110，所以这是一个不平衡的运输问题. 引进一个虚拟销地 B_5，其销量为 $140-110=30$. 于是原问题相当于求解表 4-26 所示的平衡运输问题. 所得最优解中，变量 x_{15}, x_{25}, x_{35} 的值就是应在 A_1, A_2, A_3 就地存储的剩余物资数量.

表 4-26

单位运价 / 产地 \ 销地	B_1	B_2	B_3	B_4	B_5	产量
A_1	3	5	8	4	0	30
A_2	7	4	8	6	0	50
A_3	10	3	5	2	0	60
销量	15	10	40	45	30	

如果考虑各产地多余物资的存储费用，则 $c_{i,n+1}$ 取非零值，它表示在产地 A_i 的单位物资存储成本. 如对例 1，设产地 A_1, A_2, A_3 的单位存储成本分别是 5,2,3，要求一个总费用(包括运输费和存储费）最省的调运方案，则应将表 4-26 中 c_{15}, c_{25}, c_{35} 的 0 值改为

$$c_{15}=5, \quad c_{25}=2, \quad c_{35}=3.$$

然后再求解该平衡运输问题.

对于销大于产，即

$$\sum_{j=1}^{n} b_j > \sum_{i=1}^{m} a_i \tag{4.26}$$

的不平衡运输问题，可作类似的处理. 即增加一个虚拟的产地 A_{m+1}，其产量为

$$a_{m+1} = \sum_{j=1}^{n} b_j - \sum_{i=1}^{m} a_i. \tag{4.27}$$

相应的松弛变量 $x_{m+1,j}(j=1,2,\cdots,n)$ 表示 A_{m+1} 到 B_j 的物资运量，实际上是对于销地 B_j 的物资短缺量. 如果不考虑由物资短缺所造成的损失，则令

$$c_{m+1,j} = 0 \quad (j=1,2,\cdots,n).$$

若考虑这一损失费用，则 $c_{m+1,j}$ 取非零值，它可视为对供应不足的单位惩罚成本. 这样，原问题便化为一个平衡运输问题.

由于对运输模型有更简易的特殊解法(与单纯形法相比)，因此在实际应用中，人们尽可能把某些线性规划问题化为运输模型求解.

例 2 某厂按合同规定，须于当年每个季度末，分别提供 10,15,25,20 台同一规格的柴油机. 已知该厂各季度的生产能力及生产每台柴油机的成本如表 4-27 所示. 又知如果生产出来的柴油机当季不交货，每台每积压一个季度需储存、维护等费用 0.15 万元. 要求在完成合同的前提下，作出使该厂全年总成本最小的生产与交货计划.

表 4-27

季度	生产能力 / 台	单位成本 / 万元
Ⅰ	25	10.8
Ⅱ	35	11.1
Ⅲ	30	11.0
Ⅳ	10	11.3

设 x_{ij} 为第 i 季度生产的用于第 j 季度交货的柴油机数(每个季度生产出来的柴油机不一定当季交货).

按照合同要求，x_{ij} 应满足

$$\begin{aligned}
x_{11} &= 10, \\
x_{12} + x_{22} &= 15, \\
x_{13} + x_{23} + x_{33} &= 25, \\
x_{14} + x_{24} + x_{34} + x_{44} &= 20.
\end{aligned}$$

由生产能力的限制，应有

$$\begin{aligned}
x_{11} + x_{12} + x_{13} + x_{14} &\leqslant 25 \\
x_{22} + x_{23} + x_{24} &\leqslant 35, \\
x_{33} + x_{34} &\leqslant 30, \\
x_{44} &\leqslant 10.
\end{aligned}$$

第 i 季度生产的用于第 j 季度交货的每台柴油机的实际成本 c_{ij} 应该是该季度的单位生产成本加上储存、维护等费用. 由此算出 c_{ij} 的具体数值如表 4-28 所示.

表 4-28

c_{ij} 值 万元	Ⅰ	Ⅱ	Ⅲ	Ⅳ
Ⅰ	10.8	10.95	11.10	11.25
Ⅱ		11.10	11.25	11.40
Ⅲ			11.00	11.15
Ⅳ				11.30

如用 a_i 表示该厂第 i 季度的生产能力，b_j 表示第 j 季度的合同供应量，则问题可写成：

$$\min \quad f = \sum_{i=1}^{4}\sum_{j=1}^{4} c_{ij}x_{ij},$$

$$\text{s. t.} \quad \sum_{j=1}^{4} x_{ij} \leqslant a_i \quad (i = 1,2,3,4),$$

$$\sum_{i=1}^{4} x_{ij} = b_j \quad (j = 1,2,3,4),$$

$$x_{ij} \geqslant 0 \quad (i,j = 1,2,3,4),$$

且当 $i > j$ 时，$x_{ij} = 0$.

若对 $i > j$，令相应的 $c_{ij} = M$，M 表示充分大正数，则条件“当 $i > j$ 时，$x_{ij} = 0$”可以去掉. 于是上述模型便是一个不平衡运输问题模型. 再引进一个虚拟的需求 D，则可将问题变成如表 4-29 所示的平衡运输问题. 从而可用表上作业法求解.

表 4-29

	Ⅰ	Ⅱ	Ⅲ	Ⅳ	D	
Ⅰ	10.8	10.95	11.10	11.25	0	25
Ⅱ	M	11.10	11.25	11.40	0	35
Ⅲ	M	M	11.00	11.15	0	30
Ⅳ	M	M	M	11.30	0	10
	10	15	25	20	30	

在运输模型的应用中，可能出现对目标函数$\sum_{i=1}^{m}\sum_{j=1}^{n}c_{ij}x_{ij}$求最大值的问题(约束条件仍如(4.2)和(4.3))．对此，可将问题转化为求函数$\sum_{i=1}^{m}\sum_{j=1}^{n}(-c_{ij})x_{ij}$的最小值(约束条件不变)，然后按表上作业法求解.

习 题 4.5

1. 求解下列不平衡运输问题(各数据表中，方框内的数字为单位价格c_{ij}，框外右侧的一列数为各发点的供应量a_i，框底下一行数是各收点的需求量b_j)：

(1)

5	1	7	10
6	4	6	80
3	2	5	15
75	20	50	

要求收点3的需求必须正好满足.

(2)

5	1	0	20
3	2	4	10
7	5	2	15
9	6	0	15
5	10	15	

要求收点1的需求量必须由发点4供应.

(3)

1	2	1	20
2	4	5	40
4	3	6	30
30	20	20	

设各发点对未运出物资要支付存储费，三个发点的单位存储费依次为3,2,5. 并要求第2发点的现有物资必须全部运出.

2. 某工厂生产一种产品(单位：台)，每个季度的需要量可由正常生产和加班生产来满足，但不能缺货．正常生产时每台产品的成本是200元，加班生产时每台产品的成本是300元．每台产品存储一个季度的费用为10元．该厂在各季度生产这种产品的能力(台数)和各季度对此种产品的需要量(台数)如表4-30所示．问如何安排4个季度的生产，使总成本最小？试用表格形式列出问题的运输模型，并求其最优解.

表 4-30

季度	正常生产能力 / 台	加班生产能力 / 台	需要量 / 台
1	100	50	120
2	150	80	200
3	100	100	250
4	200	50	200

3. 某农场有土地 900 亩. 因土壤肥沃程度和水源条件不同，这些土地可以分成三类，分别记为 A_1, A_2, A_3. 各类土地面积依次为 300,200,400 亩. 农场计划在这些土地上种植三种作物，分别记为 B_1, B_2, B_3. 这三种作物的计划播种面积依次为 100,400,400 亩. 各类土地种植不同作物的经济效益不同，其单位效益值(元 / 亩) 如表 4-31 所示. 问该农场应如何安排作物布局，才能使总效益最大?

表 4-31

土地类别 \ 作物种类	B_1	B_2	B_3
A_1	700	850	400
A_2	500	700	300
A_3	480	600	500

4.6 分派问题

分派问题也是计划管理中常见的一类特殊线性规划问题. 例如，有 n 个人和 n 件工作，要分派每一个人做一件工作. 由于各人专长不同，各人做不同工作所产生的效益不同. 问如何分派才能使总效益最大? 又如，有 n 台机床，加工 n 种零件. 设每种零件必须在一台机床上加工，每台机床只加工一种零件. 各种零件在不同机床上加工的费用不同. 问如何分配加工任务，才能使总加工费用最低? 这类问题称为**分派问题**(或称**分配问题**，又称**指派问题**). 下面是一个具体的例子.

例 1 有一份说明书，要分别译成英、日、德、俄四种文字(分别称为任务 E, J, G, R)，交甲、乙、丙、丁四人去完成，每人完成一种. 已知各人完成不同任务所需时间(小时数) 如表 4-32 所示. 问如何分派，才能使总用时量最少?

表 4-32

任务 时数 人	E	J	G	R
甲	2	15	13	4
乙	10	4	14	15
丙	9	14	16	13
丁	7	8	11	9

抽象地说，所谓**分派问题**是指：给定了一个 n 阶方阵 $\boldsymbol{C}=(c_{ij})_{n\times n}$，它的元素 c_{ij} 都是非负实数. 对于自然数组$(1,2,\cdots,n)$的任一排列$(j_1,j_2,\cdots,j_n)$，称数偶组$\{(1,j_1),(2,j_2),\cdots,(n,j_n)\}$为一分派(或分配). 如何从所有不同的分派(共有 $n!$ 个)中，找出使 $\sum_{i=1}^{n} c_{ij_i}$(称为分派的值)达到最小(或最大)的分派(分别简称为最小值分派或最大值分派). 矩阵 $\boldsymbol{C}$ 称为分派问题的系数矩阵(或称为价格矩阵).

求解最大值分派问题可转化为求解最小值分派问题. 只要取

$$M=\max\{c_{ij}\mid i,j=1,2,\cdots,n\},\tag{4.28}$$

然后令

$$d_{ij}=M-c_{ij}\quad(i,j=1,2,\cdots,n),\tag{4.29}$$

则对应于系数矩阵 $\boldsymbol{D}=(d_{ij})_{n\times n}$ 的最小值分派就是原问题的最大值分派(习题 4.6 第 2 题). 因此，下面仅讨论最小值分派问题的求解方法.

为了写出上述分派问题的线性规划模型，引入 n^2 个变量 $x_{ij}(i,j=1,2,\cdots,n)$. 对应于一个给定的分派

$$A=\{(1,j_1),(2,j_2),\cdots,(n,j_n)\},\tag{4.30}$$

若令

$$x_{ij}=\begin{cases}1, & \text{当}(i,j)\in A,\\ 0, & \text{对其他}(i,j),\end{cases}\tag{4.31}$$

则这样的一组$\{x_{ij}\}$显然满足条件：

$$\sum_{j=1}^{n} x_{ij}=1\quad(i=1,2,\cdots,n),\tag{4.32}$$

$$\sum_{i=1}^{n} x_{ij}=1\quad(j=1,2,\cdots,n),\tag{4.33}$$

$$x_{ij}=0\text{ 或 }1\quad(i,j=1,2,\cdots,n).\tag{4.34}$$

反之，若变量组$\{x_{ij}\}$的取值满足条件(4.32)，(4.33)和(4.34)，则$\{x_{ij}\}$

中使 $x_{ij}=1$ 的下标数偶(i,j_i) $(i=1,2,\cdots,n)$必组成一个分派，并且该分派的值

$$\sum_{i=1}^{n} c_{ij_i} = \sum_{i=1}^{n}\sum_{j=1}^{n} c_{ij}x_{ij}. \tag{4.35}$$

由此可见，求最小值分派，就是求一组变量$\{x_{ij}\}$的值，使满足条件(4.32),(4.33)和(4.34)，并使函数

$$f=\sum_{i=1}^{n}\sum_{j=1}^{n} c_{ij}x_{ij} \tag{4.36}$$

取值最小.

条件(4.34)又可用条件

$$x_{ij}\geqslant 0 \text{ 且为整数} \tag{4.37}$$

来代替. 因为，条件(4.32),(4.33)加上 $x_{ij}\geqslant 0$，就决定了 x_{ij} 必满足

$$0\leqslant x_{ij}\leqslant 1.$$

综上所述得知，**分派问题**的数学模型为

$$\left.\begin{aligned}
&\min\quad f=\sum_{i=1}^{n}\sum_{j=1}^{n} c_{ij}x_{ij},\\
&\text{s.t.}\quad \sum_{j=1}^{n} x_{ij}=1\quad (i=1,2,\cdots,n),\\
&\qquad\ \ \sum_{i=1}^{n} x_{ij}=1\quad (j=1,2,\cdots,n),\\
&\qquad\ \ x_{ij}\geqslant 0 \text{ 且为整数}.
\end{aligned}\right\} \tag{4.38}$$

上述模型不同于一般的线性规划模型，而是一个整数线性规划问题(关于一般的整数线性规划问题将在第七章讨论). 如果去掉整数限制，则上述问题是运输问题的一种特殊情形，即

$$a_i=1\ (i=1,2,\cdots,n),\quad b_j=1\ (j=1,2,\cdots,n)$$

的运输问题. 由定理4.5的推论可知，这种运输问题的基可行解必定是整数解. 而最优解又必能在基可行解中找到. 如用表上作业法，所得最优解便是最优基可行解. 因此，对于分派问题，可以先不考虑整数约束，当做一种特殊运输问题来求解. 但由于分派问题的基可行解高度退化，在 $2n-1$ 个基分量中，只有 n 个等于1，其余都取0值. 因此考虑，根据分派问题的特性，设计出比运输问题表上作业法更简捷的解算方法.

定理4.9 对分派问题(4.38)的系数矩阵 $\boldsymbol{C}=(c_{ij})_{n\times n}$ 的任何一行或一列加上或减去一个常数，所得矩阵 $\boldsymbol{C}'=(c'_{ij})_{n\times n}$ 对应的分派问题具有与原分

派问题相同的最优解.

证 设从 $\boldsymbol{C}$ 的第 i 行各元素减去常数 $p_i(i=1,2,\cdots,n)$，从 $\boldsymbol{C}$ 的第 j 列各元素减去常数 $q_j(j=1,2,\cdots,n)$. 则

$$c'_{ij}=c_{ij}-p_i-q_j \quad (i,j=1,2,\cdots,n).$$

从而以 $\boldsymbol{C}'$ 为系数矩阵的分派问题的目标函数

$$\begin{aligned} f' &= \sum_{i=1}^{n}\sum_{j=1}^{n}c'_{ij}x_{ij}=\sum_{i=1}^{n}\sum_{j=1}^{n}(c_{ij}-p_i-q_j)x_{ij} \\ &= \sum_{i=1}^{n}\sum_{j=1}^{n}c_{ij}x_{ij}-\sum_{i=1}^{n}p_i\Big(\sum_{j=1}^{n}x_{ij}\Big)-\sum_{j=1}^{n}q_j\Big(\sum_{i=1}^{n}x_{ij}\Big) \\ &= f-\sum_{i=1}^{n}p_i-\sum_{j=1}^{n}q_j, \end{aligned}$$

即知新目标函数与原目标函数仅差一个常数. 问题的约束条件并无变化. 因此，新分派问题与原分派问题有相同的最优解. ∎

利用这一性质，我们从系数矩阵 $\boldsymbol{C}$ 的各行减去该行的最小元素，然后从所得矩阵的各列减去该列的最小元素，得一新的系数矩阵 $\boldsymbol{C}'$. 原问题的最优解与 $\boldsymbol{C}'$ 对应分派问题的最优解相同. $\boldsymbol{C}'$ 的每行、每列都至少有一个 0（零）元素，如果能从 $\boldsymbol{C}'$ 中找出几个位于不同行、不同列的 0 元素，就令这些元素对应的 $x_{ij}=1$，其余 $x_{ij}=0$. 这样得到的 $\{x_{ij}\}$，满足分派问题的约束条件，且使 $\boldsymbol{C}'$ 对应分派问题的目标函数 $f'=0$. 因此，它是 $\boldsymbol{C}'$ 对应分派问题的最优解(由于系数矩阵的元素都非负，故目标函数不可能取负值)，从而也就是原问题的最优解.

例如对例 1 的系数矩阵施行如下变换：

$$\boldsymbol{C}=\begin{pmatrix} 2 & 15 & 13 & 4 \\ 10 & 4 & 14 & 15 \\ 9 & 14 & 16 & 13 \\ 7 & 8 & 11 & 9 \end{pmatrix}\begin{matrix} -2 \\ -4 \\ -9 \\ -7 \end{matrix} \rightarrow \begin{matrix}\begin{pmatrix} 0 & 13 & 11 & 2 \\ 6 & 0 & 10 & 11 \\ 0 & 5 & 7 & 4 \\ 0 & 1 & 4 & 2 \end{pmatrix} \\ \quad\quad\quad\quad -4 \quad -2 \end{matrix}$$

$$\rightarrow \begin{pmatrix} 0 & 13 & 7 & 0 \\ 6 & 0 & 6 & 9 \\ 0 & 5 & 3 & 2 \\ 0 & 1 & 0 & 0 \end{pmatrix}=\boldsymbol{C}'.$$

对 $\boldsymbol{C}'$ 观察可知，其中 $c'_{14},c'_{22},c'_{31},c'_{43}$ 这 4 个 0 元素位于不同行、不同列. 从而得出问题的最优解为

$$\{x_{ij}^*\} = \begin{pmatrix} 0 & 0 & 0 & 1 \\ 0 & 1 & 0 & 0 \\ 1 & 0 & 0 & 0 \\ 0 & 0 & 1 & 0 \end{pmatrix},$$

即是说，分派甲译俄文，乙译日文，丙译英文，丁译德文，便可使得总用时量最少. 其值为

$$f^* = c_{14} + c_{22} + c_{31} + c_{43} = 4 + 4 + 9 + 11 = 28\ (\text{小时}).$$

对 $\boldsymbol{C}'$ 寻找不同行、不同列的 0 元素时，如果 n 较小，可由观察、试探得出；如果 n 较大，则须按一定的法则进行. 一般按下述法则进行：

从含 0 元素最少的行开始，圈出一个 0 元素(若有多个 0 元素，选列标最小者)，然后划去与它同行或同列的其他 0 元素，已划去的 0 元素就不能再圈了. 对剩余部分作同样处理，直到做完各行. 所有圈出的零元素便不同行、不同列.

如对例 1 所得的 $\boldsymbol{C}'$，按上述做法，首先圈出 c'_{22}；接着圈出 c'_{31}，并划去 0 元素 c'_{11} 和 c'_{41}；然后圈出 c'_{14}，并划去 c'_{44}；最后圈出 c'_{43}. 即得

$$\begin{pmatrix} \not{0} & 13 & 7 & \boxed{0} \\ 6 & \boxed{0} & 6 & 9 \\ \boxed{0} & 5 & 3 & 2 \\ \not{0} & 1 & \boxed{0} & \not{0} \end{pmatrix},$$

其中带圈的元素有 4 个，它们正好对应于最小分派.

如果 $\boldsymbol{C}'$ 中不同行、不同列的 0 元素不足 n 个，便不能构成一个分派，这时须对 $\boldsymbol{C}'$ 进一步作变换.

例 2 设分派问题的系数矩阵为

$$\boldsymbol{C} = \begin{pmatrix} 1 & 4 & 6 & 3 \\ 9 & 7 & 10 & 9 \\ 4 & 5 & 11 & 7 \\ 8 & 7 & 8 & 5 \end{pmatrix}.$$

求其最小值分派.

对 $\boldsymbol{C}$ 施行如下变换：

$$\boldsymbol{C} = \begin{pmatrix} 1 & 4 & 6 & 3 \\ 9 & 7 & 10 & 9 \\ 4 & 5 & 11 & 7 \\ 8 & 7 & 8 & 5 \end{pmatrix}\begin{matrix} -1 \\ -7 \\ -4 \\ -5 \end{matrix} \rightarrow \begin{pmatrix} 0 & 3 & 5 & 2 \\ 2 & 0 & 3 & 2 \\ 0 & 1 & 7 & 3 \\ 3 & 2 & 3 & 0 \end{pmatrix} \rightarrow \begin{pmatrix} 0 & 3 & 2 & 2 \\ 2 & 0 & 0 & 2 \\ 0 & 1 & 4 & 3 \\ 3 & 2 & 0 & 0 \end{pmatrix} = \boldsymbol{C}'.$$

但 C' 中不同行、不同列的 0 元素只有 3 个，而不是 4 个，即

$$\begin{pmatrix} \boxed{0} & 3 & 2 & 2 \\ 2 & \boxed{0} & \not{0} & 2 \\ \not{0} & 1 & 4 & 3 \\ 3 & 2 & \boxed{0} & \not{0} \end{pmatrix}.$$

这说明，虽然 C' 中每行、每列都至少有一个 0 元素，但这些 0 元素的位置分布不够理想，因而找不出 n 个不同行、不同列的 0 元素．为了得出改进的系数矩阵，应再对 C' 作适当的变换．下面介绍变换的方法．

首先，对 C' 作出能覆盖所有 0 元素的最少条数的直线集合．具体做法如下：

（1） 对没有圈的行作标记（如在右侧打 $\checkmark$ 号）；

（2） 对有标记的行中所有 0 元素所在的列作标记（如在下端打 $\checkmark$ 号）；

（3） 对有标记的列中带圈元素所在的行作标记；

（4） 重复（2），（3）两步，直到得不出新的标记行、列；

（5） 对无标记的行画横线，对有标记的列画纵线，这些直线的全体便是能覆盖所有 0 元素的最少条数的直线集合．

其次，从 C' 没有被直线覆盖的部分找出最小元素，并从未画直线的行减去此最小元素，从画直线的列加上此最小元素，便得新矩阵 C''．C'' 是一个改进的系数矩阵，因为它既保留了 C' 中位置较理想的 0 元素，同时又增添了新的 0 元素．并且由定理 4.9 可知，以 C'' 为系数矩阵的分派问题仍与原问题具有相同的最优解．

然后，再对 C'' 寻找不同行、不同列的 0 元素．若已有 n 个不同行、不同列的 0 元素，则已求得最优分派．否则，重复上述做法，直到得出 n 个不同行、不同列的 0 元素为止．

例如，对例 2 中的 C'，按上述做法，首先对第 3 行打 $\checkmark$ 号，接着对第 1 列打 $\checkmark$ 号，再接下去对第 1 行打 $\checkmark$ 号，至此已得不出新的标记行、列．然后，对无标记的第 2 行和第 4 行画线，对有标记的第 1 列画线，便得出覆盖全部 0 元素的最小直线集合，如下所示：

$$\begin{array}{c} \begin{pmatrix} \boxed{0} & 3 & 2 & 2 \\ 2 & \boxed{0} & \not{0} & 2 \\ \not{0} & 1 & 4 & 3 \\ 3 & 2 & \boxed{0} & \not{0} \end{pmatrix} \begin{array}{l} \checkmark \\ \\ \checkmark \\ \\ \end{array}, \\ \begin{array}{cccc} \checkmark & \quad & \quad & \quad \end{array} \end{array}$$

其中未被直线覆盖部分的最小元素是 $c'_{32}=1$. 便对第 1 行和第 3 行的各元素减 1，对第 1 列的各元素加 1，由此得出新的系数矩阵：

$$\boldsymbol{C}''=\begin{pmatrix}0&2&1&1\\3&0&0&2\\0&0&3&2\\4&2&0&0\end{pmatrix}.$$

再对 $\boldsymbol{C}''$ 求不同行、不同列的零元素. 按前述方法即可得出

$$\begin{pmatrix}\boxed{0}&2&1&1\\3&\not{0}&\boxed{0}&2\\\not{0}&\boxed{0}&3&2\\4&2&\not{0}&\boxed{0}\end{pmatrix}.$$

这时恰有 4 个不同行、不同列的 0 元素，由此得出例 2 的最优解为

$$\{x_{ij}^*\}=\begin{pmatrix}1&0&0&0\\0&0&1&0\\0&1&0&0\\0&0&0&1\end{pmatrix}.$$

上述求解分派问题的方法，通常称为**匈牙利法**. 现在把此方法的步骤总述如下：

第一步 变换系数矩阵，使每行、每列都出现 0 元素. 具体做法是：从系数矩阵的每行(每列)减去该行(列)的最小元素；再从所得矩阵的各列(行)减去该列(行)的最小元素，便得出新系数矩阵.

第二步 对新系数矩阵找不同行、不同列的 0 元素. 具体做法是：从含 0 元素最少的行开始，圈出此行的一个 0 元素，同时划去与该 0 元素同行或同列的其他 0 元素. 然后对余下部分重复这一做法(已划去的 0 元素不再考虑)，直到查完各行. 所有带圈的 0 元素便是最大数目的不同行、不同列的 0 元素. 如果带圈 0 元素恰有 n 个(n 是系数方阵的阶数)，则这些元素的行、列下标数偶便构成原问题的最小分派. 求解过程至此结束. 如果带圈 0 元素少于 n 个，接第三步.

第三步 作出覆盖所有 0 元素的最少直线集合. 具体做法是：

(1) 对没有圈的行打 √ 号；

(2) 对打 √ 行中所有 0 元素的所在列打 √ 号；

(3) 对打 √ 列中带圈元素的所在行打 √ 号；

(4) 重复(2),(3) 两步，直到得不出新的打 √ 行、打 √ 列；

(5) 对无 √ 号的行画横线，对有 √ 号的列画纵线. 这样得出的直线全体，便是能覆盖所有 0 元素的最少直线集合. 再接第四步.

第四步 变换矩阵，以得出新的 0 元素. 具体做法是：从未被直线覆盖的部分找出最小元素，然后从未画直线的行减去此最小元素，并从画直线的列加上此最小元素，得出新的系数矩阵. 然后，返回第二步.

上面研究的分派问题，其系数矩阵是一个方阵. 在应用中可能遇到系数矩阵不是方阵的分派问题. 对于这种情形，可添上元素全为 0 的行或列，把系数矩阵补充成方阵，然后按上述方法求解.

例 3 设有 4 种零件，5 台机床，每种零件必须在一台机床上加工，每台机床至多加工一种零件(允许轮空). 各机床加工各种零件的成本如表 4-33 所示(单位暂略去，其中"/"号表示该格对应零件不能在该格对应机床上加工). 求出使总成本最低的分派方案.

表 4-33

加工成本 机床 零件	1	2	3	4	5
1	5	5	/	2	2
2	7	4	2	3	1
3	9	3	5	/	2
4	7	2	6	7	8

解 先将系数矩阵写成

$$\boldsymbol{C}=\begin{pmatrix}5 & 5 & M & 2 & 2\\ 7 & 4 & 2 & 3 & 1\\ 9 & 3 & 5 & M & 2\\ 7 & 2 & 6 & 7 & 8\\ 0 & 0 & 0 & 0 & 0\end{pmatrix},$$

其中，M 表示充分大正数，最后一行是添加行，相应于一种虚设零件. 然后实施匈牙利法.

经第一步和第二步得

$$\begin{pmatrix}3 & 3 & M-2 & \boxed{0} & \not{0}\\ 6 & 3 & 1 & 2 & \boxed{0}\\ 7 & 1 & 3 & M-2 & \not{0}\\ 5 & \boxed{0} & 4 & 5 & 6\\ \boxed{0} & \not{0} & \not{0} & \not{0} & \not{0}\end{pmatrix},$$

其中带圈的 0 元素不足 5 个.

经第三步得

$$\begin{pmatrix} 3 & 3 & M-2 & \boxed{0} & 0 \\ 6 & 3 & 1 & 2 & \boxed{0} \\ 7 & 1 & 3 & M-2 & 0 \\ 5 & \boxed{0} & 4 & 5 & 6 \\ \boxed{0} & 0 & 0 & 0 & 0 \end{pmatrix} \begin{matrix} \\ \checkmark \\ \checkmark \\ \\ \\ \end{matrix}.$$
$$\qquad\qquad\qquad\qquad\qquad\qquad \checkmark \text{（第 5 列）}$$

经第四步并返回第二步得

$$\begin{pmatrix} 3 & 3 & M-2 & \boxed{0} & 1 \\ 5 & 2 & \boxed{0} & 1 & \not{0} \\ 6 & \not{0} & 2 & M-3 & \boxed{0} \\ 5 & \boxed{0} & 4 & 5 & 7 \\ \boxed{0} & \not{0} & \not{0} & \not{0} & 1 \end{pmatrix}.$$

至此，得出最优分派：第 1 种零件在 4 号机床上加工；第 2 种零件在 3 号机床上加工；第 3 种零件在 5 号机床上加工；第 4 种零件在 2 号机床上加工；1 号机床轮空.

对应最低成本为 $f^* = c_{14} + c_{23} + c_{35} + c_{42} = 8$.

对于例 3，如果再附加条件：不允许 1 号机床轮空，这时对系数矩阵的添加行应改为$(M,0,0,0,0)$，然后按匈牙利法求解(习题 4.6 第 1 题).

习 题 4.6

1. 对本节例 3 附加条件：不允许 1 号机床轮空，这时最优分派方案如何?

2. 证明：以(4.28)和(4.29)所确定的 $\boldsymbol{D} = (d_{ij})_{n\times n}$ 为系数矩阵的最小值分派就是以 $\boldsymbol{C} = (c_{ij})_{n\times n}$ 为系数矩阵的最大值分派.

3. 对于以下列矩阵为系数矩阵的分派问题，求最小值分派：

(1) $\boldsymbol{C} = \begin{pmatrix} 1 & 4 & 13 & 3 \\ 9 & 7 & 10 & 9 \\ 4 & 5 & 11 & 12 \\ 8 & 7 & 8 & 5 \end{pmatrix}$;

(2) $C=\begin{pmatrix}3&8&2&10&3\\8&7&2&9&7\\6&4&2&7&5\\8&4&2&3&5\\9&10&6&9&10\end{pmatrix}$.

4. 某工厂为它的一个车间购置了三台不同类型的新机床. 该车间有4个地点可用来安装机床，每个地点只能安装一台机床，并且地点4不宜安装机床2. 不同机床在不同地点安装的费用不同，如表4-34所示. 如何分配这三台新机床的安装点，才使总费用最低?

表 4-34

机床＼地点	1	2	3	4
1	13	11	12	10
2	15	20	13	/
3	5	6	10	7

5. 一公司经理要分派4位推销员去4个地区推销某种商品. 推销员各有不同的经验和能力，因而他们在不同地区能获得的利润不同，其获利估计值如表4-35所示. 公司经理应怎样分派才使总利润最大?

表 4-35

推销员＼地区	1	2	3	4
1	35	27	28	37
2	28	34	29	40
3	35	24	32	33
4	24	32	25	28

本章小结

本章在分析运输问题的特性的基础上介绍了求解运输问题的表上作业法. 还介绍了求解分派问题的匈牙利法. 对本章的学习有以下要求:

1. 清楚运输问题的数学模型，能对有关应用问题建立运输模型. 理解运输问题的基本特性(定理4.1～4.5及推论).

2. 掌握求解平衡运输问题的表上作业法. 这包括用最小元素法求初始

方案；用位势法求检验数以判别方案是否最优；用闭回路法调整不满足最优性条件的方案以得出新方案等步骤．并应弄清各个步骤的道理．

3．掌握添加虚拟产地或销地以将不平衡运输问题转化为平衡运输问题求解的方法，包括考虑存储费用和缺货损失费用等情形．

4．清楚分派问题的意义及数学模型，会用匈牙利法求解分派问题．

复 习 题

1．用左上角法和最小元素法求表 4-36 所示运输问题的初始调运方案，并比较所得两个方案的对应总运费．

表 4-36

运价 销地 / 产地	B_1	B_2	B_3	B_4	产量
A_1	10	20	81	1	10
A_2	13	10	12	4	20
A_3	5	15	7	9	30
A_4	14	3	1	0	40
A_5	4	12	5	19	50
销量	60	60	20	10	

2．对表 4-36 的运输问题，从最小元素法所得方案出发，求最优调运方案．

3．对于运输问题(4.1)～(4.4)的一个基可行解，设 x_{kl} 为一非基变量，并设从 x_{kl} 出发以基变量为其余顶点的闭回路为

$$x_{kl}, x_{kq_1}, x_{p_1q_1}, x_{p_1q_2}, \cdots, x_{p_tq_t}, x_{p_tl}.$$

试证明：x_{kl} 对应的检验数等于该闭回路上偶序顶点对应运价之和减去奇序顶点对应运价之和，即

$$\lambda_{kl} = (c_{kq_1} + c_{p_1q_2} + \cdots + c_{p_tl}) - (c_{kl} + c_{p_1q_1} + \cdots + c_{p_tq_t})$$

(此题提供了一种求检验数的方法，称之为**闭回路法**)．

4．对于运输问题(4.1)～(4.4)的一个基可行解(即对于一个已知的调运方案)，在运价表中，把基变量的对应运价都画上圈，然后反复施行对一行或一列加上或减去适当的数，使带圈的运价全部化为零．试证明：这时表中其他各数反号便是相应的检验数(此题又提供了一种求检验数的方法，称之为**加减法**)．

5. 用表上作业法求下列运输问题的最优解：

(1)

运价 销地 产地	B_1	B_2	B_3	B_4	产量
A_1	3	7	6	4	5
A_2	2	4	3	2	2
A_3	4	3	8	5	3
销量	3	3	2	2	

(2)

运价 销地 产地	B_1	B_2	B_3	B_4	B_5	产量
A_1	10	20	5	9	10	9
A_2	2	10	8	30	6	4
A_3	1	20	7	10	4	8
销量	3	5	4	6	3	

(3)

运价 销地 产地	B_1	B_2	B_3	B_4	B_5	B_6	产量
A_1	9	12	9	6	9	10	5
A_2	7	3	7	7	5	5	6
A_3	6	5	9	11	3	11	2
A_4	6	8	11	2	2	10	9
销量	4	4	6	2	4	2	

6. 求解下列不平衡运输问题(表中 M 表示充分大正数)：

(1)

运价 销地 产地	B_1	B_2	B_3	B_4	B_5	产量
A_1	3	7	8	4	6	13
A_2	9	5	7	10	3	12
A_3	11	M	8	5	7	18
销量	3	8	5	10	5	

(2)

运价 销地 / 产地	B_1	B_2	B_3	B_4	B_5	产量
A_1	8	6	3	7	5	20
A_2	5	M	8	4	7	30
A_3	6	3	9	6	8	30
销量	25	25	20	10	20	

7. 在表 4-37 所示的运输问题中，总销量超过总产量. 设对销地 B_1,B_2,B_3 缺货的单位惩罚成本分别为 5,3,2. 求总费用最少的调运方案.

表 4-37

运价 销地 / 产地	B_1	B_2	B_3	产量
A_1	5	1	7	10
A_2	6	4	6	80
A_3	3	2	5	15
销量	75	20	50	

8. 某糖厂每月生产糖 270 吨，先运至 A_1,A_2,A_3 三个仓库，然后再分别供应 B_1,B_2,B_3,B_4,B_5 五个地区. 已知各仓库容量分别为 50,100,150 吨，各地区的需要量分别为 25,105,60,30,70 吨. 已知从糖厂经由各仓库然后供应各地区的单位价格(包括运费和储存费) 如表 4-38 所示. 试确定一个使总费用最低的调运方案.

表 4-38

单价 地区 / 仓库	B_1	B_2	B_3	B_4	B_5
A_1	10	15	20	20	40
A_2	20	40	15	30	30
A_3	30	35	40	55	25

9. 某化学公司有甲、乙、丙、丁四个化工厂生产某种产品，产量分别为 200,300,400,100 吨，以满足 Ⅰ,Ⅱ,Ⅲ,Ⅳ,Ⅴ,Ⅵ 六个地区的需要，需要量分别为 200,150,400,100,150,150 吨. 由于工艺、技术等条件差别，各厂每公斤产品成本分别为 1.2,1.4,1.1,1.5 元，又由于行情不同，各地区销售价分

别为每公斤 2.0,2.4,1.8,2.2,1.6,2.0 元. 已知从各厂运往各销售地区每公斤产品运价如表 4-39 所示. 如要求第 Ⅲ 地区至少供应 100 吨，第 Ⅳ 地区的需要必须全部满足，试确定使该公司获利最大的产品调运方案.

表 4-39

运价 地区 / 工厂	Ⅰ	Ⅱ	Ⅲ	Ⅳ	Ⅴ	Ⅵ
甲	0.5	0.4	0.3	0.4	0.3	0.1
乙	0.3	0.8	0.9	0.5	0.6	0.2
丙	0.7	0.7	0.3	0.7	0.4	0.4
丁	0.6	0.4	0.2	0.6	0.5	0.8

10. 设有两家工厂给三个商店供应某种产品，厂 1 和厂 2 供应的件数分别是 200 和 300，商店 1,2 和 3 的需要量分别为 100,200,50 件. 运输时允许转运. 单位运价如表 4-40 所示. 求最优运输方案.

表 4-40

		工厂		商店		
		1	2	1	2	3
工厂	1	0	6	7	8	9
	2	6	0	5	4	3
商店	1	7	2	0	5	1
	2	1	5	1	0	4
	3	8	9	7	6	0

11. 设 $\boldsymbol{A}$ 是 $m\times n$ 阶全单模矩阵，$\boldsymbol{b}\in\mathbf{R}^n$ 是整数向量. 证明：多面凸集 $P=\{\boldsymbol{x}\in\mathbf{R}^n \mid \boldsymbol{A}\boldsymbol{x}\leqslant\boldsymbol{b},\ \boldsymbol{x}\geqslant\boldsymbol{0}\}$ 的极点都是整数极点(即分量都取整数值).

12. 对于以下面的方阵 $\boldsymbol{C}$ 为系数矩阵的分派问题，求其最小值分派和最大值分派：

$$\boldsymbol{C}=\begin{pmatrix}1&8&9&2&1\\5&6&3&10&7\\3&10&4&11&3\\7&7&5&4&8\\4&2&6&3&9\end{pmatrix}.$$

13. 某学校为提高学生的学习兴趣和加强学术气氛，决定举办生态学、能源、运输和生物工程四个学术讲座. 讲座在周一至周五的下午举行. 每个下午至多安排一个讲座．经调查得知，星期一至星期五不能出席各讲座的学生人数如表 4-41 所示．问如何安排讲座的日程，才使不能出席讲座的学生人次最少？

表 4-41

星期＼讲座	生态学	能源	运输	生物工程
一	50	40	60	20
二	40	30	40	30
三	60	20	30	20
四	30	30	20	30
五	10	20	10	30

14．某游泳队教练员需选派一组运动员去参加 4×100 米混合接力赛．候选者有甲、乙、丙、丁和戊五位运动员，他们的百米仰泳、蛙泳、蝶泳和自由泳的成绩(以秒计)如表 4-42 所示．教练员应选派哪四名运动员，各游哪种姿式，才使总成绩最好？

表 4-42

姿式＼运动员	甲	乙	丙	丁	戊
仰泳	37.7	32.9	33.8	37.0	35.4
蛙泳	43.4	33.1	42.2	34.7	41.8
蝶泳	33.3	28.5	38.9	30.4	33.6
自由泳	29.2	26.4	29.6	28.5	31.1

15．有 4 种零件可由 5 台机床加工．每种零件必须在一台机床上加工，每台机床至多加工一种零件．各种零件在各台机床上加工前的准备时间(以分钟计)如表 4-43 所示．求出使总准备时间最少的加工分配方案．如果由于某种原因，不允许 3 号机床轮空，在这一限制条件下，最优分配方案如何？

表 4-43

零件＼机床	1	2	3	4	5
1	10	11	4	2	8
2	7	11	10	14	12
3	5	6	9	12	14
4	13	16	11	10	7

第五章　有界变量线性规划问题

实际应用中的许多线性规划问题，其决策变量具有上、下界限制．如对于1.1节中的资源利用问题，若根据主管部门或公司的要求，对各种产品的生产量有一个最高限额和最低要求，这时问题的数学模型为

$$\max \quad z=\sum_{j=1}^{n} c_j x_j,$$

$$\text{s.t.} \quad \sum_{j=1}^{n} a_{ij} x_j \leqslant b_i \quad (i=1,2,\cdots,m),$$

$$l_j \leqslant x_j \leqslant u_j \quad (j=1,2,\cdots,n).$$

又如对于运输问题，若由于线路运输能力的限制，要求从产地 A_i 到销地 B_j 的运量 x_{ij} 不能超过 h_{ij}，则问题的数学模型为

$$\min \quad f=\sum_{i=1}^{m} \sum_{j=1}^{n} c_{ij} x_{ij},$$

$$\text{s.t.} \quad \sum_{j=1}^{n} x_{ij}=a_i \quad (i=1,2,\cdots,m),$$

$$\sum_{i=1}^{m} x_{ij}=b_j \quad (j=1,2,\cdots,n),$$

$$0 \leqslant x_{ij} \leqslant h_{ij} \quad (i=1,2,\cdots,m;\ j=1,2,\cdots,n).$$

这类问题称为**有界变量线性规划问题**，它的一般数学模型可写为

$$\left.\begin{aligned} \min \quad & x_0=\boldsymbol{c}\boldsymbol{x}, \\ \text{s.t.} \quad & \boldsymbol{A}\boldsymbol{x}=\boldsymbol{b}, \\ & \boldsymbol{l} \leqslant \boldsymbol{x} \leqslant \boldsymbol{u}, \end{aligned}\right\} \tag{5.1}$$

其中，$\boldsymbol{l}=(l_1,l_2,\cdots,l_n)^{\mathrm{T}}$，$\boldsymbol{u}=(u_1,u_2,\cdots,u_n)^{\mathrm{T}}$ 分别为 $\boldsymbol{x}=(x_1,x_2,\cdots,x_n)^{\mathrm{T}}$ 的下界和上界；$\boldsymbol{A}$ 仍为 $m \times n$ 阶矩阵，$n \geqslant m \geqslant 1$，并设 $\boldsymbol{A}$ 的秩为 m.

经过变量替换

$$x_j'=x_j-l_j \quad (j=1,2,\cdots,n), \tag{5.2}$$

并记 $\boldsymbol{d}=(d_1,d_2,\cdots,d_n)^{\mathrm{T}}$，其中

$$d_j = u_j - l_j \quad (j = 1, 2, \cdots, n), \tag{5.3}$$

则一般的有界变量线性规划问题可转化为如下形式(又称之为**变量带上界限制的线性规划问题**):

$$\left.\begin{aligned} \min \quad & x_0 = \boldsymbol{cx}, \\ \text{s.t.} \quad & \boldsymbol{Ax} = \boldsymbol{b}, \\ & \boldsymbol{0} \leqslant \boldsymbol{x} \leqslant \boldsymbol{d}. \end{aligned}\right\} \tag{5.4}$$

对于(5.4),若引进 n 个松弛变量 $x_{n+1}, x_{n+2}, \cdots, x_{2n}$,并记 $\boldsymbol{x}_s = (x_{n+1}, x_{n+2}, \cdots, x_{2n})^{\mathrm{T}}$,则可化为标准形式的线性规划问题:

$$\left.\begin{aligned} \min \quad & x_0 = \boldsymbol{cx}, \\ \text{s.t.} \quad & \boldsymbol{Ax} = \boldsymbol{b}, \\ & \boldsymbol{x} + \boldsymbol{x}_s = \boldsymbol{d}, \\ & \boldsymbol{x} \geqslant \boldsymbol{0},\ \boldsymbol{x}_s \geqslant \boldsymbol{0}. \end{aligned}\right\} \tag{5.5}$$

从而可通过用原单纯形法求解(5.5)去得出(5.4)的最优解. 但考虑到,相较于(5.4)或(5.1)而言,(5.5)增加了n个变量和n个等式约束,这必然会导致计算量和存储量的增大. 因此,本章将介绍一种直接求解(5.4)或(5.1)的方法. 为此需先了解(5.4)或(5.1)的基解所具有的特征.

5.1 基解的特征

为分析方便起见,我们从(5.4)出发,考察其基解特征. 为此,先来分析(5.4)的可行解集的极点与(5.5)的可行解集的极点之间的关系.

用 K 和 $\overline{K}$ 分别表示问题(5.4)和(5.5)的可行解集,即

$$K = \{\boldsymbol{x} \mid \boldsymbol{Ax} = \boldsymbol{b},\ \boldsymbol{0} \leqslant \boldsymbol{x} \leqslant \boldsymbol{d}\}, \tag{5.6}$$

$$\overline{K} = \left\{\bar{\boldsymbol{x}} \,\middle|\, \bar{\boldsymbol{x}} = \begin{pmatrix} \boldsymbol{x} \\ \boldsymbol{x}_s \end{pmatrix},\ \boldsymbol{Ax} = \boldsymbol{b},\ \boldsymbol{x} + \boldsymbol{x}_s = \boldsymbol{d},\ \boldsymbol{x} \geqslant \boldsymbol{0},\ \boldsymbol{x}_s \geqslant \boldsymbol{0}\right\}. \tag{5.7}$$

则有下面的结论:

定理 5.1 $\bar{\boldsymbol{x}}^{(0)} = \begin{pmatrix} \boldsymbol{x}^{(0)} \\ \boldsymbol{x}_s^{(0)} \end{pmatrix}$ 是 $\overline{K}$ 的极点当且仅当 $\boldsymbol{x}^{(0)}$ 是 K 的极点,$\boldsymbol{x}_s^{(0)} = \boldsymbol{d} - \boldsymbol{x}^{(0)}$.

证 $\boldsymbol{x}^{(0)}$ 是 K 的极点当且仅当 $\boldsymbol{x}^{(0)} \in K$ 且 $\boldsymbol{x}^{(0)}$ 不能表示成

$$\boldsymbol{x}^{(0)} = \alpha \boldsymbol{x}^{(1)} + (1 - \alpha) \boldsymbol{x}^{(2)}, \tag{5.8}$$

其中,$0 < \alpha < 1$,$\boldsymbol{x}^{(1)}, \boldsymbol{x}^{(2)} \in K$ 且 $\boldsymbol{x}^{(1)} \neq \boldsymbol{x}^{(2)}$.

由(5.7)可知，$\bar{\boldsymbol{x}}^{(0)}=\begin{pmatrix}\boldsymbol{x}^{(0)}\\ \boldsymbol{x}_s^{(0)}\end{pmatrix}\in\overline{K}$ 当且仅当 $\boldsymbol{x}^{(0)}\in K$ 且 $\boldsymbol{x}_s^{(0)}=\boldsymbol{d}-\boldsymbol{x}^{(0)}$.

因此，$\begin{pmatrix}\boldsymbol{x}^{(0)}\\ \boldsymbol{d}-\boldsymbol{x}^{(0)}\end{pmatrix}$ 是 $\overline{K}$ 的极点当且仅当 $\boldsymbol{x}^{(0)}\in K$ 且 $\begin{pmatrix}\boldsymbol{x}^{(0)}\\ \boldsymbol{d}-\boldsymbol{x}^{(0)}\end{pmatrix}$ 不能表示成

$$\begin{pmatrix}\boldsymbol{x}^{(0)}\\ \boldsymbol{d}-\boldsymbol{x}^{(0)}\end{pmatrix}=\alpha\begin{pmatrix}\boldsymbol{x}^{(1)}\\ \boldsymbol{d}-\boldsymbol{x}^{(1)}\end{pmatrix}+(1-\alpha)\begin{pmatrix}\boldsymbol{x}^{(2)}\\ \boldsymbol{d}-\boldsymbol{x}^{(2)}\end{pmatrix},\tag{5.9}$$

其中，$0<\alpha<1$，$\boldsymbol{x}^{(1)},\boldsymbol{x}^{(2)}\in K$ 且 $\boldsymbol{x}^{(1)}\neq\boldsymbol{x}^{(2)}$.

易知，(5.8)与(5.9)或者同时成立或者同时不成立. 因此定理的结论成立. ∎

由定理5.1可知，K 的极点与 $\overline{K}$ 的极点一一对应. 由定理2.10可知，$\overline{K}$ 的极点就是线性规划问题(5.5)的基可行解. 因此，可根据问题(5.5)的基可行解来定义问题(5.4)的基可行解. 为此，先来分析问题(5.5)的基解的特征.

问题(5.5)的约束方程组的系数矩阵

$$\overline{\boldsymbol{A}}=\begin{pmatrix}\boldsymbol{A}&\boldsymbol{O}\\ \boldsymbol{I}_n&\boldsymbol{I}_n\end{pmatrix}$$

是一个$(m+n)\times 2n$ 阶矩阵，且 $\overline{\boldsymbol{A}}$ 的秩为 $m+n$. 用 $\bar{\boldsymbol{p}}_j$ 表示 $\overline{\boldsymbol{A}}$ 的第 j 列，$\boldsymbol{p}_j$ 表示 $\boldsymbol{A}$ 的第 j 列. 设

$$\bar{\boldsymbol{x}}^{(0)}=\begin{pmatrix}\boldsymbol{x}^{(0)}\\ \boldsymbol{x}_s^{(0)}\end{pmatrix}=(x_1^{(0)},\cdots,x_n^{(0)},x_{n+1}^{(0)},\cdots,x_{2n}^{(0)})^{\mathrm{T}}$$

是问题(5.5)的一个基解，对应基阵 $\overline{\boldsymbol{B}}$. 记对应的基变量指标集为 $\overline{S}$，非基变量指标集为 $\overline{R}$. 并记 $N=\{1,2,\cdots,n\}$. 则由 $\overline{\boldsymbol{A}}$ 的结构可得出下列结论(见习题5.1第1题)：

结论1 $|\overline{S}|=n+m$（$|\overline{S}|$ 表示集合 $\overline{S}$ 所含元素的个数）. 即是说，基变量恰有 $n+m$ 个.

结论2 记 $R_1=N\cap\overline{R}$，则当 $j\in R_1$ 时，必有 $n+j\in\overline{S}$. 即是说，对于 $j\in N$，若 x_j 是非基变量，则 x_{n+j} 一定是基变量.

结论3 当 $i\in N\cap\overline{S}$ 时，x_i 是基变量，而 x_{n+i} 可能是基变量也可能是非基变量. 现在把集合 $N\cap\overline{S}$ 剖分成两部分：使 x_i 和 x_{n+i} 都是基变量的部分记为 S，其余部分记为 R_2，即

$$S=\{i\mid i\in N\cap\overline{S},\ n+i\in\overline{S}\},$$

$$R_2 = \{i \mid i \in N \cap \overline{S},\ n+i \in \overline{R}\}.$$

并记 $R = N \backslash S$. 则

$$R_1 \cap R_2 = \varnothing,\quad R_1 \cup R_2 = R,\quad |S| = m.$$

结论4 当 $i \in R_1$ 时，$x_i^{(0)} = 0$；当 $i \in R_2$ 时，$x_i^{(0)} = d_i$；当 $i \in S$ 时，$x_i^{(0)} = d_i - x_{n+i}^{(0)}$. 当 $\overline{\boldsymbol{x}}^{(0)}$ 是问题(5.5)的基可行解时，必有

$$0 \leqslant x_i^{(0)} \leqslant d_i \quad (i \in S).$$

结论5 设 $S = \{j_1, j_2, \cdots, j_m\}$，则矩阵 $\boldsymbol{B} = (\boldsymbol{p}_{j_1}, \boldsymbol{p}_{j_2}, \cdots, \boldsymbol{p}_{j_m})$ 是满秩的.

从上述结论可知，问题(5.5)的基解具有这样的特征：在它的前n个分量中，有$n-m$个分量必取上、下界，即是说或者取0值，或者取d_i值；可以不取上、下界的m个分量所对应的$\boldsymbol{A}$的列向量必线性无关. 根据这一特征，我们来定义问题(5.4)的基解和基可行解.

若系数矩阵$\boldsymbol{A}$的m个列向量$\boldsymbol{p}_{j_1}, \boldsymbol{p}_{j_2}, \cdots, \boldsymbol{p}_{j_m}$线性无关，则称矩阵$\boldsymbol{B} = (\boldsymbol{p}_{j_1}, \boldsymbol{p}_{j_2}, \cdots, \boldsymbol{p}_{j_m})$是问题(5.4)的一个基(或基阵). 变量$x_{j_1}, x_{j_2}, \cdots, x_{j_m}$称为相应于该基的基变量，其余变量称为非基变量. 记基变量的指标集为S，非基变量的指标集为R. 若R_1, R_2是R的两个子集，且满足

$$R_1 \cup R_2 = R,\quad R_1 \cap R_2 = \varnothing,$$

则称(R_1, R_2)是R的一个剖分. 对于R的任一剖分(R_1, R_2)，令非基变量取值为

$$x_j^{(0)} = 0\ (j \in R_1),\quad x_j^{(0)} = d_j\ (j \in R_2). \tag{5.10}$$

并称$\{x_j \mid j \in R_1\}$为**第一类非基变量**，称$\{x_j \mid j \in R_2\}$为**第二类非基变量**. 把(5.10)代入方程组$\boldsymbol{A}\boldsymbol{x} = \boldsymbol{b}$，解出基变量的值$x_{j_i}^{(0)}\ (i = 1, 2, \cdots, m)$. 这样得到的$\boldsymbol{x}^{(0)} = (x_1^{(0)}, x_2^{(0)}, \cdots, x_n^{(0)})^{\mathrm{T}}$称为问题(5.4)的一个基解(或基本解). 基解不一定是可行解，因它虽满足约束方程组$\boldsymbol{A}\boldsymbol{x} = \boldsymbol{b}$，但不一定满足条件$\boldsymbol{0} \leqslant \boldsymbol{x} \leqslant \boldsymbol{d}$. 若基解$\boldsymbol{x}^{(0)}$满足条件$\boldsymbol{0} \leqslant \boldsymbol{x}^{(0)} \leqslant \boldsymbol{d}$，则称$\boldsymbol{x}^{(0)}$是问题(5.4)的基可行解. 称基可行解对应的基$\boldsymbol{B}$是问题(5.4)的可行基，称对应剖分$(R_1, R_2)$是$R$的一个**可行剖分**.

不难证明，这样定义的基可行解满足与定理2.10相同的结论：$\boldsymbol{x}^{(0)}$是问题(5.4)的基可行解当且仅当$\boldsymbol{x}^{(0)}$是(5.4)的可行解集K的极点(见习题5.1第2题).

由上述定义可知，问题(5.4)的一个基解取决于一个基以及相应非基变量指标集的一个剖分. 给定基$\boldsymbol{B}$后，非基变量指标集R的每一个可行剖分对应一个基可行解. 对应于同一个基$\boldsymbol{B}$，其R可以有若干个可行剖分，从而有

若干个基可行解. R 也可能不存在可行剖分，这时相应的 $\boldsymbol{B}$ 就不是可行基.

例 设一线性规划问题的约束条件为

$$\begin{aligned} x_1 \quad + x_3 - x_4 + \ x_5 + 2x_6 + \ x_7 &= 6, \\ x_2 \quad\quad + x_4 - 2x_5 + \ x_6 - 2x_7 &= 4, \\ x_3 - x_4 \quad\quad + 2x_6 + \ x_7 &= 1, \\ 0 \leqslant x_1 \leqslant 6,\ 0 \leqslant x_2 \leqslant 6,\ x_3 \geqslant 0,\ 0 \leqslant x_4 \leqslant 4&, \\ 0 \leqslant x_5 \leqslant 2,\ 0 \leqslant x_6 \leqslant 10,\ x_7 \geqslant 0&. \end{aligned}$$

显见，$\boldsymbol{B} = (\boldsymbol{p}_1, \boldsymbol{p}_2, \boldsymbol{p}_3)$ 为一基，相应的 $R = \{4,5,6,7\}$. 若取$R_1 = \{6,7\}$, $R_2 = \{4,5\}$，可得对应基解为

$$\boldsymbol{x}^{(0)} = (3,4,5,4,2,0,0)^{\mathrm{T}},$$

并且 $\boldsymbol{x}^{(0)}$ 是一个基可行解；若取 $R_1 = \{5,6,7\}$, $R_2 = \{4\}$，对应基解为

$$\boldsymbol{x}^{(1)} = (5,0,5,4,0,0,0)^{\mathrm{T}},$$

它也是一个基可行解；若取 $R_1 = \{4,5,6,7\}$, $R_2 = \varnothing$，对应基解为

$$\boldsymbol{x}^{(2)} = (5,4,1,0,0,0,0)^{\mathrm{T}},$$

它也是基可行解；若取 $R_1 = \{4,6,7\}$, $R_2 = \{5\}$，对应基解为

$$\boldsymbol{x}^{(3)} = (3,8,1,0,2,0,0)^{\mathrm{T}},$$

它不是基可行解. 若令

$$\boldsymbol{x}^{(4)} = (5,2,0,1,0,1,0)^{\mathrm{T}},$$

容易验证 $\boldsymbol{x}^{(4)}$ 是可行解，但它的既不等于 0 又不等于上界的分量所对应的系数列向量 $\boldsymbol{p}_1, \boldsymbol{p}_2, \boldsymbol{p}_4, \boldsymbol{p}_6$ 线性相关，所以 $\boldsymbol{x}^{(4)}$ 不是基解. 若取 $\boldsymbol{B} = (\boldsymbol{p}_1, \boldsymbol{p}_4, \boldsymbol{p}_5)$，易知它也是一个基，但可验证，相应的 $R = \{2,3,6,7\}$ 的任一剖分都不是可行的，因此这个基不是可行基(见习题 5.1 第 3 题).

对于问题(5.4)，也可相应地定义正则解. 设 $\boldsymbol{x}^{(0)}$ 是对应于基 $\boldsymbol{B}$ 和剖分 (R_1, R_2) 的基解，对应单纯形表 $T(\boldsymbol{B})$ 如表 5-1 所示.

表 5-1

		x_1	x_2	$\cdots$	x_j	$\cdots$	x_n
x_0	b_{00}	b_{01}	b_{02}	$\cdots$	b_{0j}	$\cdots$	b_{0n}
x_{j_1}	b_{10}	b_{11}	b_{12}	$\cdots$	b_{1j}	$\cdots$	b_{1n}
$\vdots$	$\vdots$	$\vdots$	$\vdots$		$\vdots$		$\vdots$
x_{j_i}	b_{i0}	b_{i1}	b_{i2}	$\cdots$	b_{ij}	$\cdots$	b_{in}
$\vdots$	$\vdots$	$\vdots$	$\vdots$		$\vdots$		$\vdots$
x_{j_m}	b_{m0}	b_{m1}	b_{m2}	$\cdots$	b_{mj}	$\cdots$	b_{mn}

其中，

$$b_{0j} = \boldsymbol{c_B B}^{-1} \boldsymbol{p}_j - c_j \quad (j = 1,2,\cdots,n) \tag{5.11}$$

是对应于变量 x_j 的检验数. 如果基解 $\boldsymbol{x}^{(0)}$ 的检验数满足如下条件：

$$b_{0j} \leqslant 0 \ (j \in R_1), \quad b_{0j} \geqslant 0 \ (j \in R_2), \tag{5.12}$$

则称 $\boldsymbol{x}^{(0)}$ 是问题(5.4) 的**正则解**.

定理5.2 设 $\boldsymbol{x}^{(0)}$ 是问题(5.4) 的一个基解. 若它既是可行解，又是正则解，则 $\boldsymbol{x}^{(0)}$ 是问题(5.4) 的最优解.

证 对于问题(5.4) 的任一可行解 $\boldsymbol{x}$，其对应目标函数值为

$$x_0 = b_{00} - \sum_{j\in R_1} b_{0j}x_j - \sum_{j\in R_2} b_{0j}x_j. \tag{5.13}$$

由条件 $b_{0j} \leqslant 0 \ (j \in R_1)$ 和 $x_j \geqslant 0 \ (j = 1,2,\cdots,n)$ 可知

$$x_0 \geqslant b_{00} - \sum_{j\in R_2} b_{0j}x_j.$$

又由条件 $b_{0j} \geqslant 0 \ (j \in R_2)$ 和 $x_j \leqslant d_j (j = 1,2,\cdots,n)$ 可知

$$x_0 \geqslant b_{00} - \sum_{j\in R_2} b_{0j}d_j.$$

而上式右端正好是基可行解 $\boldsymbol{x}^{(0)}$ 的对应目标函数值. 于是定理得证. ∎

定理5.3 已知问题(5.4) 的对应于基 $\boldsymbol{B}$ 的单纯形表(如表5-1). 若存在指标 k，使得

$$d_k = +\infty, \quad b_{0k} > 0, \quad b_{ik} \leqslant 0 \ (i = 1,2,\cdots,m), \tag{5.14}$$

且当 $b_{ik} < 0$ 时，对应地有 $d_{j_i} = +\infty$，则问题(5.4) 或者无可行解，或者目标函数在可行域上无下界，因而无最优解.

证 令 $\boldsymbol{y} = (y_1, y_2, \cdots, y_n)^{\mathrm{T}}$，其分量

$$\begin{aligned} y_{j_i} &= -b_{ik} \quad (i = 1,2,\cdots,m), \\ y_k &= 1, \\ y_j &= 0 \quad (j \in R\backslash\{k\}). \end{aligned}$$

则有 $\boldsymbol{y} \geqslant \boldsymbol{0}$ 且

$$\begin{aligned} \boldsymbol{Ay} &= \boldsymbol{p}_k - \sum_{i=1}^{m} b_{ik}\boldsymbol{p}_{j_i} = \boldsymbol{p}_k - (\boldsymbol{p}_{j_1}, \boldsymbol{p}_{j_2}, \cdots, \boldsymbol{p}_{j_m}) \begin{pmatrix} b_{1k} \\ b_{2k} \\ \vdots \\ b_{mk} \end{pmatrix} \\ &= \boldsymbol{p}_k - \boldsymbol{B}(\boldsymbol{B}^{-1}\boldsymbol{p}_k) = \boldsymbol{0}, \end{aligned}$$

$$cy = c_k - \sum_{i=1}^{m} c_{j_i} b_{ik} = c_k - c_B B^{-1} p_k = -b_{0k} < 0.$$

假如问题(5.4)有可行解 x，则对任何正实数 λ，有

$$A(x+\lambda y) = Ax + \lambda Ay = b,$$

并由前提条件：$d_k = +\infty$ 且当 $b_{ik} < 0$ 时有 $d_{j_i} = +\infty$，可知

$$0 \leqslant x \leqslant x + \lambda y \leqslant d.$$

即知，对任何 $\lambda > 0$，$x+\lambda y$ 都是问题(5.4)的可行解. 再由

$$c(x+\lambda y) = cx - \lambda b_{0k} \to -\infty \quad (\lambda \to +\infty),$$

即知问题(5.4)的目标函数在可行域上无下界. ∎

这两个定理为下面两节的算法提供了依据.

习 题 5.1

1. 证明关于问题(5.5)基解特征的结论 1 ~ 5.

2. 证明：$x^{(0)}$ 是问题(5.4)的基可行解(按本节的定义)当且仅当 $x^{(0)}$ 是(5.4)的可行解集 K 的极点.

3. 对本节的例子，验证：$B = (p_1, p_4, p_5)$ 是它的一个基，但 $R = \{2,3,6,7\}$ 的任一剖分都不是可行的.

4. 把下列带区间约束的线性规划问题化为具有 m 个等式约束的有界变量线性规划问题：

$$\begin{aligned} \min \quad & x_0 = \sum_{j=1}^{n} c_j x_j, \\ \text{s.t.} \quad & b_i' \leqslant \sum_{j=1}^{n} a_{ij} x_j \leqslant b_i \quad (i = 1,2,\cdots,m), \\ & x_j \geqslant 0 \quad (j = 1,2,\cdots,n). \end{aligned}$$

5.2 有界变量单纯形法

和通常单纯形法一样，这里的算法也分为两个阶段. 第一阶段是寻求一个初始基可行解. 第二阶段是从初始基可行解出发，通过基与可行剖分的逐次迭代，不断改进目标函数值，最终获得满足正则性条件的基可行解. 我们先来考虑第二阶段的问题.

设已知问题(5.4)的一个基可行解为 $x^{(0)}$，它对应于基 B 和可行剖分

(R_1, R_2). 对应单纯形表 $T(\boldsymbol{B}) = (b_{ij})$, 如表 5-1 所示. 注意, 对于 LP 的通常单纯形法, 单纯形表中的常数项列同时也就是解列, 即是说, 表中的 b_{10}, $b_{20}, \cdots, b_{m0}$ 就是该基解的基分量值, b_{00} 就是该基解的对应目标函数值. 但在这里, 这一列仅仅是常数列, 在一般情况下它并不等于解列, 并且 b_{10}, $b_{20}, \cdots, b_{m0}$ 中可以出现负值. 该基解的基分量值和对应目标函数值应按下面的公式(5.19) 和(5.18) 计算.

由 $T(\boldsymbol{B})$ 对应典式:

$$x_0 = b_{00} - \sum_{j \in R} b_{0j} x_j, \tag{5.15}$$

$$x_{j_i} = b_{i0} - \sum_{j \in R} b_{ij} x_j \quad (i = 1, 2, \cdots, m) \tag{5.16}$$

和

$$x_j^{(0)} = 0 \ (j \in R_1), \quad x_j^{(0)} = d_j \ (j \in R_2), \tag{5.17}$$

可知, $\boldsymbol{x}^{(0)}$ 的对应目标函数值为

$$x_0^{(0)} = b_{00} - \sum_{j \in R_2} b_{0j} d_j; \tag{5.18}$$

$\boldsymbol{x}^{(0)}$ 的基分量值为

$$x_{j_i}^{(0)} = b_{i0} - \sum_{j \in R_2} b_{ij} d_j \quad (i = 1, 2, \cdots, m). \tag{5.19}$$

为叙述方便起见, 记

$$z_{i0} = b_{i0} - \sum_{j \in R_2} b_{ij} d_j \quad (i = 0, 1, \cdots, m). \tag{5.20}$$

于是有

$$x_0^{(0)} = z_{00}, \quad x_{j_i}^{(0)} = z_{i0} \ (i = 1, 2, \cdots, m). \tag{5.21}$$

若 $\boldsymbol{x}^{(0)}$ 的检验数满足正则性条件(5.12), 则由定理 5.2 知, $\boldsymbol{x}^{(0)}$ 已为最优解. 否则, 应进行调整以得出一个改进的基可行解. 调整的关键是确定进基变量和离基变量. 进基变量显然应从对应检验数不符合正则性条件的变量中选取. 为避免基的循环, 这里采用布兰德规则选取, 即取指标

$$r = \min\{j \mid j \in R_1 \text{ 使 } b_{0j} > 0 \text{ 或 } j \in R_2 \text{ 使 } b_{0j} < 0\} \tag{5.22}$$

的对应变量 x_r 为进基变量(如希望提高迭代效率, 则从不符合正则性条件的检验数中选取其绝对值最大者的对应变量作为进基变量). 离基变量如何选取? 离基后归入哪一类非基变量? 要回答这些问题, 必须根据不同情况进行分析.

上述指标 r 有两种可能情形:

情形 Ⅰ $r \in R_1$.

这时我们令 $\boldsymbol{x}^{(1)}$ 的分量为

$$\left.\begin{aligned} x_r^{(1)} &= \theta, \\ x_j^{(1)} &= 0 \quad (j \in R_1 \setminus \{r\}), \\ x_j^{(1)} &= d_j \quad (j \in R_2), \\ x_{j_i}^{(1)} &= z_{i0} - b_{ir}\theta \quad (i = 1,2,\cdots,m). \end{aligned}\right\} \tag{5.23}$$

易知 $\boldsymbol{x}^{(1)}$ 满足约束方程组 $\boldsymbol{Ax} = \boldsymbol{b}$. 为了满足条件

$$\boldsymbol{0} \leqslant \boldsymbol{x}^{(1)} \leqslant \boldsymbol{d},$$

应要求：

$$0 \leqslant \theta \leqslant d_r, \quad 0 \leqslant z_{i0} - b_{ir}\theta \leqslant d_{j_i} \quad (i = 1,2,\cdots,m).$$

这等价于

$$\begin{aligned} &0 \leqslant \theta \leqslant d_r, \\ &\theta \leqslant \min\left\{\frac{z_{i0}}{b_{ir}} \,\middle|\, b_{ir} > 0,\ 1 \leqslant i \leqslant m\right\}, \\ &\theta \leqslant \min\left\{\frac{z_{i0} - d_{j_i}}{b_{ir}} \,\middle|\, b_{ir} < 0,\ 1 \leqslant i \leqslant m\right\}. \end{aligned}$$

由此可知，应取 θ 的值为

$$\theta = \min\left\{d_r,\ \min_{b_{ir}>0}\left\{\frac{z_{i0}}{b_{ir}}\right\},\ \min_{b_{ir}<0}\left\{\frac{z_{i0} - d_{j_i}}{b_{ir}}\right\}\right\}. \tag{5.24}$$

至此，又有 4 种可能情况：

(1) $\theta = +\infty$.

此时，必有 $d_r = +\infty$，$b_{ir} \leqslant 0$，且当 $b_{ir} < 0$ 时，对应地有 $d_{j_i} = +\infty$. 又由 r 的取法可知，$b_{0r} > 0$. 于是，根据定理 5.3，可以判定问题无最优解.

(2) $\theta = d_r < +\infty$.

此时，置

$$\overline{R}_1 = R_1 \setminus \{r\}, \quad \overline{R}_2 = R_2 \cup \{r\}. \tag{5.25}$$

易知，$(\overline{R}_1, \overline{R}_2)$ 仍为 R 的可行剖分. 即是说，x_r 仅由第一类非基变量变成第二类非基变量. 这时基不变，但可行剖分变了. $\boldsymbol{x}^{(1)}$ 便是对应于新可行剖分的基可行解.

(3) $\theta = \min\limits_{b_{ir}>0}\left\{\dfrac{z_{i0}}{b_{ir}}\right\} = \dfrac{z_{s0}}{b_{sr}}$.

此时，应选取 x_{j_s} 为离基变量，以 $\boldsymbol{p}_r$ 取代 $\boldsymbol{p}_{j_s}$ 得新基 $\overline{\boldsymbol{B}}$，并置

$$\overline{R}_1 = (R_1 \setminus \{r\}) \cup \{j_s\}, \quad \overline{R}_2 = R_2. \tag{5.26}$$

易知$(\overline{R}_1, \overline{R}_2)$为 $\overline{R}$(相应于 $\overline{\boldsymbol{B}}$ 的非基变量指标集)的可行剖分(见习题 5.2 第 1 题). $\boldsymbol{x}^{(1)}$ 为对应的新基可行解.

(4) $\theta=\min\limits_{b_{ir}<0}\left\{\dfrac{z_{i0}-d_{j_i}}{b_{ir}}\right\}=\dfrac{z_{t0}-d_{j_t}}{b_{tr}}.$

此时，应选取 x_{j_t} 为离基变量，以 $\boldsymbol{p}_r$ 取代 $\boldsymbol{p}_{j_t}$ 得新基 $\overline{\boldsymbol{B}}$，并置

$$\overline{R}_1=R_1\setminus\{r\},\quad \overline{R}_2=R_2\cup\{j_t\}. \tag{5.27}$$

易知($\overline{R}_1,\overline{R}_2$)为 $\overline{R}$ 的可行剖分. $\boldsymbol{x}^{(1)}$ 为对应的新基可行解.

情形 Ⅱ $r\in R_2$.

这时，我们令 $\boldsymbol{x}^{(1)}$ 的分量为

$$\left.\begin{array}{l}x_r^{(1)}=d_r-\theta,\\ x_j^{(1)}=0\quad(j\in R_1),\\ x_j^{(1)}=d_j\quad(j\in R_2\setminus\{r\}),\\ x_{j_i}^{(1)}=z_{i0}+b_{ir}\theta\quad(i=1,2,\cdots,m).\end{array}\right\} \tag{5.28}$$

易知 $\boldsymbol{x}^{(1)}$ 满足 $\boldsymbol{Ax}=\boldsymbol{b}$. 为了满足 $\boldsymbol{0}\leqslant\boldsymbol{x}^{(1)}\leqslant\boldsymbol{d}$，应要求：

$$0\leqslant\theta\leqslant d_r,\quad 0\leqslant z_{i0}+b_{ir}\theta\leqslant d_{j_i}\ (i=1,2,\cdots,m).$$

这等价于

$$0\leqslant\theta\leqslant d_r,$$

$$\theta\leqslant\min\left\{\frac{z_{i0}}{-b_{ir}}\,\middle|\,b_{ir}<0,\ 1\leqslant i\leqslant m\right\},$$

$$\theta\leqslant\min\left\{\frac{d_{j_i}-z_{i0}}{b_{ir}}\,\middle|\,b_{ir}>0,\ 1\leqslant i\leqslant m\right\}.$$

由此可知，应取 θ 的值为

$$\theta=\min\left\{d_r,\ \min_{b_{ir}<0}\left\{\frac{z_{i0}}{-b_{ir}}\right\},\ \min_{b_{ir}>0}\left\{\frac{d_{j_i}-z_{i0}}{b_{ir}}\right\}\right\}. \tag{5.29}$$

这时，有三种可能情况：

(1) $\theta=d_r$. 此时，置

$$\overline{R}_1=R_1\cup\{r\},\quad \overline{R}_2=R_2\setminus\{r\}. \tag{5.30}$$

易知($\overline{R}_1,\overline{R}_2$)仍为 R 的可行剖分(基 $\boldsymbol{B}$ 未变). $\boldsymbol{x}^{(1)}$ 是对应于新剖分的基可行解.

(2) $\theta=\min\limits_{b_{ir}<0}\left\{\dfrac{z_{i0}}{-b_{ir}}\right\}=\dfrac{z_{s0}}{-b_{sr}}.$

此时，应选取 x_{j_s} 为离基变量，以 $\boldsymbol{p}_r$ 取代 $\boldsymbol{p}_{j_s}$ 得新基 $\overline{\boldsymbol{B}}$，并置

$$\overline{R}_1=R_1\cup\{j_s\},\quad \overline{R}_2=R_2\setminus\{r\}. \tag{5.31}$$

不难验证($\overline{R}_1,\overline{R}_2$)为 $\overline{R}$ 的可行剖分. $\boldsymbol{x}^{(1)}$ 为对应的基可行解.

(3) $\theta=\min\limits_{b_{ir}>0}\left\{\dfrac{d_{j_i}-z_{i0}}{b_{ir}}\right\}=\dfrac{d_{j_t}-z_{t0}}{b_{tr}}.$

此时，应选取 x_{j_t} 为离基变量，以 $\boldsymbol{p}_r$ 取代 $\boldsymbol{p}_{j_t}$ 得新基 $\overline{\boldsymbol{B}}$，并置

$$\overline{R}_1 = R_1,\quad \overline{R}_2 = (R_2 \setminus \{r\}) \cup \{j_t\}. \tag{5.32}$$

易知($\overline{R}_1$,$\overline{R}_2$) 为 $\overline{R}$ 的可行剖分，$\boldsymbol{x}^{(1)}$ 为对应的基可行解.

综上所述可知，不管哪种情形，我们都能得出一个新基可行解 $\boldsymbol{x}^{(1)}$(如果问题有最优解). 并且 $\boldsymbol{x}^{(1)}$ 的对应目标函数值 $x_0^{(1)}$ 不会超过 $\boldsymbol{x}^{(0)}$ 的对应目标函数值 $x_0^{(0)}$. 这一结论可就上述各种情形一一加以验证. 如对于情形 Ⅰ 之(2)，由式(5.15) 和(5.18) 可知，

$$x_0^{(1)} = b_{00} - \sum_{j \in R_2} b_{0j} d_j - b_{0r} d_r = x_0^{(0)} - b_{0r}\theta \leqslant x_0^{(0)}.$$

又如对于情形 Ⅰ 之(3)，有

$$\begin{aligned} x_0^{(1)} &= \bar{b}_{00} - \sum_{j \in \overline{R}_2} \bar{b}_{0j} d_j \\ &= \left(b_{00} - \frac{b_{0r} b_{s0}}{b_{sr}}\right) - \sum_{j \in R_2} \left(b_{0j} - \frac{b_{0r} b_{sj}}{b_{sr}}\right) d_j \\ &= \left(b_{00} - \sum_{j \in R_2} b_{0j} d_j\right) - \frac{b_{0r}}{b_{sr}} \left(b_{s0} - \sum_{j \in R_2} b_{sj} d_j\right) \\ &= z_{00} - \frac{b_{0r}}{b_{sr}} \cdot z_{s0} = x_0^{(0)} - b_{0r}\theta \\ &\leqslant x_0^{(0)}. \end{aligned}$$

再如对于情形 Ⅱ 之(3)，有

$$\begin{aligned} x_0^{(1)} &= \bar{b}_{00} - \sum_{j \in \overline{R}_2} \bar{b}_{0j} d_j \\ &= \left(b_{00} - \frac{b_{0r} b_{t0}}{b_{tr}}\right) - \sum_{j \in R_2 \setminus \{r\}} \left(b_{0j} - \frac{b_{0r} b_{tj}}{b_{tr}}\right) d_j - \bar{b}_{0j_t} d_{j_t} \\ &= \left(b_{00} - \sum_{j \in R_2 \setminus \{r\}} b_{0j} d_j\right) - \frac{b_{0r}}{b_{tr}} \left(b_{t0} - \sum_{j \in R_2 \setminus \{r\}} b_{tj} d_j\right) + \frac{b_{0r}}{b_{tr}} d_{j_t} \\ &= \left(b_{00} - \sum_{j \in R_2} b_{0j} d_j\right) - \frac{b_{0r}}{b_{tr}} \left(b_{t0} - \sum_{j \in R_2} b_{tj} d_j\right) + \frac{b_{0r}}{b_{tr}} d_{j_t} \\ &= z_{00} + \frac{b_{0r}}{b_{tr}} (d_{j_t} - z_{t0}) = x_0^{(0)} + b_{0r}\theta \\ &\leqslant x_0^{(0)} \quad (\text{注意到此时 } b_{0r} < 0). \end{aligned}$$

对其他情形，可类似推出：

$$x_0^{(1)} \leqslant x_0^{(0)}. \tag{5.33}$$

并从推证过程可知：

$$x_0^{(1)} = x_0^{(0)} \text{ 当且仅当 } \theta = 0. \tag{5.34}$$

由 θ 的取值公式可知，若 $\boldsymbol{x}^{(0)}$ 满足：

$$0 < x_{j_i}^{(0)} < d_{j_i} \quad (i = 1,2,\cdots,m), \tag{5.35}$$

则必有 $\theta > 0$. 从而有 $x_0^{(1)} < x_0^{(0)}$. 即所得 $\boldsymbol{x}^{(1)}$ 是一个改进的基可行解.

我们称满足条件(5.35)的基可行解 $\boldsymbol{x}^{(0)}$ 是问题(5.4)的非退化的基可行解. 否则，称之为退化的基可行解. 若问题(5.4)的所有基可行解都是非退化的，则称问题(5.4)是非退化的.

对于非退化的问题(5.4)，从 $\boldsymbol{x}^{(0)}$ 出发，按照上面讲的调整方法得出 $\boldsymbol{x}^{(1)}$ 后，再检查 $\boldsymbol{x}^{(1)}$ 是否满足正则性条件，若不满足，再重复同样的做法得出新的基可行解 $\boldsymbol{x}^{(2)}$，如此往复. 由于迭代使目标函数值严格下降，故经有限次迭代，必能得出最优解或判定问题无最优解. 对于退化的问题，如果按下面的算法规则进行迭代，也能在有限步得出最优解或判定无最优解.

现在把**有界变量单纯形法**的计算步骤叙述如下：

设已知问题(5.4)的初始基可行解为 $\boldsymbol{x}^{(0)}$，对应基 $\boldsymbol{B} = (\boldsymbol{p}_{j_1}, \boldsymbol{p}_{j_2}, \cdots, \boldsymbol{p}_{j_m})$ 和可行剖分 (R_1, R_2)，对应单纯形表 $T(\boldsymbol{B}) = (b_{ij})$ 如表 5-1.

步骤 1 计算

$$z_{i0} = b_{i0} - \sum_{j \in R_2} b_{ij} d_j \quad (i = 0,1,\cdots,m).$$

步骤 2 检查检验数，若

$$b_{0j} \leqslant 0 \ (j \in R_1), \quad b_{0j} \geqslant 0 \ (j \in R_2),$$

则现有基可行解便是问题的最优解，即最优解为

$$x_j = 0 \quad (j \in R_1),$$
$$x_j = d_j \quad (j \in R_2),$$
$$x_{j_i} = z_{i0} \quad (i = 1,2,\cdots,m),$$

对应目标函数值为 z_{00}，迭代终止. 否则接步骤 3.

步骤 3 确定进基变量 x_r，其下标

$$r = \min\{j \mid j \in R_1 \text{ 使 } b_{0j} > 0, \text{ 或 } j \in R_2 \text{ 使 } b_{0j} < 0\}.$$

若 $r \in R_1$，接步骤 4；若 $r \in R_2$，则转步骤 7.

步骤 4 求出

$$\theta_1 = \min\left\{\frac{z_{i0}}{b_{ir}} \middle| b_{ir} > 0, 1 \leqslant i \leqslant m\right\}$$

(若所有 $b_{ir} \leqslant 0$，则置 $\theta_1 = +\infty$)，

$$\theta_2 = \min\left\{\frac{z_{i0} - d_{j_i}}{b_{ir}} \middle| b_{ir} < 0, 1 \leqslant i \leqslant m\right\}$$

(若所有 $b_{ir}\geqslant 0$，则置 $\theta_2=+\infty$)，

$$\theta=\min\{d_r,\theta_1,\theta_2\}.$$

若 $\theta=+\infty$，则判定问题(5.4)无最优解，迭代终止. 否则，接步骤 5.

步骤 5 若 $\theta=d_r(<+\infty)$，则置

$$\overline{R}_1=R_1\setminus\{r\},\quad \overline{R}_2=R_2\cup\{r\},$$

以剖分$(\overline{R}_1,\overline{R}_2)$取代$(R_1,R_2)$，返回步骤 1. 否则，确定离基变量 x_{j_s}，其下标

$$j_s=\min\left\{j_t\,\middle|\,\theta=\frac{z_{t0}}{b_{tr}},\ b_{tr}>0;\ \text{或者}\ \theta=\frac{z_{t0}-d_{j_t}}{b_{tr}},\ b_{tr}<0\right\},$$

并接步骤 6.

步骤 6 作(s,r)旋转变换，新基

$$\overline{\boldsymbol{B}}=(\boldsymbol{p}_{j_1},\cdots,\boldsymbol{p}_{j_{s-1}},\boldsymbol{p}_r,\boldsymbol{p}_{j_{s+1}},\cdots,\boldsymbol{p}_{j_m}).$$

若枢元 $b_{sr}>0$，则置

$$\overline{R}_1=(R_1\setminus\{r\})\cup\{j_s\},\quad \overline{R}_2=R_2.$$

若枢元 $b_{sr}<0$，则置

$$\overline{R}_1=R_1\setminus\{r\},\quad \overline{R}_2=R_2\cup\{j_s\}.$$

然后以 $\overline{\boldsymbol{B}}$ 取代 $\boldsymbol{B}$，以$(\overline{R}_1,\overline{R}_2)$取代$(R_1,R_2)$，返回步骤 1.

步骤 7 求出

$$\bar{\theta}_1=\min\left\{\frac{d_{j_i}-z_{i0}}{b_{ir}}\,\middle|\,b_{ir}>0,\ 1\leqslant i\leqslant m\right\}$$

(若所有 $b_{ir}\leqslant 0$，则置 $\bar{\theta}_1=+\infty$)，

$$\bar{\theta}_2=\min\left\{\frac{z_{i0}}{-b_{ir}}\,\middle|\,b_{ir}<0,\ 1\leqslant i\leqslant m\right\}$$

(若所有 $b_{ir}\geqslant 0$，则置 $\bar{\theta}_2=+\infty$)，

$$\theta=\min\{d_r,\bar{\theta}_1,\bar{\theta}_2\},$$

然后接步骤 8.

步骤 8 若 $\theta=d_r$，则置

$$\overline{R}_1=R_1\cup\{r\},\quad \overline{R}_2=R_2\setminus\{r\},$$

以剖分$(\overline{R}_1,\overline{R}_2)$取代$(R_1,R_2)$，返回步骤 1. 否则，确定离基变量 x_{j_s}，其下标

$$j_s=\min\left\{j_t\,\middle|\,\theta=\frac{d_{j_t}-z_{t0}}{b_{tr}},\ b_{tr}>0;\ \text{或者}\ \theta=\frac{z_{t0}}{-b_{tr}},\ b_{tr}<0\right\}.$$

然后接步骤 9.

步骤 9 作(s,r)旋转变换，新基

$$\overline{\boldsymbol{B}}=(\boldsymbol{p}_{j_1},\cdots,\boldsymbol{p}_{j_{s-1}},\boldsymbol{p}_r,\boldsymbol{p}_{j_{s+1}},\cdots,\boldsymbol{p}_{j_m}).$$

若枢元 $b_{sr}>0$，置

$$\overline{R}_1 = R_1, \quad \overline{R}_2 = (R_2 \setminus \{r\}) \cup \{j_s\}.$$

若枢元 $b_{sr} < 0$，置

$$\overline{R}_1 = R_1 \cup \{j_s\}, \quad \overline{R}_2 = R_2 \setminus \{r\}.$$

然后，以 $\overline{\boldsymbol{B}}$ 取代 $\boldsymbol{B}$，以 $(\overline{R}_1, \overline{R}_2)$ 取代 (R_1, R_2)，返回步骤 1.

例 1 求解有界变量线性规划问题：

$$\begin{aligned}
\min \quad & x_0 = -2x_1 - x_2, \\
\text{s. t.} \quad & x_1 + x_2 + x_3 = 5, \\
& -x_1 + x_2 + x_4 = 0, \\
& 6x_1 + 2x_2 + x_5 = 21, \\
& 0 \leqslant x_1 \leqslant 3,\ 0 \leqslant x_2 \leqslant 2,\ x_3, x_4, x_5 \geqslant 0.
\end{aligned}$$

解 问题有明显的初始基可行解

$$\boldsymbol{x}^{(0)} = (0,0,5,0,21)^{\mathrm{T}}.$$

对应基 $\boldsymbol{B} = (\boldsymbol{p}_3, \boldsymbol{p}_4, \boldsymbol{p}_5)$，$R_1 = \{1,2\}$，$R_2 = \varnothing$. 列出对应单纯形表(采用简化形式)，如表 5-2. 并为清楚起见，当非基变量 x_j 取下界值时，在表中标为 $\underset{\cdot}{x}_j$；当 x_j 取上界值时，在表中标为 $\dot{x}_j$；并把该上界值填写在此变量的上方.

表 5-2

	常数列	$\underset{\cdot}{x}_1$	$\underset{\cdot}{x}_2$
x_0	0	2	1
x_3	5	1	1
x_4	0	−1	1
x_5	21	6	2

第一次迭代：

步骤 1　算出 $z_{00} = 0$；$z_{10} = 5$，$z_{20} = 0$，$z_{30} = 21$.

步骤 2　由 $b_{01} = 2 > 0$，可知正则性不满足.

步骤 3　确定 $r = 1 \in R_1$.

步骤 4　求出

$$\theta_1 = \min\left\{\frac{5}{1}, \frac{21}{6}\right\} = \frac{21}{6}, \quad \theta_2 = +\infty,$$

$$\theta = \min\{\theta_1, \theta_2, d_1\} = \min\left\{\frac{21}{6}, +\infty, 3\right\} = 3.$$

步骤 5　因 $\theta = 3 = d_1$，故置

$$R_1 = \{2\}, \quad R_2 = \{1\}.$$

返回．这时新基可行解 $\boldsymbol{x}^{(1)}$ 对应的基与 $\boldsymbol{x}^{(0)}$ 对应的基相同，即 $\boldsymbol{B}$ 未变，只是变量 x_1 由第一类非基变量转变为第二类非基变量．因此 $\boldsymbol{x}^{(1)}$ 的对应单纯形表仍为表 5-2，只是把其中的 $\underset{\cdot}{x}_1$ 改为 $\dot{x}_1$ 即可．

第二次迭代：

步骤 1　算出 $z_{00}=-6$；$z_{10}=2$，$z_{20}=3$，$z_{30}=3$．

步骤 2　由 $b_{02}=1>0$，可知正则性不满足．

步骤 3　确定 $r=2\in R_1$．

步骤 4　求出

$$\theta_1=\min\left\{\frac{2}{1},\frac{3}{1},\frac{3}{2}\right\}=\frac{3}{2},\quad \theta_2=+\infty,$$

$$\theta=\min\left\{\frac{3}{2},+\infty,2\right\}=\frac{3}{2}.$$

步骤 5　由 $\theta=\theta_1=\dfrac{3}{2}=\dfrac{z_{30}}{b_{32}}$，可知 $s=3$，$j_s=5$．

步骤 6　置 $\boldsymbol{B}=(\boldsymbol{p}_3,\boldsymbol{p}_4,\boldsymbol{p}_2)$，并置

$$R_1=\{5\},\quad R_2=\{1\}.$$

返回，这时新基可行解 $\boldsymbol{x}^{(2)}$ 的单纯形表可由表 5-2 经(3,2)旋转变换得出，如表 5-3．

表 5-3

	常列	3 $\dot{x}_1$	$\underset{\cdot}{x}_5$
x_0	$-\frac{21}{2}$	-1	$-\frac{1}{2}$
x_3	$-\frac{11}{2}$	-2	$-\frac{1}{2}$
x_4	$-\frac{21}{2}$	-4	$-\frac{1}{2}$
x_2	$\frac{21}{2}$	3^*	$\frac{1}{2}$

第三次迭代：

步骤 1　$z_{00}=-\dfrac{15}{2}$；$z_{10}=\dfrac{1}{2}$，$z_{20}=\dfrac{3}{2}$，$z_{30}=\dfrac{3}{2}$．

步骤 2　$b_{01}=-1<0$，正则性不满足．

步骤 3　$r=1\in R_2$．

步骤 4　求出

$$\bar{\theta}_1 = \min\left\{\frac{2-3/2}{3}\right\} = \frac{1}{6}, \quad \bar{\theta}_2 = \min\left\{\frac{1/2}{2}, \frac{3/2}{4}\right\} = \frac{1}{4},$$

$$\theta = \min\{\bar{\theta}_1, \bar{\theta}_2, d_1\} = \frac{1}{6}.$$

步骤 5　由 $\theta = \bar{\theta}_1 = \dfrac{d_{j_3} - z_{30}}{b_{31}}$，可知 $s=3$，$j_s=2$.

步骤 6　置 $\boldsymbol{B} = (\boldsymbol{p}_3, \boldsymbol{p}_4, \boldsymbol{p}_1)$，并置

$$R_1 = \{5\}, \quad R_2 = \{2\}.$$

返回. 这时新基可行解 $\boldsymbol{x}^{(3)}$ 的对应单纯形表由表 5-3 经(3,1) 旋转变换得出，如表 5-4.

表 5-4

	常列	$\overset{2}{\dot{x}_2}$	$\dot{x}_5$
x_0	-7	$\frac{1}{3}$	$-\frac{1}{3}$
x_3	$\frac{3}{2}$	$\frac{2}{3}$	$-\frac{1}{6}$
x_4	$\frac{7}{2}$	$\frac{4}{3}$	$\frac{1}{6}$
x_1	$\frac{7}{2}$	$\frac{1}{3}$	$\frac{1}{6}$

第四次迭代：

步骤 1　$z_{00} = -\dfrac{23}{3}$；$z_{10} = \dfrac{1}{6}$，$z_{20} = \dfrac{5}{6}$，$z_{30} = \dfrac{17}{6}$.

步骤 2　检查检验数，已满足正则性条件. 表 5-4 为最优解表. 至此得出最优解为

$$x_1^* = \frac{17}{6}, \quad x_2^* = 2, \quad x_3^* = \frac{1}{6}, \quad x_4^* = \frac{5}{6}, \quad x_5^* = 0.$$

目标函数最优值为 $x_0^* = -7\dfrac{2}{3}$.

熟悉迭代步骤后，对于规模较小的问题可不必详细写出解算步骤，直接利用单纯形表进行迭代. 为方便起见，可在单纯形表的右端增添一列 $(z_{00}, z_{10}, \cdots, z_{m0})^{\mathrm{T}}$，称之为解列，它标示出该基可行解的各基分量值和对应的目标函数值.

关于第一阶段的问题，即对问题(5.4) 如何寻求初始基可行解的问题，现在来介绍一种方法. 此方法的具体步骤如下：

步骤 1　用通常单纯形法求解如下问题：

$$\left.\begin{aligned} \min \quad & f = x_1, \\ \text{s.t.} \quad & \boldsymbol{A}\boldsymbol{x} = \boldsymbol{b}, \\ & \boldsymbol{x} \geqslant \boldsymbol{0}. \end{aligned}\right\} \tag{5.36}$$

求得它的最优解 $\boldsymbol{x}^*$. 若 $x_1^* > d_1$，则原问题(5.4)无可行解；否则，令指标集

$$J = \{j \mid 0 \leqslant x_j^* \leqslant d_j,\ j = 1,2,\cdots,n\}, \tag{5.37}$$

并接步骤 2.

步骤 2　若 $J = \{1,2,\cdots,n\}$，则所得 $\boldsymbol{x}^*$ 便是问题(5.4)的基可行解；否则，任选 $k \in \{1,2,\cdots,n\} \setminus J$，并求解如下问题：

$$\left.\begin{aligned} \min \quad & f = x_k, \\ \text{s.t.} \quad & \boldsymbol{A}\boldsymbol{x} = \boldsymbol{b}, \\ & 0 \leqslant x_j \leqslant d_j \quad (j \in J), \\ & x_j \geqslant 0 \quad (j \notin J). \end{aligned}\right\} \tag{5.38}$$

对上述问题，以现有 $\boldsymbol{x}^*$ 作为它的初始基可行解，并用有界变量单纯形法求解，求得它的最优解 $\bar{\boldsymbol{x}}$. 再接步骤 3.

步骤 3　若 $\bar{x}_k > d_k$，则原问题(5.4)无可行解；否则，修改指标集 J 为

$$J = \{j \mid 0 \leqslant \bar{x}_j \leqslant d_j,\ j = 1,2,\cdots,n\}.$$

然后，以 $\bar{\boldsymbol{x}}$ 取代 $\boldsymbol{x}^*$，返回步骤 2.

按上述做法，经有限次迭代，必能获得原问题的一个基可行解或判定原问题无可行解.

例 2　求解有界变量线性规划问题：

$$\begin{aligned} \min \quad & x_0 = -x_1 - 2x_2, \\ \text{s.t.} \quad & -2x_1 + x_2 + x_3 = 12, \\ & -x_1 + x_2 + x_4 = 5, \\ & x_1 - x_2 + x_5 = 1, \\ & 0 \leqslant x_1 \leqslant 1,\ 0 \leqslant x_3 \leqslant 9, \\ & 0 \leqslant x_j \leqslant 4 \quad (j = 2,4,5). \end{aligned}$$

解　先求解如下问题：

$$\begin{aligned} \min \quad & f = x_1, \\ \text{s.t.} \quad & -2x_1 + x_2 + x_3 = 12, \\ & -x_1 + x_2 + x_4 = 5, \\ & x_1 - x_2 + x_5 = 1, \\ & x_j \geqslant 0 \quad (j = 1,2,3,4,5). \end{aligned}$$

此问题有明显的基可行解 $\boldsymbol{x}^{(0)}=(0,0,12,5,1)^{\mathrm{T}}$. 显然 $\boldsymbol{x}^{(0)}$ 也是此问题的最优解，且有 $x_1^{(0)}=0<d_1(=1)$. 于是令 $J=\{1,2,5\}$.

再求解下述问题：

$$\begin{aligned} \min\quad & f=x_3, \\ \text{s. t.}\quad & -2x_1+x_2+x_3=12, \\ & -x_1+x_2+x_4=5, \\ & x_1-x_2+x_5=1, \\ & 0\leqslant x_1\leqslant 1,\ 0\leqslant x_2\leqslant 4,\ 0\leqslant x_5\leqslant 4, \\ & x_3\geqslant 0,\ x_4\geqslant 0. \end{aligned}$$

用有界变量单纯形法求解. 以 $\boldsymbol{x}^{(0)}$ 为初始基可行解，其对应单纯形表如表 5-5.

表 5-5

	常列	$\underset{\cdot}{x_1}$	$\underset{\cdot}{x_2}$	解列
f	12	-2	1	12
x_3	12	-2	1	12
x_4	5	-1	1	5
x_5	1	1	-1^*	1

这里，

$$r=2\in R_1,\ \theta_1=5,\ \theta_2=3,\ d_2=4,\ \theta=3=\theta_2,\ s=3,\ j_s=5.$$

因此，以 $b_{32}=-1$ 为枢元，经旋转变换得表 5-6. 注意，作初等行变换时，先不管解列，得出新单纯形表后，再按新表和公式(5.20) 算出对应解列.

表 5-6

	常列	$\underset{\cdot}{x_1}$	$\overset{4}{\dot{x}_5}$	解列
f	13	-1	1	9
x_3	13	-1	1	9
x_4	6	0	1	2
x_2	-1	-1	-1	3

表 5-6 对应基可行解为 $\boldsymbol{x}^{(1)}=(0,3,9,2,4)^{\mathrm{T}}$.

并从表 5-6 看出，它已满足正则性条件，即为上述问题的最优解，且有

$$x_3^{(1)}=9\leqslant d_3(=9).$$

这时

$$J = \{j \mid 0 \leqslant x_j^{(1)} \leqslant d_j,\ j = 1,2,\cdots,5\} = \{1,2,3,4,5\}.$$

由此可知 $\boldsymbol{x}^{(1)}$ 已为原问题的一个基可行解.

现在便可对原问题实施有界变量单纯形法. 初始基可行解 $\boldsymbol{x}^{(1)}$ 的对应单纯形表如表 5-7（只要对表 5-6 修改一下目标函数行即可得出).

表 5-7

	常列	$\dot{x}_1$	$\overset{4}{\dot{x}_5}$	解列
x_0	2	3	2	-6
x_3	13	-1^*	1	9
x_4	6	0	1	2
x_2	-1	-1	-1	3

这里，

$$r = 1 \in R_1,\ \theta_1 = +\infty,\ \theta_2 = 0,\ d_1 = 1,\ \theta = 0 = \theta_2,\ s = 1,\ j_s = 3.$$

以 $b_{11} = -1$ 为枢元，作旋转变换，得表 5-8.

表 5-8

	常列	$\overset{9}{\dot{x}_3}$	$\overset{4}{\dot{x}_5}$	解列
x_0	41	3	5	-6
x_1	-13	-1	-1	0
x_4	6	0	1	2
x_2	-14	-1	-2	3

从表 5-8 看出，正则性条件已经满足. 至此得出原问题的最优解为

$$\boldsymbol{x}^* = (0,3,9,2,4)^{\mathrm{T}},$$

最优值为 $x_0^* = -6$.

对于有界变量线性规划问题(5.1)，一种处理方法是通过变量替换把它化为(5.4) 的形式，然后用上述带上界限制的单纯形法求解. 另一种处理方法是直接对(5.1) 导出有界变量单纯形法.

对(5.1) 可按同样的方法去定义基解、基可行解和正则解，只要注意到这里的第一类非基变量是取下限值的非基变量，第二类非基变量是取上限值的非基变量. 即

$$R_1 = \{j \mid j \in R,\ x_j = l_j\},\quad R_2 = \{j \mid j \in R,\ x_j = u_j\}. \tag{5.39}$$

并且不难验证，对于(5.1)，也有相应于定理 5.2 和定理 5.3 的结论成立.

设 $\boldsymbol{x}^{(0)}$ 是问题(5.1)的一个基解，对应基阵 $\boldsymbol{B}=(\boldsymbol{p}_{j_1},\boldsymbol{p}_{j_2},\cdots,\boldsymbol{p}_{j_m})$，对应单纯形表 $T(\boldsymbol{B})$ 仍如表 5.1 所示. 由对应典式

$$x_0=b_{00}-\sum_{j\in R}b_{0j}x_j, \tag{5.40}$$

$$x_{j_i}=b_{i0}-\sum_{j\in R}b_{ij}x_j \quad (i=1,2,\cdots,m) \tag{5.41}$$

和

$$x_j^{(0)}=l_j \ (j\in R_1),\quad x_j^{(0)}=u_j \ (j\in R_2), \tag{5.42}$$

可知 $\boldsymbol{x}^{(0)}$ 的对应目标函数值为

$$x_0^{(0)}=b_{00}-\sum_{j\in R_1}b_{0j}l_j-\sum_{j\in R_2}b_{0j}u_j. \tag{5.43}$$

$\boldsymbol{x}^{(0)}$ 的基分量值为

$$x_{j_i}^{(0)}=b_{i0}-\sum_{i\in R_1}b_{ij}l_j-\sum_{j\in R_2}b_{ij}u_j \quad (i=1,2,\cdots,m). \tag{5.44}$$

记

$$z_{i0}=b_{i0}-\sum_{j\in R_1}b_{ij}l_j-\sum_{j\in R_2}b_{ij}u_j \quad (i=0,1,\cdots,m), \tag{5.45}$$

即有

$$x_0^{(0)}=z_{00},\quad x_{j_i}^{(0)}=z_{i0} \quad (i=1,2,\cdots,m). \tag{5.46}$$

若基解 $\boldsymbol{x}^{(0)}$ 是(5.1)的可行解，即满足

$$l_{j_i}\leqslant x_{j_i}^{(0)}=z_{i0}\leqslant u_{j_i} \quad (i=1,2,\cdots,m), \tag{5.47}$$

则可从 $\boldsymbol{x}^{(0)}$ 出发，起动有界变量单纯形法. 对(5.1)的有界变量单纯形法的迭代步骤与前述带上界限制的单纯形法相同，只要将部分计算公式作相应的修改即可. 具体地说，在步骤 1 中，z_{i0} 应按(5.45)计算；在步骤 4 中，θ_1 和 θ_2 的计算式应分别改为

$$\theta_1=\min\left\{\frac{z_{i0}-l_{j_i}}{b_{ir}}\,\middle|\, b_{ir}>0,\ 1\leqslant i\leqslant m\right\}, \tag{5.48}$$

$$\theta_2=\min\left\{\frac{z_{i0}-u_{j_i}}{b_{ir}}\,\middle|\, b_{ir}<0,\ 1\leqslant i\leqslant m\right\}, \tag{5.49}$$

$\theta=\min\{d_r,\theta_1,\theta_2\}$，这里 $d_r=u_r-l_r$；步骤 5 中，确定离基变量下标 j_s 的公式应改为

$$j_s=\min\left\{j_t\,\middle|\,\theta=\frac{z_{t0}-l_{j_t}}{b_{tr}},\ b_{tr}>0;\ \text{或}\ \theta=\frac{z_{t0}-u_{j_t}}{b_{tr}},\ b_{tr}<0\right\}; \tag{5.50}$$

步骤 7 中，$\bar{\theta}_1$ 和 $\bar{\theta}_2$ 的计算式应改为

$$\bar{\theta}_1 = \min\left\{\frac{u_{j_i} - z_{i0}}{b_{ir}} \middle| b_{ir} > 0,\ 1 \leqslant i \leqslant m\right\}, \tag{5.51}$$

$$\bar{\theta}_2 = \min\left\{\frac{l_{j_i} - z_{i0}}{b_{ir}} \middle| b_{ir} < 0,\ 1 \leqslant i \leqslant m\right\}; \tag{5.52}$$

步骤 8 中，确定 j_s 的公式应改为

$$j_s = \min\left\{j_t \middle| \theta = \frac{u_{j_t} - z_{t0}}{b_{tr}},\ b_{tr} > 0;\ \text{或者}\ \theta = \frac{l_{j_t} - z_{t0}}{b_{tr}},\ b_{tr} < 0\right\}; \tag{5.53}$$

其他不变.

习 题 5.2

1. 验证：对问题(5.4)，从一个基可行解出发，按有界变量单纯形法迭代一次，所得新的剖分$(\overline{R}_1, \overline{R}_2)$仍为可行剖分.

2. 在有界变量单纯形法的迭代过程中，当离基变量的指标$r \in R_2$时，由式(5.29)确定的θ能否取$+\infty$?

3. 用有界变量单纯形法求解下列线性规划问题：

(1) $\min\ x_0 = 2x_1 + x_2 + 3x_3 - 2x_4 + 10x_5$,

$$\begin{aligned}\text{s.t.}\ & x_1 + x_3 - x_4 + 2x_5 = 5,\\ & x_2 + 2x_3 + 2x_4 + x_5 = 9,\\ & 0 \leqslant x_1 \leqslant 7,\ 0 \leqslant x_2 \leqslant 10,\ 0 \leqslant x_3 \leqslant 1,\\ & 0 \leqslant x_4 \leqslant 5,\ 0 \leqslant x_5 \leqslant 3;\end{aligned}$$

(2) $\max\ z = 3x_1 + 5x_2 + 6x_3$,

$$\begin{aligned}\text{s.t.}\ & x_1 + 2x_2 + 3x_3 \leqslant 21,\\ & 2x_1 + x_2 + x_3 \leqslant 12,\\ & 2 \leqslant x_1 \leqslant 4,\ 3 \leqslant x_2 \leqslant 5,\ 1 \leqslant x_3 \leqslant 3.\end{aligned}$$

5.3 有界变量对偶单纯形法

前节所讲的有界变量单纯形法，是从一个基可行解出发，在迭代过程中保持可行性，并逐步达到正则性，从而得出最优解. 根据对偶单纯形法的思想，也可以从一个正则解出发，迭代过程中保持正则性，并逐步达到可行性，

从而得出最优解. 下面要介绍的有界变量对偶单纯形法，便是按照这个思路并结合有界变量线性规划问题的具体情况导出来的. 在某些情况下(如求解整数线性规划问题)这一方法会带来很大方便.

这里仍直接处理问题(5.1). 现设 $\boldsymbol{x}^{(0)}$ 是(5.1)的正则解. 对应基阵、单纯形表和典式的表述如前节. 这里 $\boldsymbol{x}^{(0)}$ 的检验数满足

$$b_{0j} \leqslant 0\ (j \in R_1), \quad b_{0j} \geqslant 0\ (j \in R_2). \tag{5.54}$$

如果 $\boldsymbol{x}^{(0)}$ 还满足可行解条件(5.47)，则 $\boldsymbol{x}^{(0)}$ 便是(5.1)的最优解. 否则，就应进行调整，以得出新的正则解. 为此，应先确定离基变量 x_{j_s}，其下标

$$j_s = \min\{j_i \mid z_{i0} < l_{j_i}\ 或\ z_{i0} > u_{j_i},\ 1 \leqslant i \leqslant m\}. \tag{5.55}$$

进基变量的选取，应按下列不同情况分别确定.

情形 Ⅰ　$z_{s0} < l_{j_s}$.

这时，令 x_{j_s} 离基后变为第一类非基变量. 即对于新基可行解 $\boldsymbol{x}^{(1)}$，将有 $x_{j_s}^{(1)} = l_{j_s}$.

设进基变量为 x_r. 由

$$x_{j_s} = b_{s0} - \sum_{j \in R \setminus \{r\}} b_{sj} x_j - b_{sr} x_r$$

解出(只要 $b_{sr} \neq 0$)

$$x_r = \frac{b_{s0}}{b_{sr}} - \sum_{j \in R \setminus \{r\}} \frac{b_{sj}}{b_{sr}} x_j - \frac{1}{b_{sr}} x_{j_s},$$

并代入目标函数的原典式：

$$x_0 = b_{00} - \sum_{j \in R \setminus \{r\}} b_{0j} x_j - b_{0r} x_r,$$

即得目标函数的新典式：

$$x_0 = \left(b_{00} - \frac{b_{s0} b_{0r}}{b_{sr}}\right) - \sum_{j \in R \setminus \{r\}} \left(b_{0j} - \frac{b_{sj} b_{0r}}{b_{sr}}\right) x_j - \left(-\frac{b_{0r}}{b_{sr}}\right) x_{j_s}.$$

为保持正则性，应要求：

$$-\frac{b_{0r}}{b_{sr}} \leqslant 0,$$

$$b_{0j} - \frac{b_{sj} b_{0r}}{b_{sr}} \leqslant 0 \quad (j \in R_1),$$

$$b_{0j} - \frac{b_{sj} b_{0r}}{b_{sr}} \geqslant 0 \quad (j \in R_2).$$

易知，这等价于(注意到正则性条件(5.54))：

$$\frac{b_{0r}}{b_{sr}} \geqslant 0, \quad \frac{b_{0r}}{b_{sr}} \leqslant \min\left\{\frac{b_{0j}}{b_{sj}} \middle| b_{sj} < 0,\ j \in R_1\right\}$$

(如果 $R_1 = \varnothing$ 或 $b_{sj} \geqslant 0\ (j \in R_1)$，则上式右端视为 $+\infty$)，

$$\frac{b_{0r}}{b_{sr}} \leqslant \min\left\{\frac{b_{0j}}{b_{sj}} \middle| b_{sj} > 0,\ j \in R_2\right\}$$

(如果 $R_2 = \varnothing$ 或 $b_{sj} \leqslant 0\ (j \in R_2)$，则上式右端视为 $+\infty$).

由此可知，应由

$$\min\left\{\min_{j\in R_1}\left\{\frac{b_{0j}}{b_{sj}} \middle| b_{sj} < 0\right\},\ \min_{j\in R_2}\left\{\frac{b_{0j}}{b_{sj}} \middle| b_{sj} > 0\right\}\right\} = \frac{b_{0r}}{b_{sr}} \tag{5.56}$$

确定进基变量的下标 r.

如果(5.56) 的左端为 $+\infty$，即出现如下情形：

$$b_{sj} \geqslant 0\ (j \in R_1),\quad b_{sj} \leqslant 0\ (j \in R_2), \tag{5.57}$$

则问题(5.1) 必无可行解.

这是因为，如果问题(5.1) 有可行解 $\boldsymbol{x}'$，则有

$$l_j \leqslant x_j' \leqslant u_j \quad (j = 1,2,\cdots,n),$$

同时又有

$$\begin{aligned} x_{j_s}' &= b_{s0} - \sum_{j\in R_1} b_{sj}x_j' - \sum_{j\in R_2} b_{sj}x_j' \\ &= \Big(b_{s0} - \sum_{j\in R_1} b_{sj}l_j - \sum_{j\in R_2} b_{sj}u_j\Big) - \sum_{j\in R_1} b_{sj}(x_j' - l_j) + \sum_{j\in R_2} b_{sj}(u_j - x_j') \\ &\leqslant z_{s0} < l_{j_s}, \end{aligned}$$

即得矛盾.

所以，只要原问题有可行解，必能由(5.56) 确定出进基变量的下标 r. 然后施行(s,r) 旋转变换，便可得出新的基解 $\boldsymbol{x}^{(1)}$ 及对应典式(或对应单纯形表).

情形 Ⅱ $\quad z_{s0} > u_{j_s}$.

这时，令 x_{j_s} 离基后变为第二类非基变量. 即对于新基可行解 $\boldsymbol{x}^{(1)}$，将有

$$x_{j_s}' = u_{j_s}.$$

设进基变量为 x_r. 按照同样的推导可知，为保持正则性，这时应要求：

$$\frac{b_{0r}}{b_{sr}} \leqslant 0,\quad \frac{b_{0r}}{b_{sr}} \geqslant \max_{j\in R_1}\left\{\frac{b_{0j}}{b_{sj}} \middle| b_{sj} > 0\right\}$$

(如果 $R_1 = \varnothing$ 或 $b_{sj} \leqslant 0\ (j \in R_1)$，则上式右端视为 $-\infty$)，

$$\frac{b_{0r}}{b_{sr}} \geqslant \max_{j\in R_2}\left\{\frac{b_{0j}}{b_{sj}} \middle| b_{sj} < 0\right\}$$

(如果 $R_2 = \varnothing$ 或 $b_{sj} \geqslant 0\ (j \in R_2)$，则上式右端视为 $-\infty$).

由此可知，应由

$$\max\left\{\max_{j\in R_1}\left\{\frac{b_{0j}}{b_{sj}} \middle| b_{sj} > 0\right\},\ \max_{j\in R_2}\left\{\frac{b_{0j}}{b_{sj}} \middle| b_{sj} < 0\right\}\right\} = \frac{b_{0r}}{b_{sr}} \tag{5.58}$$

确定进基变量的下标 r.

同样可以推知，如果上式左端为 $-\infty$，即出现如下情形：

$$b_{sj} \leqslant 0 \ (j \in R_1), \quad b_{sj} \geqslant 0 \ (j \in R_2), \tag{5.59}$$

则问题(5.1)必无可行解(见习题5.3第1题).

因此，只要原问题有可行解，必能由(5.58)确定出进基变量的下标 r. 然后施行(s,r)旋转变换，得出新基解 $\boldsymbol{x}^{(1)}$ 及其对应典式(或单纯形表).

按上述做法所得新基解 $\boldsymbol{x}^{(1)}$ 必是正则解(见习题5.3第2题)，并且，$\boldsymbol{x}^{(1)}$ 的对应目标函数值 $x_0^{(1)}$ 不会低于 $\boldsymbol{x}^{(0)}$ 的对应目标函数值 $x_0^{(0)}$. 这一结论可就上述各种情形一一加以验证. 如对于 $z_{s0} < l_{j_s}$，且

$$\min\left\{\min_{j\in R_1}\left\{\frac{b_{0j}}{b_{sj}}\,\middle|\, b_{sj} < 0\right\},\ \min_{j\in R_2}\left\{\frac{b_{0j}}{b_{sj}}\,\middle|\, b_{sj} > 0\right\}\right\}$$

$$= \min_{j\in R_1}\left\{\frac{b_{0j}}{b_{sj}}\,\middle|\, b_{sj} < 0\right\} = \frac{b_{0r}}{b_{sr}}$$

的情形，有

$$\begin{aligned} x_0^{(1)} &= \left(b_{00} - \frac{b_{s0}b_{0r}}{b_{sr}}\right) - \sum_{j\in R\setminus\{r\}}\left(b_{0j} - \frac{b_{sj}b_{0r}}{b_{sr}}\right)x_j^{(1)} - \left(-\frac{b_{0r}}{b_{sr}}\right)x_{j_s}^{(1)} \\ &= \left(b_{00} - \sum_{j\in R_1} b_{0j}l_j - \sum_{j\in R_2} b_{0j}u_j\right) \\ &\quad - \frac{b_{0r}}{b_{sr}}\left(b_{s0} - \sum_{j\in R_1} b_{sj}l_j - \sum_{j\in R_2} b_{sj}u_j - l_{j_s}\right) \\ &= z_{00} - \frac{b_{0r}}{b_{sr}}(z_{s0} - l_{j_s}) \geqslant z_{00} = x_0^{(0)}. \end{aligned}$$

对于其他情形可类似验证出：$x_0^{(1)} \geqslant x_0^{(0)}$.

现在把**有界变量对偶单纯形法**的计算步骤叙述如下：

设已知问题(5.1)的一个正则解为 $\boldsymbol{x}^{(0)}$，对应基 $\boldsymbol{B} = (\boldsymbol{p}_{j_1}, \boldsymbol{p}_{j_2}, \cdots, \boldsymbol{p}_{j_m})$，对应 R 的剖分(R_1, R_2)，对应单纯形表 $T(\boldsymbol{B})$ 如表5-1.

步骤1　计算解列：

$$z_{i0} = b_{i0} - \sum_{j\in R_1} b_{ij}l_j - \sum_{j\in R_2} b_{ij}u_j \quad (i = 0,1,\cdots,m),$$

并接步骤2.

步骤2　检查解列，若

$$l_{j_i} \leqslant z_{i0} \leqslant u_{j_i} \quad (i = 1,2,\cdots,m),$$

则当前的正则解便是问题的最优解，迭代终止. 否则，接步骤3.

步骤3　确定离基变量 x_{j_s}，其下标

$$j_s = \min\{j_i \mid z_{i0} < l_{j_i} \text{ 或 } z_{i0} > u_{j_i},\ 1 \leqslant i \leqslant m\}.$$

若 $z_{s0} < l_{j_s}$，令 x_{j_s} 变为第一类非基变量，接步骤 4；若 $z_{s0} > u_{j_s}$，令 x_{j_s} 变为第二类非基变量，转步骤 7.

步骤 4　求出

$$\theta_1 = \min_{j \in R_1}\left\{\frac{b_{0j}}{b_{sj}} \middle| b_{sj} < 0\right\}$$

（如果 $R_1 = \varnothing$ 或 $b_{sj} \geqslant 0$ $(j \in R_1)$，则置 $\theta_1 = +\infty$），

$$\theta_2 = \min_{j \in R_2}\left\{\frac{b_{0j}}{b_{sj}} \middle| b_{sj} > 0\right\}$$

（如果 $R_2 = \varnothing$ 或 $b_{sj} \leqslant 0$ $(j \in R_2)$，则置 $\theta_2 = +\infty$），

$$\theta = \min\{\theta_1, \theta_2\}.$$

若 $\theta = +\infty$，则判定问题无可行解，迭代终止；否则，接步骤 5.

步骤 5　确定进基变量 x_r，其下标

$$r = \min\left\{j \middle| j \in R_1,\ b_{sj} < 0,\ \frac{b_{0j}}{b_{sj}} = \theta;\ 或\ j \in R_2,\ b_{sj} > 0,\ \frac{b_{0j}}{b_{sj}} = \theta\right\},$$

并作 (s,r) 旋转变换. 新基

$$\overline{\boldsymbol{B}} = (\boldsymbol{p}_{j_1}, \cdots, \boldsymbol{p}_{j_{s-1}}, \boldsymbol{p}_r, \boldsymbol{p}_{j_{s+1}}, \cdots, \boldsymbol{p}_{j_m}),$$

再接步骤 6.

步骤 6　若枢元 $b_{sr} < 0$（即 $r \in R_1$），则置

$$\overline{R}_1 = (R_1 \setminus \{r\}) \cup \{j_s\},\quad \overline{R}_2 = R_2;$$

若枢元 $b_{sr} > 0$（即 $r \in R_2$），则置

$$\overline{R}_1 = R_1 \cup \{j_s\},\quad \overline{R}_2 = R_2 \setminus \{r\}.$$

然后，以 $\overline{\boldsymbol{B}}$ 取代 $\boldsymbol{B}$，以 $(\overline{R}_1, \overline{R}_2)$ 取代 (R_1, R_2)，返回步骤 1.

步骤 7　求出

$$\bar{\theta}_1 = \max_{j \in R_1}\left\{\frac{b_{0j}}{b_{sj}} \middle| b_{sj} > 0\right\}$$

（如果 $R_1 = \varnothing$ 或 $b_{sj} \leqslant 0$ $(j \in R_1)$，则置 $\bar{\theta}_1 = -\infty$），

$$\bar{\theta}_2 = \max_{j \in R_2}\left\{\frac{b_{0j}}{b_{sj}} \middle| b_{sj} < 0\right\}$$

（如果 $R_2 = \varnothing$ 或 $b_{sj} \geqslant 0$ $(j \in R_2)$，则置 $\bar{\theta}_2 = -\infty$），

$$\theta = \max\{\bar{\theta}_1, \bar{\theta}_2\}.$$

若 $\theta = -\infty$，则判定问题无可行解，迭代终止；否则，接步骤 8.

步骤 8　确定进基变量 x_r，其下标

$$r = \min\left\{j \middle| j \in R_1,\ b_{sj} > 0,\ \frac{b_{0j}}{b_{sj}} = \theta;\ 或\ j \in R_2,\ b_{sj} < 0,\ \frac{b_{0j}}{b_{sj}} = \theta\right\}.$$

并作 (s,r) 旋转变换，得新基 $\overline{\boldsymbol{B}}$. 再接步骤 9.

步骤 9　若枢元 $b_{sr}>0$（即 $r\in R_1$），则置

$$\overline{R}_1=R_1\setminus\{r\},\quad \overline{R}_2=R_2\cup\{j_s\}.$$

若枢元 $b_{sr}<0$（即 $r\in R_2$），则置

$$\overline{R}_1=R_1,\quad \overline{R}_2=(R_2\setminus\{r\})\cup\{j_s\}.$$

然后，以 $\overline{\boldsymbol{B}}$ 取代 $\boldsymbol{B}$，以 $(\overline{R}_1,\overline{R}_2)$ 取代 (R_1,R_2)，返回步骤 1.

对问题(5.1)，按照上述迭代规则，从一个正则解出发，经有限次迭代，必能得出问题的最优解或判定问题无可行解.

关于初始正则解的寻求问题，同样可通过引入人工约束，建立和求解扩充问题的途径来解决. 对扩充问题的首次迭代规则与 3.4 节所述相同.

对于某些情形，也可用下述简便方法得到初始正则解：

先求出问题的一个基解及对应典式. 令对应检验数非正的非基变量取下界值，令对应检验数为正的非基变量取上界值. 然后按式(5.45)算出目标函数和基变量的值. 这样便得出一个正则解，并可列出符合有界变量对偶单纯形法要求的初始解表.（注：当上述非基变量的相应界值无限时，此法无效，如 x_j 的对应检验数为正数，但 x_j 的上界为 $+\infty$，便不能采用此法.）

例　求解有界变量线性规划问题：

$$\begin{aligned}
\min\quad & x_0=-2x_1-x_2,\\
\text{s.t.}\quad & x_1+x_2+x_3=5,\\
& -x_1+x_2+x_4=0,\\
& 6x_1+2x_2+x_5=21,\\
& 0\leqslant x_1\leqslant 3,\ 2\leqslant x_2\leqslant 5,\\
& x_3\geqslant 1,\ x_4\geqslant 0,\ x_5\geqslant 0.
\end{aligned}$$

解　此题有明显的基解 $(0,0,5,0,21)^{\mathrm{T}}$，但它不是正则解，也不是可行解. 非基变量 x_1,x_2 的对应检验数都是正数，故令 x_1,x_2 分别取上界值 3,5，便可得一正则解. 对应的初始解表如表 5-9 所示，其中解列是按公式(5.45)补算出来的.

表 5-9

	常列	$\overset{3}{\dot{x}_1}$	$\overset{5}{\dot{x}_2}$	解列
x_0	0	2	1	-11
x_3	5	1	1^*	-3
x_4	0	-1	1	-2
x_5	21	6	2	-7

表 5-9 对应基解$(3,5,-3,-2,-7)^{\mathrm{T}}$不满足可行性. 按有界变量对偶单纯形法的迭代规则, $s=1$, $j_s=3$, 即x_3离基, 并转变为第一类非基变量. 此时

$$\theta_1=+\infty,\quad \theta_2=\min\left\{\frac{2}{1},\frac{1}{1}\right\}=1,\quad \theta=\theta_2=\frac{b_{02}}{b_{12}}.$$

故$r=2$, 即知x_2进基. 经(1,2)旋转变换得表 5-10 (表中$\dot{x}_1$的上方标出其上界值, $\underset{\cdot}{x}_3$的上方标出其下界值).

表 5-10

	常列	3 $\dot{x}_1$	1 $\underset{\cdot}{x}_3$	解列
x_0	-5	1	-1	-7
x_2	5	1^*	1	1
x_4	-5	-2	-1	2
x_5	11	4	-2	1

表 5-10 对应基解仍不满足可行性, 有

$$x_2=1<l_2(=2),$$

故应再迭代. 此时, $s=1$, $j_s=2$, x_2离基, 并转变为第一类非基变量; 又

$$\theta_1=+\infty,\quad \theta_2=1,\quad \theta=1=\theta_2=\frac{b_{01}}{b_{11}},$$

故$r=1$, x_1进基. 经(1,1)旋转变换, 得表 5-11.

表 5-11

	常列	2 $\underset{\cdot}{x}_2$	1 $\underset{\cdot}{x}_3$	解列
x_0	-10	-1	-2	-6
x_1	5	1	1	2
x_4	5	2	1	0
x_5	-9	-4	-6	5

对表 5-11, 检查解列可知, 可行性已经满足. 至此得出问题的最优解为$\boldsymbol{x}^*=(2,2,1,0,5)^{\mathrm{T}}$, 最优值为$x_0^*=-6$.

习 题 5.3

1. 对于问题(5.1), 设已知正则解$\boldsymbol{x}^{(0)}$满足: $z_{s0}>u_{j_s}$, 且有条件(5.59)

成立，试证明问题(5.1)必无可行解.

2. 验证：对问题(5.1)，从一个正则解出发，按有界变量对偶单纯形法迭代一次，所得新基解仍为正则解.

3. 用有界变量对偶单纯形法求解下列线性规划问题：

$$\begin{aligned} \max \quad & z = 3x_1 + 5x_2 + 2x_3, \\ \text{s.t.} \quad & x_1 + 2x_2 + 2x_3 \leqslant 14, \\ & 2x_1 + 4x_2 + 3x_3 \leqslant 23, \\ & 0 \leqslant x_1 \leqslant 4,\ 2 \leqslant x_2 \leqslant 5,\ 0 \leqslant x_3 \leqslant 3. \end{aligned}$$

本章小结

本章对有界变量线性规划问题，在分析其基解特征的基础上，介绍了有界变量单纯形法和有界变量对偶单纯形法. 对本章的学习有如下要求：

1. 了解有界变量线性规划问题基解的特性. 弄清第一类非基变量、第二类非基变量、可行剖分等概念.

2. 了解有界变量单纯形法和有界变量对偶单纯形法的原理和计算步骤. 会运用单纯形表按有界变量单纯形法或有界变量对偶单纯形法的迭代规则求解较简单的数字题目.

复 习 题

1. 求解下列有界变量线性规划问题：

(1)
$$\begin{aligned} \min \quad & x_0 = 3x_1 + 4x_2 - 2x_3 - 5x_4 + 3x_5 + 2x_6 - x_7, \\ \text{s.t.} \quad & x_1 + x_4 + 2x_5 - x_6 + x_7 = 13, \\ & x_2 - x_4 + x_5 + x_6 + 2x_7 = 9, \\ & x_3 + 2x_4 + 2x_5 + 2x_6 - x_7 = 5, \\ & 0 \leqslant x_j \leqslant 5 \quad (j = 1, 2, \cdots, 7); \end{aligned}$$

(2)
$$\begin{aligned} \min \quad & f = x_1 + 2x_2 + x_3 - x_4 + 2x_5 + x_6 - x_7, \\ \text{s.t.} \quad & x_1 + 2x_4 - 2x_5 + x_6 - 8x_7 = 0, \\ & x_2 + x_4 + x_5 - x_6 + x_7 = 11, \\ & x_3 + 3x_4 - x_5 - 2x_6 + 2x_7 = 6, \\ & 0 \leqslant x_j \leqslant 4 \quad (j = 1, 2, \cdots, 7). \end{aligned}$$

2. 求解线性规划问题：

$$\begin{aligned}\min\quad & f=-12x_1-12x_2-9x_3-15x_4-90x_5-26x_6,\\ \text{s.t.}\quad & 3x_1+4x_2+3x_3+3x_4+15x_5+13x_6+16x_7\leqslant 35,\\ & 0\leqslant x_j\leqslant 1\quad (j=1,2,\cdots,7).\end{aligned}$$

3. 求解线性规划问题：

$$\begin{aligned}\max\quad & z=c_1x_1+c_2x_2+\cdots+c_nx_n,\\ \text{s.t.}\quad & a_1x_1+a_2x_2+\cdots+a_nx_n\leqslant b,\\ & 0\leqslant x_j\leqslant d_j\quad (j=1,2,\cdots,n),\end{aligned}$$

其中常数 $c_j,a_j,d_j(j=1,2,\cdots,n)$ 和 b 均为正数，且满足

$$\frac{c_1}{a_1}\geqslant\frac{c_2}{a_2}\geqslant\cdots\geqslant\frac{c_n}{a_n}.$$

4. 利用有界变量单纯形法求出下列不等式组的一个解：

$$\begin{aligned}x_1+2x_2\qquad\quad -\ x_4+2x_5&=2,\\ 2x_1-\ x_2+2x_3-5x_4+2x_5&=0,\\ 0\leqslant x_j\leqslant 1\quad (j=1,2,3,4,5).&\end{aligned}$$

5. 用有界变量对偶单纯形法求解下列问题：

(1)
$$\begin{aligned}\min\quad & x_0=3x_1+2x_2+3x_3+2x_4,\\ \text{s.t.}\quad & x_1+x_2+\ x_3+3x_4=16,\\ & 2x_1+x_2+3x_3+2x_4=12,\\ & \mathbf{0}\leqslant(x_1,x_2,x_3,x_4)^{\mathrm T}\leqslant(5,5,3,4)^{\mathrm T};\end{aligned}$$

(2)
$$\begin{aligned}\max\quad & z=x_1+2x_2,\\ \text{s.t.}\quad & -2x_1+x_2+x_3=8,\\ & -\ x_1+x_2+x_4=3,\\ & x_1-x_2+x_5=3,\\ & 2\leqslant x_1\leqslant 3,\ 3\leqslant x_2\leqslant 8,\ x_3\geqslant 0,\ x_4\geqslant 0,\ x_5\geqslant 0.\end{aligned}$$

第六章　灵敏度分析与参数线性规划问题

前面讨论线性规划问题时，把目标函数表达式中的系数 c_j、约束条件中的系数 a_{ij} 和常数项 b_i 等都看做固定常数. 但在实际问题中，这些数据大多是测量、统计、评估或决策的结果. 因此，有必要分析，当这些数据发生波动时，对目前的最优解和最优值将带来什么影响. 这就是所谓**灵敏度分析**. 再一种情况是，由于时间的推移或其他因素变化的影响，使这些数据中的某一部分按某种预定规律发生变化，这种变化规律可通过某一个(或几个)参数表示出来，从而使问题的最优值成为这些参数的函数. 于是有必要分析，当参数在一定范围内变化时，最优解如何转换，最优值如何变化. 这就是所谓**参数线性规划问题**. 这两个问题，有相似之处，但一般说来，它们的侧重点和表现形式有所不同，下面分别予以阐述.

6.1　灵敏度分析

对于线性规划问题 LP：

$$\left.\begin{aligned} \min\quad & f = \boldsymbol{c}\boldsymbol{x}, \\ \text{s. t.}\quad & \boldsymbol{A}\boldsymbol{x} = \boldsymbol{b}, \\ & \boldsymbol{x} \geqslant \boldsymbol{0}, \end{aligned}\right\} \tag{6.1}$$

假设已得出最优解 $\boldsymbol{x}^*$. **灵敏度分析**(又称为**最优化后分析**)要解决的主要问题是：当数据 c_j，b_i 或 a_{ij} 发生波动时，在多大波动范围内，当前的最优解 $\boldsymbol{x}^*$ 仍保持最优性，最优值如何变化；或者，当这些数据中某一部分发生给定的改变(离散性的变化)时，最优解和最优值有什么改变.

设最优解 $\boldsymbol{x}^*$ 的对应基阵为 $\boldsymbol{B}$. 则 $\boldsymbol{x}^*$ 的对应单纯形表可以用矩阵表示为

		x_1 x_2 $\cdots$ x_n
f	$\boldsymbol{c_B B^{-1} b}$	$\boldsymbol{c_B B^{-1} A - c}$
基变量	$\boldsymbol{B^{-1} b}$	$\boldsymbol{B^{-1} A}$

由上表可见：当$\boldsymbol{c}$发生变化时，只影响表中第0行(除变量记号外最上方的一行)，即是说，只影响目标函数值和检验数，表中其他元素不变；当$\boldsymbol{b}$发生变化时，只影响表中第0列(除变量记号外最左端的一列)，即是说，只影响目标函数值和解的基分量值，表中其他元素不变；当$\boldsymbol{A}$的某一列$\boldsymbol{p}_k$发生变化时，如果$\boldsymbol{p}_k$不属于基$\boldsymbol{B}$，则只影响表中第k列(对应于非基变量x_k的列)，表中其他元素不会变化；如果$\boldsymbol{p}_k$属于$\boldsymbol{B}$，则将影响整个单纯形表，由此可见，当某些数据发生变化时，无需从头求解，可以在原有最优单纯形表的基础上修改和调整. 下面分别就各种情况来讨论.

1. 目标函数的系数变化的情形

设目标函数表达式中的系数向量，由$\boldsymbol{c}$变化为$\boldsymbol{c}+\Delta\boldsymbol{c}$，这里

$$\boldsymbol{c}+\Delta\boldsymbol{c}=(c_1+\Delta c_1, c_2+\Delta c_2, \cdots, c_n+\Delta c_n).$$

这时原最优单纯形表仅第0行需要修改. 检验数修改为

$$(\boldsymbol{c_B}+\Delta\boldsymbol{c_B})\boldsymbol{B}^{-1}\boldsymbol{A}-(\boldsymbol{c}+\Delta\boldsymbol{c}); \tag{6.2}$$

目标函数值修改为

$$(\boldsymbol{c_B}+\Delta\boldsymbol{c_B})\boldsymbol{B}^{-1}\boldsymbol{b}. \tag{6.3}$$

若(6.2)中的检验数全部非正，则原最优解仍为最优解，仅目标函数值发生改变，改变量为$\Delta\boldsymbol{c_B}\boldsymbol{B}^{-1}\boldsymbol{b}$. 若(6.2)中的检验数出现正数，则可从原最优解表(修改第0行后)出发，施行原单纯形迭代，得出新的最优解.

例 1 某工厂用M_1,M_2两种原料，生产甲、乙、丙、丁四种产品. 各种产品对原料的单位消耗量如表6-1所示.

表 6-1

消耗/(公斤/万件) 产品 \ 原料	甲	乙	丙	丁
M_1	3	2	10	4
M_2	0	0	2	$\frac{1}{2}$

现有原料 M_1 18 公斤、M_2 3 公斤，产品甲、乙、丙、丁的单位价格(指每万件的价格)分别为 9,8,50,19 万元. 问应怎样安排生产，才能使总收益最高？如果产品丙的价格波动，问波动应限制在什么范围内，才能使原最优解保持最优性？如果产品丙的单位价格浮动到 54 万元，生产方案应作何改变？

解 用 x_1, x_2, x_3, x_4 分别表示甲、乙、丙、丁四种产品的生产数量(单位：万件)，则原问题的数学模型为

$$\begin{aligned}
\max \quad & z = 9x_1 + 8x_2 + 50x_3 + 19x_4, \\
\text{s.t.} \quad & 3x_1 + 2x_2 + 10x_3 + 4x_4 \leqslant 18, \\
& 2x_3 + \frac{1}{2}x_4 \leqslant 3, \\
& x_j \geqslant 0 \quad (j = 1,2,3,4).
\end{aligned}$$

把上述问题化为如下标准形式：

$$\begin{aligned}
\min \quad & f = -9x_1 - 8x_2 - 50x_3 - 19x_4, \\
\text{s.t.} \quad & 3x_1 + 2x_2 + 10x_3 + 4x_4 + x_5 = 18, \\
& 2x_3 + \frac{1}{2}x_4 + x_6 = 3, \\
& x_j \geqslant 0 \quad (j = 1,2,\cdots,6).
\end{aligned}$$

使用原单纯形法，得最优单纯形表如表 6-2.

表 6-2

		x_1	x_2	x_3	x_4	x_5	x_6
f	-88	-4	$-\frac{2}{3}$	0	0	$-\frac{13}{3}$	$-\frac{10}{3}$
x_4	2	2	$\frac{4}{3}$	0	1	$\frac{2}{3}$	$-\frac{10}{3}$
x_3	1	$-\frac{1}{2}$	$-\frac{1}{3}$	1	0	$-\frac{1}{6}$	$\frac{4}{3}$

对应最优生产方案为：产品丙生产一万件，产品丁生产两万件，产品甲和产品乙不生产. 对应最大收益为 88 万元.

上述最优解对应基

$$\boldsymbol{B} = (\boldsymbol{p}_4, \boldsymbol{p}_3) = \begin{pmatrix} 4 & 10 \\ 1/2 & 2 \end{pmatrix}.$$

此时，$\boldsymbol{c_B} = (-19, -50)$.

若产品丙的价格波动，即系数 c_3 变为 $c_3 + \Delta c_3$，其他数据不变. 为方便起见，记 $\Delta c_3 = -\theta$，即有

$$c_B + \Delta c_B = (-19, -50-\theta),$$

这时，表 6-2 中的检验数应修改为

$$\begin{aligned}
&(c_B + \Delta c_B)B^{-1}A - (c+\Delta c) \\
&= (-19, -50-\theta)\begin{pmatrix} 2 & \frac{4}{3} & 0 & 1 & \frac{2}{3} & -\frac{10}{3} \\ -\frac{1}{2} & -\frac{1}{3} & 1 & 0 & -\frac{1}{6} & \frac{4}{3} \end{pmatrix} \\
&\quad -(-9, -8, -50-\theta, -19, 0, 0) \\
&= \left(-4+\frac{\theta}{2}, -\frac{2}{3}+\frac{\theta}{3}, 0, 0, -\frac{13}{3}+\frac{\theta}{6}, -\frac{10}{3}-\frac{4\theta}{3}\right).
\end{aligned}$$

要新检验数全部非正，当且仅当 θ 满足如下不等式组：

$$-4+\frac{\theta}{2}\leqslant 0,\quad -\frac{2}{3}+\frac{\theta}{3}\leqslant 0,\quad -\frac{13}{3}+\frac{\theta}{6}\leqslant 0,\quad -\frac{10}{3}-\frac{4\theta}{3}\leqslant 0.$$

不难解出：$-\frac{5}{2}\leqslant\theta\leqslant 2$.

由此得知，当 $-52\leqslant c_3\leqslant -47\frac{1}{2}$，即产品丙的价格在 47.5 万元到 52 万元之间波动时，原最优解保持最优性. 这时目标函数 f 的最优值应修改为

$$(c_B+\Delta c_B)B^{-1}b = (-19, -50-\theta)\begin{pmatrix}2\\1\end{pmatrix} = -88-\theta,$$

即对应的最大总收益为 $88+\theta$ 万元.

当产品丙的价格浮动到 54 万元，即 $\theta = 4$ 时，检验数

$$\lambda_2 = -\frac{2}{3}+\frac{4}{3} = \frac{2}{3} > 0,$$

这时若令 x_2 由 0 值变为正值，有可能提高总收益. 因此应进行单纯形法迭代. 这时，将表 6-2 的第 0 行修改为

$$-92;\ -2,\ \frac{2}{3},\ 0,\ 0,\ -\frac{11}{3},\ -\frac{26}{3}.$$

然后取 x_2 为进基变量，取 x_4 为离基变量，经旋转变换得表 6-3.

表 6-3

		x_1	x_2	x_3	x_4	x_5	x_6
f	-93	-3	0	0	$-\frac{1}{2}$	-4	-7
x_2	$\frac{3}{2}$	$\frac{3}{2}$	1	0	$\frac{3}{4}$	$\frac{1}{2}$	$-\frac{5}{2}$
x_3	$\frac{3}{2}$	0	0	1	$\frac{1}{4}$	0	$\frac{1}{2}$

显见，表 6-3 是最优解表. 由此得知，生产方案应调整为：产品乙、丙各生产一万五千件，产品甲、丁不生产. 对应总收益达 93 万元. 这时，若仍按原方案，生产产品丙一万件，生产产品丁两万件，则总收益只有 92 万元.

通过这种分析，使企业的经营管理者明白，当产品的价格浮动时，原有生产计划是否需要调整，何时调整，如何调整最为有利，所以说，灵敏度分析是很有实用意义的.

2. 约束条件的常数项变化的情形

设问题(6.1) 中的常数项由 $\boldsymbol{b}$ 变化为 $\boldsymbol{b}+\Delta\boldsymbol{b}$，这里，

$$\boldsymbol{b}+\Delta\boldsymbol{b}=(b_1+\Delta b_1, b_2+\Delta b_2, \cdots, b_m+\Delta b_m)^{\mathrm{T}}.$$

这时，原最优单纯形表仅第 0 列需要修改. 解的基分量修改为

$$\boldsymbol{B}^{-1}(\boldsymbol{b}+\Delta\boldsymbol{b}). \tag{6.4}$$

目标函数值修改为

$$\boldsymbol{c}_{\boldsymbol{B}}\boldsymbol{B}^{-1}(\boldsymbol{b}+\Delta\boldsymbol{b}). \tag{6.5}$$

由于检验数全部未变，所以当

$$\boldsymbol{B}^{-1}(\boldsymbol{b}+\Delta\boldsymbol{b}) \geqslant \boldsymbol{0} \tag{6.6}$$

时，原基 $\boldsymbol{B}$ 仍为最优基. 但最优解和最优值有变化. 如果(6.6) 不成立，由于以(6.4) 为基分量的相应基解仍是问题的正则解，故可施行对偶单纯形迭代，以得出新的最优解.

例 2 原问题与例 1 相同. 现考虑原料的限额发生变化时，对最优解和最优值的影响.

今设原料 M_1 的限额 b_1 由 18 波动到 $18+\theta$.

由表 6-2 可知(查看 x_5, x_6 的对应列)，原最优基 $\boldsymbol{B}=(\boldsymbol{p}_4, \boldsymbol{p}_3)$ 的逆为

$$\boldsymbol{B}^{-1}=\begin{pmatrix} \frac{2}{3} & -\frac{10}{3} \\ -\frac{1}{6} & \frac{4}{3} \end{pmatrix}.$$

于是有

$$\boldsymbol{B}^{-1}(\boldsymbol{b}+\Delta\boldsymbol{b})=\begin{pmatrix} \frac{2}{3} & -\frac{10}{3} \\ -\frac{1}{6} & \frac{4}{3} \end{pmatrix}\begin{pmatrix} 18+\theta \\ 3 \end{pmatrix}=\begin{pmatrix} 2+\frac{2}{3}\theta \\ 1-\frac{1}{6}\theta \end{pmatrix},$$

$$\boldsymbol{c}_{\boldsymbol{B}}\boldsymbol{B}^{-1}(\boldsymbol{b}+\Delta\boldsymbol{b})=(-19, -50)\begin{pmatrix} 2+\frac{2}{3}\theta \\ 1-\frac{1}{6}\theta \end{pmatrix}=-88-\frac{13}{3}\theta.$$

解不等式组：

$$2+\frac{2}{3}\theta\geqslant 0,\quad 1-\frac{1}{6}\theta\geqslant 0$$

得出 $-3\leqslant\theta\leqslant 6$.

至此得知，当 $15\leqslant b_1\leqslant 24$ 时，基 $\boldsymbol{B}$ 仍为最优基，但最优解为

$$x_1=0,\quad x_2=0,\quad x_3=1-\frac{1}{6}\theta,\quad x_4=2+\frac{2}{3}\theta,$$

最大总收益为 $88+\frac{13}{3}\theta$.

由同样的分析可知，如果原料 M_2 的限额 b_2 由 3 波动到 $3+\delta$，要保持原最优基不变，应要求 $-\frac{3}{4}\leqslant\delta\leqslant\frac{3}{5}$，即 $2\frac{1}{4}\leqslant b_2\leqslant 3\frac{3}{5}$. 这时最优解为

$$x_1=0,\quad x_2=0,\quad x_3=1+\frac{4}{3}\delta,\quad x_4=2-\frac{10}{3}\delta,$$

对应总收益为 $88+\frac{10}{3}\delta$.

从以上分析可知，在一定范围内，当 M_1,M_2 的限额 b_1,b_2 放宽时，总收益相应增大，如果在这两种原料中只允许放宽其中一种的限额，工厂应选哪一种呢？增大 M_1 一单位，总收益增大 13/3(单位)；增大 M_2 一单位，总收益增大 10/3(单位). 由此可知应选取 M_1. 注意到

$$\left(\frac{13}{3},\frac{10}{3}\right)=(19,50)\boldsymbol{B}^{-1},$$

所以 13/3,10/3 正好分别是 M_1,M_2 的影子价格. 由影子价格的意义(见 3.2 节)可知，应当选取影子价格较大的资源来放宽其限额.

假如 M_1 的限额降低到 14 公斤，即 $\theta=-4$，这时，

$$\boldsymbol{B}^{-1}(\boldsymbol{b}+\Delta\boldsymbol{b})=\begin{pmatrix}-\frac{2}{3}\\ \frac{5}{3}\end{pmatrix},$$

$$\boldsymbol{c_B}\boldsymbol{B}^{-1}(\boldsymbol{b}+\Delta\boldsymbol{b})=-70\frac{2}{3}.$$

将表 6-2 的第 0 列修改为

$$\left(-70\frac{2}{3},-\frac{2}{3},\frac{5}{3}\right)^{\mathrm{T}}.$$

这时对应基解已非可行解，但仍为正则解. 因此可按对偶单纯形法迭代规则，选取 x_4 为离基变量，x_6 为进基变量，经旋转变换得表 6-4.

表 6-4

		x_1	x_2	x_3	x_4	x_5^*	x_6
f	-70	-6	-2	0	-1	-5	0
x_6	$\frac{1}{5}$	$-\frac{3}{5}$	$-\frac{2}{5}$	0	$-\frac{3}{10}$	$-\frac{1}{5}$	1
x_3	$\frac{7}{5}$	$\frac{3}{10}$	$\frac{1}{5}$	1	$\frac{2}{5}$	$\frac{1}{10}$	0

表 6-4 对应新的最优解．即知，生产方案应调整为：产品丙生产一万四千件，其他产品都不生产．这时总收益为 70 万元．

3. 约束条件的系数列向量变化的情形

设问题(6.1) 的系数矩阵 $\boldsymbol{A}$ 的一列 $\boldsymbol{p}_k$ 变化为 $\boldsymbol{p}_k+\Delta\boldsymbol{p}_k$，这里，

$$\boldsymbol{p}_k+\Delta\boldsymbol{p}_k=(a_{1k}+\Delta a_{1k},a_{2k}+\Delta a_{2k},\cdots,a_{mk}+\Delta a_{mk})^{\mathrm{T}}.$$

下面分两种情况来讨论．

若 $\boldsymbol{p}_k$ 不属于原最优基 $\boldsymbol{B}$，这时非基变量 x_k 的对应检验数 λ_k 应修改为

$$\lambda_k'=\boldsymbol{c_B}\boldsymbol{B}^{-1}(\boldsymbol{p}_k+\Delta\boldsymbol{p}_k)-c_k. \tag{6.7}$$

若 $\lambda_k'\leqslant 0$，则原最优解仍为最优解，且最优值不变；若 $\lambda_k'>0$，则将原最优解表中 x_k 的对应列修改为

$$\begin{pmatrix}\lambda_k'\\ \boldsymbol{B}^{-1}(\boldsymbol{p}_k+\Delta\boldsymbol{p}_k)\end{pmatrix}. \tag{6.8}$$

再按原单纯形法继续迭代，以求出新的最优解或判定无最优解．

若 $\boldsymbol{p}_k$ 属于原最优基 $\boldsymbol{B}$，这时由于 $\boldsymbol{B}^{-1}$ 发生变化，将影响整个单纯形表．但采用下述方法，也可在原最优解表的基础上经局部修改而后迭代求解：

引进新变量 x_{n+1}，在目标函数表达式中，增加一项 c_kx_{n+1}，即新变量的系数恰好等于原来 x_k 的系数，而将 x_k 的系数改为M，M表示充分大正数．同时，第 i 个约束方程的左端增加一项$(a_{ik}+\Delta a_{ik})x_{n+1}(i=1,2,\cdots,m)$，其他不变．即是说，将问题变为

$$\left.\begin{aligned}\min\quad & f=c_1x_1+\cdots+Mx_k+\cdots+c_nx_n+c_kx_{n+1},\\ \text{s.t.}\quad & a_{i1}x_1+\cdots+a_{ik}x_k+\cdots+a_{in}x_n+(a_{ik}+\Delta a_{ik})x_{n+1}=b_i,\\ & \qquad (i=1,2,\cdots,m),\\ & x_j\geqslant 0\quad (j=1,\cdots,n,n+1).\end{aligned}\right\} \tag{6.9}$$

这实际上是用变量 x_{n+1} 来代替变量 x_k，$\boldsymbol{p}_k$ 的变化通过 x_{n+1} 的系数来体现．

由于现在目标函数表达式中 x_k 的系数是充分大正数 M，通过单纯形法迭代，必将 x_k 转变为非基变量. 因此，对问题(6.9)求出最优基可行解后，只要将 x_{n+1} 再换为 x_k，便是原问题的最优解，并且(6.9)的最优值也等于原问题的最优值.

对问题(6.9)求解，不必从头做起，只需在原最优单纯形表上，将第0行修改为

$$(\bar{\boldsymbol{c}}_{\boldsymbol{B}}\boldsymbol{B}^{-1}\boldsymbol{b},\bar{\boldsymbol{c}}_{\boldsymbol{B}}\boldsymbol{B}^{-1}\boldsymbol{A}-\bar{\boldsymbol{c}}). \tag{6.10}$$

并增添一列(即 x_{n+1} 的对应列)：

$$\begin{pmatrix} \bar{\boldsymbol{c}}_{\boldsymbol{B}}\boldsymbol{B}^{-1}(\boldsymbol{p}_k+\Delta\boldsymbol{p}_k)-c_k \\ \boldsymbol{B}^{-1}(\boldsymbol{p}_k+\Delta\boldsymbol{p}_k) \end{pmatrix} \tag{6.11}$$

($\bar{\boldsymbol{c}}_{\boldsymbol{B}},\bar{\boldsymbol{c}}$ 表示将原 $\boldsymbol{c}_{\boldsymbol{B}},\boldsymbol{c}$ 中的分量 c_k 改为 M)，即可作为问题(6.9)的初始单纯形表. 然后按原单纯形法迭代求解.

例 3 原问题与例 1 相同. 现在假设产品丙对原料 M_1 的单位消耗量有变化，即设 a_{13} 由 10 变为 $10+\theta$，其他不变. 下面来分析这种变化对最优解和最优值的影响.

由于 $\boldsymbol{p}_3$ 属于原最优基 $\boldsymbol{B}$，故引进新变量 x_7，考虑如下问题：

$$\begin{aligned} \min\quad & f=-9x_1-8x_2+Mx_3-19x_4-50x_7, \\ \text{s.t.}\quad & 3x_1+2x_2+10x_3+4x_4+x_5+(10+\theta)x_7=18, \\ & 2x_3+\frac{1}{2}x_4+x_6+2x_7=3, \\ & x_j\geqslant 0\quad (j=1,2,\cdots,7). \end{aligned}$$

这时 $\bar{\boldsymbol{c}}_{\boldsymbol{B}}=(-19,M)$，

$$\boldsymbol{B}^{-1}(\boldsymbol{p}_3+\Delta\boldsymbol{p}_3)=\begin{pmatrix} \frac{2}{3} & -\frac{10}{3} \\ -\frac{1}{6} & \frac{4}{3} \end{pmatrix}\begin{pmatrix} 10+\theta \\ 2 \end{pmatrix}=\begin{pmatrix} \frac{2}{3}\theta \\ 1-\frac{\theta}{6} \end{pmatrix},$$

$$\bar{\boldsymbol{c}}_{\boldsymbol{B}}\boldsymbol{B}^{-1}(\boldsymbol{p}_3+\Delta\boldsymbol{p}_3)-c_3=\left(1-\frac{\theta}{6}\right)M-\frac{38}{3}\theta+50;$$

并利用原最优单纯形表 6-2，不难算出

$$(\bar{\boldsymbol{c}}_{\boldsymbol{B}}\boldsymbol{B}^{-1}\boldsymbol{b},\bar{\boldsymbol{c}}_{\boldsymbol{B}}\boldsymbol{B}^{-1}\boldsymbol{A}-\bar{\boldsymbol{c}}),$$

用它取代表 6-2 的第 0 行，再添上新列，得表 6-5.

在表 6-5 中，x_6 的对应检验数

$$\frac{4}{3}M+\frac{190}{3}>0,$$

迭代一次得表 6-6.

表 6-5

		x_1	x_2	x_3	x_4	x_5	x_6	x_7
f	$M-38$	$-\frac{M}{2}-29$	$-\frac{M}{3}-\frac{52}{3}$	0	0	$-\frac{M}{6}-\frac{38}{3}$	$\frac{4}{3}M+\frac{190}{3}$	$(1-\frac{\theta}{6})M$ $-\frac{38}{3}\theta+50$
x_4	2	2	$\frac{4}{3}$	0	1	$\frac{2}{3}$	$-\frac{10}{3}$	$\frac{2}{3}\theta$
x_3	1	$-\frac{1}{2}$	$-\frac{1}{3}$	1	0	$-\frac{1}{6}$	$\frac{4}{3}^*$	$1-\frac{\theta}{6}$

表 6-6

		x_1	x_2	x_3	x_4	x_5	x_6	x_7
f	$-\frac{171}{2}$	$-\frac{21}{4}$	$-\frac{3}{2}$	$-M-\frac{95}{2}$	0	$-\frac{19}{4}$	0	$\frac{5}{2}-\frac{19}{4}\theta$
x_4	$\frac{9}{2}$	$\frac{3}{4}$	$\frac{1}{2}$	$\frac{5}{2}$	1	$\frac{1}{4}$	0	$\frac{5}{2}+\frac{\theta}{4}$
x_6	$\frac{3}{4}$	$-\frac{3}{8}$	$-\frac{1}{4}$	$\frac{3}{4}$	0	$-\frac{1}{8}$	1	$\frac{3}{4}-\frac{\theta}{8}$

表 6-6 中，除 x_7 的对应检验数 λ_7 外，其他检验数都非正，而 $\lambda_7=\frac{5}{2}-\frac{19}{4}\theta\leqslant 0$ 当且仅当 $\theta\geqslant\frac{10}{19}$. 所以，当 $\theta\geqslant\frac{10}{19}$ 时，表 6-6 为最优解表. 由此得知，当 $a_{13}\geqslant 10\frac{10}{19}$ 时，最优生产方案为：产品丁生产四万五千件，其他产品不生产. 对应最大总收益为 85.5 万元. 当 $\theta<\frac{10}{19}$ 时，则应继续迭代.

今设 $\theta=-2$，即 a_{13} 降到 8. 则表 6-6 的最后一列取值为 $(12,2,1)^{\mathrm{T}}$. 这时，按原单纯形法迭代一次得表 6-7.

表 6-7

		x_1	x_2	x_3	x_4	x_5	x_6	x_7
f	$-\frac{189}{2}$	$-\frac{3}{4}$	$\frac{3}{2}$	$-M-\frac{113}{2}$	0	$-\frac{13}{4}$	-12	0
x_4	3	$\frac{3}{2}$	1^*	1	1	$\frac{1}{2}$	-2	0
x_7	$\frac{3}{4}$	$-\frac{3}{8}$	$-\frac{1}{4}$	$\frac{3}{4}$	0	$-\frac{1}{8}$	1	1

表 6-7 中 x_2 的对应检验数为正数，再迭代一次得表 6-8.

表 6-8

		x_1	x_2	x_3	x_4	x_5	x_6	x_7
f	-99	$-\frac{9}{4}$	0	$-M-58$	$-\frac{3}{2}$	-4	-9	0
x_2	3	$\frac{3}{2}$	1	1	1	$\frac{1}{2}$	-2	0
x_7	$\frac{3}{2}$	0	0	1	$\frac{1}{4}$	0	$\frac{1}{2}$	1

表 6-8 是最优解表. 将其中基变量 x_7 换为 x_3，便得原问题的最优解. 由此得知，当产品丙对原料 M_1 的单位消耗量降低到 8（公斤/万件）时，最优生产方案是：生产产品乙三万件，生产产品丙一万五千件，甲、丁不生产. 对应总收益达 99 万元.

4. 追加新变量的情形

在建立实际问题的线性规划模型时，可能漏掉一些因素；或者只考虑了主要因素，忽略了一些次要因素；或者由于情况变化，需要增添某些因素. 这反映在数学模型上，就是需要追加新的变量. 因此有必要在原问题最优解的基础上来分析追加新变量对最优解和最优值的影响.

设对原问题(6.1)已得出最优解：

$$\boldsymbol{x}^* = (x_1^*, x_2^*, \cdots, x_n^*)^{\mathrm{T}},$$

$\boldsymbol{x}^*$ 对应基 $\boldsymbol{B}$. 现在要追加一个新变量 x_{n+1}. 已知对应系数 c_{n+1} 和 $\boldsymbol{p}_{n+1} = (a_{1,n+1}, a_{2,n+1}, \cdots, a_{m,n+1})^{\mathrm{T}}$. 于是问题变为

$$\left.\begin{aligned} \min \quad & f = c_1 x_1 + \cdots + c_n x_n + c_{n+1} x_{n+1}, \\ \text{s.t.} \quad & a_{i1} x_1 + \cdots + a_{in} x_n + a_{i,n+1} x_{n+1} = b_i \quad (i = 1, 2, \cdots, m), \\ & x_j \geqslant 0 \quad (j = 1, \cdots, n, n+1). \end{aligned}\right\} \tag{6.12}$$

显然，原最优基 $\boldsymbol{B}$ 是问题(6.12)的可行基，并可算出在基 $\boldsymbol{B}$ 下 x_{n+1} 的对应检验数：

$$\lambda_{n+1} = \boldsymbol{c_B}\boldsymbol{B}^{-1}\boldsymbol{p}_{n+1} - c_{n+1}. \tag{6.13}$$

若 $\lambda_{n+1} \leqslant 0$，则 $(x_1^*, x_2^*, \cdots, x_n^*, 0)^{\mathrm{T}}$ 是(6.12)的最优解. 这说明增加新变量 x_{n+1} 对最优解无影响. 也就说明，增添该项活动是不利的. 因为，若令 x_{n+1} 取正值，目标函数值不会下降，反而有可能上升.

若 $\lambda_{n+1}>0$，则增添该项活动有利. 这时应在原最优单纯形表上添上 x_{n+1} 的对应列：

$$\begin{pmatrix}\lambda_{n+1}\\ \boldsymbol{B}^{-1}\boldsymbol{p}_{n+1}\end{pmatrix}$$

然后按原单纯形法继续迭代，以求出新的最优解和最优值.

例 4 原问题与例 1 相同. 现考虑引进新产品戊. 已知产品戊的价格是 16 万元(每万件)，且知生产产品戊一万件要消耗原料 M_1 3 公斤和原料 M_2 1.5 公斤. 问投产产品戊是否有利？当产品戊的价格上升到 19 万元时，情况如何？

对原问题追加新变量 x_7，x_7 表示产品戊的生产数量(单位:万件). 这时，

$$c_7=-16,\quad \boldsymbol{p}_7=\begin{pmatrix}3\\ \frac{3}{2}\end{pmatrix},$$

$$\boldsymbol{c_B B}^{-1}=(-19,-50)\begin{pmatrix}\frac{2}{3} & -\frac{10}{3}\\ -\frac{1}{6} & \frac{4}{3}\end{pmatrix}$$

$$=\left(-\frac{13}{3},-\frac{10}{3}\right),$$

$$\boldsymbol{c_B B}^{-1}\boldsymbol{p}_7=\left(-\frac{13}{3},-\frac{10}{3}\right)\begin{pmatrix}3\\ \frac{3}{2}\end{pmatrix}=-18,$$

$$\lambda_7=\boldsymbol{c_B B}^{-1}\boldsymbol{p}_7-c_7=-18+16=-2.$$

由 $\lambda_7<0$，可知产品戊投产不利. 并由 $\boldsymbol{c_B B}^{-1}\boldsymbol{p}_7=-18$ 可知，只有当产品戊的价格超过 18 万元时，投产产品戊才有利.

今设产品戊的价格上升到 19 万元，即 $c_7=-19$. 则有

$$\lambda_7=\boldsymbol{c_B B}^{-1}\boldsymbol{p}_7-c_7=1>0,$$

$$\boldsymbol{B}^{-1}\boldsymbol{p}_7=\begin{pmatrix}\frac{2}{3} & -\frac{10}{3}\\ -\frac{1}{6} & \frac{4}{3}\end{pmatrix}\begin{pmatrix}3\\ \frac{3}{2}\end{pmatrix}=\begin{pmatrix}-3\\ \frac{3}{2}\end{pmatrix}.$$

在原最优单纯形表(表 6-2) 中增加 x_7 的对应列：

$$\left(1,-3,\frac{3}{2}\right)^{\mathrm{T}}.$$

然后按原单纯形法迭代一次，得表 6-9.

表 6-9

		x_1	x_2	x_3	x_4	x_5	x_6	x_7
f	$-88\frac{2}{3}$	$-\frac{7}{2}$	$-\frac{1}{3}$	-1	0	$-\frac{25}{6}$	$-\frac{14}{3}$	0
x_4	4	1	$\frac{2}{3}$	2	1	$\frac{1}{3}$	$-\frac{2}{3}$	0
x_7	$\frac{2}{3}$	$-\frac{1}{3}$	$-\frac{2}{9}$	$\frac{2}{3}$	0	$-\frac{1}{9}$	$\frac{8}{9}$	1

表 6-9 是最优解表. 由此得知，这时应投产新产品戊以取代产品丙，将生产方案调整为：生产产品丁 4 万件，生产产品戊$\frac{2}{3}$万件，其他产品不生产. 可得总收益 $88\frac{2}{3}$ 万元.

5. 追加新约束条件的情形

在建立实际问题的线性规划模型时，可能忽略了某些约束，或者由于情况变化，需要考虑新的约束. 因此有必要分析追加新约束条件将会对最优解和最优值产生什么影响. 下面通过具体例子来说明分析的方法.

例 5 原问题与例 1 相同. 现在假设该厂还需考虑用电量的限制. 设已知用电限制量不超过 8 百度，且知生产甲、乙、丙、丁四种产品每一万件分别需耗电 4 百度、3 百度、5 百度、2 百度. 问原最优生产方案是否需要改变?

新增加的用电约束为

$$4x_1+3x_2+5x_3+2x_4\leqslant 8.$$

引入松弛变量 x_7，将上述条件变为：

$$4x_1+3x_2+5x_3+2x_4+x_7=8,\quad x_7\geqslant 0.$$

这时，在原最优单纯形表(表 6-2) 中添加一行和一列，并指定松弛变量 x_7 为新行对应基变量，如表 6-10 所示.

表 6-10

		x_1	x_2	x_3	x_4	x_5	x_6	x_7
f	-88	-4	$-\frac{2}{3}$	0	0	$-\frac{13}{3}$	$-\frac{10}{3}$	0
x_4	2	2	$\frac{4}{3}$	0	1	$\frac{2}{3}$	$-\frac{10}{3}$	0
x_3	1	$-\frac{1}{2}$	$-\frac{1}{3}$	1	0	$-\frac{1}{6}$	$\frac{4}{3}$	0
x_7	8	4	3	5	2	0	0	1

但在表 6-10 中，基变量 x_3, x_4 的对应列向量尚非单位向量，因此应施行初等行变换，使最后一行的元素 $b_{33}(=5)$ 和 $b_{34}(=2)$ 都变为零. 这样得出表 6-11.

表 6-11

		x_1	x_2	x_3	x_4	x_5	x_6	x_7
f	-88	-4	$-\frac{2}{3}$	0	0	$-\frac{13}{3}$	$-\frac{10}{3}$	0
x_4	2	2	$\frac{4}{3}$	0	1	$\frac{2}{3}$	$-\frac{10}{3}$	0
x_3	1	$-\frac{1}{2}$	$-\frac{1}{3}$	1	0	$-\frac{1}{6}$	$\frac{4}{3}$	0
x_7	-1	$\frac{5}{2}$	2	0	0	$-\frac{1}{2}^*$	0	1

在表 6-11 中，$b_{30}=-1$. 即知表 6-11 对应基解不是可行解. 这说明，增加新约束条件后，原最优方案已非可行方案，因此必须改变. 这时，应按对偶单纯形迭代规则，以 x_7 为离基变量，x_5 为进基变量，经(3,5)旋转变换得表 6-12.

表 6-12

		x_1	x_2	x_3	x_4	x_5	x_6	x_7
f	$-79\frac{1}{3}$	$-\frac{77}{3}$	-18	0	0	0	$-\frac{10}{3}$	$-\frac{26}{3}$
x_4	$\frac{2}{3}$	$\frac{16}{3}$	4	0	1	0	$-\frac{10}{3}$	$\frac{4}{3}$
x_3	$\frac{4}{3}$	$-\frac{4}{3}$	-1	1	0	0	$\frac{4}{3}$	$-\frac{1}{3}$
x_5	2	-5	-4	0	0	1	0	-2

表 6-12 是最优解表. 由此得知，追加新约束后，最优生产方案是：生产产品丙 $\frac{4}{3}$ 万件，生产产品丁 $\frac{2}{3}$ 万件. 可得总收益 $79\frac{1}{3}$ 万元. 易知，如果用电限制量能放宽到 9 百度以上，则原最优生产方案不需要改变.

习 题 6.1

1. 已知线性规划问题

$$\max \quad z = c_1 x_1 + c_2 x_2,$$

$$\text{s.t.}\quad a_{i1}x_1 + a_{i2}x_2 \leqslant b_i \quad (i = 1,2,3),$$
$$x_1, x_2 \geqslant 0$$

的最优单纯形表如表 6-13（其中 $f = -z$，x_3, x_4, x_5 为松弛变量）.

表 6-13

	解列	x_1	x_2	x_3	x_4	x_5
f	-5	0	0	$-\frac{1}{4}$	$-\frac{1}{4}$	0
x_1	$\frac{3}{2}$	1	0	$\frac{3}{8}$	$-\frac{1}{8}$	0
x_2	2	0	1	$-\frac{1}{2}$	$\frac{1}{2}$	0
x_5	4	0	0	-2	1	1

(1) 求出 c_1, c_2 和 b_1, b_2, b_3 的值.

(2) 若 b_1 发生变化，它在什么范围内变化能使现行基保持为最优基？若 b_1 取值 12，最优解和最优值有何变化？

(3) 当 c_1, c_2 变化但保持为正数时，比值 c_1/c_2 在什么范围内能使现行解保持为最优解？

2. 某厂生产甲、乙、丙三种产品，要经三道不同的工序加工. 每件产品所需加工时间和销售利润以及该厂每天各工序的加工能力如表 6-14 所示（加工时间为零表示该产品不需这道工序）. 为使该厂获得最大利润，应如何安排各种产品的日产量？

表 6-14

加工时间 /（分钟 / 件）　产品 工序	甲	乙	丙	加工能力 /（分钟 / 天）
Ⅰ	1	2	1	430
Ⅱ	3	0	2	460
Ⅲ	1	4	0	420
利润 /（元 / 件）	3	2	5	

(1) 建立上述问题的线性规划模型.

(2) 用单纯形法求出最优生产方案.

(3) 在保持现行最优基不变的条件下，各道工序的加工能力分别增加的最大增加量是多少？

(4) 如果允许增加其中一道工序的加工能力，应选哪一道工序？为什么？

(5) 假若需要添加第Ⅳ道工序，甲、乙、丙产品每件所需此工序的加工时间分别为4,1,2分钟，该厂对这道工序的加工能力是每天548分钟，试求新的最优生产方案.

(6) 厂方考虑增加一种新产品，设每件新产品所需Ⅰ,Ⅱ,Ⅲ道工序的加工时间分别为3,2,4分钟，每件新产品的利润是9元，问新产品是否值得投产？若值得，各种产品的生产量应如何调整？总利润能增加多少？

6.2 参数线性规划问题

在线性规划的实际应用中，有时需要考虑，由于某些因素的变化，使模型中部分数据随之发生某种规律性变化的情形. 例如，对于资源利用问题，由于原材料的价格波动，因而使各种产品的价格随之波动. 于是，目标函数表达式中的价格系数 $c_i(i=1,2,\cdots,n)$ 便会随某个参数(如原材料的价格变化率)变化. 或者，由于原材料供应单位的生产发生变化，因而使各种原材料的限额随之变化. 这时，约束条件中的常数项将随某个参数(如原材料生产增长率)变化. 对这种含参数的线性规划问题，有必要分析当参数在可能范围内连续变化时，问题的最优解和最优值的变化状况. 本节仅就两种简单的情形来讨论参数规划问题的求解方法.

1. 目标函数表达式含参数的线性规划问题

现在考虑如下的线性规划问题：

$$\left.\begin{aligned} \min \quad & f=(\boldsymbol{c}+\rho\boldsymbol{c}^*)\boldsymbol{x}, \\ \text{s.t.} \quad & \boldsymbol{Ax}=\boldsymbol{b}, \\ & \boldsymbol{x}\geqslant\boldsymbol{0}, \end{aligned}\right\} \tag{6.14}$$

其中，$\boldsymbol{c}^*=(c_1^*,c_2^*,\cdots,c_n^*)$ 是给定的，ρ 是参数，它可在某给定区间 $[\alpha,\beta]$ 中任意取值，这个区间也可以是 $(-\infty,+\infty)$.

设对于 $[\alpha,\beta]$ 中的某个 ρ 值，$\boldsymbol{x}^{(0)}$ 是问题(6.14)的最优基可行解，对应基 $\boldsymbol{B}=(\boldsymbol{p}_{j_1},\boldsymbol{p}_{j_2},\cdots,\boldsymbol{p}_{j_m})$. $\boldsymbol{x}^{(0)}$ 的对应目标函数值为

$$f^{(0)}=(\boldsymbol{c_B}+\rho\boldsymbol{c}_{\boldsymbol{B}}^*)\boldsymbol{B}^{-1}\boldsymbol{b}. \tag{6.15}$$

记

$$b_{00}=\boldsymbol{c_B}\boldsymbol{B}^{-1}\boldsymbol{b},\quad b_{00}^*=\boldsymbol{c}_{\boldsymbol{B}}^*\boldsymbol{B}^{-1}\boldsymbol{b}, \tag{6.16}$$

则

$$f^{(0)}=b_{00}+\rho b_{00}^*. \tag{6.17}$$

$\boldsymbol{x}^{(0)}$ 的检验数

$$\boldsymbol{\lambda}=(\boldsymbol{c_B}+\rho\boldsymbol{c_B^*})\boldsymbol{B}^{-1}\boldsymbol{A}-(\boldsymbol{c}+\rho\boldsymbol{c}^*). \tag{6.18}$$

记

$$b_{0j}=\boldsymbol{c_B}\boldsymbol{B}^{-1}\boldsymbol{p}_j-c_j,\ b_{0j}^*=\boldsymbol{c_B^*}\boldsymbol{B}^{-1}\boldsymbol{p}_j-c_j^*\quad(j=1,2,\cdots,n), \tag{6.19}$$

则

$$\lambda_j=b_{0j}+\rho b_{0j}^*\quad(j=1,2,\cdots,n). \tag{6.20}$$

因此，对于问题(6.14)，基解 $\boldsymbol{x}^{(0)}$ 的对应单纯形表可写成表 6-15 的形式.

表 6-15

		x_1	x_2	$\cdots$	x_n
f	b_{00}	b_{01}	b_{02}	$\cdots$	b_{0n}
	b_{00}^*	b_{01}^*	b_{02}^*	$\cdots$	b_{0n}^*
x_{j_1}	b_{10}	b_{11}	b_{12}	$\cdots$	b_{1n}
x_{j_2}	b_{20}	b_{21}	b_{22}	$\cdots$	b_{2n}
$\vdots$	$\vdots$	$\vdots$	$\vdots$		$\vdots$
x_{j_m}	b_{m0}	b_{m1}	b_{m2}	$\cdots$	b_{mn}

在表 6-15 中，最上端的两行依次称之为第 0_1 行、第 0_2 行，往下依次称为第 1 行、第 2 行，等等. 表中第 0_1 行各元素与第 0_2 行对应元素的 ρ 倍之和，相当于原来单纯形表中的 0 行.

当参数 ρ 变化时，要使表 6-15 的对应基解保持最优性，只要 ρ 满足下列不等式组：

$$b_{0j}+\rho b_{0j}^*\leqslant 0\quad(j=1,2,\cdots,n). \tag{6.21}$$

为使(6.21) 成立，当 $b_{0j}^*>0$ 时，ρ 应满足 $\rho\leqslant-\dfrac{b_{0j}}{b_{0j}^*}$. 当 $b_{0j}^*<0$ 时，ρ 应满足 $\rho\geqslant-\dfrac{b_{0j}}{b_{0j}^*}$. 因此，若令

$$\bar{\rho}_{\boldsymbol{B}}=\begin{cases}\min\left\{\dfrac{b_{0j}}{-b_{0j}^*}\,\middle|\,b_{0j}^*>0,\ 1\leqslant j\leqslant n\right\},\\ +\infty,\quad 当\ b_{0j}^*\leqslant 0\ (j=1,2,\cdots,n),\end{cases} \tag{6.22}$$

$$\underline{\rho}_{\boldsymbol{B}}=\begin{cases}\max\left\{-\dfrac{b_{0j}}{b_{0j}^*}\,\middle|\,b_{0j}^*<0,\ 1\leqslant j\leqslant n\right\},\\ -\infty,\quad 当\ b_{0j}^*\geqslant 0\ (j=1,2,\cdots,n),\end{cases} \tag{6.23}$$

则不等式组(6.21)的解为

$$\underline{\rho}_{\boldsymbol{B}} \leqslant \rho \leqslant \bar{\rho}_{\boldsymbol{B}}. \tag{6.24}$$

由此可知，对于区间$[\underline{\rho}_{\boldsymbol{B}},\bar{\rho}_{\boldsymbol{B}}]$上的每个$\rho$值，表6-15对应的基$\boldsymbol{B}$（基可行解$\boldsymbol{x}^{(0)}$）都是问题(6.14)的最优基(最优解)．因此，称区间$[\underline{\rho}_{\boldsymbol{B}},\bar{\rho}_{\boldsymbol{B}}]$为基$\boldsymbol{B}$的最优区间.

如果基解$\boldsymbol{x}^{(0)}$是非退化的，则当$\rho > \bar{\rho}_{\boldsymbol{B}}$或$\rho < \underline{\rho}_{\boldsymbol{B}}$时，$\boldsymbol{x}^{(0)}$必不是问题(6.14)的最优解．这是因为，在$\rho > \bar{\rho}_{\boldsymbol{B}}$或$\rho < \underline{\rho}_{\boldsymbol{B}}$时，(6.21)中的不等式至少有一个不成立，再由2.2节中的定理，即知$\boldsymbol{x}^{(0)}$必不是最优解.

由上述讨论得知，对于问题(6.14)的一个最优基$\boldsymbol{B}$（对于某一个确定参数值而言），可按公式(6.22),(6.23)，求得它的最优区间$[\underline{\rho}_{\boldsymbol{B}},\bar{\rho}_{\boldsymbol{B}}]$．当参数$\rho$在这个区间上变化时，问题的最优解不变．但最优值是参数ρ的函数，如(6.17)所示．当参数ρ变化到区间$[\underline{\rho}_{\boldsymbol{B}},\bar{\rho}_{\boldsymbol{B}}]$之外时，最优解的变化情况如何呢?

下面来讨论$\rho > \bar{\rho}_{\boldsymbol{B}}$(设$\bar{\rho}_{\boldsymbol{B}} < +\infty$)的情形．设

$$\bar{\rho}_{\boldsymbol{B}} = \min_{b_{0j}^{*}>0}\left\{-\frac{b_{0j}}{b_{0j}^{*}}\right\} = -\frac{b_{0r}}{b_{0r}^{*}}, \tag{6.25}$$

这里$r \in R$（R仍表示相应于基$\boldsymbol{B}$的非基变量指标集)．由$\rho > \bar{\rho}_{\boldsymbol{B}}$可知

$$b_{0r} + \rho b_{0r}^{*} > 0,$$

即知非基变量x_r的检验数为正数.

这时，若有

$$b_{ir} \leqslant 0 \quad (i = 1,2,\cdots,m),$$

则可判定问题(6.14)在$\rho > \bar{\rho}_{\boldsymbol{B}}$时无最优解．否则，应选取$x_r$为进基变量，按原单纯形法迭代一次，得新基可行解$\boldsymbol{x}^{(1)}$.

由$\boldsymbol{x}^{(1)}$的检验数(记作λ_j')与$\boldsymbol{x}^{(0)}$的检验数的关系：

$$\lambda_j' = \lambda_j - \frac{\lambda_r b_{sj}}{b_{sr}}\ (j \in R\backslash\{r\}), \quad \lambda_{j_s}' = -\frac{\lambda_r}{b_{sr}},$$

和$\rho = \bar{\rho}_{\boldsymbol{B}}$时，$\lambda_r = 0$，$\lambda_j \leqslant 0\ (j \in R)$，可知

$$\lambda_j' \leqslant 0\ (j \in R\backslash\{r\}), \quad \lambda_{j_s}' = 0.$$

由此得知，所得$\boldsymbol{x}^{(1)}$在$\rho = \bar{\rho}_{\boldsymbol{B}}$时是问题(6.14)的最优解.

如果基可行解$\boldsymbol{x}^{(1)}$是非退化的，则当$\rho < \bar{\rho}_{\boldsymbol{B}}$时，$\boldsymbol{x}^{(1)}$必不是问题(6.14)的最优解．因为这时，$\lambda_r = b_{0r} + \rho b_{0r}^{*} < 0$，从而有$\lambda_{j_s}' > 0$.

记$\boldsymbol{x}^{(1)}$的对应基为$\boldsymbol{B}_1$．既然$\boldsymbol{x}^{(1)}$在$\rho = \bar{\rho}_{\boldsymbol{B}}$时是问题(6.14)的最优解，则又可按照公式(6.22),(6.23)得出$\boldsymbol{B}_1$的最优区间$[\underline{\rho}_{\boldsymbol{B}_1},\bar{\rho}_{\boldsymbol{B}_1}]$，当$\rho \in [\underline{\rho}_{\boldsymbol{B}_1},\bar{\rho}_{\boldsymbol{B}_1}]$

时，$\boldsymbol{x}^{(1)}$ 是问题(6.14)的最优解. 并且，如果 $\boldsymbol{x}^{(1)}$ 是非退化的，必有 $\underline{\rho}_{\boldsymbol{B}_1}=\bar{\rho}_{\boldsymbol{B}}$. 对于 $\rho>\bar{\rho}_{\boldsymbol{B}_1}$ 的情形，按同样的方法继续处理，直到某 $\bar{\rho}_{\boldsymbol{B}_k}\geqslant\beta$（或 $\bar{\rho}_{\boldsymbol{B}_k}=+\infty$）或者判定当 ρ 超过某值时问题(6.14)无最优解为止.

对于 $\rho<\underline{\rho}_{\boldsymbol{B}}$（设 $\underline{\rho}_{\boldsymbol{B}}>-\infty$）的情形，可作类似的讨论（见习题6.2第1题）.

例 1 求解参数线性规划问题：

$$\begin{aligned}\min\quad f=&(-6+\rho)x_4+(12-2\rho)x_5+(30-3\rho)x_6\\&+(-50+10\rho)x_7,\\ \text{s.t.}\quad x_1\quad&-x_4+x_5-x_6+2x_7=1,\\ x_2\quad&+x_5-2x_6+x_7=2,\\ x_3&-3x_4+2x_5+x_6-x_7=3,\\ &x_j\geqslant 0\ (j=1,2,\cdots,7).\end{aligned}$$

解 $\boldsymbol{B}_1=(\boldsymbol{p}_1,\boldsymbol{p}_2,\boldsymbol{p}_3)$ 是一明显的可行基，对应单纯形表如表 6-16.

表 6-16

		x_1	x_2	x_3	x_4	x_5	x_6	x_7
f	0	0	0	0	6	-12	-30	50
	0	0	0	0	-1	2	3	-10
x_1	1	1	0	0	-1	1^*	-1	2
x_2	2	0	1	0	0	1	-2	1
x_3	3	0	0	1	-3	2	1	-1

按公式(6.22),(6.23)算出

$$\bar{\rho}_{\boldsymbol{B}_1}=\min\left\{-\frac{-12}{2},-\frac{-30}{3}\right\}=6,$$

$$\underline{\rho}_{\boldsymbol{B}_1}=\max\left\{-\frac{6}{-1},-\frac{50}{-10}\right\}=6.$$

所以，对 $\rho=6$，得问题的最优解 $\boldsymbol{x}^{(1)}$：

$$x_1^{(1)}=1,\quad x_2^{(1)}=2,\quad x_3^{(1)}=3,\quad x_j^{(1)}=0\ (j=4,5,6,7),$$

对应目标函数值为 $0+\rho 0=0$.

由 $\underline{\rho}_{\boldsymbol{B}_1}=-\dfrac{b_{04}}{b_{04}^*}$，而 $\boldsymbol{B}_1^{-1}\boldsymbol{p}_4=(-1,0,-3)^{\mathrm{T}}\leqslant\boldsymbol{0}$，可知当 $\rho<6$ 时，问题无最优解（此时目标函数无下界）.

由 $\bar{\rho}_{\boldsymbol{B}_1}=-\dfrac{b_{05}}{b_{05}^*}$，选取 x_5 为进基变量，按原单纯形法迭代一次，得新基 $\boldsymbol{B}_2=(\boldsymbol{p}_5,\boldsymbol{p}_2,\boldsymbol{p}_3)$ 及其对应单纯形表如表 6-17.

表 6-17

		x_1	x_2	x_3	x_4	x_5	x_6	x_7
f	12	12	0	0	-6	0	-42	74
	-2	-2	0	0	1	0	5	-14
x_5	1	1	0	0	-1	1	-1	2
x_2	1	-1	1	0	1^*	0	-1	-1
x_3	1	-2	0	1	-1	0	3	-5

再按公式(6.22),(6.23)算出

$$\bar{\rho}_{B_2} = \min\left\{-\frac{-6}{1}, -\frac{-42}{5}\right\} = 6,$$

$$\underline{\rho}_{B_2} = \max\left\{-\frac{12}{-2}, -\frac{74}{-14}\right\} = 6.$$

于是对 $\rho = 6$，又得出一个最优基可行解 $\boldsymbol{x}^{(2)}$：

$$x_2^{(2)} = x_3^{(2)} = x_5^{(2)} = 1, \quad x_j^{(2)} = 0\ (j = 1,4,6,7).$$

对应目标函数值为 $12 - 2\rho = 0$.

由 $\bar{\rho}_{B_2} = -\dfrac{b_{04}}{b_{04}^*}$，选取 x_4 为进基变量，按原单纯形法迭代一次，得新基 $\boldsymbol{B}_3 = (\boldsymbol{p}_5, \boldsymbol{p}_4, \boldsymbol{p}_3)$ 及对应单纯形表如表 6-18.

表 6-18

		x_1	x_2	x_3	x_4	x_5	x_6	x_7
f	18	6	6	0	0	0	-48	68
	-3	-1	-1	0	0	0	6	-13
x_5	2	0	1	0	0	1	-2	1
x_4	1	-1	1	0	1	0	-1	-1
x_3	2	-3	1	1	0	0	2^*	-6

再算出：

$$\bar{\rho}_{B_3} = \min\left\{-\frac{-48}{6}\right\} = 8,$$

$$\underline{\rho}_{B_3} = \max\left\{-\frac{6}{-1}, -\frac{6}{-1}, -\frac{68}{-13}\right\} = 6.$$

即知，当 ρ 在区间[6,8]上取值时，问题有最优解 $\boldsymbol{x}^{(3)}$：

$$x_3^{(3)} = 2, \quad x_4^{(3)} = 1, \quad x_5^{(3)} = 2, \quad x_j^{(3)} = 0\ (j = 1,2,6,7).$$

对应目标函数值为 $18-3\rho$.

由 $\bar{\rho}_{B_3}=-\dfrac{b_{06}}{b_{06}^*}$，选取 x_6 为进基变量，按原单纯形法迭代一次，得新基 $B_4=(p_5,p_4,p_6)$ 及对应单纯形表如表 6-19.

表 6-19

		x_1	x_2	x_3	x_4	x_5	x_6	x_7
f	66	-66	30	24	0	0	0	-76
	-9	8	-4	-3	0	0	0	5
x_5	4	-3	2	1	0	1	0	-5
x_4	2	$-\frac{5}{2}$	$\frac{3}{2}$	$\frac{1}{2}$	1	0	0	-4
x_6	1	$-\frac{3}{2}$	$\frac{1}{2}$	$\frac{1}{2}$	0	0	1	-3

算出：

$$\bar{\rho}_{B_4}=\min\left\{-\frac{-66}{8},-\frac{-76}{5}\right\}=\frac{33}{4},$$

$$\underline{\rho}_{B_4}=\max\left\{-\frac{30}{-4},-\frac{24}{-3}\right\}=8.$$

即知，当 ρ 在区间 $\left[8,\dfrac{33}{4}\right]$ 上取值时，问题有最优解 $x^{(4)}$：

$$x_4^{(4)}=2,\quad x_5^{(4)}=4,\quad x_6^{(4)}=1,\quad x_j^{(4)}=0\ (j=1,2,3,7).$$

对应目标函数值为 $66-9\rho$.

由 $\bar{\rho}_{B_4}=-\dfrac{b_{01}}{b_{01}^*}$，而 $B_4^{-1}p_1=\left(-3,-\dfrac{5}{2},-\dfrac{3}{2}\right)^{\mathrm{T}}\leqslant 0$，可知当 $\rho>\dfrac{33}{4}$ 时，问题无最优解(目标函数无下界). 计算到此结束.

总结解算结果如下：

当 $\rho<6$ 时，问题无最优解；

当 $\rho=6$ 时，问题有最优解：

$$x^{(1)}=(1,2,3,0,0,0,0)^{\mathrm{T}},$$

$$x^{(2)}=(0,1,1,0,1,0,0)^{\mathrm{T}};$$

当 $6\leqslant\rho\leqslant 8$ 时，问题有最优解：

$$x^{(3)}=(0,0,2,1,2,0,0)^{\mathrm{T}};$$

当 $8\leqslant\rho\leqslant 8.25$ 时，问题有最优解：

$$x^{(4)}=(0,0,0,2,4,1,0)^{\mathrm{T}};$$

当 $\rho > 8.25$ 时，问题无最优解.

目标函数的最小值 f^* 是参数 ρ 的函数：

$$f^*(\rho) = \begin{cases} -\infty, & \text{当 } \rho < 6, \\ 18 - 3\rho, & \text{当 } 6 \leqslant \rho \leqslant 8, \\ 66 - 9\rho, & \text{当 } 8 \leqslant \rho \leqslant 8.25, \\ -\infty, & \text{当 } \rho > 8.25. \end{cases}$$

2. 约束条件的常数项含参数的线性规划问题

现在考虑如下的线性规划问题：

$$\left.\begin{aligned} \min \quad & f = \boldsymbol{c}\boldsymbol{x}, \\ \text{s.t.} \quad & \boldsymbol{A}\boldsymbol{x} = \boldsymbol{b} + \mu \boldsymbol{b}^*, \\ & \boldsymbol{x} \geqslant \boldsymbol{0}, \end{aligned}\right\} \tag{6.26}$$

其中，$\boldsymbol{b}^* = (b_1^*, b_2^*, \cdots, b_m^*)^{\mathrm{T}}$ 是给定的，μ 是参数.

设对于某个 μ 值，$\boldsymbol{x}^{(0)}$ 是问题(6.26)的一个最优基可行解，对应基 $\boldsymbol{B} = (\boldsymbol{p}_{j_1}, \boldsymbol{p}_{j_2}, \cdots, \boldsymbol{p}_{j_m})$. $\boldsymbol{x}^{(0)}$ 的对应目标函数值为

$$f^{(0)} = \boldsymbol{c_B}\boldsymbol{B}^{-1}(\boldsymbol{b} + \mu \boldsymbol{b}^*). \tag{6.27}$$

$\boldsymbol{x}^{(0)}$ 的基分量值为

$$\boldsymbol{x}_{\boldsymbol{B}}^{(0)} = \boldsymbol{B}^{-1}(\boldsymbol{b} + \mu \boldsymbol{b}^*). \tag{6.28}$$

记

$$\boldsymbol{c_B}\boldsymbol{B}^{-1}\boldsymbol{b} = b_{00}, \quad \boldsymbol{c_B}\boldsymbol{B}^{-1}\boldsymbol{b}^* = b_{00}^*, \tag{6.29}$$

$$\boldsymbol{B}^{-1}\boldsymbol{b} = \begin{pmatrix} b_{10} \\ b_{20} \\ \vdots \\ b_{m0} \end{pmatrix}, \quad \boldsymbol{B}^{-1}\boldsymbol{b}^* = \begin{pmatrix} b_{10}^* \\ b_{20}^* \\ \vdots \\ b_{m0}^* \end{pmatrix}, \tag{6.30}$$

则

$$f^{(0)} = b_{00} + \mu b_{00}^*, \tag{6.31}$$

$$x_{j_i}^{(0)} = b_{i0} + \mu b_{i0}^* \quad (i = 1, 2, \cdots, m) \tag{6.32}$$

因此，对于问题(6.26)，基解 $\boldsymbol{x}^{(0)}$ 的对应单纯形表可写成表 6-20 的形式.

表 6-20 中，最左端的两列依次称为第 0_1 列、第 0_2 列，再向右依次称为第 1 列、第 2 列，等等. 表中第 0_1 列各元素与第 0_2 列对应元素的 μ 倍之和，相当于原来单纯形表的第 0 列.

表 6-20

			x_1	x_2	$\cdots$	x_n
f	b_{00}	b_{00}^*	b_{01}	b_{02}	$\cdots$	b_{0n}
x_{j_1}	b_{10}	b_{10}^*	b_{11}	b_{12}	$\cdots$	b_{1n}
x_{j_2}	b_{20}	b_{20}^*	b_{21}	b_{22}	$\cdots$	b_{2n}
$\vdots$	$\vdots$	$\vdots$	$\vdots$	$\vdots$		$\vdots$
x_{j_m}	b_{m0}	b_{m0}^*	b_{m1}	b_{m2}	$\cdots$	b_{mn}

当参数 μ 变化时，表 6-20 中的检验数不会改变，因此，要使表 6-20 的对应基解保持最优性，只要 μ 满足下列不等式组：

$$b_{i0} + \mu b_{i0}^* \geqslant 0 \quad (i = 1, 2, \cdots, m). \tag{6.33}$$

为使(6.33) 成立，当 $b_{i0}^* > 0$ 时，μ 应满足 $\mu \geqslant -\dfrac{b_{i0}}{b_{i0}^*}$；当 $b_{i0}^* < 0$ 时，μ 应满足 $\mu \leqslant -\dfrac{b_{i0}}{b_{i0}^*}$. 因此，若令

$$\underline{\mu}_{\boldsymbol{B}} = \begin{cases} \max\left\{-\dfrac{b_{i0}}{b_{i0}^*} \,\middle|\, b_{i0}^* > 0,\ 1 \leqslant i \leqslant m\right\}, \\ -\infty, \quad 当\ b_{i0}^* \leqslant 0\ (i = 1, 2, \cdots, m). \end{cases} \tag{6.34}$$

$$\overline{\mu}_{\boldsymbol{B}} = \begin{cases} \min\left\{-\dfrac{b_{i0}}{b_{i0}^*} \,\middle|\, b_{i0}^* < 0,\ 1 \leqslant i \leqslant m\right\}, \\ +\infty, \quad 当\ b_{i0}^* \geqslant 0\ (i = 1, 2, \cdots, m). \end{cases} \tag{6.35}$$

则不等式组(6.33) 的解为

$$\underline{\mu}_{\boldsymbol{B}} \leqslant \mu \leqslant \overline{\mu}_{\boldsymbol{B}}. \tag{6.36}$$

由此可知，对于区间 $[\underline{\mu}_{\boldsymbol{B}}, \overline{\mu}_{\boldsymbol{B}}]$ 上的每个 μ 值，表 6-20 对应的基 $\boldsymbol{B}$ 都是问题(6.26) 的最优基. 因此称区间 $[\underline{\mu}_{\boldsymbol{B}}, \overline{\mu}_{\boldsymbol{B}}]$ 为基 $\boldsymbol{B}$ 的最优区间. 对此最优区间上的每个 μ 值，问题(6.26) 有最优解 $\boldsymbol{x}^{(0)}(\mu)$：

$$x_{j_i}^{(0)} = b_{i0} + \mu b_{i0}^* \quad (i = 1, 2, \cdots, m),$$

$$x_j^{(0)} = 0 \quad (j \in R).$$

对应目标函数值为 $b_{00} + \mu b_{00}^*$. 所以，这里的情况与前一种参数规划有所不同. 在这里，当参数 μ 在最优区间 $[\underline{\mu}_{\boldsymbol{B}}, \overline{\mu}_{\boldsymbol{B}}]$ 中变化时，不仅最优值随 μ 变化，而且最优解也随 μ 变化.

下面再来讨论，当参数 μ 变化到区间 $[\underline{\mu}_{\boldsymbol{B}}, \overline{\mu}_{\boldsymbol{B}}]$ 之外时，最优解的变化情况.

现在考虑 $\mu > \overline{\mu}_{\boldsymbol{B}}$（设 $\overline{\mu}_{\boldsymbol{B}} < +\infty$）的情形. 设

$$\overline{\mu}_{\boldsymbol{B}} = \min_{b_{i0}^* < 0}\left\{-\frac{b_{i0}}{b_{i0}^*}\right\} = -\frac{b_{s0}}{b_{s0}^*}. \tag{6.37}$$

由 $\mu > \overline{\mu}_{\boldsymbol{B}}$ 和 $b_{s0}^{*} < 0$，可知

$$b_{s0} + \mu b_{s0}^{*} < 0.$$

即知 $\boldsymbol{x}^{(0)}$ 已非可行解. 但由于检验数仍保持非正，故 $\boldsymbol{x}^{(0)}$ 是正则解. 此时，若

$$b_{sj} \geqslant 0 \quad (j = 1,2,\cdots,n),$$

则判定问题无可行解. 否则，按对偶单纯形法迭代一次，得新正则解 $\boldsymbol{x}^{(1)}$ 及对应基 $\boldsymbol{B}_1$. 可以证明(见习题 6.2 第 2 题)当 $\mu = \overline{\mu}_{\boldsymbol{B}}$ 时，$\boldsymbol{x}^{(1)}$ 是问题(6.26)的最优解；当 $\mu < \overline{\mu}_{\boldsymbol{B}}$ 时，$\boldsymbol{x}^{(1)}$ 非可行解. 于是，又可按公式(6.34),(6.35)，得出新基 $\boldsymbol{B}_1$ 的最优区间$[\underline{\mu}_{\boldsymbol{B}_1}, \overline{\mu}_{\boldsymbol{B}_1}]$，其中$\underline{\mu}_{\boldsymbol{B}_1} = \overline{\mu}_{\boldsymbol{B}}$. 如此进行下去，直到某 $\overline{\mu}_{\boldsymbol{B}_k} = +\infty$ (或达到某个预定范围)或判定当 μ 超过某值时问题无可行解为止.

对于 $\mu < \underline{\mu}_{\boldsymbol{B}}$ (设$\underline{\mu}_{\boldsymbol{B}} > -\infty$)的情形，可作类似讨论(见习题 6.2 第 3 题).

例 2 求解下列参数线性规划问题：

$$\begin{aligned}
\min \quad & f = x_1 + 3x_2 + 3x_3 - 5x_4 + x_5 + 3x_6, \\
\text{s.t.} \quad & x_1 + 2x_3 + x_4 - x_6 = -1 + 3\mu, \\
& x_2 + x_3 + x_5 + x_6 = -2 + \mu, \\
& x_4 + x_5 + 2x_6 = -3 + 2\mu, \\
& x_j \geqslant 0 \quad (j = 1,2,\cdots,6).
\end{aligned}$$

解 由于没有明显的初始可行基或正则基，故采用两阶段法. 先解如下辅助问题：

$$\begin{aligned}
\min \quad & z = y_1 + y_2 + y_3, \\
\text{s.t.} \quad & -x_1 - 2x_3 - x_4 + x_6 + y_1 = 1 - 3\mu, \\
& -x_2 - x_3 - x_5 - x_6 + y_2 = 2 - \mu, \\
& -x_4 - x_5 - 2x_6 + y_3 = 3 - 2\mu, \\
& x_j \geqslant 0\ (j = 1,2,\cdots,6), \quad y_i \geqslant 0\ (j = 1,2,3).
\end{aligned}$$

取人造基 $\boldsymbol{B}_1 = (\boldsymbol{p}_7, \boldsymbol{p}_8, \boldsymbol{p}_9)$ 为初始基，对应单纯形表如表 6-21 所示.

表 6-21

			x_1	x_2	x_3	x_4	x_5	x_6	y_1	y_2	y_3
z	6	−6	−1	−1	−3	−2	−2	−2	0	0	0
f	0	0	−1	−3	−3	5	−1	−3	0	0	0
y_1	1	−3	-1^{*}	0	−2	−1	0	1	1	0	0
y_2	2	−1	0	−1	−1	0	−1	−1	0	1	0
y_3	3	−2	0	0	0	−1	−1	−2	0	0	1

在表 6-21 中，z 行的检验数全部非正. 按公式(6.34),(6.35) 得出：

$$\underline{\mu}_{\boldsymbol{B}_1} = -\infty,$$

$$\overline{\mu}_{\boldsymbol{B}_1} = \min\left\{-\frac{1}{-3}, -\frac{2}{-1}, -\frac{3}{-2}\right\} = \frac{1}{3}.$$

即知，当 $-\infty < \mu \leqslant \frac{1}{3}$ 时，$\boldsymbol{B}_1$ 为辅助问题的最优基. 对应目标函数值：

$$(\min \quad z = 6 - 6\mu) \neq 0.$$

故此时原问题无可行解.

接着考查 $\mu > \frac{1}{3}$ 的情形.

由 $\overline{\mu}_{\boldsymbol{B}_1} = -\frac{b_{10}}{b_{10}^*}$，确定 y_1 离基. 按对偶单纯形迭代规则，确定进基变量为 x_1. 以 $b_{11} = -1$ 为枢元作旋转变换，得新基 $\boldsymbol{B}_2 = (\boldsymbol{p}_1, \boldsymbol{p}_8, \boldsymbol{p}_9)$ 及对应单纯形表如表 6-22.

表 6-22

			x_1	x_2	x_3	x_4	x_5	x_6	y_1	y_2	y_3
z	5	-3	0	-1	-1	-1	-2	-3	-1	0	0
f	-1	3	0	-3	-1	6	-1	-4	-1	0	0
x_1	-1	3	1	0	2	1	0	-1	-1	0	0
y_2	2	-1	0	-1	-1	0	-1	-1	0	1	0
y_3	3	-2	0	0	0	-1^*	-1	-2	0	0	1

按公式(6.34),(6.35) 得出

$$\underline{\mu}_{\boldsymbol{B}_2} = \frac{1}{3}, \quad \overline{\mu}_{\boldsymbol{B}_2} = \frac{3}{2},$$

即知，当 $\frac{1}{3} \leqslant \mu \leqslant \frac{3}{2}$ 时，$\boldsymbol{B}_2$ 为辅助问题的最优基. 对应目标函数值

$$(\min \quad z = 5 - 3\mu) \neq 0.$$

故此时原问题仍无可行解.

再考查 $\mu > \frac{3}{2}$ 的情形.

由 $\overline{\mu}_{\boldsymbol{B}_2} = -\frac{b_{30}}{b_{30}^*}$，确定 y_3 离基. 按对偶单纯形法迭代一次，得新基 $\boldsymbol{B}_3 = (\boldsymbol{p}_1, \boldsymbol{p}_8, \boldsymbol{p}_4)$ 及对应单纯形表如表 6-23.

表 6-23

			x_1	x_2	x_3	x_4	x_5	x_6	y_1	y_2	y_3
z	2	−1	0	−1	−1	0	−1	−1	−1	0	−1
f	17	−9	0	−3	−1	0	−7	−16	−1	0	6
x_1	2	1	1	0	2	0	−1	−3	−1	0	1
y_2	2	−1	0	-1^*	−1	0	−1	−1	0	1	0
x_4	−3	2	0	0	0	1	1	2	0	0	−1

再算出：

$$\underline{\mu}_{B_3} = \frac{3}{2}, \quad \overline{\mu}_{B_3} = 2.$$

即知，当$\frac{3}{2} \leqslant \mu \leqslant 2$时，$B_3$ 为辅助问题的最优基. 对应目标函数值

$$(\min \quad z = 2-\mu)\begin{cases} \neq 0, & 当\frac{3}{2} \leqslant \mu < 2, \\ = 0, & 当 \mu = 2. \end{cases}$$

于是得知，当 $\mu < 2$ 时，原问题无可行解；当 $\mu = 2$ 时，原问题有可行解. 但表 6-23 的基变量中有人工变量 y_2，故应再迭代一次. 选取 $b_{22}(=-1)$ 为枢元，经旋转变换得新基 $B_4 = (p_1, p_2, p_4)$ 及对应单纯形表如表 6-24.

表 6-24

			x_1	x_2	x_3	x_4	x_5	x_6	y_1	y_2	y_3
z	0	0	0	0	0	0	0	0	−1	−1	−1
f	11	−6	0	0	2	0	−4	−13	−1	−3	6
x_1	2	1	1	0	2	0	−1	−3	−1	0	1
x_2	−2	1	0	1	1^*	0	1	1	0	−1	0
x_4	−3	2	0	0	0	1	1	2	0	0	−1

再算出：

$$\underline{\mu}_{B_4} = 2, \quad \overline{\mu}_{B_4} = +\infty.$$

即知，当 $\mu \geqslant 2$ 时，表 6-22 的对应基 B_4 是辅助问题的最优基，且对应的 $\min z = 0$. 至此得出原问题的基可行解：

$$x_1 = 2+\mu, \quad x_2 = -2+\mu, \quad x_4 = -3+2\mu, \quad x_3 = x_5 = x_6 = 0.$$

但它还不是正则解.

将表 6-24 中 z 的对应行和人工变量 y_1,y_2,y_3 的对应列去掉，便是原问题的初始单纯形表. 然后按原单纯形法迭代一次，得新基 $\boldsymbol{B}_5=(\boldsymbol{p}_1,\boldsymbol{p}_3,\boldsymbol{p}_4)$ 及对应单纯形表如表 6-25.

表 6-25

			x_1	x_2	x_3	x_4	x_5	x_6
f	15	-8	0	-2	0	0	-6	-15
x_1	6	-1	1	-2^*	0	0	-3	-5
x_3	-2	1	0	1	1	0	1	1
x_4	-3	2	0	0	0	1	1	2

表 6-25 中，检验数已全部非正. 再按公式(6.34),(6.35) 算出

$$\underline{\mu}_{\boldsymbol{B}_5}=2,\quad \overline{\mu}_{\boldsymbol{B}_5}=6.$$

即知，当 $2\leqslant\mu\leqslant 6$ 时，表 6-25 对应基解

$$x_1=6-\mu,\quad x_3=-2+\mu,\quad x_4=-3+2\mu,\quad x_2=x_5=x_6=0$$

是原问题的最优解. 对应最优值为 $15-8\mu$.

再考查 $\mu>6$ 的情形.

由 $\overline{\mu}_{\boldsymbol{B}_5}=-\dfrac{b_{10}}{b_{10}^*}$，确定 x_1 离基. 按对偶单纯形法迭代一次，得新基 $\boldsymbol{B}_6=(\boldsymbol{p}_2,\boldsymbol{p}_3,\boldsymbol{p}_4)$ 及对应单纯形表如表 6-26.

表 6-26

			x_1	x_2	x_3	x_4	x_5	x_6
f	9	-7	-1	0	0	0	-3	-10
x_2	-3	$\frac{1}{2}$	$-\frac{1}{2}$	1	0	0	$\frac{3}{2}$	$\frac{5}{2}$
x_3	1	$\frac{1}{2}$	$\frac{1}{2}$	0	1	0	$-\frac{1}{2}$	$-\frac{3}{2}$
x_4	-3	2	0	0	0	1	1	2

算出：

$$\underline{\mu}_{\boldsymbol{B}_6}=6,\quad \overline{\mu}_{\boldsymbol{B}_6}=+\infty,$$

即知，当 $\mu\geqslant 6$ 时，表 6-26 对应基解

$$x_2=-3+\frac{\mu}{2},\quad x_3=1+\frac{\mu}{2},\quad x_4=-3+2\mu,\quad x_1=x_5=x_6=0$$

是原问题的最优解. 对应最优值为 $9-7\mu$. 计算到此结束.

总结解算结果如下：

当 $\mu<2$ 时，问题无可行解.

当 $2\leqslant\mu\leqslant 6$ 时，问题有最优解

$$(6-\mu,0,-2+\mu,-3+2\mu,0,0)^{\mathrm{T}},$$

对应最优值为 $f^*(\mu)=15-8\mu$.

当 $\mu\geqslant 6$ 时，问题有最优解

$$\left(0,-3+\frac{\mu}{2},1+\frac{\mu}{2},-3+2\mu,0,0\right)^{\mathrm{T}},$$

对应最优值为 $f^*(\mu)=9-7\mu$.

习　题　6.2

1. 对目标函数表达式含参数的线性规划问题(6.14)，讨论：当 $\rho<\underline{\rho}_{\boldsymbol{B}}$ ($\underline{\rho}_{\boldsymbol{B}}>-\infty$) 时，最优解和最优值的变化情况.

2. 对于问题(6.26)，得出最优区间 $[\underline{\mu}_{\boldsymbol{B}},\overline{\mu}_{\boldsymbol{B}}]$ 后，设在 $\mu>\overline{\mu}_{\boldsymbol{B}}$ 时，经对偶单纯形法迭代一次得出了新正则解 $\boldsymbol{x}^{(1)}$. 证明：当 $\mu=\overline{\mu}_{\boldsymbol{B}}$ 时，$\boldsymbol{x}^{(1)}$ 是问题(6.26)的最优解；当 $\mu<\overline{\mu}_{\boldsymbol{B}}$ 时，$\boldsymbol{x}^{(1)}$ 是非可行解.

3. 对约束方程常数项含参数的线性规划问题(6.26)，讨论：当 $\mu<\underline{\mu}_{\boldsymbol{B}}$ ($\underline{\mu}_{\boldsymbol{B}}>-\infty$) 时，最优解和最优值的变化情况.

4. 考虑下列含参数线性规划问题：

$$\begin{aligned}\max\quad & z=(8+\rho)x_1+(24-2\rho)x_2,\\ \text{s.t.}\quad & x_1+2x_2\leqslant 10,\\ & 2x_1+x_2\leqslant 10,\\ & x_1,x_2\geqslant 0,\end{aligned}$$

其中 $0\leqslant\rho\leqslant 10$. 讨论最优解和最优值随参数 ρ 的变化情况.

5. 考虑下列含参数线性规划问题：

$$\begin{aligned}\max\quad & z=21x_1+12x_2+18x_3+15x_4,\\ \text{s.t.}\quad & 6x_1+3x_2+6x_3+3x_4\leqslant 30+\mu,\\ & 6x_1-3x_2+12x_3+6x_4\leqslant 78-\mu,\\ & 9x_1+3x_2-6x_3+9x_4\leqslant 135-2\mu,\\ & x_i\geqslant 0\quad(i=1,2,3,4).\end{aligned}$$

其中 $0\leqslant\mu\leqslant 20$. 讨论最优解和最优值随参数 μ 的变化情况.

6. 研究下列含参数线性规划问题的最优解和最优值随参数 θ $(-\infty<\theta<+\infty)$ 的变化情况：

$$
\begin{aligned}
\max \quad & z=(4-10\theta)x_1+(8-4\theta)x_2, \\
\text{s.t.} \quad & x_1+x_2\leqslant 4, \\
& 2x_1+x_2\leqslant 3-\theta, \\
& x_1,x_2\geqslant 0.
\end{aligned}
$$

本章小结

本章介绍了线性规划的灵敏度分析方法，即当线性规划问题中部分数据发生变化时，分析最优解和最优值如何变化. 本章还介绍了两种含参数的线性规划问题的求解方法. 对本章的学习有如下要求：

1. 理解灵敏度分析的意义. 会讨论当目标函数表达式中的系数变化时或当约束条件的常数项变化时最优解和最优值的变化.

2. 了解当约束条件的系数列向量变化时如何分析最优解和最优值的变化；了解当追加新变量或追加新约束条件时如何分析最优解和最优值的变化.

3. 了解目标函数表达式含参数或约束条件常数项含参数的线性规划问题的求解方法.

复习题

1. 对下列线性规划问题：

$$
\begin{aligned}
\min \quad & f=5x_1-5x_2-13x_3, \\
\text{s.t.} \quad & -x_1+x_2+3x_3\leqslant 20, \\
& 12x_1+4x_2+10x_3\leqslant 90, \\
& x_j\geqslant 0 \quad (j=1,2,3),
\end{aligned}
$$

先用单纯形法求出最优解，再就下列各种情况分别分析最优解的变化：

(1) 第二个约束条件的常数项由 90 变为 70.

(2) 目标函数表达式中 x_3 的系数由 -13 变为 -8.

(3) 变量 x_1 的系数列向量由 $\begin{pmatrix}-1\\12\end{pmatrix}$ 变为 $\begin{pmatrix}0\\5\end{pmatrix}$.

(4) 变量 x_2 的系数列向量由 $\begin{pmatrix}1\\4\end{pmatrix}$ 变为 $\begin{pmatrix}2\\5\end{pmatrix}$.

(5) 追加约束条件：$2x_1 + 3x_2 + 5x_3 \leqslant 50$.

2. 某厂生产 Ⅰ,Ⅱ,Ⅲ 三种产品，分别经过 A,B,C 三种设备加工. 已知生产各种产品每单位所需的设备台时、设备的现有加工能力和每件产品的预期利润如表 6-27 所示.

表 6-27

每单位产品所需设备台时 设备 \ 产品	Ⅰ	Ⅱ	Ⅲ	设备能力 / 台时
A	1	1	1	100
B	10	4	5	600
C	2	2	6	300
单位产品利润 / 元	10	6	4	

(1) 求获利最大的产品生产计划.

(2) 产品 Ⅲ 每件利润增加到多大时才值得安排生产？如产品 Ⅲ 每件利润增加到 50/6 元，求最优计划的变化.

(3) 产品 Ⅰ 的利润在多大范围内变化时，原最优计划保持不变.

(4) 设备 A 的能力如为 $100 + 10\theta$，确定保持最优基不变的 θ 的变化范围.

(5) 如有一种新产品，加工一件需设备 A,B,C 的台时各为 1,4,3 小时，预期每件的利润为 8 元，是否值得安排生产.

(6) 如合同规定该厂至少生产 10 件产品 Ⅲ，试确定最优计划的变化.

3. 考虑 1.1 节例 1 中的具体资源利用问题. 在 3.2 节例 1 中已经得出了此问题的最优生产方案. 今要求研究下面几个问题：

(1) 厂方打算投产两种新产品 C 和 D，已知生产 C 每公斤需耗煤 3 吨，耗电 6 百度，用工 8 个劳动日；生产 D 每公斤耗煤 12 吨、电 3 百度、劳动日 4 个. 产品 C 和 D 每公斤的利润分别是 1 000 元和 800 元. 试分别考虑 C,D 投产对厂方是否有利？若有利，试确定新的最优生产计划.

(2) 厂方需增加考虑流动资金的限制条件. 设该厂只有总额为 15 000 元的流动资金用于产品 A,B 的生产，而生产产品 A,B 分别需流动资金 500 元 / 公斤和 300 元 / 公斤. 试确定新的最优生产计划. 由于流动资金不充足，将给工厂带来多大损失？

(3) 若厂方打算通过增加煤或电的供给量以提高总利润，那么最佳决策是增加煤还是增加电？为什么？

4. 求解参数线性规划问题：

$$\begin{aligned}
\min\quad & f=-(1+\rho)x_1+(1-\rho)x_2,\\
\text{s.t.}\quad & x_1+x_2+x_3=3,\\
& x_1-2x_2+x_4=1,\\
& -2x_1+x_2+x_5=2,\\
& x_j\geqslant 0\quad (j=1,2,\cdots,5).
\end{aligned}$$

5. 求解参数线性规划问题：

$$\begin{aligned}
\min\quad & f=3x_1+4x_2+5x_3-x_4,\\
\text{s.t.}\quad & -2x_1-x_3+2x_4\leqslant 1-\mu,\\
& x_2+x_3+2x_4\leqslant 2-\mu,\\
& x_1-x_3+x_4\leqslant 1-2\mu,\\
& x_j\geqslant 0\quad (j=1,2,3,4).
\end{aligned}$$

6. 考虑线性规划问题：

$$\begin{aligned}
\min\quad & f=2x_1+x_2+3x_3,\\
\text{s.t.}\quad & 3x_1+x_2+x_3=3,\\
& 4x_1+3x_2+2x_3\geqslant 6,\\
& x_1+2x_2+5x_3\leqslant 3,\\
& x_1,x_2,x_3\geqslant 0.
\end{aligned}$$

(1) 用单纯形法求其最优解.

(2) 假设目标函数变为

$$\min\quad f=(2-\theta)x_1+(1-3\theta)x_2+(3-\theta)x_3,$$

试研究最优解随 θ ($\theta\geqslant 0$) 的变化情况.

(3) 假定约束条件的常数项变为

$$(3,6,3)^{\mathrm T}+\theta(3,2,4)^{\mathrm T},$$

研究最优解随 θ ($\theta\geqslant 0$) 的变化情况.

(4) 若同时发生(2),(3) 的变化，研究最优解随 θ ($\theta\geqslant 0$) 的变化情况.

(5) 假定约束条件中 x_3 的系数变为

$$(1-2\theta,2+5\theta,5-3\theta)^{\mathrm T},$$

其中参数 $\theta\geqslant 0$，试确定使原最优解保持不变的 θ 值的范围.

第七章　整数线性规划

前面讨论的线性规划问题，决策变量都是连续变量，其最优解可以出现分数或小数．但在实际问题中，有时要求决策变量只取整数值，如果在解中出现分数或小数就不合要求．要求决策变量取整数值的数学规划问题称为**整数规划问题**．如果只要求部分变量而不是全部变量取整数值，称为**混合整数规划问题**．如果要求全部变量都取整数值，称为**完全整数规划问题**(或称**纯整数规划问题**)．在应用中有大量的整数规划问题要求决策变量只取 0,1 两个值，这种特殊类型的整数规划问题称为 **0-1 规划问题**．

现在，我们在线性规划模型的基础上增加整数限制，即讨论如下问题：

$$\left.\begin{aligned} \min \quad & x_0 = \boldsymbol{cx}, \\ \text{s.t.} \quad & \boldsymbol{Ax} = \boldsymbol{b}, \\ & \boldsymbol{x} \geqslant \boldsymbol{0} \text{ 且只取整数值.} \end{aligned}\right\} \tag{7.1}$$

称(7.1)为**整数线性规划问题**．

如何求解问题(7.1)，一个很自然的想法是先不考虑整数限制，求解对应线性规划问题(称为(7.1)的**伴随问题**或称**松弛问题**)：

$$\left.\begin{aligned} \min \quad & x_0 = \boldsymbol{cx}, \\ \text{s.t.} \quad & \boldsymbol{Ax} = \boldsymbol{b}, \\ & \boldsymbol{x} \geqslant \boldsymbol{0}. \end{aligned}\right\} \tag{7.2}$$

得出(7.2)的最优解后，经舍入归整，作为(7.1)的解．但是，这种做法可能失效．

例　对于如下整数线性规划问题：

$$\begin{aligned} \max \quad & z = 5x_1 + 8x_2, \\ \text{s.t.} \quad & x_1 + x_2 \leqslant 6, \\ & 5x_1 + 9x_2 \leqslant 45, \\ & x_1, x_2 \text{ 为非负整数.} \end{aligned}$$

易知它的伴随问题的最优解为 $\boldsymbol{x}^{(0)} = \left(\frac{9}{4}, \frac{15}{4}\right)^{\mathrm{T}}$，对应目标函数值 $z(\boldsymbol{x}^{(0)}) = 41.25$．经四舍五入，得 $\boldsymbol{x}^{(1)} = (2,4)^{\mathrm{T}}$．但 $\boldsymbol{x}^{(1)}$ 非可行解(见图 7-1)，因它不

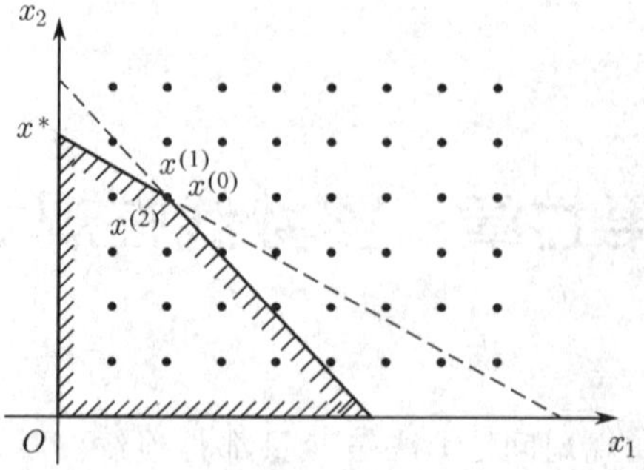

图 7-1

满足条件：$5x_1+9x_2\leqslant 45$. 若采取舍位归整，则得 $\boldsymbol{x}^{(2)}=(2,3)$. $\boldsymbol{x}^{(2)}$ 虽满足全部约束条件，但它不是原问题的最优解. 因如令 $\boldsymbol{x}^*=(0,5)^{\mathrm{T}}$，易知 $\boldsymbol{x}^*$ 是原问题的可行解，且 $z(\boldsymbol{x}^*)=40$，而 $z(\boldsymbol{x}^{(2)})=34$.

这说明，有必要针对整数线性规划问题建立专门的解法. 本章将介绍求解整数线性规划的几种常用方法：割平面法，分枝定界法和隐枚举法.

7.1 几个典型的整数线性规划问题

在数学规划的每一个实际应用领域里，都会出现整数规划模型. 为了能初步理解整数线性规划模型的实用意义，本节将介绍几个在管理决策中起过重要作用的整数线性规划问题.

1. 投资问题与背包问题

考虑下述投资问题：

今有一笔资金，设金额为 b 个单位. 可以投资的发展项目有 n 个，要求对每个发展项目的投资单位数必须是非负整数. 设对第 j 个发展项目每投资一单位可得利润 c_j 元. 问如何投资才能使总利润最大？

令 x_j 表示对第 j 个发展项目的投资数量，则上述问题的数学模型是

$$\left.\begin{aligned}\max\quad & z=\sum_{j=1}^{n}c_jx_j,\\ \text{s.t.}\quad & \sum_{j=1}^{n}x_j\leqslant b,\\ & x_j\geqslant 0\text{ 且为整数}(j=1,2,\cdots,n).\end{aligned}\right\}\tag{7.3}$$

著名的背包问题具有与(7.3)相类似的数学模型．**背包问题**的提法是：

有一徒步旅行者要带一背包，设对背包总重量限制为 b 公斤，今有 n 种物品可供选择装入背包，已知第 j 种物品每件重量为 a_j 公斤，使用价值为 c_j，问该旅行者应如何选取这些物品，使得总价值最大？

令 x_j 表示第 j 种物品的装入件数，则上述问题的数学模型是

$$\left.\begin{aligned}&\max \quad z=\sum_{j=1}^{n} c_j x_j,\\&\text{s.t.} \quad \sum_{j=1}^{n} a_j x_j \leqslant b,\\&\qquad x_j \geqslant 0 \text{ 且为整数}(j=1,2,\cdots,n).\end{aligned}\right\} \tag{7.4}$$

如果在投资问题中，对一个发展项目只考虑两种决策：要么投资，要么不投资．已知，对第 j 个项目如果投资，所花资金额为 a_j．这时投资问题的数学模型是一个 0-1 规划问题：

$$\left.\begin{aligned}&\max \quad z=\sum_{j=1}^{n} c_j x_j,\\&\text{s.t.} \quad \sum_{j=1}^{n} a_j x_j \leqslant b,\\&\qquad x_j = 0 \text{ 或 } 1 \quad (j=1,2,\cdots,n).\end{aligned}\right\} \tag{7.5}$$

在背包问题中，如果每种物品只有一件，或者说，对每种物品只有“带”或“不带”的选择，则背包问题的数学模型也是一个 0-1 规划模型，与(7.5)一致．

如果对上述投资问题(7.5)再加以扩充，考虑 m 种资源对 n 个发展项目的投资，设第 i 种资源的总量为 b_i，第 j 个项目对第 i 种资源的需要量是 a_{ij}，则数学模型为

$$\left.\begin{aligned}&\max \quad z=\sum_{j=1}^{n} c_j x_j,\\&\text{s.t.} \quad \sum_{j=1}^{n} a_{ij} x_j \leqslant b_i \quad (i=1,2,\cdots,m),\\&\qquad x_j = 0 \text{ 或 } 1 \quad (j=1,2,\cdots,n).\end{aligned}\right\} \tag{7.6}$$

如果在背包问题中再增加体积的限制(即所谓**二维背包问题**)，设背包总体积被限制不超过 d 立方米，并设第 i 种物品每件的体积为 v_i 立方米，则此二维背包问题的数学模型是

$$\left.\begin{aligned} \max \quad & z = \sum_{j=1}^{n} c_j x_j, \\ \text{s. t.} \quad & \sum_{j=1}^{n} a_j x_j \leqslant b, \\ & \sum_{j=1}^{n} v_j x_j \leqslant d, \\ & x_j \geqslant 0 \text{ 且为整数} (j = 1,2,\cdots,n). \end{aligned}\right\} \tag{7.7}$$

2. 旅行推销员问题与生产顺序表问题

旅行推销员问题又名**货郎担问题**，它的提法是：

有一推销员，从城市 V_0 出发，要遍访 $V_1, V_2, \cdots, V_n$ 城各一次，最后返回 V_0. 已知从 V_i 到 V_j 的旅费为 c_{ij}，问他应按怎样的次序访问这些城市，使得总旅费最少？

令变量

$$x_{ij} = \begin{cases} 1, & \text{如果推销员从 } V_i \text{ 到 } V_j, \\ 0, & \text{如不然}. \end{cases}$$

则问题的数学模型可表示为如下的混合整数线性规划问题：

$$\min \quad f = \sum_{i=0}^{n} \sum_{j=0}^{n} c_{ij} x_{ij}, \tag{7.8a}$$

$$\text{s. t.} \quad \sum_{i=0}^{n} x_{ij} = 1 \quad (j = 0,1,\cdots,n), \tag{7.8b}$$

$$\sum_{j=0}^{n} x_{ij} = 1 \quad (i = 0,1,\cdots,n), \tag{7.8c}$$

$$u_i - u_j + n x_{ij} \leqslant n - 1 \quad (i,j = 1,2,\cdots,n;\ i \neq j), \tag{7.8d}$$

$$x_{ij} = 0 \text{ 或 } 1 \quad (i,j = 0,1,\cdots,n), \tag{7.8e}$$

$$u_i \text{ 为实数} \quad (i = 1,2,\cdots,n), \tag{7.8f}$$

其中，第一组约束条件(7.8b)表示各城恰好进入一次，第二组约束条件(7.8c)表示各城恰好离开一次，第三组约束条件(7.8d)用以防止出现多于一个的互不连通的回路. 例如，对于 6 个城市($n = 5$)的货郎担问题，若令

$$x_{01} = x_{12} = x_{20} = 1, \quad x_{34} = x_{45} = x_{53} = 1, \quad \text{其他 } x_{ij} = 0,$$

即取如图 7-2 所示的两个互不连接的子回路. 这样的一组$\{x_{ij}\}$，满足约束条件(7.8b)和(7.8c)，但不满足约束条件(7.8d). 因由

$$u_3 - u_4 + 5 \leqslant 4, \quad u_4 - u_5 + 5 \leqslant 4, \quad u_5 - u_3 + 5 \leqslant 4$$

将导致 $5 \leqslant 4$ 的矛盾.

可以一般地证明：条件(7.8d)既能防止不连通回路的出现，又不会排除任何符合要求的回路(见习题7.1第4题).

在管理、调度等方面有许多问题都可抽象成形如(7.8)的模型. 如下述**生产顺序表问题**：

要在一台机器上安排n项作业的生产任务，要求从机器的初始安装状态启动，完成各项作业后再恢复到初始状态. 设该机器在完成第i项作业后紧接着做第j项作业所需费用为c_{ij}，问应怎样安排作业顺序，使总费用最低？

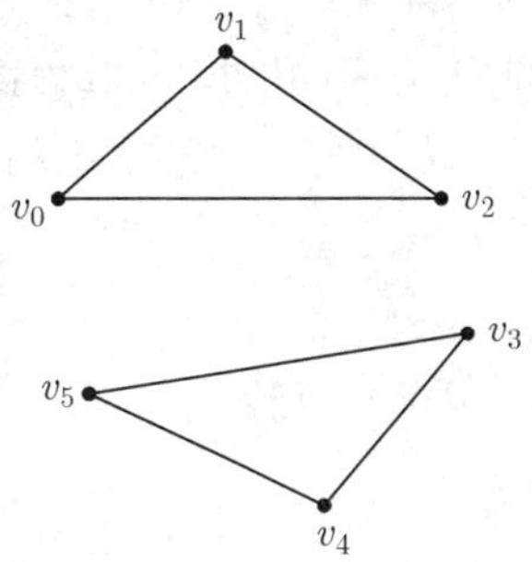

图 7-2

这里的"机器"相当于货郎担问题中的"推销员"，这里的"作业"相当于货郎担问题中的"城市"，机器完成各项作业后恢复到初始状态，相当于推销员遍访各城后回到出发点. 因此，上述生产顺序表问题的数学模型与货郎担问题的数学模型一致.

3. 仓库选配问题

某供应中心的经理要决定在m个仓库中选用若干个调出货物以满足n个用户的需求. 已知当第i个仓库被动用时其固定经营费为a_i，从仓库i到用户j的单位货物运输费是c_{ij}，仓库i的货物储存量是b_i，用户j对货物的需要量是d_j. 问经理应如何决策，动用哪些仓库和各仓库到各用户运多少货物，才能既满足用户需要，又使总费用(包括经营费和运输费)最低？

令变量

$$y_i = \begin{cases} 1, & \text{当第 } i \text{ 个仓库被动用}, \\ 0, & \text{当第 } i \text{ 个仓库不被动用}. \end{cases}$$

令变量x_{ij}表示从仓库i运送给用户j的货物量. 则上述**仓库选配问题**的数学模型是

$$\left.\begin{aligned} \min \quad & f = \sum_{i=1}^{m}\sum_{j=1}^{n} c_{ij}x_{ij} + \sum_{i=1}^{m} a_i y_i, \\ \text{s.t.} \quad & \sum_{i=1}^{m} x_{ij} = d_j \quad (j = 1,2,\cdots,n), \\ & \sum_{j=1}^{n} x_{ij} - b_i y_i \leqslant 0 \quad (i = 1,2,\cdots,m), \\ & x_{ij} \geqslant 0 \quad (i = 1,2,\cdots,m;\ j = 1,2,\cdots,n), \\ & y_i = 0 \text{ 或 } 1 \quad (i = 1,2,\cdots,m). \end{aligned}\right\} \qquad (7.9)$$

其中，第一组约束条件表示每个用户的需求必须满足，第二组约束条件表示只能从动用的仓库运出货物且运出量不超过其储存量. 因为，当仓库 i 不被动用时，$y_i = 0$，第二组约束条件化为

$$\sum_{j=1}^{n} x_{ij} \leqslant 0,$$

这表明没有货物从仓库 i 运出；当仓库 i 被动用时，$y_i = 1$，第二组约束条件化为

$$\sum_{j=1}^{n} x_{ij} \leqslant b_i,$$

这表明从仓库 i 运出的货物总量不超过它的储存量.

这个问题也是一个混合整数线性规划问题.

习 题 7.1

1. 考查下列整数线性规划问题：

$$\begin{aligned} \max \quad & z = 3x_1 + 2x_2, \\ \text{s.t.} \quad & 2x_1 + 3x_2 \leqslant 14, \\ & 2x_1 + x_2 \leqslant 9, \\ & x_1 \geqslant 0,\ x_2 \geqslant 0. \end{aligned}$$

问能否通过求解对应伴随问题然后凑整的办法得出最优解？

2. 试建立下述问题的数学模型：

现在要将 6 种不同类型的货物装到一艘货船上. 货物以件为单位(装到船上的各种货物件数只能取整数). 各种类型货物的单位重量、单位体积、单位价值、冷藏要求、可燃性指数等由表 7-1 给出. 该船可以装载的总重量为 40 万公斤，总体积为 5 万立方米，可以冷藏的总体积为 1 万立方米，允许可燃性指数的总和不超过 750. 目标是希望装载货物的总价值最大，应如何装载？

表 7-1

货物类型号	单位重量 /公斤	单位体积 /立方米	冷藏要求	可燃性指数	单位价值 / 元
1	20	1	需要	0.1	5
2	5	2	不要	0.2	10
3	10	3	不要	0.4	15
4	12	4	需要	0.1	10
5	25	5	不要	0.3	25
6	50	6	不要	0.9	20

3. 某公司制造小、中、大三种尺寸的金属容器，所用资源为金属板、劳力和机器. 制造一只容器所需各种资源的数量如表 7-2 所示. 不考虑固定费用时，三种容量每只利润分别为 4,5,6 元. 可提供的资源数量为：金属板 500 张，劳力 300 个工，机器 100 台时. 各种容器当其制造量大于零时，要支付一笔固定费用：小号是 100 元，中号是 150 元，大号是 200 元. 要求制定一个生产计划，使总利润最大. 试建立此问题的数学模型.

表 7-2

每只容器的资源消耗量 \ 资源 \ 容器型号	小号	中号	大号
金属板 / 张	2	4	8
劳力 / 工	2	3	4
机器 / 台时	1	2	3

4. 证明：旅行推销员问题的数学模型(7.8)中的第三组约束能够防止多于一个的互不连通的回路出现，同时又不会排除任何符合问题要求的回路.

7.2 割平面法

割平面法求解整数线性规划问题(7.1)的基本思想是：先不考虑整数限制，用单纯形法求出松弛问题(7.2)的最优解 $\boldsymbol{x}^{(0)}$，若 $\boldsymbol{x}^{(0)}$ 是整数解，则它也是原问题(7.1)的最优解. 若 $\boldsymbol{x}^{(0)}$ 非整数解，则添加一个线性约束条件，按其几何意义称之为割平面，用它把 $\boldsymbol{x}^{(0)}$ 切除掉，(7.2)的可行域随之被切去一块，但保留此可行域中一切整数可行解，如此得到新的松弛问题. 再求出新松弛问题的最优解 $\boldsymbol{x}^{(1)}$. 若 $\boldsymbol{x}^{(1)}$ 是整数解，则它便是原问题(7.1)的最优解. 若 $\boldsymbol{x}^{(1)}$ 仍非整数解，再引进割平面，即重复上述做法. 如此反复切割，即反复修剪松弛问题的可行域，最终使得原问题(7.1)的最优解成为某个松弛问题可行域的极点，并且是该松弛问题的最优解，即达到整数最优解.

易知，如果松弛问题(7.2)无可行解，则原问题(7.1)也必无可行解；如果(7.2)有可行解，但目标函数在可行域上无下界，则(7.1)（设其中 $\boldsymbol{A},\boldsymbol{b}$ 的元素均为有理数）或者无可行解或者目标函数在可行解集上无下界，即知(7.1)必无最优解(见习题 8.1 第 3 题).

下面来具体介绍建立割平面的一种方法.

设已得出松弛问题(7.2)的最优基可行解 $\boldsymbol{x}^{(0)}$，对应基 $\boldsymbol{B}=(\boldsymbol{p}_{j_1},\boldsymbol{p}_{j_2},\cdots,\boldsymbol{p}_{j_m})$，对应单纯形表 $T(\boldsymbol{B})=(b_{ij})$. 仍以 R 表示相应的非基变量指标集. 这时，约束方程组的典式为

$$x_i+\sum_{j\in R}b_{ij}x_j=b_{i0}\quad(i=1,2,\cdots,m). \tag{7.10}$$

若 $b_{i0}(i=1,2,\cdots,m)$ 全为整数，则 $\boldsymbol{x}^{(0)}$ 已是(7.1)的最优解. 若不然，设有 b_{r0} 非整数. 现在我们来添加一个线性约束条件，使得(7.2)的一切整数可行解都满足该条件，而 $\boldsymbol{x}^{(0)}$ 却不满足该条件. 为此，记

$$f_{r0}=b_{r0}-[b_{r0}], \tag{7.11}$$

其中$[b_{r0}]$表示不超过 b_{r0} 的最大整数. 同样，记

$$f_{rj}=b_{rj}-[b_{rj}]\quad(j\in R). \tag{7.12}$$

则有

$$0<f_{r0}<1,\quad 0\leqslant f_{rj}\leqslant 1\ (j\in R). \tag{7.13}$$

考虑 b_{r0} 对应的约束方程

$$x_{j_r}+\sum_{j\in R}b_{rj}x_j=b_{r0}. \tag{7.14}$$

它可写成

$$x_{j_r}+\sum_{j\in R}[b_{rj}]x_j-[b_{r0}]=f_{r0}-\sum_{j\in R}f_{rj}x_j. \tag{7.15}$$

由(7.13)可知，(7.15)的右端

$$f_{r0}-\sum_{j\in R}f_{rj}x_j\leqslant f_{r0}<1. \tag{7.16}$$

(7.15)的左端，当变量都取整数值时，必为整数. 因此，当变量都取整数值时，(7.15)的右端必为小于1的整数，即有

$$f_{r0}-\sum_{j\in R}f_{rj}x_j\leqslant 0,\text{且为整数}. \tag{7.17}$$

由此可知，(7.2)的整数可行解，亦即(7.1)的可行解，都能满足条件(7.17). 而由 $f_{r0}>0$ 可知，$\boldsymbol{x}^{(0)}$ 不满足条件(7.17). 可见，(7.17)正好符合我们对新添约束的要求. 引进松弛变量 y_r，则条件(7.17)相当于下列约束条件：

$$\left.\begin{aligned}&y_r-\sum_{j\in R}f_{rj}x_j=-f_{r0},\\&y_r\geqslant 0,\text{且为整数}.\end{aligned}\right\} \tag{7.18}$$

方程(7.18)即称为**割平面方程**. (7.18)是从(7.14)导出来的，故称(7.14)是**诱导方程**. 只要诱导方程一选定，便可按(7.18)直接写出对应割平面方程.

从上面的分析可知，原整数线性规划问题(7.1)与如下的整数线性规划

问题是等价的：

$$\left.\begin{aligned} \min \quad & x_0 = \boldsymbol{cx}, \\ \text{s.t.} \quad & \boldsymbol{Ax} = \boldsymbol{b}, \\ & y_r - \sum_{j \in R} f_{rj} x_j = -f_{r0}, \\ & x_i (i = 1, 2, \cdots, n) \text{ 和 } y_r \text{ 均为非负整数.} \end{aligned}\right\} \tag{7.19}$$

对于(7.19)，求解它的对应松弛问题，若其最优解仍非整数解，则按同样的方法添加割平面方程. 如此反复进行，直到某一松弛问题的最优解是整数解(从而是原问题的最优解)，或者某一松弛问题无可行解(从而原问题无可行解). 这一迭代过程必能在有限步结束(证明从略). 于是，求解一个整数线性规划问题就转化为求解有限个一般线性规划问题.

例 求解整数线性规划问题

$$\begin{aligned} \max \quad & z = 7x_1 + 9x_2, \\ \text{s.t.} \quad & -x_1 + 3x_2 \leqslant 6, \\ & 7x_1 + x_2 \leqslant 35, \\ & x_1, x_2 \text{ 是非负整数.} \end{aligned}$$

解 先将原问题化为标准形式：

$$\begin{aligned} \min \quad & x_0 = -7x_1 - 9x_2, \\ \text{s.t.} \quad & -x_1 + 3x_2 + x_3 = 6, \\ & 7x_1 + x_2 + x_4 = 35, \\ & x_1, x_2, x_3, x_4 \text{ 都是非负整数.} \end{aligned}$$

(注：由于本题的不等式约束中的系数和常数项都是整数，因此当 x_1, x_2 取整数值时，松弛变量 x_3, x_4 也必取整数值，如果不等式约束的系数和常数是分数值，可在两端同乘适当倍数，使之化为整数. 否则，所得标准形式是混合整数线性规划问题.)

用单纯形法求得上述问题的对应松弛问题的最优解，对应最优单纯形表如表 7-3.

表 7-3

		x_1	x_2	x_3	x_4
x_0	-63	0	0	$-\frac{28}{11}$	$-\frac{15}{11}$
x_2	$\frac{7}{2}$	0	1	$\frac{7}{22}$	$\frac{1}{22}$
x_1	$\frac{9}{2}$	1	0	$-\frac{1}{22}$	$\frac{3}{22}$

表 7-3 对应基解非整数解. 选取诱导方程

$$x_2+\frac{7}{22}x_3+\frac{1}{22}x_4=\frac{7}{2},$$

对应割平面方程是

$$y_1-\frac{7}{22}x_3-\frac{1}{22}x_4=-\frac{1}{2}.$$

在表 7-3 中添加上述割平面方程的对应行，得表 7-4，即为新松弛问题的初始单纯形表.

表 7-4

		x_1	x_2	x_3	x_4	y_1
x_0	-63	0	0	$-\frac{28}{11}$	$-\frac{15}{11}$	0
x_2	$\frac{7}{2}$	0	1	$\frac{7}{22}$	$\frac{1}{22}$	0
x_1	$\frac{9}{2}$	1	0	$-\frac{1}{22}$	$\frac{3}{22}$	0
y_1	$-\frac{1}{2}$	0	0	$-\frac{7}{22}^{*}$	$-\frac{1}{22}$	1

表 7-4 对应基解不是可行解，但为正则解. 因此，按对偶单纯形法迭代一次，得表 7-5.

表 7-5

		x_1	x_2	x_3	x_4	y_1
x_0	-59	0	0	0	-1	-8
x_2	3	0	1	0	0	1
x_1	$\frac{32}{7}$	1	0	0	$\frac{1}{7}$	$-\frac{1}{7}$
x_3	$\frac{11}{7}$	0	0	1	$\frac{1}{7}$	$-\frac{22}{7}$

表 7-5 是最优解表,但对应基解仍非整数解. 再选取诱导方程

$$x_1+\frac{1}{7}x_4-\frac{1}{7}y_1=\frac{32}{7}.$$

对应割平面方程为

$$y_2-\frac{1}{7}x_4-\frac{6}{7}y_1=-\frac{4}{7}.$$

将此割平面方程的对应行添到表 7-5 中，然后再按对偶单纯形法迭代一

次，得表 7-6.

表 7-6

		x_1	x_2	x_3	x_4	y_1	y_2
x_0	-55	0	0	0	0	-2	-7
x_2	3	0	1	0	0	1	0
x_1	4	1	0	0	0	-1	1
x_3	1	0	0	1	0	-4	1
x_4	4	0	0	0	1	6	-7

表 7-6 是最优解表，且对应基解是整数解. 至此，得出原问题的最优解为 $x_1^* = 4$，$x_2^* = 3$. 最优值为 $z^* = 55$.

上述求解过程中的第一个割平面方程

$$y_1 - \frac{7}{22}x_3 - \frac{1}{22}x_4 = -\frac{1}{2},$$

通过变换关系：

$$x_3 = 6 + x_1 - 3x_2,$$
$$x_4 = 35 - 7x_1 - x_2,$$

可化为

$$y_1 + x_2 = 3.$$

这对于原问题来说，相当于添加了不等式约束：

$$x_2 \leqslant 3.$$

同样，第二个割平面方程

$$y_2 - \frac{1}{7}x_4 - \frac{6}{7}y_1 = -\frac{4}{7}$$

通过变换关系：

$$x_4 = 35 - 7x_1 - x_2,$$
$$y_1 = 3 - x_2,$$

可化为 $x_1 + x_2 + y_2 = 7$. 这相当于不等式约束

$$x_1 + x_2 \leqslant 7.$$

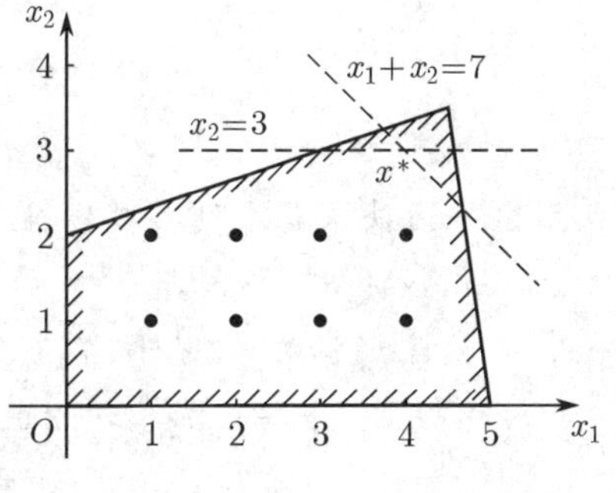

图 7-3

图 7-3 表明这两个“割平面”对可行域所作的切割，由这两次切割产生出整数极点 $\boldsymbol{x}^* = (4,3)^{\mathrm{T}}$，它便是原问题的最优解.

在选取诱导方程时，若有多个 b_{i0} 非整数，选哪一个效果更好呢？下面列出两个经验规则：

规则 1° 取

$$f_{r0}=\max\{f_{i0}\mid i=1,2,\cdots,m\}. \tag{7.20}$$

规则 2° 取

$$f_{r0}=\max\left\{\frac{f_{i0}}{\sum\limits_{j\in R}f_{ij}}\,\middle|\,i=1,2,\cdots,m\right\}. \tag{7.21}$$

按规则 1° 选取，较为简便；按规则 2° 选取，一般说来效果更好些.

现将割平面法的计算步骤概述如下：

用原单纯形法或对偶单纯形法求解(7.1)的对应松弛问题(7.2). 若(7.2)无最优解，则(7.1)无最优解，计算结束. 否则，得出(7.2)的最优解 $\boldsymbol{x}^{(0)}$. 若 $\boldsymbol{x}^{(0)}$ 是整数解，则 $\boldsymbol{x}^{(0)}$ 是(7.1)的最优解，计算结束. 否则，按规则(7.20)或(7.21)选取一个诱导方程

$$x_{j_r}+\sum_{j\in R}b_{rj}x_j=b_{r0},$$

并将对应的割平面约束条件

$$y_r-\sum_{j\in R}f_{rj}x_j=-f_{r0},\quad y_r\geqslant 0$$

添加到松弛问题中，形成新的松弛问题，对它用对偶单纯形法求解，得其最优解 $\boldsymbol{x}^{(1)}$，若 $\boldsymbol{x}^{(1)}$ 是整数解，$\boldsymbol{x}^{(1)}$ 是(7.1)的最优解，计算结束. 否则，重复上述做法.

割平面法是最早出现的求解整数规划的方法. 但现在很少单独使用它来求解整数规划问题. 主要原因是，在一般情况下，割平面法的效率较低，往往要截割很多次才能得出最优解. 此法和其他方法配合使用效果较好.

习 题 7.2

用割平面法求解下列整数线性规划问题：

1.
$$\begin{aligned}\max\quad & z=3x_2,\\ \text{s.t.}\quad & 3x_1+2x_2\leqslant 7,\\ & x_1-x_2\geqslant -2,\\ & x_1,x_2\geqslant 0 \text{ 且为整数}.\end{aligned}$$

2.
$$\begin{aligned}\max\quad & z=4x_1+5x_2+x_3,\\ \text{s.t.}\quad & 3x_1+2x_2\leqslant 10,\\ & x_1+4x_2\leqslant 11,\\ & 3x_1+3x_2+x_3\leqslant 13,\\ & x_j\geqslant 0 \text{ 且为整数}(j=1,2,3).\end{aligned}$$

7.3 分枝定界法

分枝定界法求解问题(7.1)的基本思想如下：

先求解(7.1)的对应松弛问题(7.2). 为叙述方便起见，又记原问题(7.1)为(I_0)，记对应松弛问题为(L_0). 设求得(L_0)的最优解$\boldsymbol{x}^{(0)}$. 若$\boldsymbol{x}^{(0)}$是整数解，则为原问题的最优解. 若$\boldsymbol{x}^{(0)}$非整数解，则有某基分量$x_s^{(0)}$非整数. 由于原问题(I_0)的解的分量x_s的值不可能满足

$$[x_s^{(0)}] < x_s < [x_s^{(0)}] + 1,$$

故可添加约束条件：

$$x_s \leqslant [x_s^{(0)}] \quad 或 \quad x_s \geqslant [x_s^{(0)}] + 1,$$

将(I_0)的可行解集划分成两个子集，相应地将(I_0)划分成两个部分问题：

$$\left.\begin{aligned} \min \quad & x_0 = \boldsymbol{cx}, \\ \text{s.t.} \quad & \boldsymbol{Ax} = \boldsymbol{b}, \\ & x_s \leqslant [x_s^{(0)}], \\ & \boldsymbol{x} \geqslant \boldsymbol{0}, \text{取整数}, \end{aligned}\right\} \qquad (I_1)$$

$$\left.\begin{aligned} \min \quad & x_0 = \boldsymbol{cx}, \\ \text{s.t.} \quad & \boldsymbol{Ax} = \boldsymbol{b}, \\ & x_s \geqslant [x_s^{(0)}] + 1, \\ & \boldsymbol{x} \geqslant \boldsymbol{0}, \text{取整数}. \end{aligned}\right\} \qquad (I_2)$$

然后对每一个部分问题进行探查. 如对(I_1)，求解它的对应松弛问题(L_1)，若出现下列情况之一，则称问题(I_1)已被探明，或者说这一枝已被了解清楚，不用再划分了.

(ⅰ) (L_1)无可行解. 这时(I_1)无可行解，对它再划分已无意义.

(ⅱ) (L_1)有最优解$\boldsymbol{x}^{(1)}$，且$\boldsymbol{x}^{(1)}$是整数解. 这时已得出(I_1)的最优解，因此无需再分. 并且$\boldsymbol{x}^{(1)}$是原问题的一个可行解，因此将$\boldsymbol{x}^{(1)}$和它的对应目标函数值$x_0^{(1)}$记录下来，分别称之为“现有最好解”和“现有最小值”. 若已经有了“现有最好解”和“现有最小值”(计算开始时，可令“现有最好解”为$\varnothing$，令“现有最小值”为∞)，则比较$x_0^{(1)}$和“现有最小值”，若$x_0^{(1)}$比“现有最小值”小，则将“现有最好解”修改为$\boldsymbol{x}^{(1)}$，将“现有最小值”修改为$x_0^{(1)}$.

(ⅲ) (L_1)有最优解$\boldsymbol{x}^{(1)}$，且对应目标函数值$x_0^{(1)}$不比“现有最小值”小. 这样的枝若再分下去，肯定不会得出更好的解来.

当(L_1)的最优解$\boldsymbol{x}^{(1)}$非整数解，且对应目标函数值$x_0^{(1)}$比“现有最小值”小，则应按同样的方法对(I_1)进行划分.

一个部分问题，如果它没有被探明，也没有被划分，就称为是一个活问题.计算开始时，只有原问题(I_0)是活问题.只要有活问题，就应选取一个活问题进行探查，探查结果，或者被探明，或者再划分为两个新的活问题.如此反复进行探查和划分，直到没有活问题为止.最后得出的“现有最好解”和“现有最小值”便是原问题的最优解和最优值.

现在把**分枝定界法**的具体步骤叙述如下：

步骤1（开始） 令原问题(I_0)为活问题，现有最好解为$\varnothing$，现有最小值为∞.解(I_0)的对应松弛问题(L_0).若(L_0)有可行解，但目标函数在可行域上无下界，这时原问题(I_0)必无最优解，解算结束.否则，接下步.（注：以后的各部分问题的对应松弛问题不会出现目标函数无下界的情况，因否则必将导致(L_0)的目标函数无下界.）

步骤2（选取活问题） 检查是否有活问题.若没有，转步骤5；若有，选取一个活问题(I_k)，并接步骤3.

步骤3（探查） 检查对应松弛问题(L_k)的求解结果，有如下4种情形：

(1) 若(L_k)无可行解，则(I_k)已探明（称这种情形为不可行了解），返回步骤2.

(2) 若(L_k)的最优值$x_0^{(k)} \geqslant$现有最小值，则(I_k)已探明（称这种情形为界限值了解），返回步骤2.

(3) 若$x_0^{(k)} <$现有最小值，且(L_k)的最优解$\boldsymbol{x}^{(k)}$是整数解，则(I_k)已探明（称这种情形为部分最优了解）.此时，将现有最好解和现有最小值分别修改为$\boldsymbol{x}^{(k)}$和$x_0^{(k)}$；并且，检查每个活问题(I_j)，若对应(L_j)的最优值$x_0^{(j)} \geqslant x^{(k)}{}_0$，则把$(I_j)$改为已探明（这一做法叫作“剪枝”）.然后返回步骤2.

(4) 若$x_0^{(k)} <$现有最小值，且$\boldsymbol{x}^{(k)}$非整数解，则接步骤4.

步骤4（划分） 选取$\boldsymbol{x}^{(k)}$的一个非整数基分量$x_s^{(k)}$.用添加约束$x_s \leqslant [x_s^{(k)}]$或$x_s \geqslant [x_s^{(k)}]+1$的办法把$(I_k)$划分为两个新的部分问题.令这两个新的部分问题为活问题，并解出它们的对应松弛问题.然后返回步骤2.

步骤5（结束） 查看现有最好解和现有最小值，若它们分别为$\varnothing$和∞，则原问题无可行解；否则，现有最好解和现有最小值就是原问题的最优解和最优值.解算结束.

例1 求解整数线性规划问题：

$$\min \quad x_0 = 3x_1 + 7x_2 + 4x_3,$$

$$\begin{aligned} \text{s.t.} \quad 2x_1 + x_2 + 3x_3 - x_4 \quad &= 8, \\ x_1 + 3x_2 + x_3 \quad - x_5 &= 5, \\ x_i \geqslant 0 \text{ 且为整数}(i = 1,2,\cdots,5). \end{aligned}$$

解 计算开始，仅原问题(I_0)是活问题. 现有最好解是 $\varnothing$，现有最小值为 ∞. 求解(I_0)的对应松弛问题(L_0). 今(L_0)有明显的初始正则解$(0,0,0,-8,-5)^{\mathrm{T}}$，从它出发，用对偶单纯形法得出($L_0$)的最优解表如表 7-7.

表 7-7

(L_0)		x_3	x_4	x_5
x_0	$14\frac{1}{5}$	$-\frac{3}{5}$	$-\frac{2}{5}$	$-\frac{11}{5}$
x_2	$\frac{2}{5}$	$-\frac{1}{5}$	$\frac{1}{5}$	$-\frac{2}{5}$
x_1	$3\frac{4}{5}$	$\frac{8}{5}$	$-\frac{3}{5}$	$\frac{1}{5}$

表 7-7 对应基解非整数解，因此应对(I_0)进行划分. 对(I_0)添加约束条件 $x_1 \leqslant 3$，得一部分问题，记为(I_1)；对(I_0)添加条件 $x_1 \geqslant 4$，得另一部分问题，记为(I_2).

求解(I_1)的对应松弛问题(L_1). 这时，采用有界变量对偶单纯形法较为方便. 表 7-7 对应基解正好是(L_1)的一个正则解(但非可行解). 按 5.3 节所述规则，从表 7-7 出发，迭代一次得表7-8.

表 7-8

(L_1)	常列	3 $\dot{x}_1$	0 x_4	0 x_5	解列
x_0	$12\frac{5}{8}$	$\frac{3}{8}$	$-\frac{5}{8}$	$-\frac{17}{8}$	$14\frac{1}{2}$
x_2	$\frac{7}{8}$	$\frac{1}{8}$	$\frac{1}{8}$	$-\frac{3}{8}$	$\frac{1}{2}$
x_3	$\frac{19}{8}$	$\frac{5}{8}$	$-\frac{3}{8}$	$\frac{1}{8}$	$\frac{1}{2}$

表 7-8 的对应基解是(L_1)的最优解. (I_1)是活问题.

求解(I_2)的对应松弛问题(L_2). 仍采用有界变量对偶单纯形法，从表 7-7 出发，迭代一次得表 7-9.

表 7-9 的对应基解是(L_2)的最优解. (I_2)是活问题.

表 7-9

(L_2)	常列	0 $\underset{\cdot}{x_3}$	4 $\underset{\cdot}{x_1}$	0 $\underset{\cdot}{x_5}$	解列
x_0	$\frac{35}{3}$	$-\frac{5}{3}$	$-\frac{2}{3}$	$-\frac{7}{3}$	$14\frac{1}{3}$
x_2	$\frac{5}{3}$	$\frac{1}{3}$	$\frac{1}{3}$	$-\frac{1}{3}$	$\frac{1}{3}$
x_4	$-\frac{19}{3}$	$-\frac{8}{3}$	$-\frac{5}{3}$	$-\frac{1}{3}$	$\frac{1}{3}$

从现有活问题(I_1),(I_2)中选取一个进行探查．今取(I_1)．从表 7-8 的解列可见，所得(L_1)的最优解非整数解，且最优值14.5小于现有最小值∞，故应对(I_1)进行划分．今取变量 x_2 来划分．对(I_1)添加条件 $x_2 \leqslant 0$ 得部分问题(I_3)；添加条件 $x_2 \geqslant 1$ 得部分问题(I_4)．

求解(I_3)的对应松弛问题(L_3)．从表 7-8 出发，按有界变量对偶单纯形法，迭代一次得表 7-10．

表 7-10

(L_3)	常列	3 $\dot{x}_1$	0 $\dot{x}_2$	0 $\dot{x}_5$	解列
x_0	20	1	5	-4	17
x_4	7	1	8	-3	4
x_3	5	1	3	-1	2

表 7-10 的对应基解是(L_3)的最优解．(I_3)是活问题．

求解(I_4)的对应松弛问题(L_4)．从表 7-8 出发，按同法迭代一次得表 7-11．

表 7-11

	常列	1 $\underset{\cdot}{x_2}$	0 $\underset{\cdot}{x_4}$	0 $\underset{\cdot}{x_5}$	解列
x_0	13	-3	-1	-1	16
x_1	7	8	1	-3^*	-1
x_3	-2	-5	-1	2	3

表 7-11 非最优解表，再迭代一次得表 7-12．

表 7-12

(L_4)	常列	1 $\dot{x}_2$	0 $\dot{x}_4$	0 $\dot{x}_1$	解列
x_0	$\frac{32}{3}$	$-\frac{17}{3}$	$-\frac{4}{3}$	$-\frac{1}{3}$	$16\frac{1}{3}$
x_5	$-\frac{7}{3}$	$-\frac{8}{3}$	$-\frac{1}{3}$	$-\frac{1}{3}$	$\frac{1}{3}$
x_3	$\frac{8}{3}$	$\frac{1}{3}$	$-\frac{1}{3}$	$\frac{2}{3}$	$2\frac{1}{3}$

表 7-12 的对应基解是(L_4)的最优解. (I_4)是活问题.

在现有活问题(I_2),(I_3),(I_4)中选取一个进行探查. 我们选取(I_3)来探查.

从表 7-10 可见，所得(L_3)的最优解是整数解，且最优值 17 小于现有最小值 ∞. 因此(I_3)已探明. 将现有最好解修改为$(3,0,2,4,0)^{\mathrm{T}}$，现有最小值修改为 17. 并检查其他活问题，看是否有应该剪枝的. 今(L_2),(L_4)的最优值都小于 17，故没有剪枝的.

再取(I_4)来探查. 从表 7-12 可见，所得(L_4)的最优解非整数解，且其最优值 $16\frac{1}{3}$ 小于现有最小值 17，故应对(I_4)进行划分. 今取变量 x_5 来划分. 对(I_4)添加条件 $x_5 \leqslant 0$ 得部分问题(I_5);添加条件 $x_5 \geqslant 1$ 得部分问题(I_6).

求解(I_5)的对应松弛问题(L_5). 从表 7-12 出发. 这时，按有界变量对偶单纯形法的规则，得出 $\theta=-\infty$，即判定(L_5)无可行解. 从而(I_5)已探明.

求解(I_6)的对应松弛问题(L_6). 从表 7-12 出发，按同法迭代一次得表 7-13.

表 7-13

(L_6)	常列	1 $\dot{x}_2$	0 $\dot{x}_4$	1 $\dot{x}_5$	解列
x_0	13	-3	-1	-1	17
x_1	7	8	1	-3	2
x_3	-2	-5	-1	2	1

表 7-13 是(L_6)的最优解表. (I_6)是活问题.

在现有活问题(I_2),(I_6)中，我们先取(I_2)来探查. 从表 7-9 可见，所得(L_2)的最优解非整数解，且其最优值 $14\frac{1}{3}$ 小于现有最小值 17. 故应对(I_2)

进行划分. 今取变量 x_2 来划分. 对(I_2)添加条件 $x_2 \leqslant 0$ 得部分问题(I_7); 添加条件 $x_2 \geqslant 1$ 得部分问题(I_8).

求解(I_7)的对应松弛问题(L_7). 从表 7-9 出发, 按有界变量对偶单纯形法, 迭代一次, 得表 7-14.

表 7-14

(L_7)	常列	0 $\dot{x}_3$	0 $\dot{x}_2$	0 $\dot{x}_5$	解列
x_0	15	−1	2	−3	15
x_1	5	1	3	−1	5
x_4	2	−1	5	−2	2

表 7-14 对应基解是(L_7)的最优解. (I_7)是活问题.

求解(I_8)的对应松弛问题(L_8). 从表 7-9 出发, 按同法迭代一次, 得表 7-15.

表 7-15

(L_8)	常列	0 $\dot{x}_3$	4 $\dot{x}_1$	1 $\dot{x}_2$	解列
x_0	0	−4	−3	−7	19
x_5	−5	−1	−1	−3	2
x_4	−8	−3	−2	−1	1

表 7-15 对应基解是(L_8)的最优解. (I_8)是活问题.

从现有活问题(I_6), (I_7), (I_8)中选取一个进行探查. 我们先取(I_7)来探查.

从表 7-14 可见, 所得(L_7)的最优解是整数解, 且其最优值 15 小于现有最小值 17. 因此(I_7)已探明. 将现有最好解修改为 $(5,0,0,2,0)^{\mathrm{T}}$, 现有最小值修改为 15. 并检查其他活问题, 看是否有应该剪枝的. 由表 7-13 可见, (L_6)的最优值 $17 > 15$. 于是(I_6)已探明. 由表 7-15 可见, (L_8)的最优值 $19 > 15$, 于是(I_8)已探明. 至此, 活问题已全部探明. 解算结束. 得原问题的最优解为

$$\boldsymbol{x}^* = (5,0,0,2,0)^{\mathrm{T}},$$

最优值为 $x_0^* = 15$.

为使分枝定界法的求解过程清楚醒目, 常用一个树形图(或称为**枚举树**)来表示. 图 7-4 就是上述例 1 求解过程的枚举树, 每一圆框中标出了对应松

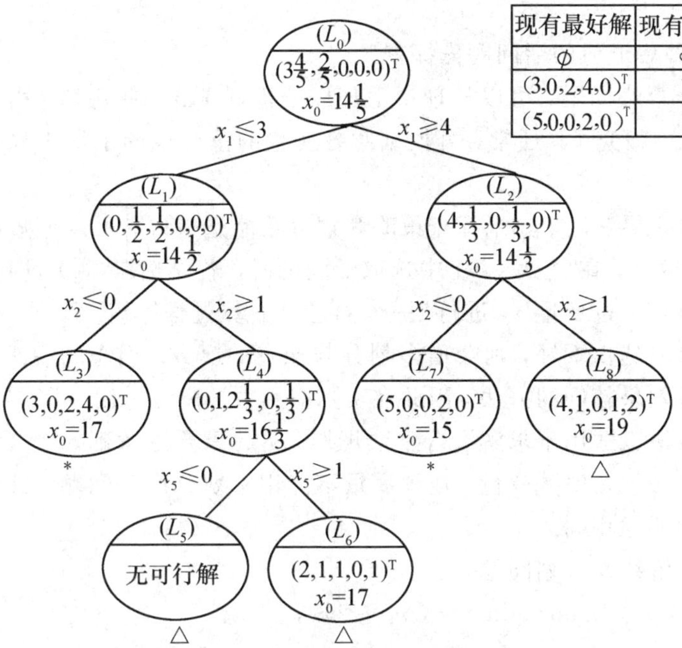

现有最好解	现有最小值
ϕ	∞
$(3,0,2,4,0)^T$	17
$(5,0,0,2,0)^T$	15

图 7-4

弛问题(L_j)的最优解和最优值. 框下的连线旁标出将该问题划分成两个部分问题的添加约束. 已被探明的部分问题的对应圆框下面不再有分枝连线，成为一个“挂框”(或称为悬挂点). 为显明起见，在挂框下面可作出标记. 如对于“不可行了解”、“界限值了解”或“剪枝”的挂框，下面标以 △ 号；对于“部分最优了解”的挂框，下面标以 * 号. 这样，凡标有 * 号的框内的解都是原问题的可行解，它们当中，其对应目标函数值最小者，便是原问题的最优解. 为清楚起见，在枚举树的旁边，用一个小表记录下历次所得的现有最好解和现有最小值. 最后得出的现有最好解和现有最小值就是原问题的最优解和最优值.

用分枝定界法求解整数线性规划问题时，对于同一个问题，可以设计出多种不同的探查与划分过程，从而有不同的枚举树. 这是由于，在执行步骤 2 时，若存在多个活问题，就有一个先选哪一个来探查的问题，这就是所谓探查策略问题；在执行步骤 4 时，若有多个基分量取非整数值，就有一个选取哪一个变量来划分的问题，这就是所谓划分策略问题. 采用不同的探查策略和划分策略，就会形成不同的枚举树.

关于探查策略问题，尚无严格的统一准则. 一般采用如下两条原则之一：

(1)　选取对应松弛问题的最优值最小(对求最小值的问题而言)的活问

题先探查.

(2) 取最后形成的活问题先探查.

关于划分策略问题，可以从理论上加以分析，得出一些规律. 由于讨论较繁，这里就不细究了. 通常，可根据对各变量的重要性的了解来确定划分策略.

使用分枝定界法时，如果探查策略和划分策略选得好，可以缩短解算过程. 如对上述例 1，在(I_1),(I_2)中选取活问题时，若先选取(I_2)进行探查；或在划分(I_0)时，按变量 x_2 进行划分，都会使解算过程缩短. 反之，若探查策略和划分策略选得不好，则会增多划分与探查的次数. 但总的说来，分枝定界法是一种效果较好的方法，因此在实际应用中被广泛采用.

分枝定界法也适用于求解混合整数规划问题. 只要注意到，用以划分部分问题的变量必须是整数变量，连续变量不能用来划分部分问题. 其他步骤和规则与前面所述相同.

例 2 求解线性规划问题：

$$
\begin{aligned}
\min \quad & x_0 = 3x_1 + 2x_2, \\
\text{s.t.} \quad & x_1 - 2x_2 + x_3 = \frac{5}{2}, \\
& 2x_1 + x_2 + x_4 = \frac{3}{2}, \\
& x_j \geqslant 0 \quad (j = 1,2,3,4), \\
& x_2 \text{ 和 } x_3 \text{ 只取整数值.}
\end{aligned}
$$

这是一个混合整数线性规划问题. 用分枝定界法求解，得枚举树如图 7-5. 图中(L_0),(L_1),(L_2),(L_4)的最优解表如表 7-16 至表 7-19.

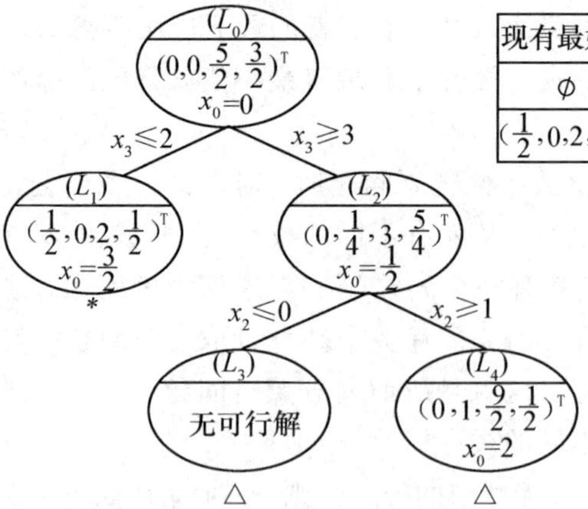

现有最好解	现有最小值
ϕ	∞
$(\frac{1}{2},0,2,\frac{1}{2})^{\mathrm{T}}$	$\frac{3}{2}$

图 7-5

表 7-16

(L_0)	常列	0 x_1	0 x_2	解列
x_0	0	-3	-2	0
x_3	$\frac{5}{2}$	1	-2	$\frac{5}{2}$
x_4	$\frac{3}{2}$	2	1	$\frac{3}{2}$

表 7-17

(L_1)	常列	2 x_3	0 x_2	解列
x_0	$\frac{15}{2}$	3	-8	$\frac{3}{2}$
x_1	$\frac{5}{2}$	1	-2	$\frac{1}{2}$
x_4	$-\frac{7}{2}$	-2	3	$\frac{1}{2}$

表 7-18

(L_2)	常列	0 x_1	3 x_3	解列
x_0	$-\frac{5}{2}$	-4	-1	$\frac{1}{2}$
x_2	$-\frac{5}{4}$	$-\frac{1}{2}$	$-\frac{1}{2}$	$\frac{1}{4}$
x_4	$\frac{11}{4}$	$\frac{5}{2}$	$\frac{1}{2}$	$\frac{5}{4}$

表 7-19

(L_4)	常列	0 x_1	1 x_2	解列
x_0	0	-3	-2	2
x_3	$\frac{5}{2}$	1	-2	$\frac{9}{2}$
x_4	$\frac{3}{2}$	2	1	$\frac{1}{2}$

解算结果，问题的最优解为 $\boldsymbol{x}^* = \left(\frac{1}{2},0,2,\frac{1}{2}\right)^{\mathrm{T}}$，最优值为 $x_0^* = \frac{3}{2}$.

习 题 7.3

用分枝定界法求解下列问题：

1.
$$\begin{aligned} \max\quad & z = 5x_1 + 8x_2, \\ \text{s.t.}\quad & x_1 + x_2 \leqslant 6, \\ & 5x_1 + 9x_2 \leqslant 45, \\ & x_1, x_2 \geqslant 0 \text{ 且均为整数}. \end{aligned}$$

2.
$$\begin{aligned} \max\quad & z = 7x_1 + 9x_2, \\ \text{s.t.}\quad & -x_1 + 3x_2 \leqslant 6, \\ & 7x_1 + x_2 \leqslant 35, \\ & x_1, x_2 \geqslant 0 \text{ 且 } x_1 \text{ 为整数}. \end{aligned}$$

3.
$$\begin{aligned} \max\quad & z = 3x_1 + x_2 + 3x_3, \\ \text{s.t.}\quad & -x_1 + 2x_2 + x_3 \leqslant 4, \\ & 4x_2 - 3x_3 \leqslant 2, \\ & x_1 - 3x_2 + 2x_3 \leqslant 3, \\ & x_1, x_2, x_3 \geqslant 0 \text{ 且 } x_1, x_3 \text{ 为整数}. \end{aligned}$$

7.4 隐 枚 举 法

在整数规划中，0-1 规划处于特殊地位. 有必要根据 0-1 规划的特点制定出更简便的算法.

对于 n 个双值变量，所有可能的取值组合共有 2^n 个. 自然想到，把这些可能组合的对应目标函数值都算出来，并加以比较，便可得出问题的最优解和最优值. 这就是穷举法，或称完全枚举法. 当 n 值很大时，完全枚举是实际不可行的. 因此考虑，能否通过一些探查途径，从 2^n 个可能组合中，把许多无需直接验算的组合删除掉，或者说对这些组合不明显枚举，从而加速寻优进程. 这就是"隐枚举"的含意.

隐枚举法的基本途径与分枝定界法相类似，但具体做法有所不同. 上节所讲的分枝定界法，对每个部分问题的探查，是先不考虑整数约束，只考虑线性约束，求解对应线性规划问题，然后检查求解结果，看是否探明，若未探明，则增添线性约束(某变量的上、下界约束)来划分部分问题. 现在要讲的隐枚举法，在求解过程中，始终保持0-1限制. 逐次取一个变量，确定它取0或取1来划分部分问题(即把相应的可行解集合分为两个子集). 称已被确定取值的变量为固定变量，余下的变量叫自由变量. 对于一个部分问题的探查，先不考虑线性约束，直接根据目标函数表达式来确定使目标函数达到最优值的各自由变量的值，从而得出 n 个变量的一个0-1组合. 然后验算该0-1组合是否满足线性约束. 若满足，则得出该部分问题的最优解和最优值，它们分别是原问题的可行解和原问题最优值的一个上界(这是对求最小值问题而言；对于求最大值的问题，则是一个下界). 并与上节一样，可设立"现有最好解"和"现有最小值". 若该0-1组合不满足线性约束，且该部分问题属未探明的，则添加一个固定变量(即从自由变量中选取一个，令它取0或取1)，用以划分该问题，得出两个新的部分问题. 所谓"探明"，指如下三种情况：

(1) 对该部分问题对应的固定变量组，无论怎样配置自由变量的值，都不可能得出满足线性约束的0-1组合. 即是说，该部分问题无可行解. 这种情况称为不可行了解.

(2) 该固定变量组的取值使目标函数可能达到的最优值(对自由变量的各种取法而言)不比现有最小值小，这时无需再验算是否满足线性约束，更无需再划分. 这种情况称为界限值了解.

(3) 已得出该部分问题的最优解，且对应目标函数值比现有最小值小. 这种情况称为部分最优了解. 这时，将现有最好解和现有最小值修改成该部分问题的最优解和最优值.

同样，称尚未探明又尚未划分的部分问题为活问题(或称为活点). 只要还存在活问题，就应继续探查，直到无活问题为止.

为探查方便起见，将问题的目标函数统一成如下形式：

$$\min x_0 = c_0 + \sum_{j=1}^{n} c_j x_j, \quad 其中\ c_j \geqslant 0\ (j = 1,2,\cdots,n). \tag{7.22}$$

这是可以办到的. 因为，若原问题的目标函数表达式中变量 x_k 的系数 $c_k < 0$，则通过变量替换 $x_k = 1 - x_k'$ (x_k' 也是0-1变量)，用 x_k' 取代 x_k，即可化为上述形式.

对于形如(7.22)的目标函数，由于各变量的系数非负，因此对于固定变量的一组值，使目标函数达到最小值(不考虑线性约束)的自由变量取值必然都是0，这样，就给探查带来很大方便.

为检验方便，将问题的线性约束统一成如下的不等式形式：

$$a_{i1}x_1 + a_{i2}x_2 + \cdots + a_{in}x_n \leqslant b_i \quad (i = 1,2,\cdots,m). \tag{7.23}$$

这是可以办到的. 因为，一个等式约束相当于两个不等式约束；对于"$\geqslant$"的不等式约束，两端同乘(-1)即可.

于是，问题归结成为如下形式的 0-1 规划问题：

$$\left.\begin{aligned} \min \quad & x_0 = c_0 + \sum_{j=1}^{n} c_j x_j \quad (c_j \geqslant 0), \\ \text{s.t.} \quad & \sum_{j=1}^{n} a_{ij} x_j \leqslant b_i \quad (i = 1,2,\cdots,m), \\ & x_j = 0 \text{ 或 } 1 \quad (j = 1,2,\cdots,n). \end{aligned}\right\} \tag{7.24}$$

对于一个活问题(v_k)，记它的固定变量的指标集为W_k，自由变量的指标集为F_k，并记：

$$W_k^+ = \{j \mid j \in W_k, \text{ 且 } x_j = 1\}, \tag{7.25}$$

$$W_k^- = \{j \mid j \in W_k, \text{ 且 } x_j = 0\}. \tag{7.26}$$

这时，线性约束(7.23)化为

$$\sum_{j \in F_k} a_{ij} x_j \leqslant b_i - \sum_{j \in W_k^+} a_{ij}. \tag{7.27}$$

如果上式左端的负系数之和大于上式右端的值，即如果有

$$\sum_{j \in F_k} \min\{0, a_{ij}\} > b_i - \sum_{j \in W_k^+} a_{ij}, \tag{7.28}$$

则无论怎样配置自由变量的值，所得 0-1 组合都不可能满足线性约束(7.27). 因此(v_k)被探明，属不可行了解.

如果有

$$b_i - \sum_{j \in W_k^+} a_{ij} \geqslant 0 \quad (i = 1,2,\cdots,m), \tag{7.29}$$

则自由变量全部为 0 的组合必然满足线性约束(7.27). 再由$c_j \geqslant 0$ $(j = 1, 2,\cdots,n)$可知，这一组合便是问题(v_k)的最优解. 这时，(v_k)已探明. 若对应目标函数值$c_0 + \sum\limits_{j \in W_k^+} c_j <$现有最小值，便属于部分最优了解；若$c_0 + \sum\limits_{j \in W_k^+} c_j \geqslant$现有最小值，则属于界限值了解.

与分枝定界法一样，隐枚举法的求解过程也可用枚举树表示. 考虑到 0-1 规划的特点，这里每个部分问题(v_k)的解，不必直接标出，从历次选取的固定变量的值即可得知. 因此，在各圆框中只标出部分问题的代号v_k，并称为枚举树的一个顶点. 对于一般的(v_k)，在图上无需标出目标函数值，仅对属于部分最优了解的顶点，在旁边标出对应目标函数值. 其他符号与前节相同.

下面通过例子来具体说明隐枚举法的求解过程.

例 求解线性规划问题:

$$\begin{aligned} \min \quad & x_0 = 8x_1 + 2x_2 + 4x_3 + 7x_4 + 5x_5 - 10, \\ \text{s.t.} \quad & -3x_1 - 3x_2 + x_3 + 2x_4 + 3x_5 \leqslant -2, \\ & -5x_1 - 3x_2 - 2x_3 - x_4 + x_5 \leqslant -4, \\ & x_j = 0 \text{ 或 } 1 \quad (j = 1,2,\cdots,5). \end{aligned}$$

用隐枚举法求解. 枚举树如图 7-6. 解算过程如下:

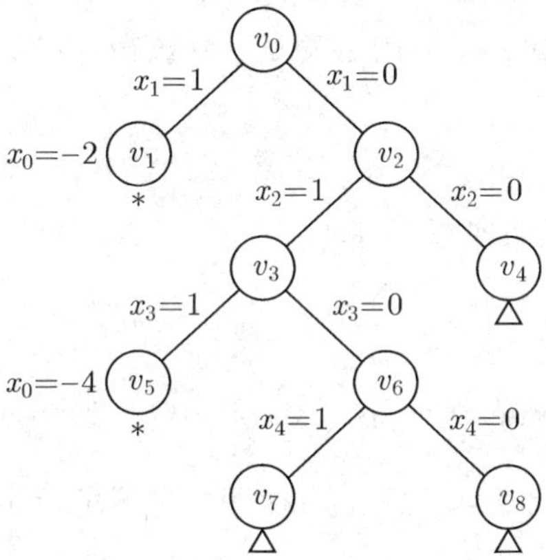

图 7-6

原问题符合(7.24)形式(否则先将原问题变形),记为(v_0). 解算开始,仅有活点(v_0). 这时,各变量均为自由变量. 即有

$$W_0 = \varnothing, \quad F_0 = \{1,2,3,4,5\}.$$

为使 x_0 最小,应取

$$x_1 = x_2 = x_3 = x_4 = x_5 = 0.$$

此 0-1 组合不满足问题中的线性约束. 并且对于两个线性约束,这时都不符合判别式(7.28). 故(v_0)应划分. 今取 x_1 为固定变量. 按 $x_1 = 1$ 或 $x_1 = 0$,分为两枝,即得部分问题(v_1),(v_2).

探查(v_1). 这时自由变量是 x_2, x_3, x_4, x_5. 即有

$$W_1 = \{1\}, \quad F_1 = \{2,3,4,5\}, \quad W_1^+ = \{1\}.$$

为使 x_0 最小,应取

$$x_2 = x_3 = x_4 = x_5 = 0.$$

将对应 0-1 组合$(1,0,0,0,0)^{\mathrm{T}}$代入线性约束验算可知,此组合满足线性约束. 因此它是(v_1)的最优解. 于是(v_1)探明,属部分最优了解. 得现有最小

值为 $x_0=-2$.

探查(v_2). 这时

$$W_2=\{1\},\quad F_2=\{2,3,4,5\},\quad W_2^+=\varnothing.$$

对应组合$(0,0,0,0,0)^{\mathrm{T}}$. 故情况同(v_0), 应划分. 选取 x_2 为固定变量, 分枝得(v_3),(v_4).

探查(v_3).

$$W_3=\{1,2\},\quad F_3=\{3,4,5\},\quad W_3^+=\{2\}.$$

对应组合$(0,1,0,0,0)^{\mathrm{T}}$. 验算可知它不满足第二个线性约束. 这时也不符合(7.28). 故应划分. 选取 x_3 为固定变量, 分枝得(v_5),(v_6).

探查(v_4).

$$W_4=\{1,2\},\quad F_4=\{3,4,5\},\quad W_4^+=\varnothing,$$

这时, 取第二个线性约束来看, 有

$$b_2-\sum_{j\in W_4^+}a_{2j}=b_2=-4,$$

$$\sum_{j\in F_4}\min\{0,a_{2j}\}=(-2)+(-1)=-3.$$

可见, 判别式(7.28) 成立. 于是(v_4) 探明, 属不可行了解.

探查(v_5).

$$W_5=\{1,2,3\},\quad F_5=\{4,5\},\quad W_5^+=\{2,3\},$$

对应组合$(0,1,1,0,0)^{\mathrm{T}}$. 验算可知, 它满足线性约束. 即知此组合为(v_5) 的最优解. 并且, 其对应目标函数值(－4) 小于现有最小值(－2). 于是, (v_5) 探明, 属部分最优了解. 将现有最小值修改为(－4).

探查(v_6).

$$W_6=\{1,2,3\},\quad F_6=\{4,5\},\quad W_6^+=\{2\},$$

对应组合$(0,1,0,0,0)^{\mathrm{T}}$. 情况同(v_3), 应划分. 选取 x_4 为固定变量, 分枝得(v_7),(v_8).

探查(v_7).

$$W_7=\{1,2,3,4\},\quad F_7=\{5\},\quad W_7^+=\{2,4\},$$

对应组合$(0,1,0,1,0)^{\mathrm{T}}$. 其对应目标函数值(－1) 大于现有最小值(－4). 于是, (v_7) 探明, 属界限值了解.

探查(v_8).

$$W_8=\{1,2,3,4\},\quad F_8=\{5\},\quad W_8^+=\{2\},$$

这时, 取第二个线性约束来看, 有

$$b_2 - \sum_{j \in W_8^+} a_{2j} = -4-(-3) = -1,$$

$$\sum_{j \in F_8} \min\{0, a_{2j}\} = 0.$$

可见，判别式(7.28)成立. 于是(v_8)探明，属不可行了解.

至此已无活点，解算结束. 检查枚举树上带 * 号的悬挂点可知，问题的最优解为 $\boldsymbol{x}^* = (0,1,1,0,0)^{\mathrm{T}}$，最优值为 $x_0^* = -4$.

这个例子有 5 个 0-1 变量，可能的 0-1 组合共有 $2^5 = 32$ 个. 在上面的求解过程中只直接探查了其中 9 个组合，其余 23 个组合都没有直接探查. 所以说，隐枚举法比完全枚举法优越得多.

在上述例题的求解过程中，我们是按自然顺序选取固定变量进行划分和选取活问题进行探查. 实际上可以人为地编排顺序. 所以这里也有一个划分策略和探查策略的问题. 如果在(7.24)的约束不等式中，某变量 x_k 的系数全非负，这时令 x_k 取 0 或 1 都不可能改善不可行性，因此不应选用 x_k 来分枝. 一般应优先选取在约束不等式中系数全为负数的变量来分枝.

习 题 7.4

用隐枚举法求解下列问题：

1.
$$\begin{aligned}
\min \quad & x_0 = 4x_1 + 3x_2 + 2x_3, \\
\text{s.t.} \quad & 2x_1 - 5x_2 + 3x_3 \leqslant 4, \\
& 4x_1 + x_2 + 3x_3 \geqslant 3, \\
& x_2 + x_3 \geqslant 1, \\
& x_j = 0 \text{ 或 } 1 \quad (j = 1,2,3).
\end{aligned}$$

2.
$$\begin{aligned}
\min \quad & x_0 = 8x_1 + 2x_2 + 4x_3 + 7x_4 + 5x_5, \\
\text{s.t.} \quad & 3x_1 + 3x_2 - x_3 - 2x_4 - 3x_5 \geqslant 2, \\
& 5x_1 + 3x_2 + 2x_3 + x_4 - x_5 \geqslant 4, \\
& x_j = 0 \text{ 或 } 1 \quad (j = 1,2,\cdots,5).
\end{aligned}$$

3.
$$\begin{aligned}
\max \quad & z = 3x_1 + 2x_2 - 5x_3 - 2x_4 + 3x_5, \\
\text{s.t.} \quad & x_1 + x_2 + x_3 + 2x_4 + x_5 \leqslant 4, \\
& 7x_1 + 3x_3 - 4x_4 + 3x_5 \leqslant 8, \\
& 11x_1 - 6x_2 + 3x_4 - 3x_5 \geqslant 3, \\
& x_j = 0 \text{ 或 } 1 \quad (j = 1,2,\cdots,5).
\end{aligned}$$

7.5 建立整数规划模型的一些技巧

在建立整数规划模型时，0-1 变量(又称双态变量，或逻辑变量)经常被使用. 除了用 0-1 变量来表示"是 - 否"选择的活动外，还常常用于表示逻辑约束条件以及一些特殊类型的决策变量和目标函数. 本节介绍一些有关这类表示的常用技巧.

一种常见的逻辑约束条件叫做**选择约束**. 譬如，对下列两个条件：

$$f_1(x_1,x_2,\cdots,x_n) \leqslant b_1, \tag{7.30}$$

$$f_2(x_1,x_2,\cdots,x_n) \leqslant b_2, \tag{7.31}$$

要求至少一个满足(不必两个都满足). 则可引进一个 0-1 变量 y，将这种选择约束表示为

$$f_1(x_1,x_2,\cdots,x_n) - M_1 y \leqslant b_1, \tag{7.32}$$

$$f_2(x_1,x_2,\cdots,x_n) - M_2(1-y) \leqslant b_2, \tag{7.33}$$

$$y = 0 \text{ 或 } 1.$$

其中 M_1,M_2 表示充分大正数.(本节下面出现的 M(或 M_i)都表示充分大正数. 在具体问题中，根据该问题的实际数据情况，选取 M 足够大就可以了，不必取得过分的大，以免造成计算上的困难.)因为，当 $y=0$ 时，(7.32) 即条件(7.30)，(7.33) 自然成立；当 $y=1$ 时，(7.33) 即条件(7.31)，(7.32) 自然成立. 而 y 的取值非 0 即 1，因此条件(7.30)与(7.31)中至少有一个满足.

举例来说，假设在一个生产计划问题中，出现如下两个条件：

$$6x_1 + 5x_2 \leqslant 60,$$

$$4x_1 + 5x_2 \leqslant 50.$$

第一个条件表示按甲种方案生产的生产能力限制，第二个条件表示按乙种方案生产的生产能力限制. 要求决策变量 x_1,x_2 只需满足这两个条件中的一个，这取决于采用哪一种生产方案. 这件事情可表示为

$$6x_1 + 5x_2 - 100y \leqslant 60,$$

$$4x_1 + 5x_2 - 100(1-y) \leqslant 50,$$

$$y = 0 \text{ 或 } 1.$$

这里取 $M_1 = M_2 = 100$. $y=0$ 表示采用甲种生产方案，$y=1$ 表示采用乙种生产方案.

同样的道理，对于 m 个条件：

$$f_i(x_1,x_2,\cdots,x_n) \leqslant b_i \quad (i=1,2,\cdots,m), \tag{7.34}$$

要求其中至少有 k 个被满足. 则可表示为

$$f_i(x_1,x_2,\cdots,x_n)-M_i(1-y_i)\leqslant b_i \quad (i=1,2,\cdots,m), \tag{7.35}$$

$$\sum_{i=1}^{m} y_i \geqslant k, \tag{7.36}$$

$$y_i = 0 \text{ 或 } 1 \quad (i=1,2,\cdots,m). \tag{7.37}$$

如果(7.34) 中的条件改为

$$f_i(x_1,x_2,\cdots,x_n)\geqslant b_i \quad (i=1,2,\cdots,m), \tag{7.38}$$

则将(7.35) 改为

$$f_i(x_1,x_2,\cdots,x_n)+M_i(1-y_i)\geqslant b_i \quad (i=1,2,\cdots,m). \tag{7.39}$$

另一种常见的逻辑约束条件叫做**条件约束**. 譬如，对下列两个条件：

$$f_1(x_1,x_2,\cdots,x_n)>b_1, \tag{7.40}$$

$$f_2(x_1,x_2,\cdots,x_n)\leqslant b_2, \tag{7.41}$$

如果(7.40) 满足，则要求(7.41) 必须满足. 这就是一个条件约束. 此条件约束可表示为

$$f_1(x_1,x_2,\cdots,x_n)-My\leqslant b_1, \tag{7.42}$$

$$f_2(x_1,x_2,\cdots,x_n)-M(1-y)\leqslant b_2, \tag{7.43}$$

$$y=0 \text{ 或 } 1.$$

因为，上述条件约束相当于：如果(7.40) 满足，则要求条件

$$f_2(x_1,x_2,\cdots,x_n)>b_2$$

必不满足. 这等价于条件

$$f_1(x_1,x_2,\cdots,x_n)>b_1,$$

$$f_2(x_1,x_2,\cdots,x_n)>b_2$$

至多一个满足. 这又等价于

$$f_1(x_1,x_2,\cdots,x_n)\leqslant b_1,$$

$$f_2(x_1,x_2,\cdots,x_n)\leqslant b_2$$

至少一个满足. 于是，上述条件约束化成了(7.30) 与(7.31) 的选择约束.

其他形式的条件约束可做类似的处理. 譬如，对于条件

$$f_1(x_1,x_2,\cdots,x_n)\leqslant b_1, \tag{7.44}$$

$$f_2(x_1,x_2,\cdots,x_n)\geqslant b_2, \tag{7.45}$$

如果(7.44) 满足，则要求(7.45) 必须满足. 这种条件约束等价于选择约束：

$$f_1(x_2,x_2,\cdots,x_n)>b_1,$$

$$f_2(x_1,x_2,\cdots,x_n)\geqslant b_2$$

至少一个满足. 因此它可表示为

$$f_1(x_1,x_2,\cdots,x_n)+My>b_1, \tag{7.46}$$

$$f_2(x_1,x_2,\cdots,x_n)+M(1-y)\geqslant b_2, \tag{7.47}$$
$$y=0 \text{ 或 } 1.$$

举例来说，考虑如下约束条件：

若 $x_1\leqslant 3$，则 $x_2+2x_3\geqslant 4$；否则，$x_2+2x_3\leqslant 8$.

按上述讨论，条件约束“若 $x_1\leqslant 3$，则 $x_2+2x_3\geqslant 4$”可表示为

$$x_1+My_1>3,$$
$$x_2+2x_3+M(1-y_1)\geqslant 4,$$
$$y_1=0 \text{ 或 } 1.$$

条件约束“若 $x_1>3$，则 $x_2+2x_3\leqslant 8$”可表示为

$$x_1-My_2\leqslant 3,$$
$$x_2+2x_3-M(1-y_2)\leqslant 8,$$
$$y_2=0 \text{ 或 } 1.$$

再注意到“$x_1\leqslant 3$”与“$x_1>3$”是对立的，因此 0-1 变量 y_1 与 y_2 应满足关系

$$y_1+y_2=1.$$

综上所述可知，所给约束条件可表示为

$$x_1+My>3,$$
$$x_1-M(1-y)\leqslant 3,$$
$$x_2+2x_3+M(1-y)\geqslant 4,$$
$$x_2+2x_3-My\leqslant 8,$$
$$y=0 \text{ 或 } 1.$$

有界的整数变量，可以用 0-1 变量表示. 例如：

若变量 $x=0,1,2,3$，则可表示为

$$x=y_1+2y_2,$$
$$y_i=0 \text{ 或 } 1 \quad (i=1,2);$$

若 $x=0,1,\cdots,7$，则可表示为

$$x=y_1+2y_2+4y_3,$$
$$y_i=0 \text{ 或 } 1 \quad (i=1,2,3);$$

若 $x=0,1,\cdots,10$，则可表示为

$$x=y_1+2y_2+4y_3+8y_4,$$
$$y_3+y_4\leqslant 1,$$
$$y_1+y_2+y_4\leqslant 2,$$
$$y_i=0 \text{ 或 } 1 \quad (i=1,2,3,4).$$

更一般地，若 x 为不超过数 d 的非负整数，且知 $2^r\leqslant d<2^{r+1}$. 则可表示为

$$x=y_1+2y_2+\cdots+2^{r-1}y_r+2^r y_{r+1},$$
$$y_1+2y_2+\cdots+2^r y_{r+1}\leqslant d,$$
$$y_i=0\text{ 或 }1\quad(i=1,2,\cdots,r+1).$$

若变量 $x=0,3,7,15$，则可表示为

$$x=3y_1+7y_2+15y_3,$$
$$y_1+y_2+y_3\leqslant 1,$$
$$y_i=0\text{ 或 }1\quad(i=1,2,3).$$

分段线性函数可利用含 0-1 变量的补充约束表示成一般线性函数. 例如，图 7-7 所示的函数

$$f=\begin{cases}\lambda_1 x, & \text{当 } 0\leqslant x\leqslant\alpha,\\ \beta+\lambda_2(x-\alpha), & \text{当 } x>\alpha\end{cases}$$

可以表示为

$$x=x_1+x_2,$$
$$f=\lambda_1x_1+\lambda_2x_2,$$
$$\text{s.t.}\quad \alpha y\leqslant x_1\leqslant\alpha,$$
$$0\leqslant x_2\leqslant My,$$
$$y=0\text{ 或 }1.$$

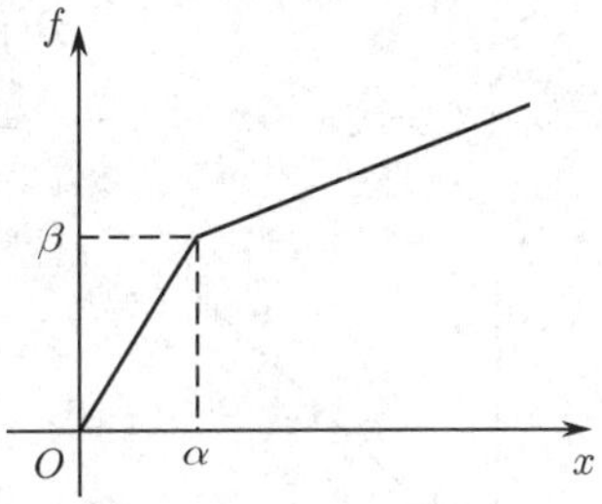

图 7-7

因为，按照上述约束，当 $y=0$ 时，有 $0\leqslant x_1\leqslant\alpha$，$x_2=0$，这时，

$$f=\lambda_1x_1,\quad x_1=x,$$

正好表达了 f 图形的第一段；当 $y=1$ 时，有 $x_1=\alpha$，$0\leqslant x_2\leqslant M$，这时，

$$f=\lambda_1\alpha+\lambda_2x_2,\quad x_2=x-\alpha\quad(\lambda_1\alpha=\beta)$$

正好表达了 f 图形的第二段.

又如，图 7-8 所示的函数

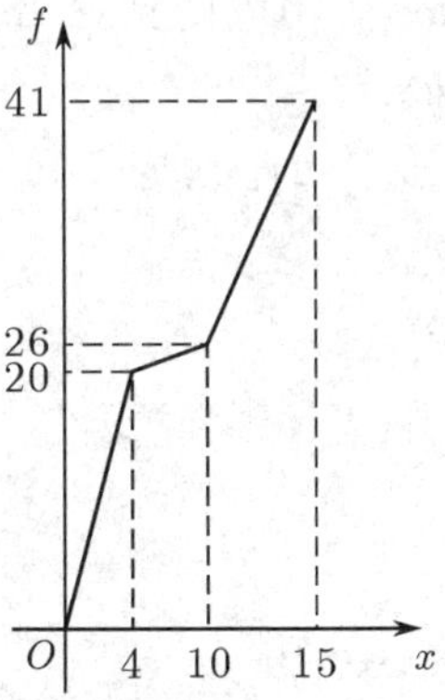

图 7-8

$$f=\begin{cases}5x, & \text{当 } 0\leqslant x<4,\\ 20+(x-4), & \text{当 } 4<x\leqslant 10,\\ 26+3(x-10), & \text{当 } 10<x\leqslant 15\end{cases}$$

可表示为

$$x=x_1+x_2+x_3,$$
$$f=5x_1+x_2+3x_3,$$
$$\text{s.t.}\quad 4y_1\leqslant x_1\leqslant 4,$$
$$6y_2\leqslant x_2\leqslant 6y_1,$$
$$0\leqslant x_3\leqslant 5y_2,$$
$$y_1,y_2\text{ 为 0-1 变量.}$$

因为，按照上述约束，当 $y_1=0$ 时，必有 $y_2=0$，因此 y_1 与 y_2 的值只有三种可能组合：

（ⅰ） $y_1=0$，$y_2=0$. 这时

$$0\leqslant x_1\leqslant 4,\quad x_2=0,\quad x_3=0,$$

从而有 $f=5x_1$，$x_1=x$.

（ⅱ） $y_1=1$，$y_2=0$. 这时

$$x_1=4,\quad 0\leqslant x_2\leqslant 6,\quad x_3=0,$$

从而有 $f=20+x_2$，$x_2=x-4$.

（ⅲ） $y_1=1$，$y_2=1$. 这时

$$x_1=4,\quad x_2=6,\quad 0\leqslant x_3\leqslant 5,$$

从而有 $f=26+3x_3$，$x_3=x-10$.

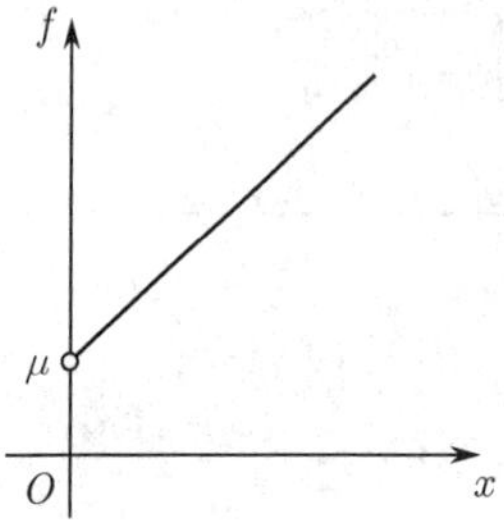

图 7-9

再如，图 7-9 所示的函数

$$f=\begin{cases}\mu+\lambda x, & 当\ x>0,\\ 0, & 当\ x=0\end{cases}\qquad(\mu>0)$$

可表示为

$$\begin{aligned}&f=\mu y+\lambda x,\\ \text{s.t.}\ \ &0\leqslant x\leqslant My,\\ &x>y-1,\\ &y=0\ 或\ 1.\end{aligned}$$

因为，按照上述约束，当 $y=0$ 时，必有 $x=0$ 和 $f=0$；当 $y=1$ 时，必有 $x>0$ 和 $f=\mu+\lambda x$.

下面再看一个例子.

例 某钻井队要从 10 个可供选择的井位中确定 5 个钻井探油，要使总的钻探费用最小. 设 10 个井位的代号为 $w_1,w_2,\cdots,w_{10}$，相应的钻探费用为 $c_1,c_2,\cdots,c_{10}$. 并且在井位选择上要满足下列限制条件：

(1) 在 w_1,w_7 和 w_8 中，要么选择 w_1 和 w_7，要么选择 w_8；

(2) 如果选择了 w_3 或 w_4，就不能选 w_5；

(3) 在 w_5,w_6,w_7,w_8 中，最多只能选两个.

试建立这个问题的数学模型.

解 设 0-1 变量

$$y_i=\begin{cases}1, & 当选择\ w_i\ 钻探,\\ 0, & 不选择\ w_i\ 钻探\end{cases}\qquad(i=1,2,\cdots,10),$$

则总钻探费用为

$$f=\sum_{i=1}^{10}c_iy_i.$$

问题要求从 10 个井位中确定 5 个，这相当于

$$\sum_{i=1}^{10}y_i=5.$$

条件(1) 相当于：

如果 $y_8=0$，则必有 $y_1+y_7\geqslant 2$；

如果 $y_8=1$，则必有 $y_1+y_7\leqslant 0$.

这可表示为

$$\begin{aligned}&y_1+y_7+My_8\geqslant 2,\\&y_1+y_7+My_8\leqslant M,\\&y_i=0\text{ 或 }1\quad(i=1,7,8).\end{aligned}$$

条件(2) 相当于：

如果 $y_3+y_4>0$，则必有 $y_5\leqslant 0$. 这可表示为

$$\begin{aligned}&y_3+y_4-My_{11}\leqslant 0,\\&y_5-M(1-y_{11})\leqslant 0,\\&y_i=0\text{ 或 }1\quad(i=3,4,5,11).\end{aligned}$$

条件(3) 可表示为

$$y_5+y_6+y_7+y_8\leqslant 2.$$

综上所述，得出问题的数学模型如下：

$$\begin{aligned}\min\quad & f=\sum_{i=1}^{10}c_iy_i,\\ \text{s. t.}\quad & \sum_{i=1}^{10}y_i=5,\\ & y_1+y_7+My_8\geqslant 2,\\ & y_1+y_7+My_8\leqslant M,\\ & y_3+y_4-My_{11}\leqslant 0,\\ & y_5-M(1-y_{11})\leqslant 0,\\ & y_5+y_6+y_7+y_8\leqslant 2,\\ & y_i=0\text{ 或 }1\quad(i=1,2,\cdots,11).\end{aligned}$$

习　题　7.5

1. 利用 0-1 变量将下列各种约束条件分别表示成一般线性约束条件：

(1) $x_1+x_2\leqslant 2$ 或 $2x_1+3x_2\geqslant 8$；

(2) 变量 x_3 只能取值 0,5,9,12；

(3) 若 $x_2\leqslant 4$，则 $x_5\geqslant 0$；否则，$x_5\leqslant 3$；

(4) 以下 4 个条件至少满足两个：

$$x_6+x_7\leqslant 2,\quad x_6\leqslant 1,\quad x_7\leqslant 5,\quad x_6+x_7\geqslant 3.$$

2. 将如下问题表示为混合整数线性规划模型：

$$\max\quad z=3x_1+f(x_2)+4x_3+g(x_4),$$

其中

$$f(x_2)=\begin{cases}-10+2x_2, & \text{当 } x_2>0,\\ 0, & \text{当 } x_2=0,\end{cases}$$

$$g(x_4)=\begin{cases}-5+3x_4, & \text{当 } x_4>0,\\ 0, & \text{当 } x_4=0.\end{cases}$$

要求满足下列约束条件：

(ⅰ) $2x_1-x_2+x_3+3x_4\leqslant 15$；

(ⅱ) 下面两个不等式至少有一个成立：

$$x_1+x_2+x_3+x_4\leqslant 10,$$
$$3x_1-x_2-x_3+x_4\leqslant 20;$$

(ⅲ) 下列不等式至少有两个成立：

$$5x_1+3x_2+3x_3-x_4\leqslant 30,$$
$$2x_1+5x_2-x_3+3x_4\leqslant 30,$$
$$-x_1+3x_2+5x_3+3x_4\leqslant 30,$$
$$3x_1-x_2+3x_3+5x_4\leqslant 30;$$

(ⅳ) $x_3=2$ 或 3 或 4；

(ⅴ) $x_j\geqslant 0\ (j=1,2,3,4)$.

本章小结

本章介绍了求解整数线性规划问题的几种常用方法 —— 割平面法、分枝定界法和隐枚举法以及建立整数规划模型的一些技巧. 对本章的学习有以下要求：

1. 清楚整数规划、完全整数规划、混合整数规划、0-1 规划等概念. 能对有关应用问题建立整数线性规划模型.

2. 理解割平面法的原理，了解其解算步骤.

3. 理解分枝定界法的原理，掌握其解算步骤，并会作枚举树图.

4. 理解隐枚举法的原理，掌握用隐枚举法求解 0-1 规划的步骤(包括作枚举树).

5. 学会建立整数规划模型时运用 0-1 变量的一些技巧，这包括选择约束、条件约束、特定整数变量、分段线性函数等的表达方法.

复 习 题

1. 今有 5 项工程可以考虑施工，每一项已经选定的工程要在三年内完成. 每项工程的期望收入和年度费用以及各年可供使用的投资基金(单位：千元) 由表 7-20 给出. 目标是选出使总收入达到最大的那些工程. 试建立此投资问题的 0-1 规划模型.

表 7-20

费用 年度 工程	第 1 年	第 2 年	第 3 年	各项工程的期望收入
1	5	1	8	20
2	4	7	10	40
3	3	9	2	20
4	7	4	1	15
5	8	6	10	30
各年可用基金	25	25	25	

2. 某工厂接受一项产品订货，需求量为每日 3 500 公斤，现有三种生产过程可供选择，各生产过程所需固定投资、生产成本、最大日产量如表 7-21 所示. 工厂需要决定采用哪种(一种或多种) 生产过程和日产量多少公斤，才能既保证按合同交货，又使总成本最小. 试建立这个问题的数学模型.

表 7-21

生产过程	固定投资 / 元	生产成本 /(元 / 公斤)	最大日产量 / 公斤
甲	1 000	5	2 000
乙	2 000	4	3 000
丙	3 000	3	4 000

3. 某企业打算在 m 个可能的厂址中选择若干个建厂，以生产某种商品供应 n 个需求区. 已知：厂址 i 如被选中，则其基建费用为 a_i，其最大生产量为 b_i；需求区 j 的最低需要量为 d_j；厂址 i 至需求区 j 的单位商品运输费为 c_{ij}. 问如何选址，才能使基建和运输费用的总和最小？试建立此问题的数学模型.

4. 用割平面法求解下列整数线性规划问题：

(1)
$$\begin{aligned} \max \quad & z = x_1 + x_2, \\ \text{s.t.} \quad & 2x_1 + x_2 \leqslant 6, \\ & 4x_1 + 5x_2 \leqslant 20, \\ & x_1, x_2 \geqslant 0 \text{ 且为整数；} \end{aligned}$$

(2)
$$\begin{aligned} \min \quad & x_0 = -3x_1 + x_2, \\ \text{s.t.} \quad & 3x_1 - 2x_2 \leqslant 3, \\ & 5x_1 + 4x_2 \geqslant 10, \\ & 2x_1 + x_2 \leqslant 5, \\ & x_1, x_2 \geqslant 0 \text{ 且为整数.} \end{aligned}$$

5. 用分枝定界法求解下列整数线性规划问题：

(1)
$$\begin{aligned} \max \quad & z = x_1 + x_2, \\ \text{s.t.} \quad & x_1 + \frac{9}{14}x_2 \leqslant \frac{51}{14}, \\ & -2x_1 + x_2 \leqslant \frac{1}{3}, \\ & x_1, x_2 \geqslant 0 \text{ 且为整数；} \end{aligned}$$

(2)
$$\begin{aligned} \max \quad & z = 9x_1 + 6x_2 + 6x_3, \\ \text{s.t.} \quad & 2x_1 + 3x_2 + 7x_3 \leqslant \frac{35}{2}, \\ & 4x_1 + 9x_3 \leqslant 15, \\ & x_j \geqslant 0 \quad (j = 1,2,3), \\ & x_1, x_2 \text{ 为整数；} \end{aligned}$$

(3)
$$\begin{aligned} \min \quad & x_0 = 3x_1 + 2x_2 - 10, \\ \text{s.t.} \quad & 2x_1 + x_2 + x_4 = \frac{3}{2}, \\ & x_1 - 2x_2 + x_3 = \frac{5}{2}, \\ & x_j \geqslant 0 \quad (j = 1,2,3,4), \\ & x_2, x_3 \text{ 为整数.} \end{aligned}$$

6. 用隐枚举法求解下列 0-1 规划问题：

(1) $$\begin{aligned} \min \quad & x_0 = 2x_1 + 5x_2 + 3x_3 + 4x_4, \\ \text{s.t.} \quad & -4x_1 + x_2 + x_3 + x_4 \geqslant 0, \\ & -2x_1 + 4x_2 + 2x_3 + 4x_4 \geqslant 4, \\ & x_1 + x_2 - x_3 + x_4 \geqslant 1, \\ & x_j = 0 \text{ 或 } 1 \quad (j = 1,2,3,4); \end{aligned}$$

(2) $$\begin{aligned} \max \quad & z = 2x_1 - x_2 + 5x_3 - 3x_4 + 4x_5, \\ \text{s.t.} \quad & 3x_1 - 2x_2 + 7x_3 - 5x_4 + 4x_5 \leqslant 6, \\ & x_1 - x_2 + 2x_3 - 4x_4 + 2x_5 \leqslant 0, \\ & x_j = 0 \text{ 或 } 1 \quad (j = 1,2,\cdots,5). \end{aligned}$$

7. 某航空公司为满足客运量日益增长的需要，正考虑购置一批新的远程、中程及短程的喷气式客机. 每架远程客机价格 670 万元，中程客机 500 万元，短程客机 350 万元. 该公司现有资金 15 000 万元可用于购买飞机. 据估计年净利润(扣除成本)每架远程客机 42 万元，中程客机 30 万元，短程客机 23 万元. 设该公司现有熟练驾驶员可用来配备 30 架新购飞机. 维修设备足以维修新增加 40 架短程客机，每架中程客机维修量相当于 $1\frac{1}{3}$ 架短程客机，每架远程客机维修量相当于 $1\frac{2}{3}$ 架短程客机. 为获取最大利润，该公司应购买各类客机各多少架？

8. 将下述问题表示为混合整数规划模型：

$$\min \quad x_0 = f_1(x_1) + f_2(x_2),$$

其中

$$f_1(x_1) = \begin{cases} 20 + 5x_1, & \text{当 } x_1 > 0, \\ 0, & \text{当 } x_1 = 0, \end{cases}$$

$$f_2(x_2) = \begin{cases} 12 + 6x_2, & \text{当 } x_2 > 0, \\ 0, & \text{当 } x_2 = 0, \end{cases}$$

且满足下列约束条件：

(1) 或者 $x_1 \geqslant 10$，或者 $x_2 \geqslant 10$；

(2) 下列不等式至少有一个成立：

$$2x_1 + x_2 \geqslant 15, \quad x_1 + x_2 \geqslant 15, \quad x_1 + 2x_2 \geqslant 15;$$

(3) $|x_1 - x_2| = 0$ 或 5 或 10；

(4) $x_1 \geqslant 0$，$x_2 \geqslant 0$.

9. 某校篮球队准备从以下 6 名预备队员中选拔 3 名为正式队员，并使平均身高尽可能高. 这 6 名预备队员的情况如表 7-22 所示.

表 7-22

预备队员	编 号	身高 /cm	位 置
大张	1	193	中锋
大李	2	191	中锋
小王	3	187	前锋
小赵	4	186	前锋
小田	5	180	后卫
小周	6	185	后卫

队员的挑选要满足下列条件:

(1) 至少补充一名后卫队员;

(2) 大李与小田中间只能入选一名;

(3) 最多补充一名中锋;

(4) 如果大李或小赵入选, 小周就不能入选.

试建立这个问题的数学模型.

10. 某石油化工厂生产石油液化气, 每公升售价为 2.3 元. 液化气产量随操作温度的升高而增加, 见图 7-10. 假定生产费用与操作温度成正比, 每升高摄氏一度费用增加 48 元. 问为了获得最大利润该厂应生产多少公升的液化气? 试建立此问题的混合整数规划模型并求解.

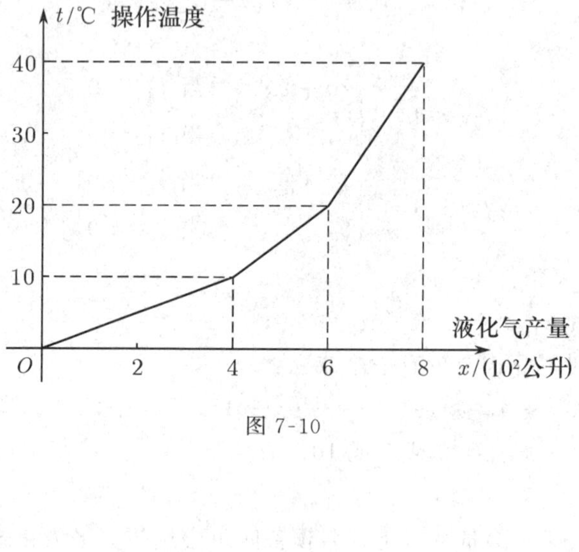

图 7-10

第八章　分解算法

随着生产的发展和科学技术的进步，出现了许多规模庞大、结构复杂的系统，如电力系统、城市交通系统、数字通信系统、生态系统、社会经济系统，等等. 这类大系统提出的线性规划问题，其变量与约束的个数往往成百上千，甚至数以万计. 相对之下，具有几十个变量和约束的问题只能算是小型问题. 对于大型(或称大规模) 的线性规划问题，由于计算机的容量限制，直接用单纯形法求解会发生困难. 本章介绍一种处理大型问题的方法，叫做**分解算法**，它把一个大型问题分解成若干个规模较小的问题来求解. 这种方法不仅可以减少存储量，也能减少计算量. 因为，线性规划问题的计算量对于约束条件的个数 m 很敏感，统计表明，计算量大约与 m^3 成正比，因此，若把一个大型问题转化为求解若干个小型问题，由于每个小型问题的约束条件个数较少，可使总的计算量大大减少. 例如，对于下述问题：

$$
\begin{aligned}
\min & \left\{\sum_{j=1}^{r} c_j x_j + \sum_{j=r+1}^{s} c_j x_j + \sum_{j=s+1}^{n} c_j x_j\right\}, \\
\text{s.t.} \quad & \sum_{j=1}^{r} a_{ij} x_j = b_i \quad (i = 1,2,\cdots,p), \\
& \sum_{j=r+1}^{s} a_{ij} x_j = b_i \quad (i = p+1,p+2,\cdots,q), \\
& \sum_{j=s+1}^{n} a_{ij} x_j = b_i \quad (i = q+1,q+2,\cdots,m), \\
& x_j \geqslant 0 \quad (j = 1,2,\cdots,n),
\end{aligned}
$$

由于变量组 $x_1,\cdots,x_r;x_{r+1},\cdots,x_s;x_{s+1},\cdots,x_n$ 不出现在同一个约束条件中，因此可将此问题分解成下列三个互相独立的子问题来求解：

$$
\begin{aligned}
(\mathrm{I}) \quad \min \quad & \sum_{j=1}^{r} c_j x_j, \\
\text{s.t.} \quad & \sum_{j=1}^{r} a_{ij} x_j = b_i \quad (i = 1,2,\cdots,p), \\
& x_j \geqslant 0 \quad (j = 1,2,\cdots,r);
\end{aligned}
$$

$$\text{(Ⅱ)}\quad \min \quad \sum_{j=r+1}^{s} c_j x_j,$$

$$\text{s.t.}\quad \sum_{j=r+1}^{s} a_{ij} x_j = b_i \quad (i = p+1, p+2, \cdots, q),$$

$$x_j \geqslant 0 \quad (j = r+1, r+2, \cdots, s);$$

$$\text{(Ⅲ)}\quad \min \quad \sum_{j=s+1}^{n} c_j x_j,$$

$$\text{s.t.}\quad \sum_{j=s+1}^{n} a_{ij} x_j = b_i \quad (i = q+1, q+2, \cdots, m),$$

$$x_j \geqslant 0 \quad (j = s+1, s+2, \cdots, n).$$

假设这三个子问题各含 $m/3$ 个约束方程，则问题(Ⅰ)，(Ⅱ)，(Ⅲ)的总计算量大约是含 m 个约束方程的一般线性规划问题计算量的 1/9.

上述问题的简单分解是基于该问题的特殊性，即各子系统相互独立. 一般来说，各子系统不会是完全独立的，因此各子系统的决策变量会同时出现在一些关联约束中. 本章介绍的分解算法是针对这种一般情况的.

为明了分解算法的依据，还需介绍一些有关线性规划可行解集的结论.

8.1 可行解的分解表达式

线性规划问题 LP:

$$\left.\begin{aligned} \min \quad & f = \boldsymbol{cx}, \\ \text{s.t.} \quad & \boldsymbol{Ax} = \boldsymbol{b}, \\ & \boldsymbol{x} \geqslant \boldsymbol{0} \quad (\boldsymbol{x} \in \mathbf{R}^n) \end{aligned}\right\} \tag{8.1}$$

的可行解集

$$K = \{\boldsymbol{x} \mid \boldsymbol{Ax} = \boldsymbol{b},\ \boldsymbol{x} \geqslant \boldsymbol{0}\}. \tag{8.2}$$

在 2.6 节中已经指出，K 是 $\mathbf{R}^n$ 中的多面凸集. 为了进一步揭示这种多面凸集的性质，再引进另外几个有关集合. 记

$$K_0 = \{\boldsymbol{y} \mid \boldsymbol{y} \in \mathbf{R}^n,\ \boldsymbol{Ay} = \boldsymbol{0},\ \boldsymbol{y} \geqslant \boldsymbol{0}\}. \tag{8.3}$$

设 $K\ (\neq \varnothing)$ 的全部极点为 $\boldsymbol{x}^{(1)}, \boldsymbol{x}^{(2)}, \cdots, \boldsymbol{x}^{(u)}$. 记

$$\hat{K} = \{\boldsymbol{x} \mid \boldsymbol{x} = \sum_{i=1}^{u} \alpha_i \boldsymbol{x}^{(i)},\ \alpha_i \geqslant 0,\ \sum_{i=1}^{u} \alpha_i = 1\}. \tag{8.4}$$

称 $\hat{K}$ 是有限点集$\{\boldsymbol{x}^{(1)}, \boldsymbol{x}^{(2)}, \cdots, \boldsymbol{x}^{(u)}\}$ 的**凸包**，或者说，$\hat{K}$ 是由 $\boldsymbol{x}^{(1)}, \boldsymbol{x}^{(2)}, \cdots, \boldsymbol{x}^{(u)}$ 生成的凸集. 记

$$\overline{K}_0 = \{\boldsymbol{y} \mid \boldsymbol{A}\boldsymbol{y} = \boldsymbol{0},\ \boldsymbol{y} \geqslant \boldsymbol{0},\ \boldsymbol{e}^{\mathrm{T}}\boldsymbol{y} = 1\}, \tag{8.5}$$

其中 $\boldsymbol{e} = (1,1,\cdots,1)^{\mathrm{T}}$，$\boldsymbol{y} = (y_1, y_2, \cdots, y_n)^{\mathrm{T}}$.

对于上述这些集合，有下面一些结论成立(习题 8.1 第 1 题).

结论 1 K_0 是 $\mathbf{R}^n$ 中的**凸锥**，即满足如下两个条件：

(1) 对任意的 $\boldsymbol{y} \in K_0$ 和任意的正数 λ 有 $\lambda\boldsymbol{y} \in K_0$；

(2) 对任意的 $\boldsymbol{y}^{(1)}, \boldsymbol{y}^{(2)} \in K_0$，有 $\boldsymbol{y}^{(1)} + \boldsymbol{y}^{(2)} \in K_0$.

结论 2 对任意的 $\boldsymbol{x} \in K$ 和任意的 $\boldsymbol{y} \in K_0$，有 $\boldsymbol{x} + \lambda\boldsymbol{y} \in K\ (\lambda \geqslant 0)$.

结论 3 $\hat{K} \subset K$，且 $\hat{K}$ 是有界凸集.

结论 4 $\overline{K}_0 \subset K_0$，且 $\overline{K}_0$ 是有界多面凸集.

若 $\overline{K}_0$ 不空，则 $\overline{K}_0$ 必有极点，且极点个数有限. 称 $\overline{K}_0$ 的极点为 K 的**极射向**，或称为 LP 的**基可行方向**.

引理 设 $\boldsymbol{x}^{(0)} \in K$ 但不是 K 的极点，它的正分量个数为 $r\ (1 \leqslant r \leqslant n)$，则下列两种情形必居其一：

(ⅰ) 存在 $\boldsymbol{x}^{(1)} \in K$ 和 $\boldsymbol{y}^{(1)} \in K_0$，$\boldsymbol{x}^{(1)}$ 的正分量个数小于 r，使得

$$\boldsymbol{x}^{(0)} = \boldsymbol{x}^{(1)} + \boldsymbol{y}^{(1)};$$

(ⅱ) 存在 $\boldsymbol{x}^{(1)}, \boldsymbol{x}^{(2)} \in K$，它们的正分量个数都小于 r，使得

$$\boldsymbol{x}^{(0)} = \alpha\boldsymbol{x}^{(1)} + (1-\alpha)\boldsymbol{x}^{(2)},\quad 0 < \alpha < 1.$$

证 设 $\boldsymbol{x}^{(0)}$ 的正分量为 $x_{j_1}^{(0)}, x_{j_2}^{(0)}, \cdots, x_{j_r}^{(0)}$. 由于 $\boldsymbol{x}^{(0)} \in K$ 但不是 K 的极点，根据定理 2.10 和定理 2.1 可知，矩阵 $\boldsymbol{A}$ 中的列向量 $\boldsymbol{p}_{j_1}, \boldsymbol{p}_{j_2}, \cdots, \boldsymbol{p}_{j_r}$ 线性相关. 即存在实数 $\delta_{j_1}, \delta_{j_2}, \cdots, \delta_{j_r}$ 不全为零，使得

$$\sum_{k=1}^{r} \delta_{j_k} \boldsymbol{p}_{j_k} = \boldsymbol{0}.$$

令 $\boldsymbol{\delta} = (\delta_1, \delta_2, \cdots, \delta_n)^{\mathrm{T}}$，其中

$$\delta_j = 0 \quad (\text{当 } j \neq j_k,\ k = 1,2,\cdots,r).$$

并令

$$\overline{\boldsymbol{x}} = \boldsymbol{x}^{(0)} + \varepsilon\boldsymbol{\delta},\quad \overline{\overline{\boldsymbol{x}}} = \boldsymbol{x}^{(0)} - \varepsilon\boldsymbol{\delta},$$

其中

$$\varepsilon = \min\left\{ \frac{x_{j_k}^{(0)}}{|\delta_{j_k}|} \,\middle|\, \delta_{j_k} \neq 0,\ k = 1,2,\cdots,r \right\}.$$

则 $\overline{x},\overline{\overline{x}} \in K$，且其中至少有一个，记为 $\boldsymbol{x}^{(1)}$，它的正分量个数小于 r.

若 $\boldsymbol{x}^{(0)} \geqslant \boldsymbol{x}^{(1)}$，则令 $\boldsymbol{y}^{(1)} = \boldsymbol{x}^{(0)} - \boldsymbol{x}^{(1)}$. 易知，$\boldsymbol{y}^{(1)} \in K_0$，而 $\boldsymbol{x}^{(0)} = \boldsymbol{x}^{(1)} + \boldsymbol{y}^{(1)}$，即出现情形(ⅰ).

若 $\boldsymbol{x}^{(0)} \ngeqslant \boldsymbol{x}^{(1)}$，则令

$$\boldsymbol{x}^{(2)} = \frac{\boldsymbol{x}^{(0)} - \alpha \boldsymbol{x}^{(1)}}{1-\alpha},$$

其中

$$\alpha = \min\left\{ \frac{x_i^{(0)}}{x_i^{(1)}} \middle| x_i^{(1)} > 0,\ x_i^{(0)} > 0 \right\}.$$

易知，$0 < \alpha < 1$，$\boldsymbol{x}^{(2)} \geqslant \boldsymbol{0}$，$\boldsymbol{A}\boldsymbol{x}^{(2)} = \boldsymbol{b}$，且 $\boldsymbol{x}^{(2)}$ 的正分量个数小于 r. 这时，

$$\boldsymbol{x}^{(0)} = \alpha \boldsymbol{x}^{(1)} + (1-\alpha)\boldsymbol{x}^{(2)},$$

即出现情形(ⅱ). ■

下面要用到两个集合相加的概念. 设 $S \subset \mathbf{R}^n$，$T \subset \mathbf{R}^n$，定义

$$S + T = \{\boldsymbol{x} + \boldsymbol{y} \mid \boldsymbol{x} \in S,\ \boldsymbol{y} \in T\}.$$

注意，这里的 $S+T$ 不同于两个集合的并 $S \cup T$.

定理8.1 若 $K \neq \varnothing$，则 $K = \hat{K} + K_0$.

证 先证 $K \supset \hat{K} + K_0$.

由 $K \neq \varnothing$，可知 $\hat{K} \neq \varnothing$. 又 $K_0 \neq \varnothing$ ($K_0 \supset \{0\}$)，任取 $\boldsymbol{x} \in \hat{K} + K_0$，则有 $\boldsymbol{x} = \boldsymbol{x}^{(0)} + \boldsymbol{y}^{(0)}$，$\boldsymbol{x}^{(0)} \in \hat{K}$，$\boldsymbol{y}^{(0)} \in K_0$. 由结论 3，$\boldsymbol{x}^{(0)} \in K$. 由结论 2，$\boldsymbol{x}^{(0)} + \boldsymbol{y}^{(0)} \in K$. 因此 $\boldsymbol{x} \in K$.

再证 $K \subset \hat{K} + K_0$.

任取 $\boldsymbol{x} \in K$. 对 $\boldsymbol{x}$ 的正分量个数用归纳法.

若 $\boldsymbol{x}$ 的正分量个数为零，即 $\boldsymbol{x} = \boldsymbol{0}$. 由极点的定义可知，$\boldsymbol{x} = \boldsymbol{0}$ 本身就是 K 的极点. 从而有

$$\boldsymbol{x} = \boldsymbol{0} + \boldsymbol{0} \in \hat{K} + K_0.$$

假设，当 $\boldsymbol{x}$ 的正分量个数 $< r$ 时，有结论 $\boldsymbol{x} \in \hat{K} + K_0$ 成立. 下面证明当 $\boldsymbol{x}$ 的正分量个数 $= r\ (1 \leqslant r \leqslant n)$ 时，此结论也成立.

若 $\boldsymbol{x}$ 是 K 的极点，结论显然成立. 今设 $\boldsymbol{x}$ 不是 K 的极点. 由引理，下列两种情形必居其一：

(ⅰ) 存在 $\boldsymbol{x}^{(0)} \in K$，$\boldsymbol{y}^{(0)} \in K_0$，且 $\boldsymbol{x}^{(0)}$ 的正分量个数小于 r，使

$$\boldsymbol{x} = \boldsymbol{x}^{(0)} + \boldsymbol{y}^{(0)};$$

(ⅱ) 存在 $\boldsymbol{x}^{(1)},\boldsymbol{x}^{(2)} \in K$，它们的正分量个数都小于 r，使

$$x = \alpha x^{(1)} + (1-\alpha)x^{(2)}, \quad 0 < \alpha < 1.$$

如果出现(ⅰ)，由归纳法假设，$x^{(0)} \in \hat{K} + K_0$，即存在 $x' \in \hat{K}$，$y' \in K_0$，使 $x^{(0)} = x' + y'$. 从而有

$$x = x' + (y' + y^{(0)}) \in \hat{K} + K_0.$$

如果出现(ⅱ)，由归纳法假设，$x^{(1)}, x^{(2)} \in \hat{K} + K_0$. 则存在 $x^{(3)}, x^{(4)} \in \hat{K}$ 和 $y^{(1)}, y^{(2)} \in K_0$，使

$$x^{(1)} = x^{(3)} + y^{(1)}, \quad x^{(2)} = x^{(4)} + y^{(2)}.$$

从而有

$$x = [\alpha x^{(3)} + (1-\alpha)x^{(4)}] + [\alpha y^{(1)} + (1-\alpha)y^{(2)}] \in \hat{K} + K_0.$$

综上所述可知，对任意的 $x \in K$，必有 $x \in \hat{K} + K_0$. ■

定理8.2 若 K 有界，则 $K = \hat{K}$.

证 若 $K = \varnothing$，显然 $\hat{K} = \varnothing$，这时结论自然成立. 下面设 $K \neq \varnothing$. 由定理 8.1，$K = \hat{K} + K_0$. 如能证明 $K_0 = \{\mathbf{0}\}$，则有 $K = \hat{K} + \{\mathbf{0}\} = \hat{K}$. 下面来证明，当 K 有界时，必有 $K_0 = \{\mathbf{0}\}$.

用反证法. 假如存在 $y^{(0)} \in K_0$ 满足 $y^{(0)} \neq \mathbf{0}$，即存在指标 $t \in \{1,2,\cdots,n\}$，使其分量 $y_t^{(0)} > 0$. 一方面，由 K 有界，必存在正数 M，使对于一切 $x = (x_1, x_2, \cdots, x_n)^{\mathrm{T}} \in K$，有

$$0 \leqslant x_j \leqslant M \quad (j = 1,2,\cdots,n).$$

另一方面，取 $x^{(0)} \in K$，并令

$$x^{(1)} = x^{(0)} + \gamma y^{(0)},$$

其中

$$\gamma = \frac{M - x_t^{(0)}}{y_t^{(0)}} + 1.$$

易知 $\gamma \geqslant 1$. 且由结论 2 知 $x^{(1)} \in K$. 但

$$x_t^{(1)} = x_t^{(0)} + \left(\frac{M - x_t^{(0)}}{y_t^{(0)}} + 1\right) y_t^{(0)} = M + y_t^{(0)} > M,$$

得出矛盾. 所以必有 $K_0 = \{\mathbf{0}\}$. ■

定理8.3 设 $\overline{K}_0 (\neq \varnothing)$ 的全部极点为 $\{y^{(1)}, y^{(2)}, \cdots, y^{(v)}\}$，则

$$K_0 = \left\{ y \,\middle|\, y = \sum_{i=1}^{v} \beta_i y^{(i)},\ \beta_i \geqslant 0\ (i = 1,2,\cdots,v) \right\}. \tag{8.6}$$

证 如果

$$\boldsymbol{y}=\sum_{i=1}^{v}\beta_i\boldsymbol{y}^{(i)},\quad \beta_i\geqslant 0\ (i=1,2,\cdots,v),$$

则由 $\boldsymbol{y}^{(i)}\geqslant\boldsymbol{0}$, $\boldsymbol{A}\boldsymbol{y}^{(i)}=\boldsymbol{0}\ (i=1,2,\cdots,v)$, 可知

$$\boldsymbol{y}\geqslant\boldsymbol{0},\quad \boldsymbol{A}\boldsymbol{y}=\boldsymbol{0},$$

即可知 $\boldsymbol{y}\in K_0$.

反之, 对任意 $\boldsymbol{y}\in K_0$, 若 $\boldsymbol{y}=\boldsymbol{0}$, 则有

$$\boldsymbol{y}=\sum_{i=1}^{v}\beta_i\boldsymbol{y}^{(i)},\quad \beta_i=0\ (i=1,2,\cdots,v).$$

若 $\boldsymbol{y}\neq\boldsymbol{0}$, 则由 $\overline{K}_0$ 的定义(见(8.5))可知

$$\frac{\boldsymbol{y}}{\sum_{j=1}^{n}y_j}\in\overline{K}_0\quad (y_j\ \text{表示}\ \boldsymbol{y}\ \text{的分量})$$

因 $\overline{K}_0$ 是有界多面凸集, 由定理 8.2 可知, $\overline{K}_0$ 是 $\{\boldsymbol{y}^{(1)},\boldsymbol{y}^{(2)},\cdots,\boldsymbol{y}^{(n)}\}$ 的凸包, 因此有

$$\frac{\boldsymbol{y}}{\sum_{j=1}^{n}y_j}=\sum_{i=1}^{v}\alpha_i\boldsymbol{y}^{(i)}$$

其中 $\alpha_i\geqslant 0\ (i=1,2,\cdots,v)$, 且 $\sum_{i=1}^{v}\alpha_i=1$. 从而有

$$\boldsymbol{y}=\sum_{i=1}^{v}\beta_i\boldsymbol{y}^{(i)}$$

其中 $\beta_i=\alpha_i\sum_{j=1}^{n}y_i\geqslant 0\ (i=1,2,\cdots,v)$.

综上得知(8.6)成立. ∎

集合 $\left\{\boldsymbol{y}\,\middle|\,\boldsymbol{y}=\sum_{i=1}^{v}\beta_i\boldsymbol{y}^{(i)},\ \beta_i\geqslant 0\ (i=1,2,\cdots,v)\right\}$ 称为有限点集 $\{\boldsymbol{y}^{(1)},\boldsymbol{y}^{(2)},\cdots,\boldsymbol{y}^{(v)}\}$ 的**锥包**, 或者说, 是由向量 $\boldsymbol{y}^{(1)},\boldsymbol{y}^{(2)},\cdots,\boldsymbol{y}^{(v)}$ 生成的凸锥.

定理 8.3 表明, K_0 是由 K 的全部极射向所生成的凸锥.

定理8.4 设 K 的全部极点为 $\boldsymbol{x}^{(1)},\boldsymbol{x}^{(2)},\cdots,\boldsymbol{x}^{(u)}$, K 的全部极射向为 $\boldsymbol{y}^{(1)},\boldsymbol{y}^{(2)},\cdots,\boldsymbol{y}^{(v)}$, 则 $\boldsymbol{x}\in K$ 当且仅当存在 $\alpha_i\geqslant 0\ (i=1,2,\cdots,u)$ 且 $\sum_{i=1}^{u}\alpha_i=1$ 和 $\beta_i\geqslant 0\ (i=1,2,\cdots,v)$, 使得

$$\boldsymbol{x} = \sum_{i=1}^{u} \alpha_i \boldsymbol{x}^{(i)} + \sum_{i=1}^{v} \beta_i \boldsymbol{y}^{(i)}. \tag{8.7}$$

证 由定理 8.1 和定理 8.3 即知. ∎

定理 8.4 给出了线性规划问题 LP 的可行解的一种分解表达式. 即是说, 可行解集 K 的极点的凸组合加上它的极射向的非负组合可以表达出 LP 的一切可行解.

定理8.5 对于线性规划问题 LP, 若目标函数 f 在可行解集 K 上无下界, 则必能找到 K 的一个极射向 $\boldsymbol{y}^{(0)}$, 满足 $\boldsymbol{c}\boldsymbol{y}^{(0)} < 0$.

证 用单纯形法求解 LP. 由于 f 在 K 上无下界, 故经有限次迭代后必出现如下情形:

某非基变量 x_r 对应的检验数 $\lambda_r > 0$, 而对应列向量

$$\boldsymbol{B}^{-1}\boldsymbol{p}_r = \begin{pmatrix} b_{1r} \\ b_{2r} \\ \vdots \\ b_{mr} \end{pmatrix} \leqslant \boldsymbol{0}. \tag{8.8}$$

设此时对应基阵 $\boldsymbol{B} = (\boldsymbol{p}_{j_1}, \boldsymbol{p}_{j_2}, \cdots, \boldsymbol{p}_{j_m})$.

现在, 令 $\boldsymbol{y}^{(0)} = (y_1^{(0)}, y_2^{(0)}, \cdots, y_n^{(0)})^{\mathrm{T}}$, 其各分量取值如下:

$$\left.\begin{aligned} y_{j_k}^{(0)} &= \frac{-b_{kr}}{1-\sum\limits_{i=1}^{m} b_{ir}} \quad (k = 1, 2, \cdots, m), \\ y_r^{(0)} &= \frac{1}{1-\sum\limits_{i=1}^{m} b_{ir}}, \\ y_j^{(0)} &= 0 \quad (\text{对其他指标 } j). \end{aligned}\right\} \tag{8.9}$$

下面来证明向量 $\boldsymbol{y}^{(0)}$ 满足定理的要求.

由(8.8) 可知

$$\boldsymbol{p}_r = \boldsymbol{B}\begin{pmatrix} b_{1r} \\ b_{2r} \\ \vdots \\ b_{mr} \end{pmatrix} = \sum_{k=1}^{m} b_{kr} \boldsymbol{p}_{j_k}. \tag{8.10}$$

于是有

$$\boldsymbol{A}\boldsymbol{y}^{(0)} = \sum_{j=1}^{n} y_j^{(0)} \boldsymbol{p}_j = y_r^{(0)} \boldsymbol{p}_r + \sum_{k=1}^{m} y_{j_k}^{(0)} \boldsymbol{p}_{j_k}$$

$$= \frac{1}{1 - \sum_{i=1}^{m} b_{ir}} \left(\boldsymbol{p}_r - \sum_{k=1}^{m} b_{kr} \boldsymbol{p}_{j_k} \right) = \mathbf{0}.$$

又易知$\sum_{j=1}^{n} y_j^{(0)} = 1$，$y_j^{(0)} \geqslant 0$ $(j = 1,2,\cdots,n)$. 至此得知

$$\boldsymbol{y}^{(0)} \in \overline{K}_0 = \{\boldsymbol{y} \mid \boldsymbol{A}\boldsymbol{y} = \mathbf{0},\ \boldsymbol{y} \geqslant \mathbf{0},\ \boldsymbol{e}^{\mathrm{T}}\boldsymbol{y} = 1\}.$$

容易证明(习题 8.1 第 2 题) 向量组：

$$\overline{\boldsymbol{p}}_{j_1} = \begin{pmatrix} \boldsymbol{p}_{j_1} \\ 1 \end{pmatrix}, \overline{\boldsymbol{p}}_{j_2} = \begin{pmatrix} \boldsymbol{p}_{j_2} \\ 1 \end{pmatrix}, \cdots, \overline{\boldsymbol{p}}_{j_m} = \begin{pmatrix} \boldsymbol{p}_{j_m} \\ 1 \end{pmatrix}, \overline{\boldsymbol{p}}_r = \begin{pmatrix} \boldsymbol{p}_r \\ 1 \end{pmatrix}$$

线性无关. 因此，$\boldsymbol{y}^{(0)}$ 是 $\overline{K}_0$ 的极点，也就是 K 的极射向.

再由

$$\begin{aligned} \boldsymbol{c}\boldsymbol{y}^{(0)} &= \frac{1}{1 - \sum_{i=1}^{m} b_{ir}} \left(c_r - \sum_{k=1}^{m} c_{j_k} b_{kr} \right) \\ &= \frac{-1}{1 - \sum_{i=1}^{m} b_{ir}} (\boldsymbol{c}_{\boldsymbol{B}} \boldsymbol{B}^{-1} \boldsymbol{p}_r - c_r) = \frac{-\lambda_r}{1 - \sum_{i=1}^{m} b_{ir}} \end{aligned} \tag{8.11}$$

和 $\lambda_r > 0$，可知 $\boldsymbol{c}\boldsymbol{y}^{(0)} < 0$. ■

习 题 8.1

1. 验证本节中的结论 1 ～ 4.

2. 试证定理 8.5 的证明中的依据：向量组

$$\overline{\boldsymbol{p}}_{j_1} = \begin{pmatrix} \boldsymbol{p}_{j_1} \\ 1 \end{pmatrix}, \overline{\boldsymbol{p}}_{j_2} = \begin{pmatrix} \boldsymbol{p}_{j_2} \\ 1 \end{pmatrix}, \cdots, \overline{\boldsymbol{p}}_{j_m} = \begin{pmatrix} \boldsymbol{p}_{j_m} \\ 1 \end{pmatrix}, \overline{\boldsymbol{p}}_r = \begin{pmatrix} \boldsymbol{p}_r \\ 1 \end{pmatrix}$$

线性无关.

3. 考虑整数线性规划问题(7.1)，设其中 $\boldsymbol{A}, \boldsymbol{b}$ 的元素均为有理数. 试证：如果对应松弛问题(7.2) 有可行解，但目标函数在可行域上无下界，则问题(7.1) 或者无可行解或者目标函数在可行解集上无下界.

8.2 二 分 算 法

把线性规划问题 LP 写为

$$\left.\begin{aligned}\min\quad & f=\boldsymbol{cx}\quad(\boldsymbol{x}\in\mathbf{R}^n),\\ \text{s.t.}\quad & \boldsymbol{A}_1\boldsymbol{x}=\boldsymbol{b}_1\quad(\boldsymbol{b}_1\text{ 是 }m_1\text{ 维列向量}),\\ & \boldsymbol{A}_2\boldsymbol{x}=\boldsymbol{b}_2\quad(\boldsymbol{b}_2\text{ 是 }m_2\text{ 维列向量}),\\ & \boldsymbol{x}\geqslant\boldsymbol{0},\end{aligned}\right\}\tag{8.12}$$

这里把原来的约束方程组 $\boldsymbol{Ax}=\boldsymbol{b}$ 分写成两组. 记

$$K_2=\{\boldsymbol{x}\mid\boldsymbol{A}_2\boldsymbol{x}=\boldsymbol{b}_2,\ \boldsymbol{x}\geqslant\boldsymbol{0}\},$$

并设多面凸集 K_2 的全部极点为 $\boldsymbol{x}^{(1)},\boldsymbol{x}^{(2)},\cdots,\boldsymbol{x}^{(u)}$；$K_2$ 的全部极射向为 $\boldsymbol{y}^{(1)}$，$\boldsymbol{y}^{(2)},\cdots,\boldsymbol{y}^{(v)}$. 由定理 8.4，$\boldsymbol{x}\in K_2$ 当且仅当

$$\boldsymbol{x}=\sum_{i=1}^{u}\alpha_i\boldsymbol{x}^{(i)}+\sum_{j=1}^{v}\beta_j\boldsymbol{y}^{(j)},\tag{8.13}$$

其中

$$\alpha_i\geqslant 0\ (i=1,2,\cdots,u),\ \beta_j\geqslant 0\ (j=1,2,\cdots,v),\ \sum_{i=1}^{u}\alpha_i=1.\tag{8.14}$$

把(8.13)代入(8.12)中的目标函数表达式和第一组约束方程，可得如下的线性规划问题 MP：

$$\left.\begin{aligned}\min\quad & f=\sum_{i=1}^{u}(\boldsymbol{cx}^{(i)})\alpha_i+\sum_{j=1}^{v}(\boldsymbol{cy}^{(j)})\beta_j,\\ \text{s.t.}\quad & \sum_{i=1}^{u}(\boldsymbol{A}_1\boldsymbol{x}^{(i)})\alpha_i+\sum_{j=1}^{v}(\boldsymbol{A}_1\boldsymbol{y}^{(j)})\beta_j=\boldsymbol{b}_1,\\ & \sum_{i=1}^{u}\alpha_i=1,\\ & \alpha_i\geqslant 0\quad(i=1,2,\cdots,u),\\ & \beta_j\geqslant 0\quad(j=1,2,\cdots,v).\end{aligned}\right\}\tag{8.15}$$

称问题(8.15)为原问题(8.12)的**主规划**. 注意(8.15)中的未知量是诸 α_i 和 β_j.

不难得知如下结论(习题 8.2 第 1 题)：

若$(\alpha_1^*,\cdots,\alpha_u^*,\beta_1^*,\cdots,\beta_v^*)^{\mathrm{T}}$ 是问题(8.15)的最优解，则

$$\boldsymbol{x}^*=\sum_{i=1}^{u}\alpha_i^*\boldsymbol{x}^{(i)}+\sum_{j=1}^{v}\beta_j^*\boldsymbol{y}^{(j)}\tag{8.16}$$

是问题(8.12)的最优解. 反之，问题(8.12)的任一最优解必可表示为(8.16)的形式，其中

$$\alpha_i^*\geqslant 0\ (i=1,2,\cdots,u),\ \beta_j^*\geqslant 0\ (j=1,2,\cdots,v),\ \sum_{i=1}^{u}\alpha_i^*=1,$$

且$(\alpha_1^*, \alpha_2^*, \cdots, \alpha_u^*, \beta_1^*, \beta_2^*, \cdots, \beta_u^*)^{\mathrm{T}}$ 必是问题(8.15)的最优解.

由此，求解(8.12)可转化为求解(8.15).(8.15)的约束方程的个数比(8.12)减少，只有 m_1+1 个. 但一般说来，要事先求出 K_2 的全部极点和极射向是困难的. 因此，不能用通常的方法直接求解(8.15). 下面考虑通过新的途径来求解(8.15).

假设已知主规划(8.15)的一个可行基 $\boldsymbol{B}$. 即是说，设已求得 K_2 的 m_1+1 个极点或极射向：

$$\boldsymbol{x}^{(1)}, \cdots, \boldsymbol{x}^{(t)}, \boldsymbol{y}^{(t+1)}, \cdots, \boldsymbol{y}^{(m_1+1)},$$

使得

$$\boldsymbol{B} = \begin{pmatrix} \boldsymbol{A}_1\boldsymbol{x}^{(1)} & \cdots & \boldsymbol{A}_1\boldsymbol{x}^{(t)} & \boldsymbol{A}_1\boldsymbol{y}^{(t+1)} & \cdots & \boldsymbol{A}_1\boldsymbol{y}^{(m_1+1)} \\ 1 & \cdots & 1 & 0 & \cdots & 0 \end{pmatrix}$$

成为(8.15)的一个可行基. 记

$$\bar{\boldsymbol{c}} = (\boldsymbol{c}\boldsymbol{x}^{(1)}, \cdots, \boldsymbol{c}\boldsymbol{x}^{(u)}, \boldsymbol{c}\boldsymbol{y}^{(1)}, \cdots, \boldsymbol{c}\boldsymbol{y}^{(v)}).$$

同样，用 $\bar{\boldsymbol{c}}_{\boldsymbol{B}}$ 表示 $\bar{\boldsymbol{c}}$ 中与基变量相对应的分量所构成的向量.

为判别基 $\boldsymbol{B}$ 是否为最优基，需考查它的检验数. 变量 α_i 对应的检验数为

$$\lambda_j = \bar{\boldsymbol{c}}_{\boldsymbol{B}}\boldsymbol{B}^{-1}\begin{pmatrix} \boldsymbol{A}_1\boldsymbol{x}^{(i)} \\ 1 \end{pmatrix} - \boldsymbol{c}\boldsymbol{x}^{(i)}.$$

记

$$\boldsymbol{\pi} = \bar{\boldsymbol{c}}_{\boldsymbol{B}}\boldsymbol{B}^{-1} = (\boldsymbol{\pi}_1, \pi_0),$$

其中 $\boldsymbol{\pi}_1$ 是 m_1 维行向量，π_0 是一数量. 则有

$$\lambda_i = (\boldsymbol{\pi}_1\boldsymbol{A}_1 - \boldsymbol{c})\boldsymbol{x}^{(i)} + \pi_0 \quad (i = 1, 2, \cdots, u). \tag{8.17}$$

变量 β_j 对应的检验数为

$$\lambda_{u+j} = \bar{\boldsymbol{c}}_{\boldsymbol{B}}\boldsymbol{B}^{-1}\begin{pmatrix} \boldsymbol{A}_1\boldsymbol{y}^{(j)} \\ 0 \end{pmatrix} - \boldsymbol{c}\boldsymbol{y}^{(j)}.$$

即有

$$\lambda_{u+j} = (\boldsymbol{\pi}_1\boldsymbol{A}_1 - \boldsymbol{c})\boldsymbol{y}^{(j)} \quad (j = 1, 2, \cdots, v). \tag{8.18}$$

现在要判别是否有如下条件成立：

$$\lambda_k \leqslant 0 \quad (k = 1, \cdots, u, u+1, \cdots, u+v),$$

即要判别是否有下列不等式成立：

$$(\boldsymbol{c} - \boldsymbol{\pi}_1\boldsymbol{A}_1)\boldsymbol{x}^{(i)} \geqslant \pi_0 \quad (i = 1, 2, \cdots, u), \tag{8.19}$$

$$(\boldsymbol{c} - \boldsymbol{\pi}_1\boldsymbol{A}_1)\boldsymbol{y}^{(j)} \geqslant 0 \quad (j = 1, 2, \cdots, v). \tag{8.20}$$

这启发人们考虑如下的线性规划问题 SP：

$$\left.\begin{array}{ll}\min & (\boldsymbol{c}-\boldsymbol{\pi}_1\boldsymbol{A}_1)\boldsymbol{x},\\ \text{s.t.} & \boldsymbol{A}_2\boldsymbol{x}=\boldsymbol{b}_2,\\ & \boldsymbol{x}\geqslant\boldsymbol{0}.\end{array}\right\}\tag{8.21}$$

称(8.21)为对应于基 $\boldsymbol{B}$ 的**子规划**.

用单纯形法求解上述子规划 SP，有下列 4 种可能情形：

(1) SP 无可行解. 这时，原问题 LP 无可行解.

(2) SP 有可行解，但无最优解. 此时子规划的目标函数 $(\boldsymbol{c}-\boldsymbol{\pi}_1\boldsymbol{A}_1)\boldsymbol{x}$ 在 K_2 上无下界. 按定理 8.5，必能得到 K_2 的一个极射向 $\boldsymbol{y}^{(r)}$，使得

$$(\boldsymbol{c}-\boldsymbol{\pi}_1\boldsymbol{A}_1)\boldsymbol{y}^{(r)}<0.$$

这时，对于主规划 MP 来说，即知变量 β_r 的对应检验数 $\lambda_{u+r}>0$. 因此，按单纯形法的迭代规则，可取 β_r 为进基变量，并可生成对应的旋转列向量

$$\boldsymbol{B}^{-1}\begin{pmatrix}\boldsymbol{A}_1\boldsymbol{y}^{(r)}\\ 0\end{pmatrix}.$$

然后,对 MP 施行改进单纯形迭代,得出新基或判定 MP 无最优解.

(3) SP 有最优解 $\boldsymbol{x}^{(s)}$ （$\boldsymbol{x}^{(s)}$ 是 K_2 的极点)，且对应目标函数值

$$(\boldsymbol{c}-\boldsymbol{\pi}_1\boldsymbol{A}_1)\boldsymbol{x}^{(s)}<\pi_0.$$

这时，对于主规划来说，即知变量 α_s 的对应检验数 $\lambda_s>0$. 因此，可取 α_s 为进基变量，并可生成对应旋转列

$$\boldsymbol{B}^{-1}\begin{pmatrix}\boldsymbol{A}_1\boldsymbol{x}^{(s)}\\ 1\end{pmatrix}.$$

然后施行改进单纯形迭代，得出新基或判定无最优解.

(4) SP 有最优解 $\boldsymbol{x}^{(s)}$，且对应目标函数值

$$(\boldsymbol{c}-\boldsymbol{\pi}_1\boldsymbol{A}_1)\boldsymbol{x}^{(s)}\geqslant\pi_0$$

这时，对于 MP 来说，即知诸变量 α_i 的对应检验数

$$\lambda_i\leqslant 0\quad(i=1,2,\cdots,u)$$

并注意到，当 SP 有最优解 $\boldsymbol{x}^{(s)}$ 时，条件(8.20)必然成立(习题 8.2 第 2 题). 即知诸变量 β_j 的对应检验数

$$\lambda_{u+j}\leqslant 0\quad(j=1,2,\cdots,v)$$

因此得知现行基 $\boldsymbol{B}$ 是 MP 的最优基.

综上便可得出求解 LP 的**分解算法(二分算法)**. 此法的基本思想是：把约束方程分成两组，利用可行解的分解表达式，把求解 LP 转化为求解它的主规划 MP. 已知 MP 一可行基后，通过建立和求解子规划，判别主规划的现行基是否是最优基，且当非最优时，可确定进基变量，并生成对应旋转列.

经旋转变换得出新基. 再按新基修改子规划的目标函数，然后求解新的子规划. 如此反复迭代. 由于K_2的极点和极射向个数有限，经有限次迭代必能得出 MP 的最优解或判定 MP 无最优解. 从而，可按(8.16)得出原问题的最优解，或判定原问题无最优解.

现在把二分算法的计算步骤叙述如下：

步骤0 设已知主规划MP的一个可行基$\boldsymbol{B}$和$\boldsymbol{B}^{-1}$. 并求得对应单纯形乘子

$$\boldsymbol{\pi} = \bar{\boldsymbol{c}}_{\boldsymbol{B}}\boldsymbol{B}^{-1} = (\boldsymbol{\pi}_1, \pi_0)$$

和

$$\boldsymbol{p}_0 = \boldsymbol{B}^{-1}\begin{pmatrix}\boldsymbol{b}_1\\1\end{pmatrix} = (b_{10}, b_{20}, \cdots, b_{m_1+1,0})^{\mathrm{T}}.$$

步骤 1 建立并求解子规划 SP：

$$\min\{(\boldsymbol{c} - \boldsymbol{\pi}_1\boldsymbol{A}_1)\boldsymbol{x} \mid \boldsymbol{A}_2\boldsymbol{x} = \boldsymbol{b}_2,\ \boldsymbol{x} \geqslant \boldsymbol{0}\}.$$

若 SP 无可行解，则原问题无可行解. 迭代终止；

若 SP 有可行解，但无最优解. 这时有极射向$\boldsymbol{y}^{(r)}$，使

$$(\boldsymbol{c} - \boldsymbol{\pi}_1\boldsymbol{A}_1)\boldsymbol{y}^{(r)} < 0.$$

转步骤 3；

若 SP 有最优解，设求得最优基可行解为$\boldsymbol{x}^{(r)}$. 接步骤 2.

步骤 2 若

$$(\boldsymbol{c} - \boldsymbol{\pi}_1\boldsymbol{A}_1)\boldsymbol{x}^{(r)} \geqslant \pi_0,$$

则现行基$\boldsymbol{B}$为 MP 的最优基. 由列向量$\boldsymbol{p}_0$可知对应最优解的基分量值，设为

$$\alpha_{i_1}^*, \alpha_{i_2}^*, \cdots, \alpha_{i_t}^*, \beta_{j_1}^*, \beta_{j_2}^*, \cdots, \beta_{j_q}^*.$$

这里$t + q = m_1 + 1$. 从而得原问题 LP 的最优解为

$$\boldsymbol{x}^* = \sum_{k=1}^{t}\alpha_{i_k}\boldsymbol{x}^{(i_k)} + \sum_{k=1}^{q}\beta_{j_k}\boldsymbol{y}^{(j_k)}.$$

迭代终止. 若$(\boldsymbol{c} - \boldsymbol{\pi}_1\boldsymbol{A}_1)\boldsymbol{x}^{(r)} < \pi_0$，求出

$$\boldsymbol{p}_r = \begin{pmatrix}\boldsymbol{A}_1\boldsymbol{x}^{(r)}\\1\end{pmatrix},$$

然后转步骤 4.

步骤 3 求出

$$\boldsymbol{p}_r = \begin{pmatrix}\boldsymbol{A}_1\boldsymbol{y}^{(r)}\\0\end{pmatrix},$$

然后接步骤 4.

步骤 4 计算

$$\boldsymbol{B}^{-1}\boldsymbol{p}_r = (b_{1r}, b_{2r}, \cdots, b_{m_1+1,r})^{\mathrm{T}}.$$

若 $\boldsymbol{B}^{-1}\boldsymbol{p}_r \leqslant \boldsymbol{0}$，则原问题无最优解，迭代终止；否则，求出最小比值

$$\theta = \min\left\{\frac{b_{i0}}{b_{ir}}\middle| b_{ir} > 0,\ i = 1,2,\cdots,m_1+1\right\} = \frac{b_{s0}}{b_{sr}}.$$

然后接步骤 5.

步骤 5 将第 s 个基变量改为 α_r 或 β_r，同时记录对应的 $\boldsymbol{x}^{(r)}$ 或 $\boldsymbol{y}^{(r)}$，并置初等变换矩阵

$$\boldsymbol{E}_{sr} = \begin{pmatrix} 1 & & & -\frac{b_{1r}}{b_{sr}} & & & \\ & \ddots & & & & & \\ & & 1 & \vdots & & & \\ & & & \frac{1}{b_{sr}} & & & \\ & & & \vdots & 1 & & \\ & & & -\frac{b_{mr}}{b_{sr}} & & \ddots & \\ & & & & & & 1 \end{pmatrix} (\text{第 } s \text{ 行}),$$

（第 s 列）

然后接步骤 6.

步骤 6 计算

$$\overline{\boldsymbol{B}}^{-1} = \boldsymbol{E}_{sr}\boldsymbol{B}^{-1}, \quad \overline{\boldsymbol{p}}_0 = \boldsymbol{E}_{sr}\boldsymbol{p}_0, \quad \overline{\boldsymbol{\pi}} = (\overline{\boldsymbol{\pi}}_1, \overline{\pi}_0) = \overline{\boldsymbol{c}}_{\overline{\boldsymbol{B}}}\overline{\boldsymbol{B}}^{-1}.$$

然后，用$(\overline{\boldsymbol{\pi}}_1, \overline{\pi}_0)$代替$(\boldsymbol{\pi}_1, \pi_0)$，用 $\overline{\boldsymbol{B}}^{-1}$ 代替 $\boldsymbol{B}^{-1}$，用 $\overline{\boldsymbol{p}}_0$ 代替 $\boldsymbol{p}_0$，返回步骤 1.

关于 MP 的初始可行基的寻求问题，仍可通过人造基方法来解决，即先求解如下的辅助问题(或称第一阶段问题)AP：

$$\left.\begin{aligned} \min \quad & z = \gamma_1 + \gamma_2 + \cdots + \gamma_{m_1} + \gamma_0, \\ \text{s. t.} \quad & \boldsymbol{\gamma} + \sum_{i=1}^{u}(\boldsymbol{A}_1\boldsymbol{x}^{(i)})\alpha_i + \sum_{j=1}^{v}(\boldsymbol{A}_1\boldsymbol{y}^{(j)})\beta_j = \boldsymbol{b}_1, \\ & \gamma_0 + \sum_{i=1}^{u}\alpha_i = 1, \\ & \alpha_i \geqslant 0,\ \beta_j \geqslant 0,\ \boldsymbol{\gamma} \geqslant \boldsymbol{0},\ \gamma_0 \geqslant 0, \end{aligned}\right\} \tag{8.22}$$

其中 $\boldsymbol{\gamma} = (\gamma_1, \gamma_2, \cdots, \gamma_{m_1})^{\mathrm{T}}$ 和 γ_0 是人工变量.

求解辅助问题 AP 的方法与上述求解 MP 的方法相同. 现在(8.22)有现成的初始基可行解：

$$\boldsymbol{\gamma} = \boldsymbol{b}_1,\ \gamma_0 = 1,\ \alpha_i = 0\ (i = 1,2,\cdots,u),\ \beta_j = 0\ (j = 1,2,\cdots,v)$$

对应基阵是 $m_1 + 1$ 阶单位矩阵. 并注意到(8.22)的目标函数系数行向量为

$$\tilde{\boldsymbol{c}} = (\underbrace{1,\cdots,1}_{m_1\text{个}}, \underbrace{0,\cdots,0}_{u\text{个}}, \underbrace{0,\cdots,0}_{v\text{个}}),$$

对应于(8.22)的一个可行基 $\boldsymbol{B}$，记

$$\tilde{\boldsymbol{\pi}} = (\tilde{\boldsymbol{\pi}}_1, \tilde{\pi}_0) = \tilde{\boldsymbol{c}}_B \boldsymbol{B}^{-1},$$

不难得知，人工变量 $\gamma_k (k = 1,2,\cdots,m_1)$ 的对应检验数为

$$\tilde{\lambda}_k = \tilde{\pi}_{1k} - 1 \quad (k = 1,2,\cdots,m_1),$$

其中 $\tilde{\pi}_{1k}$ 表示 m_1 维行向量 $\tilde{\boldsymbol{\pi}}_1$ 的第 k 个分量. 人工变量 γ_0 的对应检验数为

$$\tilde{\lambda}_0 = \tilde{\pi}_0 - 1.$$

变量 α_i 的对应检验数为

$$\tilde{\lambda}_{m_1+i} = \tilde{\boldsymbol{\pi}}_1 \boldsymbol{A}_1 \boldsymbol{x}^{(i)} + \tilde{\pi}_0 \quad (i = 1,2,\cdots,u).$$

变量 β_j 的对应检验数为

$$\tilde{\lambda}_{m_1+u+j} = \tilde{\boldsymbol{\pi}}_1 \boldsymbol{A}_1 \boldsymbol{y}^{(j)} \quad (j = 1,2,\cdots,v).$$

因此，这里的子规划应为

$$\left.\begin{aligned} \min \quad & (-\tilde{\boldsymbol{\pi}}_1 \boldsymbol{A}_1)\boldsymbol{x}, \\ \text{s.t.} \quad & \boldsymbol{A}_2 \boldsymbol{x} = \boldsymbol{b}_2, \\ & \boldsymbol{x} \geqslant \boldsymbol{0}. \end{aligned}\right\} \tag{8.23}$$

其他求解步骤与前述二分算法相同. 当迭代到基变量中不含人工变量时，现行基就是MP的一个可行基. 如果AP的最优值大于零，则MP无可行解，从而原问题LP无可行解.

例 用二分算法求解下列线性规划问题：

$$\begin{aligned} \min \quad & f = 3x_1 + 2x_2, \\ \text{s.t.} \quad & x_1 + x_2 \leqslant 7, \\ & x_1 - x_2 \leqslant 4, \\ & x_1 + 3x_2 \geqslant 6, \\ & 2x_1 + x_2 \geqslant 4, \\ & x_1 \geqslant 0,\ x_2 \geqslant 0. \end{aligned}$$

解 为把约束条件标准化，引入松弛变量 x_3, x_4, x_5, x_6. 为计算简便起见，把第三个约束方程变换一下，利用第四个约束方程消去第三个约束方程中的变量 x_2. 则可把原问题改写成如下形式：

$$\begin{aligned} \min \quad & f = 3x_1 + 2x_2, \\ \text{s.t.} \quad & x_1 + x_2 + x_3 = 7, \\ & x_1 - x_2 + x_4 = 4, \\ & 5x_1 + x_5 - 3x_6 = 6, \\ & 2x_1 + x_2 - x_6 = 4, \\ & x_i \geqslant 0 \quad (i = 1,2,\cdots,6). \end{aligned}$$

现在把约束方程分为两组，前两个方程视为 $\boldsymbol{A}_1\boldsymbol{x}=\boldsymbol{b}_1$，后两个方程视为 $\boldsymbol{A}_2\boldsymbol{x}=\boldsymbol{b}_2$. 即有

$$\boldsymbol{A}_1=\begin{pmatrix}1 & 1 & 1 & 0 & 0 & 0\\ 1 & -1 & 0 & 1 & 0 & 0\end{pmatrix},$$

$$\boldsymbol{A}_2=\begin{pmatrix}5 & 0 & 0 & 0 & 1 & -3\\ 2 & 1 & 0 & 0 & 0 & -1\end{pmatrix},$$

$$\boldsymbol{b}_1=\begin{pmatrix}7\\4\end{pmatrix},\quad \boldsymbol{b}_2=\begin{pmatrix}6\\4\end{pmatrix}.$$

为求主规划(8.15)的初始可行基，先解辅助问题(8.22)，其中

$$z=\gamma_1+\gamma_2+\gamma_0,\quad \boldsymbol{\gamma}=\begin{pmatrix}\gamma_1\\ \gamma_2\end{pmatrix},$$

这时有明显的初始基可行解：

$$\gamma_1=7,\quad \gamma_2=4,\quad \gamma_0=1,$$

$$\alpha_i=0\ (i=1,2,\cdots,u),\quad \beta_j=0\ (j=1,2,\cdots,v),$$

对应基阵

$$\boldsymbol{B}_0=\begin{pmatrix}1 & 0 & 0\\ 0 & 1 & 0\\ 0 & 0 & 1\end{pmatrix},$$

（列依次对应 $\gamma_1\ \ \gamma_2\ \ \gamma_0$）

$$\boldsymbol{B}_0^{-1}=\boldsymbol{I}_3\quad (\boldsymbol{I}_3\ \text{为三阶单位矩阵}),$$

$$\tilde{\boldsymbol{c}}_{\boldsymbol{B}_0}=(1,1,1),$$

$$\tilde{\boldsymbol{\pi}}=\tilde{\boldsymbol{c}}_{\boldsymbol{B}_0}\boldsymbol{B}_0^{-1}=(1,1,1),$$

$$\tilde{\boldsymbol{\pi}}_1=(1,1),$$

$$\tilde{\pi}_0=1,$$

$$\tilde{\boldsymbol{\pi}}_1\boldsymbol{A}_1=(2,0,1,1,0,0).$$

于是，对应于 $\boldsymbol{B}_0$ 的子规划为

$$(\mathrm{SP})_0\qquad \begin{aligned}\min\quad & g=-2x_1-x_3-x_4,\\ \text{s.t.}\quad & 5x_1+x_5-3x_6=6,\\ & 2x_1+x_2-x_6=4,\\ & x_i\geqslant 0\quad (i=1,2,\cdots,6).\end{aligned}$$

用单纯形法求解$(\mathrm{SP})_0$. 初始单纯形表如表 8-1.

表 8-1

		x_1	x_2	x_3	x_4	x_5	x_6
g	0	2	0	1	1	0	0
x_5	6	5	0	0	0	1	-3
x_2	4	2	1	0	0	0	-1

在表 8-1 中，x_3 的对应检验数 >0，其对应系数列向量 $\leqslant 0$. 由此可知，$(\mathrm{SP})_0$ 无最优解，且知可行解集 $K_2=\{\boldsymbol{x} \mid \boldsymbol{A}_2\boldsymbol{x}=\boldsymbol{b}_2,\ \boldsymbol{x}\geqslant \boldsymbol{0}\}$ 有极射向

$$\boldsymbol{y}^{(1)}=(0,0,1,0,0,0)^{\mathrm{T}}.$$

$\boldsymbol{y}^{(1)}$ 对应于主规划 MP 的一个变量记为 β_1. 其对应旋转列为

$$\boldsymbol{B}_0^{-1}\begin{pmatrix}\boldsymbol{A}_1\boldsymbol{y}^{(1)}\\0\end{pmatrix}=\begin{pmatrix}1\\0\\0\end{pmatrix},$$

对应于 $\boldsymbol{B}_0$ 的常数列(亦即解列) 为

$$\begin{pmatrix}\gamma_1\\\gamma_2\\\gamma_0\end{pmatrix}=\boldsymbol{B}_0^{-1}\begin{pmatrix}\boldsymbol{b}_1\\1\end{pmatrix}=\begin{pmatrix}7\\4\\1\end{pmatrix}.$$

于是得出最小比值

$$\theta=\frac{7}{1}=\frac{b_{10}}{b_{1r}}.$$

因此，应以 β_1 为进基变量，γ_1 为离基变量. 即知新基

$$\boldsymbol{B}_1=\overset{\begin{matrix}\beta_1 & \gamma_2 & \gamma_0\end{matrix}}{\begin{pmatrix}1&0&0\\0&1&0\\0&0&1\end{pmatrix}}.$$

这时，初等变换矩阵 $\boldsymbol{E}_{sr}=\boldsymbol{I}_3$. 从而

$$\boldsymbol{B}_1^{-1}=\boldsymbol{I}_3.$$

相应于 $\boldsymbol{B}_1$，有

$$\tilde{\boldsymbol{c}}_{\boldsymbol{B}_1}=(0,1,1),$$

$$\tilde{\boldsymbol{\pi}}=\tilde{\boldsymbol{c}}_{\boldsymbol{B}_1}\boldsymbol{B}_1^{-1}=(0,1,1),$$

$$\tilde{\boldsymbol{\pi}}_1=(0,1),$$

$$\tilde{\pi}_0=1,$$

$$\tilde{\boldsymbol{\pi}}_1\boldsymbol{A}_1=(1,-1,0,1,0,0),$$

于是，对应于 $\boldsymbol{B}_1$ 的子规划为

$$(\mathrm{SP})_1 \qquad \min \quad g = -x_1 + x_2 - x_4,$$
$$\text{s.t.} \quad \boldsymbol{x} \in K_2.$$

求解$(\mathrm{SP})_1$. $(\mathrm{SP})_1$ 与$(\mathrm{SP})_0$ 具有相同的约束条件，但目标函数不同. 仍取 x_2, x_5 为基变量，求出 g 的非基变量表达式为

$$g = 4 - 3x_1 - x_4 + x_6.$$

$(\mathrm{SP})_1$ 的初始单纯形表如表 8-2.

表 8-2

		x_1	x_2	x_3	x_4	x_5	x_6
g	4	3	0	0	1	0	-1
x_5	6	5	0	0	0	1	-3
x_2	4	2	1	0	0	0	-1

由表 8-2 可知$(\mathrm{SP})_1$ 无最优解. 且知 K_2 有极射向

$$\boldsymbol{y}^{(2)} = (0,0,0,1,0,0)^{\mathrm{T}}.$$

$\boldsymbol{y}^{(2)}$ 对应于 MP 的一个变量记为 β_2. 其对应旋转列为

$$\boldsymbol{B}_1^{-1}\begin{pmatrix}\boldsymbol{A}_1\boldsymbol{y}^{(2)}\\ 0\end{pmatrix} = \begin{pmatrix}0\\1\\0\end{pmatrix}.$$

对应于 $\boldsymbol{B}_1$ 的常数列(亦即解列) 为

$$\begin{pmatrix}\beta_1\\ \gamma_2\\ \gamma_0\end{pmatrix} = \boldsymbol{B}_1^{-1}\begin{pmatrix}\boldsymbol{b}_1\\ 1\end{pmatrix} = \begin{pmatrix}7\\4\\1\end{pmatrix}.$$

最小比值

$$\theta = \frac{4}{1} = \frac{b_{20}}{b_{2r}}.$$

因此，应以 β_2 取代 γ_2 为基变量. 即知新基

$$\boldsymbol{B}_2 = \overset{\begin{matrix}\beta_1 & \beta_2 & \gamma_0\end{matrix}}{\begin{pmatrix}1 & 0 & 0\\ 0 & 1 & 0\\ 0 & 0 & 1\end{pmatrix}},$$

这时，初等变换矩阵 $\boldsymbol{E}_{sr} = \boldsymbol{I}_3$. 从而

$$\boldsymbol{B}_2^{-1} = \boldsymbol{I}_3.$$

相应于 $\boldsymbol{B}_2$，有

$$\tilde{\boldsymbol{c}}_{\boldsymbol{B}_2} = (0,0,1),$$

$$\tilde{\boldsymbol{\pi}} = \tilde{\boldsymbol{c}}_{\boldsymbol{B}_2} \boldsymbol{B}_2^{-1} = (0,0,1),$$

$$\tilde{\boldsymbol{\pi}}_1 = (0,0),$$

$$\tilde{\pi}_0 = 1,$$

$$\tilde{\boldsymbol{\pi}}_1 \boldsymbol{A}_1 = (0,0,0,0,0,0).$$

于是，对应于 $\boldsymbol{B}_2$ 的子规划为

$(\mathrm{SP})_2$

$$\begin{aligned} \min \quad & g = 0, \\ \text{s.t.} \quad & \boldsymbol{x} \in K_2. \end{aligned}$$

在$(\mathrm{SP})_2$ 中，目标函数为一常数 0，因此它的任一可行解都是最优解. 于是可写出它的最优单纯形表如表 8-3.

表 8-3

		x_1	x_2	x_3	x_4	x_5	x_6
g	0	0	0	0	0	0	0
x_5	6	5	0	0	0	1	-3
x_2	4	2	1	0	0	0	-1

由表 8-3，得知 K_2 的一个极点

$$\boldsymbol{x}^{(1)} = (0,4,0,0,6,0)^{\mathrm{T}},$$

且知，$(\mathrm{SP})_2$ 的最优值 $g^* = 0 < \tilde{\pi}_0 (= 1)$，故对辅助问题还应继续迭代.

$\boldsymbol{x}^{(1)}$ 对应于 MP 的一个变量记为 α_1. 其对应旋转列为

$$\boldsymbol{B}_2^{-1} \begin{pmatrix} \boldsymbol{A}_1 \boldsymbol{x}^{(1)} \\ 1 \end{pmatrix} = \begin{pmatrix} 4 \\ -4 \\ 1 \end{pmatrix}.$$

对应于 $\boldsymbol{B}_2$ 的常数列(亦即解列)为

$$\begin{pmatrix} \beta_1 \\ \beta_2 \\ \gamma_0 \end{pmatrix} = \boldsymbol{B}_2^{-1} \begin{pmatrix} \boldsymbol{b}_1 \\ 1 \end{pmatrix} = \begin{pmatrix} 7 \\ 4 \\ 1 \end{pmatrix}.$$

最小比值

$$\theta = \min\left\{\frac{7}{4}, \frac{1}{1}\right\} = 1 = \frac{b_{30}}{b_{3r}}.$$

因此，应以 α_1 取代 γ_0 为基变量. 即知新基

$$
\boldsymbol{B}_3 = \begin{pmatrix} 1 & 0 & 4 \\ 0 & 1 & -4 \\ 0 & 0 & 1 \end{pmatrix}.
$$

（列依次对应 β_1，β_2，α_1）

这时，初等变换矩阵

$$
\boldsymbol{E}_{sr} = \begin{pmatrix} 1 & 0 & -4 \\ 0 & 1 & 4 \\ 0 & 0 & 1 \end{pmatrix}.
$$

从而

$$
\boldsymbol{B}_3^{-1} = \boldsymbol{E}_{sr}\boldsymbol{B}_2^{-1} = \begin{pmatrix} 1 & 0 & -4 \\ 0 & 1 & 4 \\ 0 & 0 & 1 \end{pmatrix}.
$$

对应于 $\boldsymbol{B}_3$ 的常数列(亦即解列)为

$$
\begin{pmatrix} \beta_1 \\ \beta_2 \\ \alpha_1 \end{pmatrix} = \boldsymbol{B}_3^{-1}\begin{pmatrix} \boldsymbol{b}_1 \\ 1 \end{pmatrix} = \begin{pmatrix} 3 \\ 8 \\ 1 \end{pmatrix}.
$$

至此，人工变量 $\gamma_1,\gamma_2,\gamma_0$ 已全部从基变量中换出. 得辅助问题 AP 的最优解为

$$
\alpha_1 = 1,\quad \beta_1 = 3,\quad \beta_2 = 8,\quad \gamma_1 = \gamma_2 = \gamma_0 = 0,
$$
$$
\alpha_i = 0\ (i = 2,3,\cdots,u),\quad \beta_j = 0\ (j = 3,4,\cdots,v).
$$

所得 $\boldsymbol{B}_3$ 就是主规划 MP 的一个可行基.

现在，从 $\boldsymbol{B}_3$ 出发，对 MP 施行同样的算法. 注意到，MP 中目标函数的系数行向量为

$$
\bar{\boldsymbol{c}} = (\boldsymbol{c}\boldsymbol{x}^{(1)},\cdots,\boldsymbol{c}\boldsymbol{x}^{(u)},\boldsymbol{c}\boldsymbol{y}^{(1)},\cdots,\boldsymbol{c}\boldsymbol{y}^{(v)}),
$$

其中 $\boldsymbol{c} = (3,2,0,0,0,0)$.

相应于 $\boldsymbol{B}_3$，有

$$
\bar{\boldsymbol{c}}_{\boldsymbol{B}_3} = (\boldsymbol{c}\boldsymbol{y}^{(1)},\boldsymbol{c}\boldsymbol{y}^{(2)},\boldsymbol{c}\boldsymbol{x}^{(1)}) = (0,0,8),
$$
$$
\boldsymbol{\pi} = \bar{\boldsymbol{c}}_{\boldsymbol{B}_3}\boldsymbol{B}_3^{-1} = (0,0,8),
$$
$$
\boldsymbol{\pi}_1 = (0,0),
$$
$$
\pi_0 = 8,
$$
$$
\boldsymbol{c} - \boldsymbol{\pi}_1\boldsymbol{A}_1 = (3,2,0,0,0,0),
$$

于是，对应于 $\boldsymbol{B}_3$ 的子规划为

$$
(\mathrm{SP})_3 \qquad \min\quad g = 3x_1 + 2x_2,
$$
$$
\text{s. t.}\quad \boldsymbol{x} \in K_2,
$$

求解$(SP)_3$. 其初始单纯形表如表 8-4.

表 8-4

		x_1	x_2	x_3	x_4	x_5	x_6
g	8	1	0	0	0	0	-2
x_5	6	5^*	0	0	0	1	-3
x_2	4	2	1	0	0	0	-1

表 8-4 的检验数中有正数，迭代一次，得表 8-5.

表 8-5

		x_1	x_2	x_3	x_4	x_5	x_6
g	$\frac{34}{5}$	0	0	0	0	$-\frac{1}{5}$	-2
x_1	$\frac{6}{5}$	1	0	0	0	$\frac{1}{5}$	$-\frac{3}{5}$
x_2	$\frac{8}{5}$	0	1	0	0	$-\frac{2}{5}$	-1

表 8-5 是$(SP)_3$ 的最优解表. 由此得出 K_2 的一个极点

$$\boldsymbol{x}^{(2)} = \left(\frac{6}{5},\frac{8}{5},0,0,0,0\right)^{\mathrm{T}}.$$

且知，$(SP)_3$ 的最优值 $g^* = \frac{34}{5} < \pi_0(=8)$，故对 MP 还应继续迭代.

$\boldsymbol{x}^{(2)}$ 对应于 MP 的一个变量记为 α_2. 其对应旋转列为

$$\boldsymbol{B}_3^{-1}\begin{pmatrix}\boldsymbol{A}_1\boldsymbol{x}^{(2)}\\ 1\end{pmatrix} = \begin{pmatrix}-6/5\\ 18/5\\ 1\end{pmatrix}.$$

最小比值

$$\theta = \min\left\{\frac{8}{18/5},\frac{1}{1}\right\} = 1 = \frac{b_{30}}{b_{3r}}.$$

因此，应以 α_2 取代 α_1 为基变量. 即知新基

$$\boldsymbol{B}_4 = \begin{array}{c} \begin{matrix}\beta_1 & \beta_2 & \alpha_2\end{matrix} \\ \begin{pmatrix}1 & 0 & \frac{14}{5}\\ 0 & 1 & -\frac{2}{5}\\ 0 & 0 & 1\end{pmatrix}\end{array}.$$

这时，初等变换矩阵

$$\boldsymbol{E}_{sr}=\begin{pmatrix}1 & 0 & \frac{6}{5}\\ 0 & 1 & -\frac{18}{5}\\ 0 & 0 & 1\end{pmatrix}.$$

从而

$$\boldsymbol{B}_4^{-1}=\boldsymbol{E}_{sr}\boldsymbol{B}_3^{-1}=\begin{pmatrix}1 & 0 & -\frac{14}{5}\\ 0 & 1 & \frac{2}{5}\\ 0 & 0 & 1\end{pmatrix}.$$

对应于 $\boldsymbol{B}_4$ 的常数列(亦即解列) 为

$$\begin{pmatrix}\beta_1\\ \beta_2\\ \alpha_2\end{pmatrix}=\boldsymbol{E}_{sr}\begin{pmatrix}3\\ 8\\ 1\end{pmatrix}=\begin{pmatrix}21/5\\ 22/5\\ 1\end{pmatrix}.$$

相应于 $\boldsymbol{B}_4$，有

$$\bar{\boldsymbol{c}}_{\boldsymbol{B}_4}=(\boldsymbol{c}\boldsymbol{y}^{(1)},\boldsymbol{c}\boldsymbol{y}^{(2)},\boldsymbol{c}\boldsymbol{x}^{(2)})=\left(0,0,\frac{34}{5}\right),$$

$$\boldsymbol{\pi}=\bar{\boldsymbol{c}}_{\boldsymbol{B}_4}\boldsymbol{B}_4^{-1}=\left(0,0,\frac{34}{5}\right),$$

$$\boldsymbol{\pi}_1=(0,0),$$

$$\pi_0=\frac{34}{5},$$

$$\boldsymbol{c}-\boldsymbol{\pi}_1\boldsymbol{A}_1=(3,2,0,0,0,0).$$

可知，对应于 $\boldsymbol{B}_4$ 的子规划$(\mathrm{SP})_4$ 与$(\mathrm{SP})_3$ 完全相同，因而有相同的最优解和最优值. 但现在最优值

$$g^*=\frac{34}{5}=\pi_0.$$

至此，$\boldsymbol{B}_4$ 已为 MP 的最优基. 得 MP 的最优解为

$$\alpha_2=1,\quad \beta_1=\frac{21}{5},\quad \beta_2=\frac{22}{5},$$

$$\alpha_i=0\ (i=1,3,\cdots,u),\quad \beta_j=0\ (j=3,4,\cdots,v).$$

于是，得出原问题的最优解为

$$\boldsymbol{x}^*=\alpha_2\boldsymbol{x}^{(2)}+\beta_1\boldsymbol{y}^{(1)}+\beta_2\boldsymbol{y}^{(2)}=\left(\frac{6}{5},\frac{8}{5},\frac{21}{5},\frac{22}{5},0,0\right)^{\mathrm{T}}.$$

原问题的最优值为 $f^* = 3\times\frac{6}{5}+2\times\frac{8}{5}=\frac{34}{5}$.

习 题 8.2

1. 证明本节中关于问题(8.12)与(8.15)的最优解之间的对应关系的结论.

2. 证明：当子规划(8.21)有最优解 $\boldsymbol{x}^{(s)}$ 时，条件(8.20)必然成立.

3. 用二分算法求解下列线性规划问题：

$$\begin{aligned}
\max\quad & z = 3x_1+5x_2+x_3+x_4,\\
\text{s.t.}\quad & x_1+x_2+x_3+x_4=2,\\
& 5x_1+x_2+x_4=\frac{1}{2},\\
& x_3+x_4\geqslant 1,\\
& x_3+5x_4\leqslant 5,\\
& x_i\geqslant 0\quad (i=1,2,3,4).
\end{aligned}$$

8.3 p 分算法

大系统中出现的线性规划问题，其约束条件常常具有特殊结构. 最常见的一类结构是：决策变量可分为若干组，约束条件也可分为若干组. 其中一组约束涉及到各组中的决策变量，称之为**关联约束**(或称**耦合约束**). 其他每一组约束分别地只涉及一组决策变量. 例如下述问题就属这种情形.

生产与存储问题：

有一家生产单位，它的生产能力、生产费用、产品的市场需求、储存产品的能力都随季节的不同而不同. 设该生产单位共生产 n 种产品，并考虑 m 个不同季节，已知下列数据：

h_j—— 在第 j 季节的储存能力(指仓库容量)；

a_i—— 储存一单位第 i 种产品所需的仓库容量；

v_{ij}—— 在第 j 季节储藏一单位第 i 种产品所需的费用；

l_j—— 在第 j 季节的劳力总数；

b_i—— 生产一单位第 i 种产品所需的劳力数；

c_{ij}—— 在第 j 季节生产一单位第 i 种产品所需的费用；

d_{ij} —— 第 j 季节对第 i 种产品的市场预测需要量.

现在的问题是，如何安排生产与存储计划，使既满足生产能力(这里只考虑了劳动力)和存储能力的限制，又满足市场的需要，并使总的生产与存储费用最省.

问题的决策变量是如下两组未知量：

x_{ij} —— 在第 j 季节生产第 i 种产品的数量；

y_{ij} —— 在第 j 季节存储第 i 种产品的数量.

决策变量要服从生产能力的限制，即应满足下列条件：

$$\sum_{i=1}^{n} b_i x_{ij} \leqslant l_j \quad (j = 1,2,\cdots,m), \tag{8.24}$$

又要服从存储能力的限制，即应满足下列条件：

$$\sum_{i=1}^{n} a_i y_{ij} \leqslant h_j \quad (j = 1,2,\cdots,m). \tag{8.25}$$

同时，为满足市场需要，还应满足下列条件：

$$x_{ij} + y_{ij-1} - y_{ij} = d_{ij} \quad (i = 1,2,\cdots,n;\ j = 1,2,\cdots,m), \tag{8.26}$$

这里假设 $y_{i0} = 0$ $(i = 1,2,\cdots,n)$.

问题要求在满足(8.24),(8.25),(8.26)的条件下，使生产与存储总费用最小，即要求

$$\min \quad f = \sum_{j=1}^{m} \Big(\sum_{i=1}^{n} c_{ij} x_{ij} + \sum_{i=1}^{n} v_{ij} y_{ij} \Big). \tag{8.27}$$

至此可见，上述生产与存储问题的数学模型就是由(8.24)～(8.27)所表达的线性规划问题. 它有 $2mn$ 个决策变量，可分为两组：一组是生产量$\{x_{ij}\}$，另一组是存储量$\{y_{ij}\}$. 约束条件可分为三组，其中，(8.24)只涉及变量$\{x_{ij}\}$；(8.25)只涉及变量$\{y_{ij}\}$；(8.26)则同时涉及$\{x_{ij}\}$与$\{y_{ij}\}$中的变量.

具有上述结构的线性规划问题可一般地表达为如下模型：

$$\min \quad f = \boldsymbol{c}_1 \boldsymbol{x}_1 + \boldsymbol{c}_2 \boldsymbol{x}_2 + \cdots + \boldsymbol{c}_p \boldsymbol{x}_p, \tag{8.28}$$

$$\text{s.t.} \quad \boldsymbol{A}_1 \boldsymbol{x}_1 + \boldsymbol{A}_2 \boldsymbol{x}_2 + \cdots + \boldsymbol{A}_p \boldsymbol{x}_p = \boldsymbol{b}_0, \tag{8.29}$$

$$\left.\begin{array}{llll} \boldsymbol{G}_1 \boldsymbol{x}_1 & & & = \boldsymbol{b}_1, \\ & \boldsymbol{G}_2 \boldsymbol{x}_2 & & = \boldsymbol{b}_2, \\ & & \cdots\cdots & \\ & & \boldsymbol{G}_p \boldsymbol{x}_p & = \boldsymbol{b}_p, \end{array}\right\} \tag{8.30}$$

$$\boldsymbol{x}_1 \geqslant \boldsymbol{0},\ \boldsymbol{x}_2 \geqslant \boldsymbol{0},\ \cdots,\ \boldsymbol{x}_p \geqslant \boldsymbol{0}. \tag{8.31}$$

其中，

$\boldsymbol{x}_k$——n_k 维列向量($k=1,2,\cdots,p$)；

$\boldsymbol{c}_k$——n_k 维行向量($k=1,2,\cdots,p$)；

$\boldsymbol{b}_k$——m_k 维列向量($k=0,1,\cdots,p$)；

$\boldsymbol{A}_k$——$m_0\times n_k$ 阶矩阵($k=1,2,\cdots,p$)；

$\boldsymbol{G}_k$——$m_k\times n_k$ 阶矩阵($k=1,2,\cdots,p$)；

$$n_1+n_2+\cdots+n_p=n;\quad m_0+m_1+\cdots+m_p=m.$$

模型中的第一组约束条件即(8.29)，为**关联约束**.

上述结构的线性规划问题适于运用分解算法. 本节介绍的**分解算法**的基本思想与上节介绍的二分算法相同，只不过这里每次迭代要考虑 p 个子规划，故又称为 **p 分算法**.

记

$$K_k=\{\boldsymbol{x}_k\in\mathbf{R}^{n_k}\mid \boldsymbol{G}_k\boldsymbol{x}_k=\boldsymbol{b}_k,\ \boldsymbol{x}_k\geqslant\boldsymbol{0}\}.$$

并设多面凸集 K_k 的全部极点为 $\boldsymbol{x}_k^{(1)},\boldsymbol{x}_k^{(2)},\cdots,\boldsymbol{x}_k^{(u_k)}$；$K_k$ 的全部极射向为 $\boldsymbol{y}_k^{(1)}$，$\boldsymbol{y}_k^{(2)},\cdots,\boldsymbol{y}_k^{(v_k)}$，由定理 8.4，$\boldsymbol{x}_k\in K_k$ 当且仅当

$$\boldsymbol{x}_k=\sum_{i=1}^{u_k}\alpha_{ki}\boldsymbol{x}_k^{(i)}+\sum_{j=1}^{v_k}\beta_{kj}\boldsymbol{y}_k^{(j)},\tag{8.32}$$

其中 $\alpha_{ki}\geqslant 0$ ($i=1,2,\cdots,u_k$)，$\beta_{kj}\geqslant 0$ ($j=1,2,\cdots,v_k$)，且

$$\sum_{i=1}^{u_k}\alpha_{ki}=1.$$

以上表述对 $k=1,2,\cdots,p$ 都适合.

将(8.32) 代入(8.28) 和(8.29)，可得出如下的线性规划问题 MP：

$$\min\quad f=\sum_{k=1}^{p}\sum_{i=1}^{u_k}(\boldsymbol{c}_k\boldsymbol{x}_k^{(i)})\alpha_{ki}+\sum_{k=1}^{p}\sum_{j=1}^{v_k}(\boldsymbol{c}_k\boldsymbol{y}_k^{(j)})\beta_{kj},\tag{8.33}$$

$$\text{s.t.}\quad \sum_{k=1}^{p}\sum_{i=1}^{u_k}(\boldsymbol{A}_k\boldsymbol{x}_k^{(i)})\alpha_{ki}+\sum_{k=1}^{p}\sum_{j=1}^{v_k}(\boldsymbol{A}_k\boldsymbol{y}_k^{(j)})\beta_{kj}=\boldsymbol{b}_0,\tag{8.34}$$

$$\sum_{i=1}^{u_k}\alpha_{ki}=1\quad(k=1,2,\cdots,p),\tag{8.35}$$

$$\left.\begin{aligned}&\alpha_{ki}\geqslant 0\quad(k=1,2,\cdots,p;\ i=1,2,\cdots,u_k),\\&\beta_{kj}\geqslant 0\quad(k=1,2,\cdots,p;\ j=1,2,\cdots,v_k).\end{aligned}\right\}\tag{8.36}$$

同样，称问题(8.33) ~ (8.36) 为原问题(8.28) ~ (8.31) 的**主规划**，并有相应的结论：

若$(\alpha_{11}^*,\cdots,\alpha_{1u_1}^*,\cdots,\alpha_{p1}^*,\cdots,\alpha_{pu_p}^*,\beta_{11}^*,\cdots,\beta_{1v_1}^*,\cdots,\beta_{p1}^*,\cdots,\beta_{pv_p}^*)^{\mathrm{T}}$ 是主规划问题(8.33) ~ (8.36) 的最优解，则

$$\boldsymbol{x}^* = \begin{pmatrix} \boldsymbol{x}_1^* \\ \boldsymbol{x}_2^* \\ \vdots \\ \boldsymbol{x}_p^* \end{pmatrix} \tag{8.37}$$

是原问题(8.28)～(8.31)的最优解，其中

$$\boldsymbol{x}_k^* = \sum_{i=1}^{u_k} \alpha_{ki}^* \boldsymbol{x}_k^{(i)} + \sum_{j=1}^{v_k} \beta_{kj}^* \boldsymbol{y}_k^{(j)} \quad (k = 1,2,\cdots,p). \tag{8.38}$$

反之，原问题的任一最优解可表示为(8.37),(8.38)的形式，其中诸 $\alpha_{ki}^* \geqslant 0$，诸 $\beta_{kj}^* \geqslant 0$，$\sum_{i=1}^{u_k} \alpha_{ki}^* = 1$ $(k = 1,2,\cdots,p)$，且$(\alpha_{11}^*,\cdots,\alpha_{1u_1}^*,\cdots,\alpha_{p1}^*,\cdots,\alpha_{pu_p}^*, \beta_{11}^*,\cdots,\beta_{1v_1}^*,\cdots,\beta_{p1}^*,\cdots,\beta_{pv_p}^*)^{\mathrm{T}}$ 必是主规划问题的最优解.

由此，原问题的求解可转化为主规划的求解. 原问题有 $m_0 + m_1 + \cdots + m_p$ 个约束方程，而主规划MP仅有 $m_0 + p$ 个约束方程，这就使得问题的规模大大缩小. 但一般说来，MP不能具体地写出来，因为要事先求出 $K_k (k = 1, 2,\cdots,p)$ 的全部极点和极射向是难以办到的，甚至连它们的个数都难以确切指出. 因此，仍考虑通过建立和求解子规划的途径来解决.

设已知MP的一个可行基 $\boldsymbol{B}$（它是 $m_0 + p$ 阶方阵）. 用 $\bar{\boldsymbol{c}}$ 表示(8.33)中目标函数的系数行向量. 记对应单纯形乘子向量

$$\boldsymbol{\pi} = \bar{\boldsymbol{c}}_{\boldsymbol{B}} \boldsymbol{B}^{-1} = (\boldsymbol{\pi}_1, \boldsymbol{\pi}_0) = (\boldsymbol{\pi}_1, \pi_{01}, \pi_{02}, \cdots, \pi_{0p})$$

其中 $\boldsymbol{\pi}_1$ 是 m_0 维行向量，$\pi_{01},\pi_{02},\cdots,\pi_{0p}$ 都是数量，$\boldsymbol{\pi}_0 = (\pi_{01},\pi_{02},\cdots,\pi_{0p})$ 是 p 维行向量.

要判别基 $\boldsymbol{B}$ 是否为MP的最优基，需考查 $\boldsymbol{B}$ 的检验数.

变量 α_{ki} 的对应检验数，记为 λ_{ki}，应为

$$\lambda_{ki} = (\boldsymbol{\pi}_1, \boldsymbol{\pi}_0) \begin{pmatrix} \boldsymbol{A}_k \boldsymbol{x}_k^{(i)} \\ \boldsymbol{e}_k \end{pmatrix} - \boldsymbol{c}_k \boldsymbol{x}_k^{(i)},$$

其中 $\boldsymbol{e}_k$ 表示 p 维单位向量，其第 k 个分量为1. 即有

$$\lambda_{ki} = (\boldsymbol{\pi}_1 \boldsymbol{A}_k - \boldsymbol{c}_k) \boldsymbol{x}_k^{(i)} + \pi_{0k} \quad (k = 1,2,\cdots,p;\ i = 1,2,\cdots,u_k). \tag{8.39}$$

变量 β_{kj} 的对应检验数，记为 μ_{kj}，应为

$$\mu_{kj} = (\boldsymbol{\pi}_1, \boldsymbol{\pi}_0) \begin{pmatrix} \boldsymbol{A}_k \boldsymbol{y}_k^{(j)} \\ \boldsymbol{0} \end{pmatrix} - \boldsymbol{c}_k \boldsymbol{y}_k^{(j)},$$

其中 $\boldsymbol{0}$ 为 p 维零向量. 即有

$$\mu_{kj} = (\boldsymbol{\pi}_1 \boldsymbol{A}_k - \boldsymbol{c}_k)\boldsymbol{y}_k^{(j)} \quad (k = 1,2,\cdots,p;\ j = 1,2,\cdots,v_k). \tag{8.40}$$

这些检验数不可能全部求出. 为判别它们是否全部非正，转而考虑下列线性规划问题$(\mathrm{SP})_k$：

$$\left.\begin{aligned} \min \quad & g_k = (\boldsymbol{c}_k - \boldsymbol{\pi}_1 \boldsymbol{A}_k)\boldsymbol{x}_k, \\ \text{s.t.} \quad & \boldsymbol{G}_k \boldsymbol{x}_k = \boldsymbol{b}_k, \\ & \boldsymbol{x}_k \geqslant \boldsymbol{0}, \end{aligned}\right\} \tag{8.41}$$

这里 $k = 1,2,\cdots,p$. 即有 p 个线性规划问题，称它们为对应于基 $\boldsymbol{B}$ 的 p 个**子规划**.

求解子规划$(\mathrm{SP})_k(k = 1,2,\cdots,p)$. 有下列 4 种可能情形：

(1) 某个$(\mathrm{SP})_k$ 无可行解. 这时，原问题无可行解.

(2) 某个$(\mathrm{SP})_k$ 有可行解，但无最优解. 这时，按定理 8.5，必能得到 K_k 的一个极射向 $\boldsymbol{y}_k^{(r)}$，使

$$(\boldsymbol{c}_k - \boldsymbol{\pi}_1 \boldsymbol{A}_k)\boldsymbol{y}_k^{(r)} < 0,$$

从而得知主规划 MP 中变量 β_{kr} 的对应检验数 $\mu_{kr} > 0$. 这时，应取 β_{kr} 为进基变量，对应旋转列为

$$\boldsymbol{B}^{-1}\begin{pmatrix} \boldsymbol{A}_k \boldsymbol{y}_k^{(r)} \\ \boldsymbol{0} \end{pmatrix}.$$

然后对 MP 施行改进单纯形迭代，得出新基，或判定 MP 无最优解.

(3) 某个$(\mathrm{SP})_k$ 有最优解 $\boldsymbol{x}_k^{(s)}$（$\boldsymbol{x}_k^{(s)}$ 是 K_k 的极点)，且

$$(\boldsymbol{c}_k - \boldsymbol{\pi}_1 \boldsymbol{A}_k)\boldsymbol{x}_k^{(s)} < \pi_{0k}$$

则得知 MP 中变量 α_{ks} 的对应检验数 $\lambda_{ks} > 0$. 这时，应取 α_{ks} 为进基变量，对应旋转列为

$$\boldsymbol{B}^{-1}\begin{pmatrix} \boldsymbol{A}_k \boldsymbol{x}_k^{(s)} \\ \boldsymbol{e}_k \end{pmatrix}.$$

然后对 MP 施行改进单纯形迭代，得出新基，或判定它无最优解.

(4) $(\mathrm{SP})_k$ 有最优解 $\boldsymbol{x}_k^{(s_k)}(k = 1,2,\cdots,p)$，且

$$(\boldsymbol{c}_k - \boldsymbol{\pi}_1 \boldsymbol{A}_k)\boldsymbol{x}_k^{(s_k)} \geqslant \pi_{0k} \quad (k = 1,2,\cdots,p).$$

这时，有(道理与前节相同)

$$\lambda_{ki} \leqslant 0 \quad (k = 1,2,\cdots,p;\ i = 1,2,\cdots,u_k),$$
$$\mu_{kj} \leqslant 0 \quad (k = 1,2,\cdots,p;\ j = 1,2,\cdots,v_k).$$

即知现行基 $\boldsymbol{B}$ 已为主规划 MP 的最优基. 从而可按(8.37),(8.38) 得出原问题的最优解.

p 分算法的计算步骤与前节的二分算法相似，这里不再详述. 关于寻求

主规划的初始可行基的问题，同样可通过引入人工变量，建立和求解辅助问题的途径来解决.

例 用分解算法求解下列线性规划问题：

$$\begin{aligned}\min\quad & f=-4x_1-2x_2-x_3-2x_4,\\ \text{s.t.}\quad & x_1+4x_2+4x_3+2x_4=18,\\ & x_1+2x_2\leqslant 4,\\ & 2x_1+x_2\leqslant 6,\\ & x_3+x_4\leqslant 4,\\ & x_3+2x_4\leqslant 5,\\ & x_i\geqslant 0\quad (i=1,2,3,4).\end{aligned}$$

解 这里，

$$f=\boldsymbol{c}_1\boldsymbol{x}_1+\boldsymbol{c}_2\boldsymbol{x}_2.$$

其中，$\boldsymbol{x}_1=(x_1,x_2)^{\mathrm{T}}$，$\boldsymbol{x}_2=(x_3,x_4)^{\mathrm{T}}$，$\boldsymbol{c}_1=(-4,-2)$，$\boldsymbol{c}_2=(-1,-2)$. 关联约束为

$$\boldsymbol{A}_1\boldsymbol{x}_1+\boldsymbol{A}_2\boldsymbol{x}_2=b_0.$$

其中，$\boldsymbol{A}_1=(1,4)$，$\boldsymbol{A}_2=(4,2)$，$b_0=18$. 两个分系统约束为

$$\boldsymbol{G}_1\boldsymbol{x}_1\leqslant\boldsymbol{b}_1,\quad \boldsymbol{G}_2\boldsymbol{x}_2\leqslant\boldsymbol{b}_2,$$

其中，

$$\boldsymbol{G}_1=\begin{pmatrix}1&2\\2&1\end{pmatrix},\quad \boldsymbol{G}_2=\begin{pmatrix}1&1\\1&2\end{pmatrix},\quad \boldsymbol{b}_1=\begin{pmatrix}4\\6\end{pmatrix},\quad \boldsymbol{b}_2=\begin{pmatrix}4\\5\end{pmatrix}.$$

记

$$K_1=\{\boldsymbol{x}_1\mid \boldsymbol{G}_1\boldsymbol{x}_1\leqslant\boldsymbol{b}_1,\ \boldsymbol{x}_1\geqslant\boldsymbol{0}\},$$
$$K_2=\{\boldsymbol{x}_2\mid \boldsymbol{G}_2\boldsymbol{x}_2\leqslant\boldsymbol{b}_2,\ \boldsymbol{x}_2\geqslant\boldsymbol{0}\}.$$

易知这里的 K_1,K_2 都是有界多面凸集. 由定理 8.2 可知，$K_1=\hat{K}_1$，$K_2=\hat{K}_2$. 因此，K_1,K_2 都只有极点，没有极射向. 于是，问题的主规划 MP 为

$$\begin{aligned}\min\quad & f=\sum_{i=1}^{u_1}(\boldsymbol{c}_1\boldsymbol{x}_1^{(i)})\alpha_{1i}+\sum_{i=1}^{u_2}(\boldsymbol{c}_2\boldsymbol{x}_2^{(i)})\alpha_{2i},\\ \text{s.t.}\quad & \sum_{i=1}^{u_1}(\boldsymbol{A}_1\boldsymbol{x}_1^{(i)})\alpha_{1i}+\sum_{i=1}^{u_2}(\boldsymbol{A}_2\boldsymbol{x}_2^{(i)})\alpha_{2i}=18,\\ & \sum_{i=1}^{u_1}\alpha_{1i}=1,\quad \sum_{i=1}^{u_2}\alpha_{2i}=1,\\ & \alpha_{1i}\geqslant 0\quad (i=1,2,\cdots,u_1),\\ & \alpha_{2i}\geqslant 0\quad (i=1,2,\cdots,u_2),\end{aligned}$$

其中，$x_1^{(1)},x_1^{(2)},\cdots,x_1^{(u_1)}$ 是 K_1 的全部极点；$x_2^{(1)},x_2^{(2)},\cdots,x_2^{(u_2)}$ 是 K_2 的全部极点.

通过建立和求解辅助问题(第一阶段问题)的办法可得MP的初始可行基如下(见习题8.3第1题).

$$\boldsymbol{B}_0=\begin{pmatrix}\boldsymbol{A}_1\boldsymbol{x}_1^{(1)} & \boldsymbol{A}_2\boldsymbol{x}_2^{(2)} & \boldsymbol{A}_2\boldsymbol{x}_2^{(1)}\\ 1 & 0 & 0\\ 0 & 1 & 1\end{pmatrix},$$

其中

$$\boldsymbol{x}_1^{(1)}=(0,2)^{\mathrm{T}},\quad \boldsymbol{x}_2^{(1)}=(4,0)^{\mathrm{T}},\quad \boldsymbol{x}_2^{(2)}=(0,0)^{\mathrm{T}},$$

即知

$$\boldsymbol{B}_0=\overset{\begin{matrix}\alpha_{11} & \alpha_{22} & \alpha_{21}\end{matrix}}{\begin{pmatrix}8 & 0 & 16\\ 1 & 0 & 0\\ 0 & 1 & 1\end{pmatrix}},$$

这时

$$\boldsymbol{B}_0^{-1}=\begin{pmatrix}0 & 1 & 0\\ -\dfrac{1}{16} & \dfrac{1}{2} & 1\\ \dfrac{1}{16} & -\dfrac{1}{2} & 0\end{pmatrix}.$$

$\boldsymbol{B}_0$ 对应解列为

$$\begin{pmatrix}\alpha_{11}\\ \alpha_{22}\\ \alpha_{21}\end{pmatrix}=\boldsymbol{B}_0^{-1}\begin{pmatrix}18\\ 1\\ 1\end{pmatrix}=\begin{pmatrix}1\\ 3/8\\ 5/8\end{pmatrix}.$$

相应于 $\boldsymbol{B}_0$ 有

$$\begin{aligned}\bar{\boldsymbol{c}}_{\boldsymbol{B}_0}&=(\boldsymbol{c}_1\boldsymbol{x}_1^{(1)},\boldsymbol{c}_2\boldsymbol{x}_2^{(2)},\boldsymbol{c}_2\boldsymbol{x}_2^{(1)})\\ &=(-4,0,-4),\\ \boldsymbol{\pi}=\bar{\boldsymbol{c}}_{\boldsymbol{B}_0}\boldsymbol{B}_0^{-1}&=\left(-\frac{1}{4},-2,0\right)\\ &=(\pi_1,\pi_{01},\pi_{02}),\\ \boldsymbol{c}_1-\pi_1\boldsymbol{A}_1&=\left(-\frac{15}{4},-1\right),\\ \boldsymbol{c}_2-\pi_1\boldsymbol{A}_2&=\left(0,-\frac{3}{2}\right).\end{aligned}$$

对应于 $\boldsymbol{B}_0$ 的两个子规划分别为

$$\min \quad g_1 = -\frac{15}{4}x_1 - x_2$$

$$\text{s.t.} \quad (x_1, x_2)^{\mathrm{T}} \in K_1.$$

其最优极点解为

$$\boldsymbol{x}_1^{(3)} = (3, 0)^{\mathrm{T}}.$$

最优值为

$$g_1^* = -\frac{45}{4} < \pi_{01}(= -2).$$

对应变量 α_{13} 的检验数

$$\lambda_{13} = \frac{37}{4}.$$

$$\min \quad g_2 = -\frac{3}{2}x_4$$

$$\text{s.t.} \quad (x_3, x_4)^{\mathrm{T}} \in K_2.$$

其最优极点解为

$$\boldsymbol{x}_2^{(3)} = \left(0, \frac{5}{2}\right)^{\mathrm{T}}.$$

最优值为

$$g_2^* = -\frac{15}{4} < \pi_{02}(= 0).$$

对应变量 α_{23} 的检验数

$$\lambda_{23} = \frac{15}{4}.$$

因此，选取 α_{13} 为进基变量. 对应旋转列为

$$\boldsymbol{B}_0^{-1}\begin{pmatrix} \boldsymbol{A}_1\boldsymbol{x}_1^{(3)} \\ 1 \\ 0 \end{pmatrix} = \begin{pmatrix} 1 \\ 5/16 \\ -5/16 \end{pmatrix}.$$

最小比值

$$\theta = \min\left\{\frac{1}{1}, \frac{3/8}{5/16}\right\} = 1 = \frac{b_{10}}{b_{1r}}, \quad s = 1.$$

因此，以 α_{13} 取代 α_{11}，得新基

$$\boldsymbol{B}_1 = \begin{pmatrix} 3 & 0 & 16 \\ 1 & 0 & 0 \\ 0 & 1 & 1 \end{pmatrix} \quad (\text{columns: } \alpha_{13}\ \alpha_{22}\ \alpha_{21}),$$

这时

$$\boldsymbol{E}_{sr} = \begin{pmatrix} 1 & 0 & 0 \\ -\frac{5}{16} & 1 & 0 \\ \frac{5}{16} & 0 & 1 \end{pmatrix},$$

$$\boldsymbol{B}_1^{-1} = \boldsymbol{E}_{sr}\boldsymbol{B}_0^{-1} = \begin{pmatrix} 0 & 1 & 0 \\ -\frac{1}{16} & \frac{3}{16} & 1 \\ \frac{1}{16} & -\frac{3}{16} & 0 \end{pmatrix}.$$

$\boldsymbol{B}_1$ 对应解列为

$$\begin{pmatrix}\alpha_{13}\\\alpha_{22}\\\alpha_{21}\end{pmatrix}=\boldsymbol{E}_{sr}\begin{pmatrix}1\\3/8\\5/8\end{pmatrix}=\begin{pmatrix}1\\1/16\\15/16\end{pmatrix}.$$

相应于 $\boldsymbol{B}_1$ 有

$$\bar{\boldsymbol{c}}_{\boldsymbol{B}_1}=(\boldsymbol{c}_1\boldsymbol{x}_1^{(3)},\boldsymbol{c}_2\boldsymbol{x}_2^{(2)},\boldsymbol{c}_2\boldsymbol{x}_2^{(1)})=(-12,0,-4),$$

$$\boldsymbol{\pi}=\bar{\boldsymbol{c}}_{\boldsymbol{B}_1}\boldsymbol{B}_1^{-1}=\left(-\frac{1}{4},-\frac{45}{4},0\right)=(\pi_1,\pi_{01},\pi_{02}).$$

由于这里的 π_1 与上一次相同，因此对应于 $\boldsymbol{B}_1$ 的子规划与上一次相同. 但现在

$$g_1^*=-\frac{45}{4}=\pi_{01},$$

$$g_2^*=-\frac{15}{4}<\pi_{02}(=0).$$

因此，选取 α_{23} 为进基变量，对应旋转列为

$$\boldsymbol{B}_1^{-1}\begin{pmatrix}\boldsymbol{A}_2\boldsymbol{x}_2^{(3)}\\0\\1\end{pmatrix}=\begin{pmatrix}0\\11/16\\5/16\end{pmatrix}.$$

$$\theta=\min\left\{\frac{1/16}{11/16},\frac{15/16}{5/16}\right\}=\frac{1}{11},\quad s=2.$$

因此，以 α_{23} 取代 α_{22}. 得新基

$$\boldsymbol{B}_2=\overset{\begin{matrix}\alpha_{13}&\alpha_{23}&\alpha_{21}\end{matrix}}{\begin{pmatrix}3&5&16\\1&0&0\\0&1&1\end{pmatrix}}.$$

这时，

$$\boldsymbol{E}_{sr}=\begin{pmatrix}1&0&0\\0&\frac{16}{11}&0\\0&-\frac{5}{11}&1\end{pmatrix},$$

$$\boldsymbol{B}_2^{-1}=\boldsymbol{E}_{sr}\boldsymbol{B}_1^{-1}=\begin{pmatrix}0&1&0\\-\frac{1}{11}&\frac{3}{11}&\frac{16}{11}\\\frac{1}{11}&-\frac{3}{11}&-\frac{5}{11}\end{pmatrix}.$$

$\boldsymbol{B}_2$ 对应解列

$$\begin{pmatrix} \alpha_{13} \\ \alpha_{23} \\ \alpha_{21} \end{pmatrix} = \boldsymbol{E}_{sr} \begin{pmatrix} 1 \\ 1/16 \\ 15/16 \end{pmatrix} = \begin{pmatrix} 1 \\ 1/11 \\ 10/11 \end{pmatrix}.$$

相应于 $\boldsymbol{B}_2$ 有

$$\bar{\boldsymbol{c}}_{\boldsymbol{B}_2} = (c_1 \boldsymbol{x}_1^{(3)}, c_2 \boldsymbol{x}_2^{(3)}, c_2 \boldsymbol{x}_2^{(1)}) = (-12, -5, -4),$$

$$\boldsymbol{\pi} = \bar{\boldsymbol{c}}_{\boldsymbol{B}_2} \boldsymbol{B}_2^{-1} = \left(\frac{1}{11}, -\frac{135}{11}, -\frac{60}{11}\right) = (\pi_1, \pi_{01}, \pi_{02}),$$

$$c_1 - \pi_1 \boldsymbol{A}_1 = \left(-\frac{45}{11}, -\frac{26}{11}\right),$$

$$c_2 - \pi_1 \boldsymbol{A}_2 = \left(-\frac{15}{11}, -\frac{24}{11}\right).$$

对应于 $\boldsymbol{B}_2$ 的两个子规划分别为

min $g_1 = -\dfrac{45}{11} x_1 - \dfrac{26}{11} x_2,$

s.t. $(x_1, x_2)^T \in K_1.$

其最优极点解为

$$\boldsymbol{x}_1^{(4)} = \left(\frac{8}{3}, \frac{2}{3}\right)^T.$$

最优值为

$$g_1^* = -\frac{412}{33} < \pi_{01} \left(= -\frac{135}{11}\right).$$

检验数

$$\lambda_{14} = \frac{412}{33} - \frac{135}{11} = \frac{7}{33}.$$

min $g_2 = -\dfrac{15}{11} x_3 - \dfrac{24}{11} x_4,$

s.t. $(x_3, x_4)^T \in K_2.$

其最优极点解为

$$\boldsymbol{x}_2^{(4)} = (3, 1)^T.$$

最优解为

$$g_2^* = -\frac{69}{11} < \pi_{02} \left(= -\frac{60}{11}\right).$$

检验数

$$\lambda_{24} = \frac{69}{11} - \frac{60}{11} = \frac{9}{11}.$$

因此选取 α_{24} 为进基变量。对应旋转列为

$$\boldsymbol{B}_2^{-1} \begin{pmatrix} \boldsymbol{A}_2 \boldsymbol{x}_2^{(4)} \\ 0 \\ 1 \end{pmatrix} = \begin{pmatrix} 0 \\ 2/11 \\ 9/11 \end{pmatrix},$$

$$\theta = \min\left\{\frac{1/11}{2/11}, \frac{10/11}{9/11}\right\} = \frac{1}{2}, \quad s = 2.$$

因此，以 α_{24} 取代 α_{23}，得新基

$$\boldsymbol{B}_3 = \begin{pmatrix} \overset{\alpha_{13}}{3} & \overset{\alpha_{24}}{14} & \overset{\alpha_{21}}{16} \\ 1 & 0 & 0 \\ 0 & 1 & 1 \end{pmatrix}.$$

这时，

$$E_{sr}=\begin{pmatrix}1 & 0 & 0\\ 0 & \frac{11}{2} & 0\\ 0 & -\frac{9}{2} & 1\end{pmatrix},$$

$$B_3^{-1}=E_{sr}B_2^{-1}=\begin{pmatrix}0 & 1 & 0\\ -\frac{1}{2} & \frac{3}{2} & 8\\ \frac{1}{2} & -\frac{3}{2} & -7\end{pmatrix}.$$

B_3 对应解列为

$$\begin{pmatrix}\alpha_{13}\\ \alpha_{24}\\ \alpha_{21}\end{pmatrix}=E_{sr}\begin{pmatrix}1\\ 1/11\\ 10/11\end{pmatrix}=\begin{pmatrix}1\\ 1/2\\ 1/2\end{pmatrix}.$$

相应于 B_3 有

$$\bar{c}_{B_3}=(c_1x_1^{(3)},c_2x_2^{(4)},c_2x_2^{(1)})=(-12,-5,-4),$$

$$\pi=\bar{c}_{B_3}B_3^{-1}=\left(\frac{1}{2},-\frac{27}{2},-12\right)=(\pi_1,\pi_{01},\pi_{02}),$$

$$c_1-\pi_1A_1=(-\frac{9}{2},-4),$$

$$c_2-\pi_1A_2=(-3,-3).$$

对应于 B_3 的子规划为

$$\min\quad g_1=-\frac{9}{2}x_1-4x_2,$$

$$\text{s.t.}\quad (x_1,x_2)^{\mathrm{T}}\in K_1.$$

其最优极点解仍为

$$x_1^{(4)}=\left(\frac{8}{3},\frac{2}{3}\right)^{\mathrm{T}}.$$

最优值为

$$g_1^*=-\frac{44}{3}<\pi_{01}(=-\frac{27}{2}).$$

$$\min\quad g_2=-3x_3-3x_4,$$

$$\text{s.t.}\quad (x_3,x_4)^{\mathrm{T}}\in K_2.$$

其最优极点解仍为

$$x_2^{(4)}=(3,1)^{\mathrm{T}}.$$

最优值为

$$g_2^*=-12=\pi_{02}.$$

因此，选取 α_{14} 为进基变量. 对应旋转列为

$$B_3^{-1}\begin{pmatrix}A_1x_1^{(4)}\\ 1\\ 0\end{pmatrix}=\begin{pmatrix}1\\ -7/6\\ 7/6\end{pmatrix},$$

$$\theta = \min\left\{\frac{1}{1}, \frac{1/2}{7/6}\right\} = \frac{3}{7}, \quad s = 3.$$

因此，应以 α_{14} 取代 α_{21}，得新基

$$\begin{matrix} \alpha_{13} & \alpha_{24} & \alpha_{14} \end{matrix}$$

$$\boldsymbol{B}_4 = \begin{pmatrix} 3 & 14 & \frac{16}{3} \\ 1 & 0 & 1 \\ 0 & 1 & 0 \end{pmatrix}.$$

这时，

$$\boldsymbol{E}_{sr} = \begin{pmatrix} 1 & 0 & -\frac{6}{7} \\ 0 & 1 & 1 \\ 0 & 0 & \frac{6}{7} \end{pmatrix},$$

$$\boldsymbol{B}_4^{-1} = \boldsymbol{E}_{sr}\boldsymbol{B}_3^{-1} = \begin{pmatrix} -\frac{3}{7} & \frac{16}{7} & 6 \\ 0 & 0 & 1 \\ \frac{3}{7} & -\frac{9}{7} & -6 \end{pmatrix}.$$

$\boldsymbol{B}_4$ 对应解列为

$$\begin{pmatrix} \alpha_{13} \\ \alpha_{24} \\ \alpha_{14} \end{pmatrix} = \boldsymbol{E}_{sr}\begin{pmatrix} 1 \\ 1/2 \\ 1/2 \end{pmatrix} = \begin{pmatrix} 4/7 \\ 1 \\ 3/7 \end{pmatrix}.$$

相应于 $\boldsymbol{B}_4$ 有

$$\bar{\boldsymbol{c}}_{\boldsymbol{B}_4} = (\boldsymbol{c}_1\boldsymbol{x}_1^{(3)}, \boldsymbol{c}_2\boldsymbol{x}_2^{(4)}, \boldsymbol{c}_1\boldsymbol{x}_1^{(4)}) = (-12, -5, -12)^{\mathrm{T}},$$

$$\boldsymbol{\pi} = \bar{\boldsymbol{c}}_{\boldsymbol{B}_4}\boldsymbol{B}_4^{-1} = (0, -12, -5) = (\pi_1, \pi_{01}, \pi_{02}),$$

$$\boldsymbol{c}_1 - \pi_1\boldsymbol{A}_1 = (-4, -2),$$

$$\boldsymbol{c}_2 - \pi_1\boldsymbol{A}_2 = (-1, -2).$$

对应于 $\boldsymbol{B}_4$ 的子规划为

$$\begin{aligned} \min \quad & g_1 = -4x_1 - 2x_2, \\ \text{s.t.} \quad & (x_1, x_2)^{\mathrm{T}} \in K_1. \end{aligned}$$

其最优极点解为 $\boldsymbol{x}_1^{(4)}$ 和 $\boldsymbol{x}_1^{(3)}$. 最优值为

$$g_1^* = -12 = \pi_{01}.$$

$$\begin{aligned} \min \quad & g_2 = -x_3 - 2x_4, \\ \text{s.t.} \quad & (x_3, x_4)^{\mathrm{T}} \in K_2. \end{aligned}$$

其最优极点解为 $\boldsymbol{x}_2^{(4)}$ 和 $\boldsymbol{x}_2^{(3)}$. 最优值为

$$g_2^* = -5 = \pi_{02}.$$

至此，最优性条件已经满足. 即知 $\boldsymbol{B}_4$ 是主规划 MP 的最优基. 得 MP 的最优解为

$$\alpha_{13}=\frac{4}{7},\quad \alpha_{14}=\frac{3}{7},\quad \alpha_{24}=1,$$

其余的 α_{1i} 和 α_{2i} 都为 0.

从而得原问题的最优解为 $\boldsymbol{x}^*=\begin{pmatrix}\boldsymbol{x}_1^*\\ \boldsymbol{x}_2^*\end{pmatrix}$, 其中

$$\begin{aligned}\boldsymbol{x}_1^* &= \alpha_{13}\boldsymbol{x}_1^{(3)}+\alpha_{14}\boldsymbol{x}_1^{(4)}\\ &=\frac{4}{7}\begin{pmatrix}3\\0\end{pmatrix}+\frac{3}{7}\begin{pmatrix}8/3\\2/3\end{pmatrix}=\begin{pmatrix}20/7\\2/7\end{pmatrix},\\ \boldsymbol{x}_2^* &= \alpha_{24}\boldsymbol{x}_2^{(4)}=\begin{pmatrix}3\\1\end{pmatrix}.\end{aligned}$$

即是说，原问题的最优解为

$$x_1^*=\frac{20}{7},\quad x_2^*=\frac{2}{7},\quad x_3^*=3,\quad x_4^*=1.$$

原问题的最优值为

$$\begin{aligned}f^* &=-4\times\frac{20}{7}-2\times\frac{2}{7}-1\times 3-2\times 1\\ &=-17.\end{aligned}$$

■

习 题 8.3

1. 对本节中的例子，通过建立并求解辅助问题(第一阶段问题)，求出 MP 的初始可行基.

2. 用 p 分算法求解下列问题：

$$\begin{aligned}\min\quad & f=-x_1-x_2-2x_3-x_4,\\ \text{s.t.}\quad & x_1+2x_2+2x_3+x_4\leqslant 40,\\ & x_1+3x_2\leqslant 30,\\ & 2x_1+x_2\leqslant 20,\\ & x_3+x_4\leqslant 15,\\ & x_3\leqslant 10,\\ & x_4\leqslant 10,\\ & x_i\geqslant 0\quad (i=1,2,3,4).\end{aligned}$$

本章小结

本章介绍了处理大型线性规划问题的分解算法(二分算法和 p 分算法). 可行解关于极点和极射向的分解表达式是分解算法的理论基础; 将原问题转化为求解主规划, 并通过求解子规划以生成主规划的旋转列, 这是分解算法的基本思想方法.

对于本章的学习, 要求理解可行解的分解表达式以及有关结论(定理 8.1 ~ 8.5), 理解二分算法、p 分算法的原理和步骤.

复　习　题

1. 用二分算法求解下列问题:

$$\begin{aligned}\min\quad & f = 3x_1 + 2x_2,\\ \text{s.t.}\quad & x_1 + x_2 \leqslant 7,\\ & x_1 - x_2 \leqslant 4,\\ & x_1 + 3x_2 \geqslant 6,\\ & 2x_1 + x_2 \geqslant 4,\\ & x_1 \geqslant 0,\ x_2 \geqslant 0.\end{aligned}$$

这个问题与 8.2 节中的例题一样. 现在要求用第三、四两个约束形成主规划, 由第一、二两个约束形成子规划进行解算.

2. 用 p 分算法求解下列问题:

$$\begin{aligned}\min\quad & f = 5x_1 + 3x_2 + 8x_3 - 5x_4,\\ \text{s.t.}\quad & x_1 + x_2 + x_3 + x_4 \geqslant 25,\\ & 5x_1 + x_2 \leqslant 20,\\ & 5x_1 - x_2 \geqslant 5,\\ & x_3 + x_4 = 20,\\ & x_i \geqslant 0 \quad (i = 1,2,3,4).\end{aligned}$$

3. 用分解算法求解下列线性规划问题:

$$\max\quad z = 6x_1 + 7x_2 + 3x_3 + 5x_4 + x_5 + x_6,$$

$$
\begin{aligned}
\text{s.t.}\quad & x_1+x_2+x_3+x_4+x_5+x_6 \leqslant 50, \\
& x_1+x_2 \leqslant 10, \\
& x_2 \leqslant 8, \\
& 5x_3+x_4 \leqslant 12, \\
& x_5+x_6 \geqslant 5, \\
& x_5+x_6 \leqslant 50, \\
& x_i \geqslant 0 \quad (i=1,2,\cdots,6).
\end{aligned}
$$

4. 有一家汽车公司在它的两个地区工厂(分别称为工厂甲、工厂乙)中生产豪华小汽车和简装小汽车，供应三个地方市场(分别称为市场Ⅰ、市场Ⅱ、市场Ⅲ). 表8-6和表8-7分别给出了豪华车和简装车的单位利润和供求数据(月计划). 该公司和一家货运公司订了合同，由货运公司负责把小汽车从工厂运送到各市场目的地. 由于从工厂甲到市场Ⅰ和市场Ⅲ的路线有危险性，因此货运合同规定在任何一个月沿这些路线运输的小汽车各不超过30辆. 现在的问题是，要制定一个运输方案，既满足供应要求，又符合货运合同规定，并使总利润最大. 试建立这个问题的线性规划模型，并用分解算法求解.

表 8-6 (豪华车)

单位利润 市场 / 工厂	Ⅰ	Ⅱ	Ⅲ	工厂供应量 / 辆
甲	100	120	90	25
乙	80	70	140	15
市场需要量 / 辆	20	10	10	

表 8-7 (简装车)

单位利润 市场 / 工厂	Ⅰ	Ⅱ	Ⅲ	工厂供应量 / 辆
甲	40	20	30	50
乙	20	40	10	30
市场需要量 / 辆	20	40	20	

第九章 内点算法

前面所讲线性规划问题的求解方法，主要是单纯形法，或者是在单纯形法基础上的各种变形．单纯形法的基本思想是，在可行域(一个多面凸集)的边界面上，从一个顶点到另一个相邻顶点逐次转移，使目标函数值逐步改进，最终达到最优基本解．显然，可行域的顶点越多，转移次数就可能越多．随着问题的规模增大，可行域的顶点个数将迅速增多．例如，一个2维长方形有4个顶点，一个3维长方体有8个顶点，一个n维长方体有2^n个顶点．在最坏的情形下，单纯形法可能会走遍(或几乎走遍)所有顶点，于是迭代次数将会随问题规模增大而呈指数级上升．考虑到这种情况，人们自然会提出疑问：单纯形法是不是一个好的算法？

为评估算法的性能优劣，20世纪70年代提出了一个评价指标，即所谓**算法复杂性**，它是指一个算法在最坏情形下的计算量随问题规模增大而增长的速度估计．这里的计算量用计算机执行算法所需要的基本运算(加、乘和比较)的总次数来衡量．问题的规模由某些具有代表性的数量和数据输入长度来表示．数据输入长度是指记录一个实例的所有数据的二进制代码的总位数．对于标准线性规划问题LP，一个实例的规模可用三元组(m,n,l)来表示，这里n是变量的个数，m是等式约束的个数，l是数据输入长度．一个算法的计算量随问题规模变化而变化，按最坏情形衡量，算法的计算量可视为问题规模的函数，称此函数为算法复杂性函数．当算法复杂性函数是一个多项式函数时，称该算法具有多项式复杂性，或称该算法是一个**多项式时间算法**(这里的"时间"是指计算机执行算法所花费的时间)．对于线性规划问题LP的一个算法，其算法复杂性函数可记为$f(m,n,l)$．如果$f(m,n,l)$是m,n和l的多项式函数，则该算法是一个多项式时间算法．通常认为具有多项式复杂性的算法才是好的算法．那么单纯形法是否具有多项式复杂性呢？

1972年，美国学者V. Klee与G. L. Minty发表了一个例子，说明单纯形法的算法复杂性是指数级的．这就证实了单纯形法是非多项式时间算法．此后学者们集注于寻找线性规划的多项式时间算法，或考虑线性规划是否存在多项式时间算法．1979年，前苏联学者哈奇扬(Л. Г. Хачиян)回答了这个问题. 他把线性规划问题的求解转化为解一个严格线性不等式组，然后运用椭球法求解，并证明了这种解算方法具有多项式复杂性. 这一方法通常被称为**哈奇扬**(Khachiyan)**算法**或**椭球算法**. 椭球算法虽然在理论上是多项式时间算法，但实际效果却远不及单纯形法. 单纯形法虽然在理论上是非多项式时间算法，但在实际应用中却很有效，特别是对中等规模以下的问题. 原因在于，单纯形法是在最坏情形(即对算法最不利的实例)下运算次数达到指数级，而经人工产生随机分布的蒙特卡洛实验证实，单纯形法的平均运算次数是多项式级的. 尽管如此，人们仍希望找到实用的多项式时间算法，特别是考虑到大型线性规划问题的需要.

1984年，在美国Bell实验室工作的印度学者N. K. Karmarkar提出了一个新的求解线性规划的多项式时间算法，通常称之为**卡玛卡**(Karmarkar)**算法**，又称为**投影尺度算法**，它与椭球算法的思路完全不同. 这一算法不仅在理论上其多项式复杂性的阶比椭球算法低，而且实际效果也比椭球算法好得多. 在大型问题的应用中，它显示出能与单纯形法竞争的潜力. 卡玛卡算法的基本思想与单纯形法相反，它不是沿可行域的表面去搜索最优解，而是在可行域的内部移动搜索，逐步逼近最优解. 按照这一思路求解线性规划问题的方法被称为线性规划的**内点算法**. 卡玛卡算法的出现激起许多学者对内点算法的研究热情. 其后，一些新的、改进的或变形的内点算法相继出现.

与哈奇扬算法相比，卡玛卡算法算是一个实用的多项式时间算法. 但卡玛卡算法使用起来仍有不便之处. 该算法不能直接用于通常形式的线性规划问题，包括标准形式的线性规划问题，必须先把问题转化为卡玛卡算法所要求的那种"标准形式". 这种转化既不方便也不自然. 下面介绍几种更为简便实用的内点算法.

9.1 原仿射尺度法

原仿射尺度算法可以直接求解标准形式的线性规划问题LP：

$$\left.\begin{aligned} \min \quad & f = \boldsymbol{cx}, \\ \text{s.t.} \quad & \boldsymbol{Ax} = \boldsymbol{b}, \\ & \boldsymbol{x} \geqslant \boldsymbol{0}. \end{aligned}\right\} \tag{9.1}$$

设系数矩阵$\boldsymbol{A}$是$m \times n$阶行满秩矩阵. 对于LP的可行域

$$K = \{\boldsymbol{x} \in \mathbf{R}^n \mid \boldsymbol{Ax} = \boldsymbol{b},\ \boldsymbol{x} \geqslant \boldsymbol{0}\}, \tag{9.2}$$

定义K的相对内部为

$$\mathring{K} = \{\boldsymbol{x} \in \mathbf{R}^n \mid \boldsymbol{A}\boldsymbol{x} = \boldsymbol{b},\ \boldsymbol{x} > \boldsymbol{0}\}. \tag{9.3}$$

若 $\boldsymbol{x} \in \mathring{K}$，则称 $\boldsymbol{x}$ 为 LP 的内点可行解. 现设 $\mathring{K} \neq \varnothing$，并设已知一个内点可行解 $\boldsymbol{x}^{(0)}$. 算法的基本思路是：从 $\boldsymbol{x}^{(0)}$ 出发，寻求一个使目标函数值下降的可行方向，沿该方向移动到一个新的内点可行解 $\boldsymbol{x}^{(1)}$；如此逐步移动，当移动到与最优解充分接近时，迭代停止. 这里的关键问题是：对于任一迭代点 $\boldsymbol{x}^{(k)}$，如何求得一个适当的移动方向 $\boldsymbol{d}^{(k)}$，使 $\boldsymbol{x}^{(k)} + \alpha_k \boldsymbol{d}^{(k)}$ 是一个改进的内点可行解.

从 K 为凸多面体的情形可以看出，如果现行内点可行解 $\boldsymbol{x}^{(k)}$ 处于凸多面体的中心位置，显然应该沿着目标函数的最速下降方向(即负梯度方向)移动. 但如果 $\boldsymbol{x}^{(k)}$ 显著偏离中心位置而与凸多面体的某一边界面特别靠近，则上述移动可能导致对整个迭代过程极为不利的情形. 为此引进一个仿射尺度变换.

对应于 $\boldsymbol{x}^{(k)}$，定义 n 阶对角方阵 $\boldsymbol{D}_k$，它的对角元素为 $\boldsymbol{x}^{(k)}$ 的 n 个分量 $x_1^{(k)}, x_2^{(k)}, \cdots, x_n^{(k)}$，即 $\boldsymbol{D}_k = \mathrm{diag}(x_1^{(k)}, x_2^{(k)}, \cdots, x_n^{(k)})$，也可简记为 $\boldsymbol{D}_k = \mathrm{diag}(\boldsymbol{x}^{(k)})$. 由 $\boldsymbol{x}^{(k)} > \boldsymbol{0}$，可知 $\boldsymbol{D}_k$ 可逆，

$$\boldsymbol{D}_k^{-1} = \mathrm{diag}\left(\frac{1}{x_1^{(k)}}, \frac{1}{x_2^{(k)}}, \cdots, \frac{1}{x_n^{(k)}}\right).$$

在 $\mathbf{R}^n$ 中定义仿射尺度变换如下：

$$\boldsymbol{y} = \boldsymbol{D}_k^{-1}\boldsymbol{x} \quad (\boldsymbol{x} \in \mathbf{R}^n). \tag{9.4}$$

在这一变换下，$\mathbf{R}^n$ 的正卦限中的点仍变为正卦限中的点，但其分量值发生变化. 特别地，$\boldsymbol{x}^{(k)}$ 的像点为

$$\boldsymbol{y}^{(k)} = (1, 1, \cdots, 1)^{\mathrm{T}} = \boldsymbol{e}\ (\in \mathbf{R}^n). \tag{9.5}$$

它与非负卦限的每一边界面都保持单位距离. 显然变换(9.4)是可逆的，其逆变换为

$$\boldsymbol{x} = \boldsymbol{D}_k \boldsymbol{y} \quad (\boldsymbol{y} \in \mathbf{R}^n). \tag{9.6}$$

在这一变换下，问题(9.1)变换为

$$\left.\begin{aligned} \min \quad & \boldsymbol{c}_k \boldsymbol{y}, \\ \text{s.t.} \quad & \boldsymbol{A}_k \boldsymbol{y} = \boldsymbol{b}, \\ & \boldsymbol{y} \geqslant \boldsymbol{0}, \end{aligned}\right\} \tag{9.7}$$

其中

$$\boldsymbol{c}_k = \boldsymbol{c}\boldsymbol{D}_k, \quad \boldsymbol{A}_k = \boldsymbol{A}\boldsymbol{D}_k. \tag{9.8}$$

对问题(9.7)，从迭代点 $\boldsymbol{y}^{(k)}$ 出发，移动方向应该是使 $\boldsymbol{c}_k\boldsymbol{y}$ 迅速下降的方向. 但是，为了保证新的迭代点 $\boldsymbol{y}^{(k+1)}$ 仍满足约束条件 $\boldsymbol{A}_k\boldsymbol{y} = \boldsymbol{b}$，不能直接用

负梯度方向 $-\boldsymbol{c}_k^{\mathrm{T}}$ 作为移动方向，而应采用 $-\boldsymbol{c}_k^{\mathrm{T}}$ 在矩阵 $\boldsymbol{A}_k$ 的零空间中的投影 $\hat{\boldsymbol{d}}^{(k)}$ 作为移动方向. 记 $\boldsymbol{A}_k$ 的零空间为 N_k，即

$$N_k = \{\boldsymbol{x} \in \mathbf{R}^n \mid \boldsymbol{A}_k \boldsymbol{x} = \boldsymbol{0}\}. \tag{9.9}$$

由于该投影 $\hat{\boldsymbol{d}}^{(k)} \in N_k$，即满足 $\boldsymbol{A}_k \hat{\boldsymbol{d}}^{(k)} = \boldsymbol{0}$，从而必能保证 $\boldsymbol{y}^{(k+1)}$ 满足 $\boldsymbol{A}_k \boldsymbol{y}^{(k+1)} = \boldsymbol{b}$. 至于条件 $\boldsymbol{y}^{(k+1)} > \boldsymbol{0}$ 则通过移动步长的控制来保证.

不难导出向量 $-\boldsymbol{c}_k^{\mathrm{T}}$ 在 N_k 上的正交投影为(见习题 9.1 第 1 题)

$$\hat{\boldsymbol{d}}^{(k)} = -[\boldsymbol{I}_n - \boldsymbol{A}_k^{\mathrm{T}} (\boldsymbol{A}_k \boldsymbol{A}_k^{\mathrm{T}})^{-1} \boldsymbol{A}_k] (\boldsymbol{c}_k)^{\mathrm{T}}. \tag{9.10}$$

由(9.8)，即有

$$\hat{\boldsymbol{d}}^{(k)} = -[\boldsymbol{I}_n - \boldsymbol{D}_k \boldsymbol{A}^{\mathrm{T}} (\boldsymbol{A}\boldsymbol{D}_k^2 \boldsymbol{A}^{\mathrm{T}})^{-1} \boldsymbol{A}\boldsymbol{D}_k] \boldsymbol{D}_k \boldsymbol{c}^{\mathrm{T}}. \tag{9.11}$$

记

$$(\boldsymbol{u}^{(k)})^{\mathrm{T}} = (\boldsymbol{A}\boldsymbol{D}_k^2 \boldsymbol{A}^{\mathrm{T}})^{-1} \boldsymbol{A}\boldsymbol{D}_k^2 \boldsymbol{c}^{\mathrm{T}}, \tag{9.12}$$

亦即

$$\boldsymbol{u}^{(k)} = \boldsymbol{c}\boldsymbol{D}_k^2 \boldsymbol{A}^{\mathrm{T}} (\boldsymbol{A}\boldsymbol{D}_k^2 \boldsymbol{A}^{\mathrm{T}})^{-1}, \tag{9.12$'$}$$

则

$$\hat{\boldsymbol{d}}^{(k)} = -\boldsymbol{D}_k (\boldsymbol{c} - \boldsymbol{u}^{(k)} \boldsymbol{A})^{\mathrm{T}}. \tag{9.13}$$

又令

$$\boldsymbol{w}^{(k)} = \boldsymbol{c} - \boldsymbol{u}^{(k)} \boldsymbol{A}, \tag{9.14}$$

则

$$\hat{\boldsymbol{d}}^{(k)} = -\boldsymbol{D}_k (\boldsymbol{w}^{(k)})^{\mathrm{T}}. \tag{9.15}$$

按(9.12),(9.14)和(9.15)便可算出像空间中的移动方向 $\hat{\boldsymbol{d}}^{(k)}$. 于是，从 $\boldsymbol{y}^{(k)}$ 出发，沿 $\hat{\boldsymbol{d}}^{(k)}$ 方向移动，可得新点

$$\boldsymbol{y}^{(k+1)} = \boldsymbol{y}^{(k)} + \alpha_k \hat{\boldsymbol{d}}^{(k)}, \tag{9.16}$$

其中 $\alpha_k > 0$，称为步长系数. 对上式再施行逆变换，即得原问题(9.1)的新迭代点

$$\boldsymbol{x}^{(k+1)} = \boldsymbol{D}_k \boldsymbol{y}^{(k+1)} = \boldsymbol{D}_k \boldsymbol{y}^{(k)} + \alpha_k \boldsymbol{D}_k \hat{\boldsymbol{d}}^{(k)} = \boldsymbol{x}^{(k)} + \alpha_k \boldsymbol{d}^{(k)}, \tag{9.17}$$

其中

$$\boldsymbol{d}^{(k)} = \boldsymbol{D}_k \hat{\boldsymbol{d}}^{(k)} = -\boldsymbol{D}_k^2 (\boldsymbol{w}^{(k)})^{\mathrm{T}} \tag{9.18}$$

即为原空间中的移动方向. 由 $\boldsymbol{A}_k \hat{\boldsymbol{d}}^{(k)} = \boldsymbol{0}$ 可知 $\boldsymbol{A}\boldsymbol{d}^{(k)} = \boldsymbol{0}$. 从而保证 $\boldsymbol{A}\boldsymbol{x}^{(k+1)} = \boldsymbol{b}$. 至于 $\boldsymbol{x}^{(k+1)} > \boldsymbol{0}$ 的要求，则通过步长系数 α_k 的适当选取来保证.

若 $\boldsymbol{d}^{(k)}$ 的分量 $d_i^{(k)} \geqslant 0$，则对于任意正数 α_k，均有 $x_i^{(k+1)} = x_i^{(k)} + \alpha_k d_i^{(k)} > 0$；若分量 $d_j^{(k)} < 0$，为保证 $x_j^{(k+1)} > 0$，α_k 需满足 $\alpha_k < \dfrac{x_j^{(k)}}{-d_j^{(k)}}$. 因此步长系数可按下式选取：

$$\alpha_k = \gamma \min\left\{\frac{x_i^{(k)}}{-d_i^{(k)}}\middle| d_i^{(k)} < 0\right\}, \tag{9.19}$$

其中 γ 是一个小于 1 的正数. 一般取 γ 接近于 1. 例如取 γ 为 0.99 或 0.999 5 等.

由上可知，按(9.17),(9.18) 和(9.19) 确定的新点 $\boldsymbol{x}^{(k+1)}$ 仍为(9.1) 的内点可行解. 下面说明新点还是一个改进的内点可行解. 由(9.17) 和(9.8) 可知

$$\boldsymbol{c}\boldsymbol{x}^{(k+1)} = \boldsymbol{c}\boldsymbol{x}^{(k)} + \alpha_k \boldsymbol{c}\boldsymbol{d}^{(k)} = \boldsymbol{c}\boldsymbol{x}^{(k)} + \alpha_k \boldsymbol{c}_k \hat{\boldsymbol{d}}^{(k)}. \tag{9.20}$$

由 $\hat{\boldsymbol{d}}^{(k)}$ 是$(-\boldsymbol{c}_k)^{\mathrm{T}}$ 在 N_k 上的正交投影可知

$$(-\boldsymbol{c}_k)^{\mathrm{T}} = \hat{\boldsymbol{d}}^{(k)} + \boldsymbol{h}^{(k)}, \tag{9.21}$$

其中 $\boldsymbol{h}^{(k)} \in N_k^{\perp}$，而 $\hat{\boldsymbol{d}}^{(k)} \in N_k$. 因此$(\boldsymbol{h}^{(k)})^{\mathrm{T}}\hat{\boldsymbol{d}}^{(k)} = 0$. 从而有

$$\boldsymbol{c}_k\hat{\boldsymbol{d}}^{(k)} = -(\hat{\boldsymbol{d}}^{(k)})^{\mathrm{T}}\hat{\boldsymbol{d}}^{(k)} - (\boldsymbol{h}^{(k)})^{\mathrm{T}}\hat{\boldsymbol{d}}^{(k)} = -\|\hat{\boldsymbol{d}}^{(k)}\|^2. \tag{9.22}$$

将(9.22) 代入(9.20) 即得

$$\boldsymbol{c}\boldsymbol{x}^{(k+1)} = \boldsymbol{c}\boldsymbol{x}^{(k)} - \alpha_k\|\hat{\boldsymbol{d}}^{(k)}\|^2. \tag{9.23}$$

由(9.23) 可知，只要 $\boldsymbol{d}^{(k)} \neq \boldsymbol{0}$ (从而 $\|\hat{\boldsymbol{d}}^{(k)}\| \neq 0$)，则必有 $\boldsymbol{c}\boldsymbol{x}^{(k+1)} < \boldsymbol{c}\boldsymbol{x}^{(k)}$. 这说明迭代过程中目标函数值是严格递减的. 那么，迭代过程何时可以停止呢?

由(9.14) 可见，当 $\boldsymbol{w}^{(k)} \geqslant \boldsymbol{0}$ 时，即有 $\boldsymbol{u}^{(k)}\boldsymbol{A} \leqslant \boldsymbol{c}$. 这表明此时 $\boldsymbol{u}^{(k)}$ 正好是对偶问题 DP:

$$\left.\begin{aligned} &\max \quad \boldsymbol{u}\boldsymbol{b}, \\ &\text{s.t.} \quad \boldsymbol{u}\boldsymbol{A} \leqslant \boldsymbol{c} \end{aligned}\right\} \tag{9.24}$$

的可行解. 因此称由(9.12)′ 确定的 $\boldsymbol{u}^{(k)}$ 为**对偶估计**. 其对应目标函数值与 $\boldsymbol{x}^{(k)}$ 的对应目标函数值之差$(\boldsymbol{c}\boldsymbol{x}^{(k)} - \boldsymbol{u}^{(k)}\boldsymbol{b})$ 称为**对偶间隙**. 且有

$$\boldsymbol{c}\boldsymbol{x}^{(k)} - \boldsymbol{u}^{(k)}\boldsymbol{b} = \boldsymbol{c}\boldsymbol{x}^{(k)} - \boldsymbol{u}^{(k)}\boldsymbol{A}\boldsymbol{x}^{(k)} = (\boldsymbol{c} - \boldsymbol{u}^{(k)}\boldsymbol{A})\boldsymbol{x}^{(k)},$$

即有

$$\boldsymbol{c}\boldsymbol{x}^{(k)} - \boldsymbol{u}^{(k)}\boldsymbol{b} = \boldsymbol{w}^{(k)}\boldsymbol{x}^{(k)}. \tag{9.25}$$

于是由定理 3.3 可知，当 $\boldsymbol{w}^{(k)} \geqslant \boldsymbol{0}$ 且 $\boldsymbol{w}^{(k)}\boldsymbol{x}^{(k)} = 0$ 时，$\boldsymbol{x}^{(k)}$ 和 $\boldsymbol{u}^{(k)}$ 便分别为 LP 和 DP 的最优解. 但由于在迭代过程中始终保持迭代点为可行域的相对内点，因而一般情况下，$\boldsymbol{w}^{(k)}\boldsymbol{x}^{(k)}$ 不会准确地达到零值. 因此迭代过程的停止条件可设定为 $\boldsymbol{w}^{(k)} \geqslant \boldsymbol{0}$ 且

$$|\boldsymbol{w}^{(k)}\boldsymbol{x}^{(k)}| < \delta, \tag{9.26}$$

其中 δ 是一个给定的充分小正数，称之为精度参数.

现在将**原仿射尺度法**的计算步骤概括如下:

步骤 1 给出 LP 的一个内点可行解 $\boldsymbol{x}^{(0)}$，并设定精度参数 $\delta\,(>0)$ 和 $\varepsilon\,(>0)$. 令 $k=0$.

步骤 2 令 $\boldsymbol{D}_k=\mathrm{diag}(\boldsymbol{x}^{(k)})$. 计算对偶估计

$$\boldsymbol{u}^{(k)}=\boldsymbol{c}\boldsymbol{D}_k^2\boldsymbol{A}^{\mathrm{T}}(\boldsymbol{A}\boldsymbol{D}_k^2\boldsymbol{A}^{\mathrm{T}})^{-1}$$

和 $\boldsymbol{w}^{(k)}=\boldsymbol{c}-\boldsymbol{u}^{(k)}\boldsymbol{A}$.

步骤 3 检查 $|\boldsymbol{w}^{(k)}\boldsymbol{x}^{(k)}|<\delta$ 是否成立？若不成立转下步；若成立，检查 $\boldsymbol{w}^{(k)}$. 若 $\boldsymbol{w}^{(k)}\geqslant\boldsymbol{0}$ 或满足

$$\frac{\max\left\{|w_i^{(k)}|\,\middle|\,w_i^{(k)}<0\right\}}{\max\left\{|\boldsymbol{c}_i|\,\middle|\,w_i^{(k)}<0\right\}+1}<\varepsilon, \tag{9.27}$$

则停止迭代，$\boldsymbol{x}^{(k)}$ 和 $\boldsymbol{u}^{(k)}$ 便分别为 LP 和 DP 的近似最优解. 否则转下步.

步骤 4 计算移动方向

$$\boldsymbol{d}^{(k)}=-\boldsymbol{D}_k^2(\boldsymbol{w}^{(k)})^{\mathrm{T}},$$

并检查 $\boldsymbol{d}^{(k)}$. 若 $\boldsymbol{d}^{(k)}\geqslant\boldsymbol{0}$，停止迭代. 这时，若 $\boldsymbol{d}^{(k)}\neq\boldsymbol{0}$，判定原问题目标函数无下界(见习题 9.1 第 2 题)；若 $\boldsymbol{d}^{(k)}=\boldsymbol{0}$，判定原问题目标函数取常数值(见习题 9.1 第 3 题)，$\boldsymbol{x}^{(k)}$ 即为最优解. 否则转下步.

步骤 5 计算步长系数

$$\alpha_k=\gamma\min\left\{\frac{x_i^{(k)}}{-d_i^{(k)}}\,\middle|\,d_i^{(k)}<0\right\},$$

并实现转移

$$\boldsymbol{x}^{(k+1)}=\boldsymbol{x}^{(k)}+\alpha_k\boldsymbol{d}^{(k)}. \tag{9.28}$$

然后置 $k\leftarrow k+1$，返回步骤 2.

在 LP 非退化的条件下，已被证明，按上述迭代算法所产生的点列 $\{\boldsymbol{x}^{(k)}\}$ 是收敛的，其极限点 $\boldsymbol{x}^*$ 即为 LP 的最优解. 相应的对偶估计点列 $\{\boldsymbol{u}^{(k)}\}$ 收敛于 DP 的最优解.

例 现在用原仿射尺度算法求解如下问题：

$$\begin{aligned}\min\quad & f=x_2-x_3,\\ \text{s.t.}\quad & 2x_1-x_2+2x_3=2,\\ & x_1+2x_2=5,\\ & x_1,x_2,x_3\geqslant 0,\end{aligned}$$

这里，

$$\boldsymbol{A}=\begin{pmatrix}2 & -1 & 2\\ 1 & 2 & 0\end{pmatrix},\quad \boldsymbol{c}=(0,1,-1),$$

易知 $\boldsymbol{x}^{(0)}=(1,2,1)^{\mathrm{T}}$ 为一内点可行解.

第一次迭代：

$$D_0 = \mathrm{diag}(1,2,1),$$

$$u^{(0)} = cD_0^2A^{\mathrm{T}}(AD_0^2A^{\mathrm{T}})^{-1} = \left(-\frac{9}{28},\frac{5}{14}\right),$$

$$w^{(0)} = c - u^{(0)}A = \left(\frac{2}{7},-\frac{1}{28},-\frac{5}{14}\right),$$

$$|w^{(0)}x^{(0)}| = 0.142\,86,$$

$$d^{(0)} = -D_0^2(w^{(0)})^{\mathrm{T}} = \left(-\frac{2}{7},\frac{1}{7},\frac{5}{14}\right)^{\mathrm{T}},$$

$$\alpha_0 = \gamma\min\left\{\frac{x_i^{(0)}}{-d_i^{(0)}}\,\middle|\,d_i^{(0)} < 0\right\} = 3.465 \quad (\text{这里取 } \gamma = 0.99),$$

$$x^{(1)} = x^{(0)} + \alpha_0 d^{(0)} = (0.01,2.495,2.237\,5)^{\mathrm{T}}.$$

第二次迭代：

$$D_1 = \mathrm{diag}(0.01,2.495,2.237\,5),$$

$$u^{(1)} = (-0.499\,991,0.250\,008),$$

$$w^{(1)} = (0.749\,974,-0.000\,006,-0.000\,019),$$

$$|w^{(1)}x^{(1)}| = 0.007\,44,$$

$$\frac{\max\{|w_i^{(1)}|\,|\,w_i^{(1)} < 0\}}{\max\{|c_i|\,|\,w_i^{(1)} < 0\}+1} = 0.000\,009\,5.$$

若选取 $\delta = 0.01$，$\varepsilon = 0.000\,1$，则最优性停止条件已经满足. $x^{(1)}$ 便可作为近似最优解. 若认为精度不够，则继续迭代. 如再移动一次，可得

$$x^{(2)} = (0.000\,1,2.499\,949,2.249\,875)^{\mathrm{T}}.$$

这是更好的近似最优解. 事实上，点列 $\{x^{(k)}\}$ 的极限为

$$x^* = (0,2.5,2.25)^{\mathrm{T}}.$$

这便是问题的精确最优解.

原仿射尺度算法的起动需要先给出一个初始内点可行解. 对于简单的问题，通过观察验算可以找出初始内点可行解. 对于不易得出初始内点可行解的问题，如何使用原仿射尺度算法呢？这里介绍一种方法，称为**大 *M* 法**. 它是把对原问题(9.1) 的求解转化为求解如下线性规划问题(称之为大 M 问题)：

$$\left.\begin{aligned} \min\quad & cx + Mx_a, \\ \text{s.t.}\quad & Ax + (b - Ae)x_a = b, \\ & x \geqslant 0,\ x_a \geqslant 0, \end{aligned}\right\} \tag{9.29}$$

其中 x_a 是人工变量，M 是一个足够大的正数．目标函数中的项 Mx_a，是表示对人工变量取正值的惩罚．M 的取值大小根据实例的具体情况确定．大 M 问题(9.29) 有明显的内点可行解 $(\boldsymbol{x}^{(0)}, x_a^{(0)})^{\mathrm{T}} = (\boldsymbol{e}, 1)$，从而可以起动原仿射尺度算法．解算结果不外乎以下三种可能情形：

(1) 大 M 问题有最优解 $(\boldsymbol{x}^*, x_a^*)^{\mathrm{T}}$，且 $x_a^* = 0$．这时，$\boldsymbol{x}^*$ 便是原问题的最优解．

因为，这时 $\boldsymbol{x}^*$ 是原问题(9.1)的可行解，而对于原问题的任一可行解 $\boldsymbol{x}$，$(\boldsymbol{x}, 0)$ 是大 M 问题的可行解，从而有

$$\boldsymbol{cx} = \boldsymbol{cx} + M \cdot 0 \geqslant \boldsymbol{cx}^* + Mx_a^* = \boldsymbol{cx}^*.$$

由此可知 $\boldsymbol{x}^*$ 是原问题的最优解．

(2) 大 M 问题有最优解 $(\boldsymbol{x}^*, x_a^*)^{\mathrm{T}}$，但 $x_a^* > 0$．这时，原问题无可行解．

因为，假若原问题有可行解 $\boldsymbol{x}^{(0)}$，则 $(\boldsymbol{x}^{(0)}, 0)^{\mathrm{T}}$ 是大 M 问题的可行解，从而有 $\boldsymbol{cx}^{(0)} \geqslant \boldsymbol{cx}^* + Mx_a^*$ 成立．但另一方面，由于 $x_a^* > 0$，选取 M 足够大，必有 $\boldsymbol{cx}^* + Mx_a^* > \boldsymbol{cx}^{(0)}$ 成立．即得矛盾．

(3) 大 M 问题目标函数无下界．这时，原问题目标函数也无下界．

因为，假若原问题目标函数有下界 $f^{(0)}$，则对于大 M 问题的任一可行解 $(\boldsymbol{x}, x_a)^{\mathrm{T}}$，如果 $x_a > 0$，由于 M 足够大，必有 $\boldsymbol{cx} + Mx_a \geqslant f^{(0)}$；如果 $x_a = 0$，此时 $\boldsymbol{x}$ 必是原问题的可行解，从而有 $\boldsymbol{cx} + Mx_a = \boldsymbol{cx} \geqslant f^{(0)}$．这与大 M 问题目标函数无下界相矛盾．

习　题　9.1

1. 设 $\boldsymbol{A} = (a_{ij})_{m\times n}$ 为行满秩矩阵，试证：向量 $\boldsymbol{z}\ (\in \mathbf{R}^n)$ 在 $\boldsymbol{A}$ 的零空间 $N = \{\boldsymbol{x} \in \mathbf{R}^n \mid \boldsymbol{Ax} = \boldsymbol{0}\}$ 上的正交投影为 $\boldsymbol{p} = [\boldsymbol{I}_n - \boldsymbol{A}^{\mathrm{T}}(\boldsymbol{AA}^{\mathrm{T}})^{-1}\boldsymbol{A}]\boldsymbol{z}$.

2. 证明：对于原仿射尺度算法，若移动方向 $\boldsymbol{d}^{(k)} \geqslant \boldsymbol{0}$ 但 $\boldsymbol{d}^{(k)} \neq \boldsymbol{0}$，则原问题目标函数无下界．

3. 证明：对于原仿射尺度算法，若移动方向 $\boldsymbol{d}^{(k)} = \boldsymbol{0}$，则原问题的目标函数取常数值．

4. 用原仿射尺度算法求解：

$$\begin{aligned} \min \quad & f = 2x_1 + x_2 + x_3, \\ \text{s. t.} \quad & x_1 + 2x_2 + 2x_3 = 6, \\ & 2x_1 + x_2 = 5, \\ & x_1, x_2, x_3 \geqslant 0. \end{aligned}$$

9.2 对偶仿射尺度法

对偶仿射尺度法的基本思想是：对 LP 的对偶问题 DP 使用原仿射尺度法，即从对偶问题的一个内点可行解出发，在对偶问题的可行域内部移动，得出改进的对偶内点可行解，同时得出一个原估计点；迭代点列始终保持对偶可行性，并使对偶目标函数值逐步增加，从而逐步逼近对偶最优解；与此同时，原估计点列对原问题的不可行性逐步消失，从而逐步逼近原问题的最优解.

原问题(9.1)的对偶问题可写成如下形式：

$$\left.\begin{aligned} \max\quad & \boldsymbol{ub}, \\ \text{s.t.}\quad & \boldsymbol{uA}+\boldsymbol{w}=\boldsymbol{c}, \\ & \boldsymbol{w}\geqslant \boldsymbol{0}\ (\boldsymbol{u}\text{ 无符号限制}), \end{aligned}\right\} \tag{9.30}$$

其中 $\boldsymbol{w}=(w_1,w_2,\cdots,w_n)$ 为松弛变量. 设对偶问题(9.30)的可行域的相对内部不空，并设已知一个对偶内点可行解 $(\boldsymbol{u}^{(0)},\boldsymbol{w}^{(0)})$. 算法便从此点开始，逐步转移. 设经 k 次迭代，得到迭代点 $(\boldsymbol{u}^{(k)},\boldsymbol{w}^{(k)})$，它满足

$$\boldsymbol{u}^{(k)}\boldsymbol{A}+\boldsymbol{w}^{(k)}=\boldsymbol{c},\quad \boldsymbol{w}^{(k)}>\boldsymbol{0}. \tag{9.31}$$

现在来分析，从 $(\boldsymbol{u}^{(k)},\boldsymbol{w}^{(k)})$ 出发，如何确定一个移动方向，使移动后的新点是一个更好的对偶内点可行解.

记移动方向为 $(\boldsymbol{d}_u^{(k)},\boldsymbol{d}_w^{(k)})$，这里 $\boldsymbol{d}_u^{(k)}$ 是 m 维行向量，$\boldsymbol{d}_w^{(k)}$ 是 n 维行向量. 从 $(\boldsymbol{u}^{(k)},\boldsymbol{w}^{(k)})$ 出发，沿此方向移动到新点 $(\boldsymbol{u}^{(k+1)},\boldsymbol{w}^{(k+1)})$. 即

$$\boldsymbol{u}^{(k+1)}=\boldsymbol{u}^{(k)}+\beta_k\boldsymbol{d}_u^{(k)}, \tag{9.32}$$

$$\boldsymbol{w}^{(k+1)}=\boldsymbol{w}^{(k)}+\beta_k\boldsymbol{d}_w^{(k)}, \tag{9.33}$$

其中 $\beta_k>0$. 则新点应满足下列条件：

$$\boldsymbol{u}^{(k+1)}\boldsymbol{A}+\boldsymbol{w}^{(k+1)}=\boldsymbol{c}, \tag{9.34}$$

$$\boldsymbol{w}^{(k+1)}>\boldsymbol{0}, \tag{9.35}$$

$$\boldsymbol{u}^{(k+1)}\boldsymbol{b}\geqslant\boldsymbol{u}^{(k)}\boldsymbol{b}. \tag{9.36}$$

将(9.32)和(9.33)代入(9.34)，并注意到(9.31)，可得

$$\boldsymbol{d}_u^{(k)}\boldsymbol{A}+\boldsymbol{d}_w^{(k)}=\boldsymbol{0}. \tag{9.37}$$

将(9.32)代入(9.36)可得

$$\boldsymbol{d}_u^{(k)}\boldsymbol{b}\geqslant 0. \tag{9.38}$$

为了获得有利而又可行的移动方向，按照原仿射尺度法的手段，对向量 $\boldsymbol{w}$ 作仿射尺度变换：

$$v = wG_k^{-1}, \quad w = vG_k, \tag{9.39}$$

其中

$$G_k = \mathrm{diag}(w^{(k)}) = \mathrm{diag}(w_1^{(k)}, w_2^{(k)}, \cdots, w_n^{(k)}). \tag{9.40}$$

在这一变换下，向量 $w^{(k)}$ 变换为 $v^{(k)} = e^{\mathrm{T}}$，向量 $d_w^{(k)}$ 变换为

$$d_v^{(k)} = d_w^{(k)} G_k^{-1}. \tag{9.41}$$

从而

$$d_w^{(k)} = d_v^{(k)} G_k. \tag{9.42}$$

将(9.42)代入(9.37)可得

$$d_u^{(k)} A G_k^{-1} = - d_v^{(k)}.$$

上式两端右乘 $G_k^{-1} A^{\mathrm{T}}$ 得

$$d_u^{(k)} A G_k^{-2} A^{\mathrm{T}} = - d_v^{(k)} G_k^{-1} A^{\mathrm{T}}. \tag{9.43}$$

由 A 行满秩可知矩阵 $AG_k^{-2}A^{\mathrm{T}}$ 可逆，从而得出

$$d_u^{(k)} = - d_v^{(k)} G_k^{-1} A^{\mathrm{T}} (AG_k^{-2}A^{\mathrm{T}})^{-1}. \tag{9.44}$$

记

$$Q_k = G_k^{-1} A^{\mathrm{T}} (AG_k^{-2}A^{\mathrm{T}})^{-1}. \tag{9.45}$$

则有

$$d_u^{(k)} = - d_v^{(k)} Q_k. \tag{9.46}$$

为满足(9.38)，$d_v^{(k)}$ 应满足

$$- d_v^{(k)} Q_k b \geqslant 0. \tag{9.47}$$

为此，选取

$$d_v^{(k)} = - (Q_k b)^{\mathrm{T}}. \tag{9.48}$$

这时即有

$$d_u^{(k)} b = - d_v^{(k)} Q_k b = (Q_k b)^{\mathrm{T}} (Q_k b) = \| Q_k b \|^2 \geqslant 0.$$

将(9.48)和(9.45)代入(9.46)可得

$$d_u^{(k)} = b^{\mathrm{T}} (AG_k^{-2}A^{\mathrm{T}})^{-1}. \tag{9.49}$$

再由(9.37)可得

$$d_w^{(k)} = - d_u^{(k)} A = - b^{\mathrm{T}} (AG_k^{-2}A^{\mathrm{T}})^{-1} A. \tag{9.50}$$

式(9.49)和(9.50)便确定了移动方向.

移动步长则根据条件(9.35)来确定. 现在来分析如何选取步长系数 β_k，才能保证 $w^{(k+1)} > \mathbf{0}$. 由(9.33)和(9.31)可知，若 $d_w^{(k)}$ 的分量 $(d_w^{(k)})_i \geqslant 0$，则对于任意正数 β_k，$w^{(k+1)}$ 的对应分量

$$w_i^{(k+1)} = w_i^{(k)} + \beta_k (d_w^{(k)})_i > 0;$$

若某分量 $(d_w^{(k)})_j < 0$，为使 $w_j^{(k+1)} > \mathbf{0}$，β_k 应满足

$$\beta_k < \frac{w_j^{(k)}}{-(\boldsymbol{d}_w^{(k)})_j}.$$

因此选取步长系数

$$\beta_k = \gamma \min\left\{\frac{w_i^{(k)}}{-(\boldsymbol{d}_w^{(k)})_i} \middle| (\boldsymbol{d}_w^{(k)})_i < 0\right\}, \tag{9.51}$$

其中 γ 为略小于 1 的正数.

确定了移动方向和移动步长，便可按迭代公式(9.32) 和(9.33) 得出新点$(\boldsymbol{u}^{(k+1)}, \boldsymbol{w}^{(k+1)})$. 且不难验证，只要 $\boldsymbol{d}_w^{(k)} \neq \boldsymbol{0}$，新点必定是对偶问题(9.30) 的一个改进的内点可行解(习题 9.2 第 1 题). 此时，对于原问题(9.1) 能得出什么呢? 如果令

$$\boldsymbol{x}^{(k)} = -\boldsymbol{G}_k^{-2}(\boldsymbol{d}_w^{(k)})^{\mathrm{T}}, \tag{9.52}$$

由(9.50) 可知，$\boldsymbol{A}\boldsymbol{x}^{(k)} = \boldsymbol{b}$. 一旦 $\boldsymbol{x}^{(k)} \geqslant \boldsymbol{0}$，则 $\boldsymbol{x}^{(k)}$ 便是原问题(9.1) 的可行解. 按(9.52) 定义的 $\boldsymbol{x}^{(k)}$ 被称为**原估计**. 同样，对偶间隙为

$$\boldsymbol{c}\boldsymbol{x}^{(k)} - \boldsymbol{u}^{(k)}\boldsymbol{b} = \boldsymbol{w}^{(k)}\boldsymbol{x}^{(k)}.$$

如果 $\boldsymbol{w}^{(k)}\boldsymbol{x}^{(k)} = 0$，同时 $\boldsymbol{x}^{(k)} \geqslant \boldsymbol{0}$，则$(\boldsymbol{u}^{(k)}, \boldsymbol{w}^{(k)})$ 和 $\boldsymbol{x}^{(k)}$ 便分别为对偶问题和原问题的最优解. 但作为迭代过程的停止判据，只能要求上述两条件近似成立.

同样可以导知，若 $\boldsymbol{d}_w^{(k)} \geqslant \boldsymbol{0}$ 但 $\boldsymbol{d}_w^{(k)} \neq \boldsymbol{0}$，则对偶问题(9.30) 的目标函数无上界(习题 9.2 第 2 题). 若 $\boldsymbol{d}_w^{(k)} = \boldsymbol{0}$，由(9.49) 可知

$$\boldsymbol{b} = \boldsymbol{A}\boldsymbol{G}_k^{-2}\boldsymbol{A}^{\mathrm{T}}(\boldsymbol{d}_u^{(k)})^{\mathrm{T}} = \boldsymbol{A}\boldsymbol{G}_k^{-2}(\boldsymbol{d}_u^{(k)}\boldsymbol{A})^{\mathrm{T}} = -\boldsymbol{A}\boldsymbol{G}_k^{-2}(\boldsymbol{d}_w^{(k)})^{\mathrm{T}} = \boldsymbol{0}.$$

这时(9.30) 的目标函数取常数值，$(\boldsymbol{u}^{(k)}, \boldsymbol{w}^{(k)})$ 即为(9.30) 的最优解. 由(9.52) 知，这时 $\boldsymbol{x}^{(k)} = \boldsymbol{0}$，它便是原问题的最优解. 可见，只要 $\boldsymbol{b} \neq \boldsymbol{0}$，$\boldsymbol{d}_w^{(k)} = \boldsymbol{0}$ 的情形就不会出现.

综上所述，可将**对偶仿射尺度法**的计算步骤概括如下：

步骤 1 给出初始对偶内点可行解$(\boldsymbol{u}^{(0)}, \boldsymbol{w}^{(0)})$，并设定精度参数 $\delta\,(>0)$ 和 $\varepsilon\,(>0)$. 令 $k = 0$.

步骤 2 令 $\boldsymbol{G}_k = \mathrm{diag}(\boldsymbol{w}^{(k)})$. 计算转移方向

$$\boldsymbol{d}_u^{(k)} = \boldsymbol{b}^{\mathrm{T}}(\boldsymbol{A}\boldsymbol{G}_k^{-2}\boldsymbol{A}^{\mathrm{T}})^{-1}, \quad \boldsymbol{d}_w^{(k)} = -\boldsymbol{d}_u^{(k)}\boldsymbol{A}.$$

并检查 $\boldsymbol{d}_w^{(k)}$. 如果 $\boldsymbol{d}_w^{(k)} \geqslant \boldsymbol{0}$ ($\boldsymbol{d}_w^{(k)} \neq \boldsymbol{0}$)，则停止迭代，判定对偶问题无界，从而判定原问题无可行解；否则，转下步.

步骤 3 计算原估计

$$\boldsymbol{x}^{(k)} = -\boldsymbol{G}_k^{-2}(\boldsymbol{d}_w^{(k)})^{\mathrm{T}}$$

并检查最优性. 如果 $|\boldsymbol{w}^{(k)}\boldsymbol{x}^{(k)}| < \delta$，并且 $\boldsymbol{x}^{(k)}$ 满足 $\boldsymbol{x}^{(k)} \geqslant \boldsymbol{0}$，或者满足

$\max\{|x_i^{(k)}| \mid x_i^{(k)} < 0\} < \varepsilon$，则停止迭代，$\boldsymbol{x}^{(k)}$ 和$(\boldsymbol{u}^{(k)},\boldsymbol{w}^{(k)})$便分别为原问题和对偶问题的近似最优解. 否则转下步.

步骤 4 计算步长系数

$$\beta_k = \gamma \min\left\{\frac{w_i^{(k)}}{-(\boldsymbol{d}_w^{(k)})_i} \middle| (\boldsymbol{d}_w^{(k)})_i < 0\right\},$$

并实现转移

$$\boldsymbol{u}^{(k+1)} = \boldsymbol{u}^{(k)} + \beta_k \boldsymbol{d}_u^{(k)}, \quad \boldsymbol{w}^{(k+1)} = \boldsymbol{w}^{(k)} + \beta_k \boldsymbol{d}_w^{(k)}.$$

然后置 $k \leftarrow k+1$，返回步骤 2.

在对偶非退化的条件下，已被证明，上述迭代算法产生的点列$\{\boldsymbol{u}^{(k)},\boldsymbol{w}^{(k)}\}$和$\{\boldsymbol{x}^{(k)}\}$是收敛的，其极限点$(\boldsymbol{u}^*,\boldsymbol{w}^*)$和 $\boldsymbol{x}^*$ 分别是对偶问题和原问题的最优解.

例 现在用对偶仿射尺度法来解算前例中的问题：

$$\begin{aligned}
\min \quad & f = x_2 - x_3, \\
\text{s.t.} \quad & 2x_1 - x_2 + 2x_3 = 2, \\
& x_1 + 2x_2 = 5, \\
& x_1, x_2, x_3 \geqslant 0.
\end{aligned}$$

它的对偶问题可写为

$$\begin{aligned}
\max \quad & g = 2u_1 + 5u_2, \\
\text{s.t.} \quad & 2u_1 + u_2 + w_3 = 0, \\
& -u_1 + 2u_2 + w_2 = 1, \\
& 2u_1 + w_3 = -1, \\
& w_1, w_2, w_3 \geqslant 0.
\end{aligned}$$

令

$$\boldsymbol{u}^{(0)} = \left(-1, -\frac{1}{2}\right), \quad \boldsymbol{w}^{(0)} = \left(\frac{5}{2}, 1, 1\right).$$

易知$(\boldsymbol{u}^{(0)},\boldsymbol{w}^{(0)})$为对偶内点可行解. 置 $\gamma = 0.99$.

第一次迭代：

$$\boldsymbol{G}_0 = \operatorname{diag}\left(\frac{5}{2}, 1, 1\right),$$

$$\boldsymbol{d}_u^{(0)} = (0.810\,077\,5, 1.529\,069\,8),$$

$$\boldsymbol{d}_w^{(0)} = (-3.149\,225, -2.248\,062, -1.620\,155),$$

$$\boldsymbol{x}^{(0)} = (0.503\,876, 2.248\,062, 1.620\,155)^{\mathrm{T}},$$

$$\boldsymbol{w}^{(0)}\boldsymbol{x}^{(0)} = 5.127\,9,$$

$$\beta_0 = 0.440\,379,$$

$\boldsymbol{u}^{(1)} = (-0.643\,259, 0.173\,371)$,

$\boldsymbol{w}^{(1)} = (1.113\,146, 0.01, 0.286\,517)$.

第二次迭代:

$\boldsymbol{G}_1 = \mathrm{diag}(1.113\,146, 0.01, 0.286\,517)$,

$\boldsymbol{d}_u^{(1)} = (0.083\,685\,6, 0.041\,963\,6)$,

$\boldsymbol{d}_w^{(1)} = (-0.209\,335, -0.000\,241\,55, -0.167\,371)$,

$\boldsymbol{x}^{(1)} = (0.168\,942, 2.415\,48, 2.038\,82)^{\mathrm{T}}$,

$\boldsymbol{w}^{(1)}\boldsymbol{x}^{(1)} = 0.796\,3$,

$\beta_1 = 1.694\,75$,

$\boldsymbol{u}^{(2)} = (-0.501\,433, 0.244\,488)$,

$\boldsymbol{w}^{(2)} = (0.758\,377, 0.009\,590\,6, 0.002\,865\,2)$.

第三次迭代:

$\boldsymbol{G}_0 = \mathrm{diag}(0.758\,377, 0.009\,590\,6, 0.002\,865\,2)$,

$\boldsymbol{d}_u^{(2)} = (0.000\,009\,234, 0.000\,119\,587)$,

$\boldsymbol{d}_w^{(2)} = (-0.000\,138\,055, -0.000\,229\,94, -0.000\,018\,468)$,

$\boldsymbol{x}^{(2)} = (0.000\,240, 2.499\,882, 2.249\,668)^{\mathrm{T}}$,

$\boldsymbol{w}^{(2)}\boldsymbol{x}^{(2)} = 0.030\,6$.

若选取 $\delta = 0.01$, 则尚不满足最优停止条件. 再移动一次.

$\beta_2 = 41.292\,2$,

$\boldsymbol{u}^{(3)} = (-0.501\,052, 0.249\,426)$,

$\boldsymbol{w}^{(3)} = (0.752\,676\,4, 0.000\,095\,9, 0.002\,102\,6)$,

$\boldsymbol{w}^{(3)}\boldsymbol{x}^{(2)} = 0.006\,78 < \delta = 0.01$.

加之 $\boldsymbol{x}^{(2)} \geqslant \boldsymbol{0}$. 因此可取 $\boldsymbol{x}^{(2)}$ 为原问题的近似最优解, 取 $(\boldsymbol{u}^{(3)}, \boldsymbol{w}^{(3)})$ 为对偶问题的近似最优解. 若认为精度不足, 则继续迭代.

对偶仿射尺度算法的起动, 需要一个初始对偶内点可行解. 这对于简单问题, 可通过观察验算获得. 特别是, 当目标系数向量 $\boldsymbol{c} > \boldsymbol{0}$ 时, 令 $\boldsymbol{u}^{(0)} = \boldsymbol{0}$ 和 $\boldsymbol{w}^{(0)} = \boldsymbol{c}$, 则 $(\boldsymbol{u}^{(0)}, \boldsymbol{w}^{(0)})$ 便是一个对偶内点可行解. 在不易获得初始对偶内点可行解的情况下, 可采用下述**大 M 法**.

对于对偶问题(9.30) 引入人工变量 u_a, 考虑如下的对偶大 M 问题:

$$\left.\begin{aligned} \max \quad & \boldsymbol{ub} + Mu_a, \\ \text{s.t.} \quad & \boldsymbol{uA} + \boldsymbol{h}u_a + \boldsymbol{w} = \boldsymbol{c}, \\ & \boldsymbol{w} \geqslant \boldsymbol{0} \quad (\boldsymbol{u} \text{ 和 } u_a \text{ 无符号限制}), \end{aligned}\right\} \tag{9.53}$$

其中, M 是一个足够大的正数, $\boldsymbol{h} = (h_1, h_2, \cdots, h_n)$, 其分量取值为

$$h_i=\begin{cases}0, & 当\ c_i>0,\\1, & 当\ c_i\leqslant 0.\end{cases}$$

记 $\hat{c}=\max\{|c_1|,|c_2|,\cdots,|c_n|\}$，令 $\tau>1$. 则有

$$\boldsymbol{c}+\tau\hat{c}\boldsymbol{h}>\boldsymbol{0}.$$

于是，令

$$\boldsymbol{u}^{(0)}=\boldsymbol{0},\quad u_a^{(0)}=-\tau\hat{c},\quad \boldsymbol{w}^{(0)}=\boldsymbol{c}+\tau\hat{c}\boldsymbol{h}. \tag{9.54}$$

则 $(\boldsymbol{u}^{(0)},u_a^{(0)},\boldsymbol{w}^{(0)})$ 便是对偶大 M 问题(9.53)的内点可行解，从而可对(9.53)起动对偶仿射尺度算法. 由于 M 是足够大正数，在迭代过程中 u_a 的值必不断上升. 设经 k 次迭代所得 $(\boldsymbol{u}^{(k)},u_a^{(k)},\boldsymbol{w}^{(k)})$ 中，$u_a^{(k)}\geqslant 0$，或 $|u_a^{(k)}|$ 已足够小，则可置

$$\boldsymbol{u}^{(0)}=\boldsymbol{u}^{(k)},\quad \boldsymbol{w}^{(0)}=\boldsymbol{w}^{(k)}+\boldsymbol{h}u_a^{(k)},$$

对问题(9.30)起动对偶仿射尺度算法. 如果 u_a 的值不能逼近或超过零，则可判定对偶问题(9.30)无可行解(习题 9.2 第 3 题)，从而判定原问题(9.1)无最优解.

原仿射尺度算法和对偶仿射尺度算法在理论上未能被证明是多项式时间算法，但它们的实际效果都优于卡玛卡算法. 对于中等规模以上的问题，它们的求解效率也优于单纯形法，特别是对于大型稀疏问题，其优势更为明显.

习　题　9.2

1. 证明：按迭代公式(9.32)，(9.33)得出的新点 $(\boldsymbol{u}^{(k+1)},\boldsymbol{w}^{(k+1)})$ 仍为(9.30)的内点可行解；且当按(9.50)得出的 $\boldsymbol{d}_w^{(k)}\neq\boldsymbol{0}$ 时，必有

$$\boldsymbol{u}^{(k+1)}\boldsymbol{b}>\boldsymbol{u}^{(k)}\boldsymbol{b}.$$

2. 证明：对于对偶仿射尺度算法，若 $\boldsymbol{d}_w^{(k)}\geqslant\boldsymbol{0}$ 但 $\boldsymbol{d}_w^{(k)}\neq\boldsymbol{0}$，则问题(9.30)的目标函数无上界.

3. 证明：对对偶大 M 问题(9.53)起动对偶仿射尺度算法后，如果迭代点列 $\{\boldsymbol{u}^{(k)},u_a^{(k)},\boldsymbol{w}^{(k)}\}$ 中，分量 u_a 的值不能逼近或超过零，则问题(9.30)无可行解.

4. 用对偶仿射尺度算法求解：

$$\begin{aligned}\min\quad & f=2x_1+x_2+x_3,\\ \text{s.t.}\quad & x_1+2x_2+2x_3=6,\\ & 2x_1+x_2=5,\\ & x_1,x_2,x_3\geqslant 0.\end{aligned}$$

9.3 对数障碍函数法

本节要介绍的对数障碍函数法也是一种从可行域内部移动寻优的迭代算法，但它采用了非线性规划中障碍函数法的思想.

设已知LP的一个内点可行解 $\boldsymbol{x}^{(0)}$，我们要寻求一个移动方向 $\boldsymbol{h}\,(\in \mathbf{R}^n)$，使得从 $\boldsymbol{x}^{(0)}$ 出发沿 $\boldsymbol{h}$ 移动所得新点是一个改进的内点可行解. 为此对LP引进对数障碍函数，即考虑如下数学规划问题 P_μ：

$$\left.\begin{aligned}\min\quad & f_\mu(\boldsymbol{x}) = \boldsymbol{cx} - \mu\sum_{j=1}^{n}\ln x_j,\\ \text{s.t.}\quad & \boldsymbol{Ax} = \boldsymbol{b},\end{aligned}\right\} \tag{9.55}$$

其中参数 $\mu > 0$. 在 P_μ 的约束条件中只保留了线性等式约束 $\boldsymbol{Ax}=\boldsymbol{b}$，而把不等式约束 $\boldsymbol{x}\geqslant \boldsymbol{0}$ 和内点要求反映到目标函数 $f_\mu(\boldsymbol{x})$ 中. 因为对数函数只有当 $\boldsymbol{x} > \boldsymbol{0}$ 时才有定义. 并且，当某个分量 $x_i \to 0^+$ 时，$f_\mu(\boldsymbol{x})$ 的值趋于正无穷. 于是，$f_\mu(\boldsymbol{x})$ 的最小化必然阻止 $x_i\to 0^+$. 这就好像是沿非负卦限的边界筑起了一道壁垒. 因此称 $f_\mu(\boldsymbol{x})$ 为**障碍函数**(或壁垒函数)，称 μ 为**障碍参数**(或罚参数). 这里 P_μ 已是非线性规划问题，并且其最优解与参数 μ 有关. 当 $\mu\to 0^+$ 时，P_μ 的最优解将收敛于LP的最优解(见习题9.3第1题).

为了使 $\boldsymbol{h}$ 是一个有利的移动方向，并考虑到，对于给定的 μ，$f_\mu(\boldsymbol{x})$ 是一个严格凸函数，因此要求 $\boldsymbol{h}$ 的值使函数 $f_\mu(\boldsymbol{x}^{(0)}+\boldsymbol{h})$ 达到最小值，并且用 $f_\mu(\boldsymbol{x}^{(0)}+\boldsymbol{h})$ 在 $\boldsymbol{x}^{(0)}$ 处的二阶 Taylor 展式

$$f_\mu(\boldsymbol{x}^{(0)}) + (\nabla f_\mu(\boldsymbol{x}^{(0)}))^{\mathrm{T}}\boldsymbol{h} + \frac{1}{2}\boldsymbol{h}^{\mathrm{T}}(\nabla^2 f_\mu(\boldsymbol{x}^{(0)}))\boldsymbol{h} \tag{9.56}$$

来替代 $f_\mu(\boldsymbol{x}^{(0)}+\boldsymbol{h})$. 其中，$\nabla f_\mu(\boldsymbol{x}^{(0)})$ 是 f_μ 在 $\boldsymbol{x}^{(0)}$ 的梯度向量，$\nabla^2 f_\mu(\boldsymbol{x}^{(0)})$ 是 f_μ 在 $\boldsymbol{x}^{(0)}$ 的二阶偏导数矩阵(Hesse矩阵). 于是移动方向 $\boldsymbol{h}$ 的寻求可归结为如下的等式约束极值问题：

$$\min\quad Q(\boldsymbol{h}) = \frac{1}{2}\boldsymbol{h}^{\mathrm{T}}(\nabla^2 f_\mu(\boldsymbol{x}^{(0)}))\boldsymbol{h} + (\nabla f_\mu(\boldsymbol{x}^{(0)}))^{\mathrm{T}}\boldsymbol{h}, \tag{9.57a}$$

$$\text{s.t.}\quad \boldsymbol{Ah} = \boldsymbol{0}. \tag{9.57b}$$

条件(9.57b)是为了保证沿 $\boldsymbol{h}$ 移动所得新点仍满足 $\boldsymbol{Ax}=\boldsymbol{b}$. 易知

$$\nabla f_\mu(\boldsymbol{x}^{(0)}) = \boldsymbol{c}^{\mathrm{T}} - \mu\boldsymbol{D}_0^{-1}\boldsymbol{e},\quad \nabla^2 f_\mu(\boldsymbol{x}^{(0)}) = \mu\boldsymbol{D}_0^{-2},$$

其中，$\boldsymbol{D}_0 = \mathrm{diag}(\boldsymbol{x}^{(0)})$，$\boldsymbol{e} = (1,1,\cdots,1)^{\mathrm{T}}(\in\mathbf{R}^n)$. 于是(9.57)可表示为

$$\min \quad Q(\boldsymbol{h}) = \frac{\mu}{2}\boldsymbol{h}^{\mathrm{T}}\boldsymbol{D}_0^{-2}\boldsymbol{h} + (\boldsymbol{c} - \mu\boldsymbol{e}^{\mathrm{T}}\boldsymbol{D}_0^{-1})\boldsymbol{h}, \tag{9.58a}$$

$$\text{s.t.} \quad \boldsymbol{A}\boldsymbol{h} = \boldsymbol{0}. \tag{9.58b}$$

由微积分学中多元函数条件极值理论可知，若 $\boldsymbol{h}$ 是问题(9.58a)，(9.58b)的最优解，则 $\boldsymbol{h}$ 使 Lagrange 函数

$$\Phi = \frac{\mu}{2}\boldsymbol{h}^{\mathrm{T}}\boldsymbol{D}_0^{-2}\boldsymbol{h} + (\boldsymbol{c} - \mu\boldsymbol{e}^{\mathrm{T}}\boldsymbol{D}_0^{-1})\boldsymbol{h} - \boldsymbol{u}\boldsymbol{A}\boldsymbol{h} \tag{9.59}$$

的各偏导数等于零. 其中 $\boldsymbol{u} = (u_1, u_2, \cdots, u_m)$ 为 Lagrange 乘子向量. 即知向量 $\boldsymbol{h} = (h_1, h_2, \cdots, h_n)^{\mathrm{T}}$ 除满足条件(9.58b)外，还应满足

$$\frac{\partial \Phi(\boldsymbol{h})}{\partial h_i} = 0 \quad (i = 1, 2, \cdots, n),$$

亦即

$$\mu\boldsymbol{D}_0^{-2}\boldsymbol{h} + \boldsymbol{c}^{\mathrm{T}} - \mu\boldsymbol{D}_0^{-1}\boldsymbol{e} - (\boldsymbol{u}\boldsymbol{A})^{\mathrm{T}} = \boldsymbol{0}. \tag{9.60}$$

从而

$$\boldsymbol{h} = -\frac{1}{\mu}\boldsymbol{D}_0^2(\boldsymbol{c}^{\mathrm{T}} - \mu\boldsymbol{D}_0^{-1}\boldsymbol{e} - \boldsymbol{A}^{\mathrm{T}}\boldsymbol{u}^{\mathrm{T}}). \tag{9.61}$$

上式两端左乘以 $\boldsymbol{A}$，并注意到条件(9.58b)，可得

$$\boldsymbol{A}\boldsymbol{D}_0^2(\boldsymbol{c}^{\mathrm{T}} - \mu\boldsymbol{D}_0^{-1}\boldsymbol{e}) - \boldsymbol{A}\boldsymbol{D}_0^2\boldsymbol{A}^{\mathrm{T}}\boldsymbol{u}^{\mathrm{T}} = \boldsymbol{0}. \tag{9.62}$$

若 $\boldsymbol{A}$ 行满秩，则 $\boldsymbol{A}\boldsymbol{D}_0^2\boldsymbol{A}^{\mathrm{T}}$ 可逆，从而得

$$\boldsymbol{u}^{\mathrm{T}} = (\boldsymbol{A}\boldsymbol{D}_0^2\boldsymbol{A}^{\mathrm{T}})^{-1}\boldsymbol{A}\boldsymbol{D}_0^2(\boldsymbol{c}^{\mathrm{T}} - \mu\boldsymbol{D}_0^{-1}\boldsymbol{e}). \tag{9.63}$$

若 $\boldsymbol{A}$ 非行满秩，则通过解方程组(9.62)得出 $\boldsymbol{u}$. 令

$$\boldsymbol{w} = \boldsymbol{c} - \boldsymbol{u}\boldsymbol{A}, \tag{9.64}$$

则(9.61)可表示为

$$\boldsymbol{h} = \boldsymbol{D}_0(\boldsymbol{e} - \mu^{-1}\boldsymbol{D}_0\boldsymbol{w}^{\mathrm{T}}). \tag{9.65}$$

至此，(9.63)，(9.64)和(9.65)便确立了移动方向的计算方法.

现在将**对数障碍函数法**的计算步骤概述如下：

步骤 1 给出原问题 LP 的一个内点可行解 $\boldsymbol{x}^{(0)}$，并设定障碍参数初值 $\mu_0(>0)$、缩减因子 $\sigma(>0)$ 和精度参数 $\delta(>0)$. 令 $k=0$.

步骤 2 令 $\boldsymbol{D}_k = \mathrm{diag}(\boldsymbol{x}^{(k)})$，计算

$$(\boldsymbol{u}^{(k+1)})^{\mathrm{T}} = (\boldsymbol{A}\boldsymbol{D}_k^2\boldsymbol{A}^{\mathrm{T}})^{-1}\boldsymbol{A}\boldsymbol{D}_k^2(\boldsymbol{c}^{\mathrm{T}} - \mu_k\boldsymbol{D}_k^{-1}\boldsymbol{e}), \tag{9.66}$$

$$\boldsymbol{w}^{(k+1)} = \boldsymbol{c} - \boldsymbol{u}^{(k+1)}\boldsymbol{A}, \tag{9.67}$$

$$\boldsymbol{h}^{(k)} = \boldsymbol{D}_k[\boldsymbol{e} - \mu_k^{-1}\boldsymbol{D}_k(\boldsymbol{w}^{(k+1)})^{\mathrm{T}}], \tag{9.68}$$

并检查 $\boldsymbol{h}^{(k)}$. 若 $\boldsymbol{h}^{(k)} \geqslant \boldsymbol{0}$ 且 $\boldsymbol{c}\boldsymbol{h}^{(k)} < 0$，则停止迭代，判定 LP 目标函数无下界. 否则转下步.

步骤 3 计算

$$\boldsymbol{x}^{(k+1)} = \boldsymbol{x}^{(k)} + \boldsymbol{h}^{(k)}, \tag{9.69}$$

并检查最优性. 若

$$\boldsymbol{w}^{(k+1)}\boldsymbol{x}^{(k+1)} < \delta, \tag{9.70}$$

则停止迭代，取 $\boldsymbol{x}^{(k+1)}$ 为 LP 的近似最优解；否则，令

$$\mu_{k+1} = \left(1 - \frac{\sigma}{\sqrt{n}}\right)\mu_k, \tag{9.71}$$

并置 $k \leftarrow k+1$，返回步骤 2.

上述算法中，障碍参数初值 μ_0 和缩减因子 σ 如何选取？为保证算法的收敛性，要求 $\mu_0 \geqslant \dfrac{\|\boldsymbol{c}\boldsymbol{D}_0\|}{\theta}$，即要求 μ_0 满足

$$\mu_0 \geqslant \frac{1}{\theta}\sqrt{\sum_{i=1}^{n}(c_i x_i^{(0)})^2}, \tag{9.72}$$

要求 σ 满足

$$0 < \sigma \leqslant \frac{\theta(1-\theta)}{1+\theta/\sqrt{n}}, \tag{9.73}$$

其中 $0 < \theta < 1$. 例如，令 $\theta = \dfrac{1}{2}$，$\sigma = \dfrac{1}{6}$ 即满足要求.

对上述算法，有如下结论：

定理 如果按(9.68)确定的 $\boldsymbol{h}^{(k)}$ 满足

$$\|\boldsymbol{D}_k^{-1}\boldsymbol{h}^{(k)}\| \leqslant \theta < 1, \tag{9.74}$$

则 $\boldsymbol{x}^{(k+1)}$ 和$(\boldsymbol{u}^{(k+1)}, \boldsymbol{w}^{(k+1)})$分别是 LP 和 DP 的内点可行解，且对偶间隙

$$\boldsymbol{c}\boldsymbol{x}^{(k+1)} - \boldsymbol{u}^{(k+1)}\boldsymbol{b} = \boldsymbol{w}^{(k+1)}\boldsymbol{x}^{(k+1)} \leqslant \mu_k(\sqrt{n}+\theta)^2. \tag{9.75}$$

证 易知，由(9.68)确定的 $\boldsymbol{h}^{(k)}$ 满足 $\boldsymbol{A}\boldsymbol{h}^{(k)} = \boldsymbol{0}$. 从而有

$$\boldsymbol{A}\boldsymbol{x}^{(k+1)} = \boldsymbol{A}(\boldsymbol{x}^{(k)} + \boldsymbol{h}^{(k)}) = \boldsymbol{A}\boldsymbol{x}^{(k)} = \boldsymbol{b}.$$

由(9.74)可知 $\boldsymbol{e} + \boldsymbol{D}_k^{-1}\boldsymbol{h}^{(k)} > \boldsymbol{0}$. 从而有

$$\boldsymbol{x}^{(k+1)} = \boldsymbol{D}_k\boldsymbol{e} + \boldsymbol{h}^{(k)} = \boldsymbol{D}_k(\boldsymbol{e} + \boldsymbol{D}_k^{-1}\boldsymbol{h}^{(k)}) > \boldsymbol{0},$$

即知 $\boldsymbol{x}^{(k+1)}$ 是 LP 的内点可行解. 由(9.68)可得

$$(\boldsymbol{w}^{(k+1)})^{\mathrm{T}} = \mu_k\boldsymbol{D}_k^{-1}(\boldsymbol{e} - \boldsymbol{D}_k^{-1}\boldsymbol{h}^{(k)}). \tag{9.76}$$

同样由(9.74)可知 $\boldsymbol{e} - \boldsymbol{D}_k^{-1}\boldsymbol{h}^{(k)} > \boldsymbol{0}$，从而有 $\boldsymbol{w}^{(k+1)} > \boldsymbol{0}$. 即知$(\boldsymbol{u}^{(k+1)}, \boldsymbol{w}^{(k+1)})$是 DP 的内点可行解. 下面证明式(9.75)成立.

$$\boldsymbol{c}\boldsymbol{x}^{(k+1)} - \boldsymbol{u}^{(k+1)}\boldsymbol{b} = (\boldsymbol{c} - \boldsymbol{u}^{(k+1)}\boldsymbol{A})\boldsymbol{x}^{(k+1)} = \boldsymbol{w}^{(k+1)}\boldsymbol{x}^{(k+1)}.$$

由(9.76)，

$$\begin{aligned} \boldsymbol{w}^{(k+1)}\boldsymbol{x}^{(k+1)} &= \mu_k(\boldsymbol{e}-\boldsymbol{D}_k^{-1}\boldsymbol{h}^{(k)})^{\mathrm{T}}\boldsymbol{D}_k^{-1}\boldsymbol{x}^{(k+1)} \\ &\leqslant \mu_k \| \boldsymbol{e}-\boldsymbol{D}_k^{-1}\boldsymbol{h}^{(k)} \| \| \boldsymbol{D}_k^{-1}\boldsymbol{x}^{(k+1)} \|. \end{aligned}$$

由(9.74)，

$$\| \boldsymbol{e}-\boldsymbol{D}_k^{-1}\boldsymbol{h}^{(k)} \| \leqslant \| \boldsymbol{e} \| + \| \boldsymbol{D}_k^{-1}\boldsymbol{h}^{(k)} \| \leqslant \sqrt{n}+\theta,$$

$$\begin{aligned} \| \boldsymbol{D}_k^{-1}\boldsymbol{x}^{(k+1)} \| &= \| \boldsymbol{D}_k^{-1}(\boldsymbol{x}^{(k)}+\boldsymbol{h}^{(k)}) \| = \| \boldsymbol{e}+\boldsymbol{D}_k^{-1}\boldsymbol{h}^{(k)} \| \\ &\leqslant \| \boldsymbol{e} \| + \| \boldsymbol{D}_k^{-1}\boldsymbol{h}^{(k)} \| \leqslant \sqrt{n}+\theta. \end{aligned}$$

综上所述即得(9.75). ■

定理中的前提条件(9.74)能否得到满足呢？可以证明，如果 μ_0 和 σ 的选取满足(9.72)和(9.73)，并且初始内点可行解 $\boldsymbol{x}^{(0)}$ 的选取使得

$$\boldsymbol{D}_0^{-1}\boldsymbol{e} = \boldsymbol{A}^{\mathrm{T}}\boldsymbol{v} \tag{9.77}$$

对某个 $\boldsymbol{v}\,(\in \mathbf{R}^m)$ 成立，则对于 $k=0,1,2,\cdots$ 均有(9.74)成立(见习题 9.3 第 2 题和第 3 题). 由此，根据上述定理和 $\mu_k \to 0\ (k\to\infty)$ 可知，对数障碍函数算法是收敛的，由它产生的点列 $\{\boldsymbol{x}^{(k)}\}$ 和 $\{\boldsymbol{u}^{(k)},\boldsymbol{w}^{(k)}\}$ 分别收敛于 LP 和 DP 的最优解. 并且，已被证明，该算法是一个多项式时间算法.

由于对数障碍函数法对初始点有较高的要求，因而在一般情况下难以直接对原问题起动算法. 为此，采用添加人工变量和人工约束等手段来起动算法，即考虑如下的变尺度大 M 问题：

$$\left.\begin{aligned} \min\quad & \tilde{f} = \boldsymbol{c}\tilde{\boldsymbol{x}} + M\tilde{x}_{n+1}, \\ \text{s. t.}\quad & \boldsymbol{A}\tilde{\boldsymbol{x}} + \left(\frac{\boldsymbol{b}}{\rho} - \boldsymbol{A}\boldsymbol{e}\right)\tilde{x}_{n+1} = \frac{\boldsymbol{b}}{\rho}, \\ & \tilde{x}_1 + \cdots + \tilde{x}_n + \tilde{x}_{n+1} + \tilde{x}_{n+2} = n+2, \\ & \tilde{\boldsymbol{x}} \geqslant \boldsymbol{0},\ \tilde{x}_{n+1} \geqslant 0,\ \tilde{x}_{n+2} \geqslant 0, \end{aligned}\right\} \tag{9.78}$$

其中，$\tilde{\boldsymbol{x}} = \dfrac{\boldsymbol{x}}{\rho}$，$M$ 和 ρ 是足够大的正数. 对于问题(9.78)，$n+2$ 维全 1 向量，即 $\tilde{\boldsymbol{x}}^{(0)} = \boldsymbol{e}$，$\tilde{x}_{n+1}^{(0)} = 1$，$\tilde{x}_{n+2}^{(0)} = 1$ 便满足对数障碍函数法的初始点要求，从而可以起动该算法. 由于 M 足够大，问题(9.78)的最优解的分量 $\tilde{x}_{n+1}$ 必取零值. 因此，当得出(9.78)的最优解($\tilde{\boldsymbol{x}}^*,\tilde{x}_{n+1}^*,\tilde{x}_{n+2}^*$)时，便得出了原问题的最优解

$$\boldsymbol{x}^* = \rho\tilde{\boldsymbol{x}}^*.$$

例 现在用对数障碍函数法求解前例中的问题：

$$\begin{aligned} \min\quad & f = x_2 - x_3, \\ \text{s. t.}\quad & 2x_1 - x_2 + 2x_3 = 2, \\ & x_1 + 2x_2 = 5, \\ & x_1, x_2, x_3 \geqslant 0. \end{aligned}$$

因难以给出符合算法要求的初始点，故转为求解相应的变尺度大 M 问题：

$$\begin{aligned}
\min \quad & \tilde{f} = \tilde{x}_2 - \tilde{x}_3 + M\tilde{x}_4, \\
\text{s.t.} \quad & 2\tilde{x}_1 - \tilde{x}_2 + 2\tilde{x}_3 + \left(\frac{2}{\rho} - 3\right)\tilde{x}_4 = \frac{2}{\rho}, \\
& \tilde{x}_1 + 2\tilde{x}_2 + \left(\frac{5}{\rho} - 3\right)\tilde{x}_4 = \frac{5}{\rho}, \\
& \tilde{x}_1 + \tilde{x}_2 + \tilde{x}_3 + \tilde{x}_4 + \tilde{x}_5 = 5, \\
& \tilde{x}_i \geqslant 0 \quad (i = 1,2,\cdots,5),
\end{aligned}$$

其中，

$$\tilde{x}_1 = \frac{x_1}{\rho}, \quad \tilde{x}_2 = \frac{x_2}{\rho}, \quad \tilde{x}_3 = \frac{x_3}{\rho}.$$

为方便起见，下面将 $\tilde{x}_i$ 改记为 x_i，只要记住，还原成原问题的最优解时，将相应分量值乘以 ρ 即可. 这里，我们取 $M = 10^3$，$\rho = 10^2$. 上述变尺度大 M 问题则为

$$\begin{aligned}
\min \quad & \tilde{f} = x_2 - x_3 + 1\,000x_4, \\
\text{s.t.} \quad & 2x_1 - x_2 + 2x_3 - 2.98x_4 = 0.02, \\
& x_1 + 2x_2 - 2.95x_4 = 0.05, \\
& x_1 + x_2 + x_3 + x_4 + x_5 = 5, \\
& x_i \geqslant 0 \quad (i = 1,2,\cdots,5).
\end{aligned}$$

这时，$\boldsymbol{c} = (0,1,-1,1\,000,0)$，

$$\boldsymbol{A} = \begin{pmatrix} 2 & -1 & 2 & -2.98 & 0 \\ 1 & 2 & 0 & -2.95 & 0 \\ 1 & 1 & 1 & 1 & 1 \end{pmatrix}, \quad \boldsymbol{b} = \begin{pmatrix} 0.02 \\ 0.05 \\ 5 \end{pmatrix}.$$

初始点 $\boldsymbol{x}^{(0)} = (1,1,1,1,1)^{\mathrm{T}} = \boldsymbol{e}^{\mathrm{T}}$. 按(9.72) 和(9.73) 的要求，选取 $\mu_0 = 2\,000$，$\sigma = 0.2$.

$$\boldsymbol{D}_0 = \operatorname{diag}(\boldsymbol{x}^{(0)}) = \boldsymbol{I}_5,$$

$$(\boldsymbol{A}\boldsymbol{D}_0^2\boldsymbol{A}^{\mathrm{T}})^{-1} = \begin{pmatrix} 0.081\,696\,7 & -0.052\,414\,2 & 0.000\,197\,355 \\ -0.052\,414\,2 & 0.106\,609\,4 & -0.000\,856\,437 \\ 0.000\,197\,35 & -0.000\,856\,44 & 0.200\,007\,8 \end{pmatrix},$$

$$\boldsymbol{A}\boldsymbol{D}_0^2(\boldsymbol{c}^{\mathrm{T}} - \mu_0\boldsymbol{D}_0^{-1}\boldsymbol{e}) = -(3\,023,3\,048,9\,000)^{\mathrm{T}},$$

$$\begin{aligned}
(\boldsymbol{u}^{(1)})^{\mathrm{T}} &= (\boldsymbol{A}\boldsymbol{D}_0^2\boldsymbol{A}^{\mathrm{T}})^{-1}\boldsymbol{A}\boldsymbol{D}_0^2(\boldsymbol{c}^{\mathrm{T}} - \mu_0\boldsymbol{D}_0^{-1}\boldsymbol{e}) \\
&= -(88.986\,808,158.789\,583,1\,798.056\,159)^{\mathrm{T}},
\end{aligned}$$

$$\begin{aligned} \boldsymbol{w}^{(1)} &= \boldsymbol{c} - \boldsymbol{u}^{(1)}\boldsymbol{A} \\ &= (2\,134.819\,4, 2\,027.648\,5, 1\,975.029\,8, 2\,064.446\,2, 1\,798.056\,2), \\ \boldsymbol{h}^{(0)} &= \boldsymbol{D}_0[\boldsymbol{e} - \mu_0^{-1}\boldsymbol{D}_0(\boldsymbol{w}^{(1)})^{\mathrm{T}}] \\ &= (-0.067\,410, -0.013\,824, 0.012\,485, -0.032\,223, 0.100\,972)^{\mathrm{T}}, \\ \boldsymbol{x}^{(1)} &= \boldsymbol{x}^{(0)} + \boldsymbol{h}^{(0)} \\ &= (0.932\,590, 0.986\,176, 1.012\,485, 0.967\,777, 1.100\,972)^{\mathrm{T}}. \end{aligned}$$

不难验证，新点 $\boldsymbol{x}^{(1)}$ 是可行的. 再令

$$\mu_1 = \left(1 - \frac{\sigma}{\sqrt{n}}\right)\mu_0 = 1\,821.115, \quad \boldsymbol{D}_1 = \mathrm{diag}(\boldsymbol{x}^{(1)}).$$

如法继续迭代，直到满足 $\boldsymbol{w}^{(k)}\boldsymbol{x}^{(k)} < \delta$ 为止.

习 题 9.3

1. 运用多元函数条件极值理论推证：若 $\boldsymbol{x}_\mu$ 是障碍问题(P_μ)的最优解，则 $\boldsymbol{x}_\mu$ 除满足 $\boldsymbol{A}\boldsymbol{x}_\mu = \boldsymbol{b}$ 外，还满足

$$\boldsymbol{w}_\mu \boldsymbol{x}_\mu = n\mu,$$

其中，$\boldsymbol{w}_\mu = \boldsymbol{c} - \boldsymbol{u}_\mu \boldsymbol{A}$，$\boldsymbol{u}_\mu$ 是 Lagrange 乘子向量. 并证明：$\boldsymbol{x}_\mu$ 和($\boldsymbol{u}_\mu, \boldsymbol{w}_\mu$)分别是 LP 和 DP 的可行解，且对偶间隙

$$\boldsymbol{c}\boldsymbol{x}_\mu - \boldsymbol{u}_\mu \boldsymbol{b} = \boldsymbol{w}_\mu \boldsymbol{x}_\mu \to 0 \quad (\mu \to 0^+).$$

2. 证明：如果存在向量 $\boldsymbol{v} \in \mathbf{R}^m$，使 LP 的内点可行解 $\boldsymbol{x}^{(0)}$ 满足

$$\boldsymbol{D}_0^{-1}\boldsymbol{e} = \boldsymbol{A}^{\mathrm{T}}\boldsymbol{v},$$

且 $\|\boldsymbol{c}\boldsymbol{D}_0\| \leqslant \mu_0\theta$，则移动方向 $\boldsymbol{h}^{(0)}$ 满足

$$\|\boldsymbol{D}_0^{-1}\boldsymbol{h}^{(0)}\| \leqslant \theta,$$

其中 $\boldsymbol{D}_0 = \mathrm{diag}(\boldsymbol{x}^{(0)})$，$0 < \theta < 1$，$\boldsymbol{h}^{(0)}$ 按(9.68)计算.

3. 试证：在对数障碍函数算法中，如果缩减因子 σ 的选取满足

$$0 < \sigma \leqslant \frac{\theta(1-\theta)}{1+\theta/\sqrt{n}}, \quad 0 < \theta < 1,$$

则当 $\|\boldsymbol{D}_k^{-1}\boldsymbol{h}^{(k)}\| \leqslant \theta$ 时，必有 $\|\boldsymbol{D}_{k+1}^{-1}\boldsymbol{h}^{(k+1)}\| \leqslant \theta$.

4. 用对数障碍函数法求解：

$$\begin{aligned} \min \quad & f = 2x_1 + x_2 + x_3, \\ \text{s.t.} \quad & x_1 + 2x_2 + 2x_3 = 6, \\ & 2x_1 + x_2 = 5, \\ & x_1, x_2, x_3 \geqslant 0. \end{aligned}$$

本章小结

本章在论述了算法复杂性并指出单纯形法是非多项式时间算法之后，着重介绍了求解线性规划的内点算法. 系统论述了三种简便实用的内点算法：原仿射尺度法，对偶仿射尺度法和对数障碍函数法. 通过本章的学习，了解什么是算法复杂性和多项式时间算法；理解上述三种内点算法的原理，并初步掌握其计算步骤.

复 习 题

1. 试证：如果 LP 的目标函数有下界，则对于原仿射尺度算法，必有下式成立：

$$\lim_{k\to\infty} \boldsymbol{w}^{(k)} \boldsymbol{D}_k = \boldsymbol{0}.$$

从而有 $\lim\limits_{k\to\infty} \boldsymbol{w}^{(k)} \boldsymbol{x}^{(k)} = 0$.

2. 试证：如果原仿射尺度算法产生的点列 $\{\boldsymbol{x}^{(k)}\}$ 收敛，则 $\boldsymbol{x}^* = \lim\limits_{k\to\infty} \boldsymbol{x}^{(k)}$ 必为 LP 的最优解.

3. 试证：在原仿射尺度算法的迭代公式(9.28) 中的步长系数若取为 $\alpha_k = \dfrac{1}{\| \hat{d}^{(k)} \|}$，则当迭代点 $\boldsymbol{x}^{(k+1)}$ 的某分量 $x_j^{(k+1)} = 0$ 时，$\boldsymbol{x}^{(k+1)}$ 必为 LP 的最优解.

4. 用原仿射尺度算法求解：

$$\begin{aligned}
\min \quad & f = -2x_1 + x_2, \\
\text{s.t.} \quad & x_1 - x_2 + x_3 = 15, \\
& x_2 + x_4 = 15, \\
& x_1, x_2, x_3, x_4 \geqslant 0.
\end{aligned}$$

5. 对于 LP 和任意的 $\boldsymbol{x}^{(0)} > \boldsymbol{0}$，考虑如下问题(称之为初段问题)：

$$\begin{aligned}
\min \quad & x_{n+1}, \\
\text{s.t.} \quad & \boldsymbol{A}\boldsymbol{x} + (\boldsymbol{b} - \boldsymbol{A}\boldsymbol{x}^{(0)}) x_{n+1} = b, \\
& \boldsymbol{x} \geqslant \boldsymbol{0},\ x_{n+1} \geqslant 0.
\end{aligned}$$

试分析：能否通过上述初段问题，得出 LP 的一个内点可行解，从而可对 LP

起动原仿射尺度算法.

6. 用对偶仿射尺度法求解题 4 中的线性规划问题.

7. 设 LP 有最优解，M 是充分大的正数，使得以原点为中心以 M 为半径的球至少包含 LP 的一个最优解，则求解 LP 可转化为求解如下有界变量线性规划问题：

$$\begin{aligned} \min \quad & \boldsymbol{c}\boldsymbol{x}, \\ \text{s.t.} \quad & \boldsymbol{A}\boldsymbol{x} = \boldsymbol{b}, \\ & \boldsymbol{0} \leqslant \boldsymbol{x} \leqslant M\boldsymbol{e}. \end{aligned}$$

试验证：对上述问题必可起动对偶仿射尺度算法.

8. 用对数障碍函数法求解题 4 中的线性规划问题.

9. 将对数障碍函数法的原理应用于 LP 的对偶问题 DP，可以得出求解 LP 的另一内点算法(可称之为对偶障碍函数法). 试导出该算法的主要计算公式.

习题答案

习题 1.1

1. 设产品 A_1, A_2 的生产量分别为 x_1, x_2(单位：万瓶)，则问题为：求 x_1, x_2 使满足条件

$$5x_1 + 3x_2 \leqslant 500, \quad 30x_1 + 8x_2 \leqslant 2\,000,$$
$$12x_1 + 4x_2 \leqslant 900, \quad x_1 \geqslant 0, \quad x_2 \geqslant 0,$$

并使总利润 $z = 8x_1 + 3x_2$(单位：千元)取得最大值.

2. 设甲厂对三个居民区的供煤量分别为 x_1, x_2, x_3 吨；乙厂对三个居民区的供煤量分别为 y_1, y_2, y_3 吨. 用 f 表示总运输量. 则问题为：求 x_1, x_2, x_3 和 y_1, y_2, y_3 的值，使满足条件

$$\begin{aligned}
&x_1 + x_2 + x_3 \leqslant 60, \quad y_1 + y_2 + y_3 \leqslant 100, \\
&x_1 + y_1 = 45, \quad x_2 + y_2 = 75, \quad x_3 + y_3 = 40, \\
&x_i \geqslant 0 \ (i = 1,2,3), \quad y_i \geqslant 0 \ (i = 1,2,3),
\end{aligned}$$

并使函数 $f = 10x_1 + 5x_2 + 6x_3 + 4y_1 + 8y_2 + 15y_3$ 取得最小值.

3. 设对三种作物分配土地各为 x_1, x_2, x_3 亩，则问题为：求 x_1, x_2, x_3 的值，使满足

$$\begin{aligned}
&x_1 + x_2 + x_3 \leqslant 403, \quad 8x_1 + 10x_2 + 12x_3 \leqslant 3\,820, \\
&4x_2 + 26x_3 \leqslant 1\,138, \quad 16x_1 + 12x_2 + 12x_3 \leqslant 5\,296, \\
&x_i \geqslant 0 \quad (i = 1,2,3),
\end{aligned}$$

并使总产量 $z = 280x_1 + 300x_2 + 320x_3$ 取得最大值.

4. 用 $x_i (i = 1,2,\cdots,6)$ 依次表示购买 6 种营养物的数量(单位：公斤). 则问题为：求 $x_i (i = 1,2,\cdots,6)$ 满足下列条件：

$$\begin{aligned}
&x_1 + 2x_3 + 2x_4 + x_5 + 2x_6 \geqslant 9, \\
&x_2 + 3x_3 + x_4 + 3x_5 + 2x_6 \geqslant 19, \\
&x_i \geqslant 0 \quad (i = 1,2,\cdots,6),
\end{aligned}$$

并使总花费 $f = 35x_1 + 30x_2 + 60x_3 + 50x_4 + 27x_5 + 22x_6$ 取得最小值.

习题 1.2

1. 设 x_i 为第 i 月买进的杂粮吨数，y_i 为第 i 月卖出的杂粮吨数($i = 1,2,3$). 用 z 表示一季度的总收入. 则问题的数学模型为

$$\max \quad z = 310y_1 + 325y_2 + 295y_3 - 285x_1 - 305x_2 - 290x_3,$$

$$\text{s.t.}\quad \begin{aligned} & y_1 \leqslant 1\,000, \\ & y_2 \leqslant 1\,000 - y_1 + x_1, \\ & y_3 \leqslant 1\,000 - y_1 + x_1 - y_2 + x_2, \\ & x_1 - y_1 \leqslant 4\,000, \\ & x_1 + x_2 - y_1 - y_2 \leqslant 4\,000, \\ & x_1 + x_2 + x_3 - y_1 - y_2 - y_3 = 1\,000, \\ & 285x_1 \leqslant 2\times 10^6 + 310y_1, \\ & 305x_2 \leqslant 2\times 10^6 + 310y_1 - 285x_1 + 325y_2, \\ & 290x_3 \leqslant 2\times 10^6 + 310y_1 - 285x_1 + 325y_2 - 305x_2 + 295y_3, \\ & x_i \geqslant 0\ (i=1,2,3),\quad y_i \geqslant 0\ (i=1,2,3). \end{aligned}$$

2. 令 $x_1' = x_1 - 200$, $x_2' = x_2 - 250$, $x_3' = x_3 - 100$, 并令 $f = -z + 6\,700$, 则原问题可化为如下标准形式:

$$\begin{aligned} \min\quad & f = -10x_1' - 14x_2' - 12x_3', \\ \text{s.t.}\quad & x_1' + 1.5x_2' + 4x_3' + x_4 = 1\,025, \\ & 2x_1' + 1.2x_2' + x_3' + x_5 = 200, \\ & x_1' + x_6 = 50,\quad x_2' + x_7 = 30,\quad x_3' + x_8 = 20, \\ & x_1', x_2', x_3' \geqslant 0,\quad x_i \geqslant 0\ (i = 4,5,6,7,8). \end{aligned}$$

4. 用 x_1, x_2, x_3 分别表示大豆、玉米、小麦的种植数(公顷); x_4, x_5 分别表示奶牛和鸡的饲料数; x_6, x_7 分别表示秋冬季和春夏季多余的劳力(人日). 则问题为

$$\begin{aligned} \max\quad & z = 175x_1 + 300x_2 + 120x_3 + 400x_4 + 2x_5 + 1.8x_6 + 2.1x_7, \\ \text{s.t.}\quad & x_1 + x_2 + x_3 + 1.5x_4 \leqslant 100, \\ & 400x_4 + 3x_5 \leqslant 15\,000, \\ & 20x_1 + 35x_2 + 10x_3 + 100x_4 + 0.6x_5 + x_6 = 3\,500, \\ & 50x_1 + 75x_2 + 40x_3 + 50x_4 + 0.3x_5 + x_7 = 4\,000, \\ & x_4 \leqslant 32,\quad x_5 \leqslant 3\,000,\quad x_i \geqslant 0\ (i = 1,2,\cdots,7). \end{aligned}$$

习题 1.3

1. 有惟一最优解 $\begin{pmatrix} x_1 \\ x_2 \end{pmatrix} = \begin{pmatrix} 4 \\ 1 \end{pmatrix}$. 最优值 $f^* = -10$.

2. 有惟一最优解 $\begin{pmatrix} x_1 \\ x_2 \end{pmatrix} = \begin{pmatrix} 6 \\ 2 \end{pmatrix}$. $z^* = 32$.

3. 有无穷多个最优解.

4. 目标函数在可行域上无上界, 问题无有限最优解.

5. 可行域为空集, 问题无解.

第一章复习题

1. 用 $x_1, x_2, \cdots, x_6$ 分别表示生产产品 $A, B, \cdots, F$ 的总件数, 用 $y_1, y_2, \cdots, y_6$ 分别表

示机床甲生产产品 $A,B,\cdots,F$ 的件数. 则问题的数学模型为

$$\begin{aligned}\max\quad & f = 40x_1 + 28x_2 + 32x_3 + 72x_4 + 64x_5 + 80x_6,\\ \text{s.t.}\quad & y_1 + y_2 + y_3 + 3y_4 + 3y_5 + 3y_6 \leqslant 850,\\ & 2(x_1 - y_1) + 5(x_4 - y_4) \leqslant 700,\\ & 2(x_2 - y_2) + 5(x_5 - y_5) \leqslant 600,\\ & 3(x_3 - y_3) + 8(x_6 - y_6) \leqslant 900,\\ & x_i, y_i \geqslant 0\ (i = 1,2,\cdots,6)\text{ 且均为整数.}\end{aligned}$$

2. 用 x_j 表示第 j 种食品的购买量($j = 1,2,\cdots,n$). 则问题的数学模型为

$$\begin{aligned}\min\quad & f = \sum_{j=1}^{n} c_j x_j,\\ \text{s.t.}\quad & \sum_{j=1}^{n} a_{ij} x_j \geqslant b_i \quad (i = 1,2,\cdots,m),\\ & x_j \geqslant 0 \quad (j = 1,2,\cdots,n).\end{aligned}$$

3. 设 m 种零件配套的比例为 $b_1 : b_2 : \cdots : b_m$. 设第 i 台机床加工第 j 种零件的效率为 a_{ij}(指单元时间生产的零件数). 用 x_{ij} 表示计划分配第 i 台机床加工第 j 种零件的时间. 用 x 表示单元时间内生产出的零件的套数. 则问题的线性规划模型为

$$\begin{aligned}\max\quad & x,\\ \text{s.t.}\quad & \sum_{i=1}^{n} a_{ij} x_{ij} - b_j x = 0 \quad (j = 1,2,\cdots,m),\\ & \sum_{j=1}^{m} x_{ij} \leqslant 1 \quad (i = 1,2,\cdots,n),\\ & x \geqslant 0\text{ 且为整数},\\ & x_{ij} \geqslant 0\ (i = 1,2,\cdots,n;\ j = 1,2,\cdots,m).\end{aligned}$$

4. 设在 c 小时内, 甲炼钢炉采用一、二两种炼法的炉数分别为 x_{11}, x_{12}, 乙炼钢炉采用一、二两种炼法的炉数分别为 x_{21}, x_{22}, 则问题的数学模型为

$$\begin{aligned}\min\quad & f = k[m(x_{11} + x_{21}) + n(x_{12} + x_{22})],\\ \text{s.t.}\quad & ax_{11} + bx_{12} \leqslant c,\quad ax_{21} + bx_{22} \leqslant c,\\ & k(x_{11} + x_{12} + x_{21} + x_{22}) \geqslant d,\\ & x_{ij} \geqslant 0\text{ 且为整数}(i = 1,2;\ j = 1,2).\end{aligned}$$

5. 把长度为 500 cm 的条材截成长度为 98 cm 和 78 cm 的两种毛坯, 可能采用的截法有 6 种, 如表 1 所示.

表 1

根数 \ 截法 / 料长	1	2	3	4	5	6
98 cm	5	4	3	2	1	0
78 cm	0	1	2	3	5	6

用 x_i 表示按第 i 种截法下料的条材数($i=1,2,\cdots,6$). 则问题的数学模型为

$$\begin{aligned}
\min\quad & f=\sum_{i=1}^{6}x_i,\\
\text{s.t.}\quad & 5x_1+4x_2+3x_3+2x_4+x_5=10\,000,\\
& x_2+2x_3+3x_4+5x_5+6x_6=20\,000,\\
& x_i\geqslant 0\quad (i=1,2,\cdots,6).
\end{aligned}$$

6. 设分派男生挖坑、栽树、浇水的人数分别为 x_1,x_2,x_3，分派女生挖坑、栽树、浇水的人数分别为 y_1,y_2,y_3. 则问题的数学模型为

$$\begin{aligned}
\max\quad & f=25x_3+15y_3,\\
\text{s.t.}\quad & x_1+x_2+x_3=30,\quad y_1+y_2+y_3=20,\\
& 20x_1+10y_1\geqslant 30x_2+20y_2,\\
& 30x_2+20y_2\geqslant 25x_3+15y_3,\\
& x_i,y_i\geqslant 0 \text{ 且为整数}(i=1,2,3).
\end{aligned}$$

7. 用 x_i 表示在 A_i 设厂年产成品的数量(若 $x_i=0$，表示在 A_i 不设厂)，用 y_{ij} 表示由 A_i 运往 A_j 的原料数量，z_{ij} 表示由 A_i 运往 A_j 的成品数量，单位都用万吨($i=1,2,3$; $j=1,2,3$; $i\neq j$). 则问题的数学模型为

$$\begin{aligned}
\min\quad & f=5.5x_1+4x_2+3x_3\\
& \quad +450(y_{12}+y_{21})+300(y_{13}+y_{31})\\
& \quad +600(y_{23}+y_{32})+375(z_{12}+z_{21})\\
& \quad +250(z_{13}+z_{31})+500(z_{23}+z_{32}),\\
\text{s.t.}\quad & 4x_1+y_{12}+y_{13}-y_{21}-y_{31}=30,\\
& 4x_2+y_{21}+y_{23}-y_{12}-y_{32}=26,\\
& 4x_3+y_{31}+y_{32}-y_{13}-y_{23}=24,\\
& x_1-z_{12}-z_{13}+z_{21}+z_{31}=7,\\
& x_2-z_{21}-z_{23}+z_{12}+z_{32}=13,\\
& x_3-z_{31}-z_{32}+z_{13}+z_{23}=0,\\
& x_2\leqslant 5,\quad x_i\geqslant 0\ (i=1,2,3),\\
& y_{ij},z_{ij}\geqslant 0\ (i=1,2,3;\ j=1,2,3;\ i\neq j).
\end{aligned}$$

8. 用 $x_1,x_2,\cdots,x_6$ 分别表示 7,8,…,12 月份的进货件数；用 $y_1,y_2,\cdots,y_6$ 分别表示 7,8,…,12 月份的售货件数. 则问题的数学模型为

$$\begin{aligned}
\max\quad & f=29y_1+24y_2+26y_3+28y_4+22y_5+25y_6\\
& \quad -(28x_1+24x_2+25x_3+27x_4+23x_5+23x_6),\\
\text{s.t.}\quad & x_1\leqslant 300,\quad y_1-x_1\leqslant 200,\\
& x_1+x_2-y_1\leqslant 300,\quad y_1+y_2-x_1-x_2\leqslant 200,\\
& \sum_{i=1}^{3}x_i-\sum_{i=1}^{2}y_i\leqslant 300,\quad \sum_{i=1}^{3}y_i-\sum_{i=1}^{3}x_i\leqslant 200,
\end{aligned}$$

$$\sum_{i=1}^{4}x_i-\sum_{i=1}^{3}y_i\leqslant 300,\quad \sum_{i=1}^{4}y_i-\sum_{i=1}^{4}x_i\leqslant 200,$$
$$\sum_{i=1}^{5}x_i-\sum_{i=1}^{4}y_i\leqslant 300,\quad \sum_{i=1}^{5}y_i-\sum_{i=1}^{5}x_i\leqslant 200,$$
$$\sum_{i=1}^{6}x_i-\sum_{i=1}^{5}y_i\leqslant 300,\quad \sum_{i=1}^{6}y_i-\sum_{i=1}^{6}x_i\leqslant 200,$$
$x_i,y_i\geqslant 0$ 且为整数($i=1,2,\cdots,6$).

9. (3) 令

$$x_1=\frac{1}{2}(|x|+x),\quad x_2=\frac{1}{2}(|x|-x);$$
$$y_1=\frac{1}{2}(|y|+y),\quad y_2=\frac{1}{2}(|y|-y);$$
$$z_1=\frac{1}{2}(|z|+z),\quad z_2=\frac{1}{2}(|z|-z).$$

则 $x=x_1-x_2$, $y=y_1-y_2$, $z=z_1-z_2$, $|x|=x_1+x_2$, $|y|=y_1+y_2$, $|z|=z_1+z_2$. 于是原问题可化为如下标准形式:

$$\begin{aligned}\min\quad & f=x_1+x_2+y_1+y_2+z_1+z_2,\\ \text{s.t.}\quad & x_1-x_2+y_1-y_2+t=1,\\ & 2x_1-2x_2+z_1-z_2=3,\\ & x_1,x_2,y_1,y_2,z_1,z_2,t\geqslant 0.\end{aligned}$$

10. (1) 有惟一最优解: $\begin{pmatrix}x_1\\x_2\end{pmatrix}=\begin{pmatrix}5\\0\end{pmatrix}$.

(2) 无有限最优解.

(3) 有惟一最优解: $\begin{pmatrix}x_1\\x_2\end{pmatrix}=\begin{pmatrix}8\\12\end{pmatrix}$.

(4) 有无穷多最优解: $x_1=t+1$, $x_2=t$, 对任何 $t\geqslant 0$ 都是最优解.

(5) 无可行解.

11. 设炼油厂每季度从 A,B 处采购原油数分别为 x_1,x_2 万吨. 则问题为

$$\begin{aligned}\min\quad & f=200x_1+290x_2,\\ \text{s.t.}\quad & 0.15x_1+0.5x_2\geqslant 15,\quad 0.2x_1+0.3x_2\geqslant 12,\\ & 0.5x_1+0.15x_2\geqslant 12,\quad x_1\geqslant 0,\quad x_2\geqslant 0.\end{aligned}$$

用图解法可得最优采购方案为: 每季度从 A 处采购原油 15 万吨, 从 B 处采购 30 万吨.

12. 设木器厂生产圆桌 x_1 张, 生产衣柜 x_2 个. 则问题为

$$\begin{aligned}\max\quad & f=6x_1+10x_2,\\ \text{s.t.}\quad & 0.18x_1+0.09x_2\leqslant 72,\\ & 0.08x_1+0.28x_2\leqslant 56,\\ & x_1,x_2\geqslant 0 \text{ 且为整数}.\end{aligned}$$

其最优解为 $x_1=350$, $x_2=100$.

13. 设养鸡场每天用动物饲料和谷物饲料分别为 x_1, x_2 公斤. 则问题为

$$\begin{aligned}\min\quad & f = 0.2x_1 + 0.16x_2,\\ \text{s.t.}\quad & x_1 + x_2 = 5\,000,\quad x_1 \geqslant 1\,000,\\ & x_2 \leqslant 3\,000,\quad x_1 \geqslant 0,\quad x_2 \geqslant 0.\end{aligned}$$

其最优解为 $x_1 = 2\,000$, $x_2 = 3\,000$.

14. 设厂 1、厂 2 每天处理污水量分别为 x_1, x_2 万立方米. 则问题的数学模型为

$$\begin{aligned}\min\quad & f = 1\,000x_1 + 800x_2,\\ \text{s.t.}\quad & \frac{2-x_1}{500} \leqslant \frac{0.2}{100},\quad \frac{0.8(2-x_1)+(1.4-x_2)}{500+200} \leqslant \frac{0.2}{100},\\ & 0 \leqslant x_1 \leqslant 2,\quad 0 \leqslant x_2 \leqslant 1.4.\end{aligned}$$

其最优解为 $x_1 = 1$, $x_2 = 0.8$.

习题 2.1

1. 共有两个基解：$\boldsymbol{x}^{(1)} = (1,3,0,0)^{\mathrm{T}}$, $\boldsymbol{x}^{(2)} = \left(1,0,\frac{3}{2},\frac{3}{2}\right)^{\mathrm{T}}$, 都是基可行解.

2. 共有 9 个基解如下：

$(0,0,4,2,3)^{\mathrm{T}}$, 是基可行解, 对应顶点 $(0,0)$;

$\left(0,\frac{3}{2},0,\frac{1}{2},3\right)^{\mathrm{T}}$, 是基可行解, 对应顶点 $\left(0,\frac{3}{2}\right)$;

$\left(0,2,-\frac{4}{3},0,3\right)^{\mathrm{T}}$, 非基可行解;

$(4,0,0,-2,-5)^{\mathrm{T}}$, 非基可行解;

$(2,0,2,0,-1)^{\mathrm{T}}$, 非基可行解;

$\left(\frac{3}{2},0,\frac{5}{2},\frac{1}{2},0\right)^{\mathrm{T}}$, 是基可行解, 对应顶点 $\left(\frac{3}{2},0\right)$;

$\left(\frac{4}{5},\frac{6}{5},0,0,\frac{7}{5}\right)^{\mathrm{T}}$, 是基可行解, 对应顶点 $\left(\frac{4}{5},\frac{6}{5}\right)$;

$\left(\frac{3}{2},\frac{15}{16},0,-\frac{7}{16},0\right)^{\mathrm{T}}$, 非基可行解;

$\left(\frac{3}{2},\frac{1}{2},\frac{7}{6},0,0\right)^{\mathrm{T}}$, 是基可行解, 对应顶点 $\left(\frac{3}{2},\frac{1}{2}\right)$.

3. 提示：对原问题 LP 增加一个约束：$c_1x_1 + c_2x_2 + \cdots + c_nx_n = b_0$, 这里 $b_0 = \boldsymbol{c}\boldsymbol{x}^{(0)}$. 增加约束后的问题记为(LP)′. 对(LP)′ 应用定理 2.2.

4. 可将 LP 分解为多个线性规划问题. 如 $\boldsymbol{A}$ 的第一列为零向量, 则有

$$\min_{\boldsymbol{x}\in K} \boldsymbol{c}\boldsymbol{x} = \min_{x_1\geqslant 0} c_1x_1 + \min_{\boldsymbol{x}'\in K'} \boldsymbol{c}'\boldsymbol{x}',$$

这里, $\boldsymbol{c}' = (c_2, c_3, \cdots, c_n)$, $\boldsymbol{x}' = (x_2, x_3, \cdots, x_n)^{\mathrm{T}}$, $K' = \{\boldsymbol{x}' \mid \boldsymbol{A}'\boldsymbol{x}' = \boldsymbol{b},\ \boldsymbol{x}' \geqslant \boldsymbol{0}\}$, 其中 $\boldsymbol{A}'$ 为从 $\boldsymbol{A}$ 中去掉第一列所得矩阵.

习题 2.2

1. $\boldsymbol{B}_1 = (\boldsymbol{p}_1, \boldsymbol{p}_3)$ 对应典式为

$$\min \quad f=\frac{7}{2}-\frac{13}{4}x_2,$$

$$\text{s. t.} \quad x_1+\frac{5}{4}x_2=\frac{1}{2}, \quad -\frac{3}{4}x_2+x_3=\frac{3}{2},$$

$$x_1,x_2,x_3\geqslant 0,$$

对应基可行解为 $\boldsymbol{x}^{(1)}=\left(\frac{1}{2},0,\frac{3}{2}\right)^{\mathrm{T}}$. 由于非基变量 x_2 对应的检验数为$\frac{13}{4}>0$, 且 $\boldsymbol{x}^{(1)}$ 非退化, 所以 $\boldsymbol{x}^{(1)}$ 不是最优解.

2. 最优解为$\left(0,\frac{2}{5},\frac{9}{5}\right)^{\mathrm{T}}$.

3. 问题的标准形式正好是基($\boldsymbol{p}_4,\boldsymbol{p}_5,\boldsymbol{p}_6$)的对应典式, 在此典式中, 检验数 $\lambda_2=10>0$, 而对应列向量$(-3,0,-2)^{\mathrm{T}}\leqslant\boldsymbol{0}$, 由此可知问题无最优解.

4. 设基 $\boldsymbol{B}$ 和 $\boldsymbol{B}'$ 决定的基可行解都是 $\boldsymbol{x}^{(0)}$. 对应于 $\boldsymbol{B}$ 和 $\boldsymbol{B}'$ 的基变量下标集分别记为 S 和 S'. 则 $\boldsymbol{x}^{(0)}$ 的 $n-m$ 个分量 $x_j^{(0)}=0$ $(j\notin S)$. 由于 $S\backslash S'\neq\varnothing$. 则至少有一个指标属于 S 而不属于 S', 设为 i_0, 使 $x_{i_0}^{(0)}=0$. 于是 $\boldsymbol{x}^{(0)}$ 至少有 $n-m+1$ 个分量取零值. 由此可知 $\boldsymbol{x}^{(0)}$ 是退化的.

习题 2.3

1. (1) 最优解 $\boldsymbol{x}^*=\left(0,\frac{8}{3},\frac{1}{3}\right)^{\mathrm{T}}$, $f^*=-\frac{7}{3}$.

(2) $\boldsymbol{x}^*=\left(0,\frac{5}{2},\frac{3}{2},0\right)^{\mathrm{T}}$, $f^*=-3$.

(3) $\boldsymbol{x}^*=(9,4,1,0,0)^{\mathrm{T}}$, $f^*=1$.

2. 迭代二次得单纯形表如表 2. 由表中 x_7 的对应列可知问题无有限最优解.

表 2

		x_1	x_5	x_7	x_4
f	-210	76	-22	34	-66
x_2	5	-5	1	-2	2
x_6	70	11	2	0	12
x_3	20	-6	2	-3	7

3. 有 4 个最优基可行解: $\boldsymbol{x}^{(1)}=(2,0,5,0)^{\mathrm{T}}$, $\boldsymbol{x}^{(2)}=(0,2,5,0)^{\mathrm{T}}$, $\boldsymbol{x}^{(3)}=(0,2,0,5)^{\mathrm{T}}$, $\boldsymbol{x}^{(4)}=(2,0,0,5)^{\mathrm{T}}$. 问题的全体最优解为

$$\boldsymbol{x}=\alpha_1\boldsymbol{x}^{(1)}+\alpha_2\boldsymbol{x}^{(2)}+\alpha_3\boldsymbol{x}^{(3)}+\alpha_4\boldsymbol{x}^{(4)},$$

其中 $\alpha_1,\alpha_2,\alpha_3,\alpha_4$ 是满足 $\alpha_1+\alpha_2+\alpha_3+\alpha_4=1$ 的任意非负实数.

习题 2.4

1. 用 Bland 规则迭代 3 次, 用最大检验数法则迭代 2 次, 得最优解如下:

$$x_1^*=x_2^*=x_3^*=0, \quad x_4^*=5, \quad x_5^*=45, \quad x_6^*=x_7^*=x_8^*=0.$$

2. 不是必要条件. 查看上题的迭代过程即知.

3. 不妨设该步的对应基可行解为 $\boldsymbol{x}^{(0)}$，对应单纯形表 $T(\boldsymbol{B})$，对应典式如(2.14)～(2.16). 此时 $b_{i0}(i=1,2,\cdots,m)$ 中仅有一个取零值，设 $b_{s0}=0$，其余 $b_{i0}>0$. 在以后的迭代过程中，只要离基变量所在的行不是第 s 行，$\boldsymbol{x}^{(0)}$ 便转移(由目标函数值会下降可知). 并且，一旦转移，$\boldsymbol{x}^{(0)}$ 就不会再出现(因单纯形迭代过程中目标函数值不会上升). 因此，假若结论不真，则只能是:在以后的迭代过程中，每次离基变量所在行都是第 s 行，因而每一次的进基变量必然是下一次的离基变量. 这种变量只能在 $\{x_j \mid j\in R\}\cup\{x_{j_s}\}$ 中. 由于其个数有限，必有其中某变量 x_q 离基后又进基. 设 x_q 作离基变量时对应单纯形表为 $T(\boldsymbol{B}_t)$. 并设该表中的进基变量为 x_r. 则有

$$b_{sq}^{(t)}=1,\quad \lambda_q^{(t)}=0,\quad b_{sr}^{(t)}>0,\quad \lambda_r^{(t)}>0.$$

设 x_q 作进基变量时对应单纯形表为 $T(\boldsymbol{B}_{t+k})$，则应有 $\lambda_q^{(t+k)}>0$. 从 $T(\boldsymbol{B}_t)$ 出发迭代一次得 $T(\boldsymbol{B}_{t+1})$. 由旋转变换知

$$b_{sq}^{(t+1)}=\frac{b_{sq}^{(t)}}{b_{sr}^{(t)}}>1,\quad \lambda_q^{(t+1)}=\lambda_q^{(t)}-\lambda_r^{(t)}b_{sq}^{(t+1)}<\lambda_q^{(t)}=0.$$

依此递推可得 $b_{sq}^{(t+k)}>0$，$\lambda_q^{(t+k)}<0$. 此与 $\lambda_q^{(t+k)}>0$ 相矛盾. 故结论成立.

习题 2.5

1. $\boldsymbol{x}^*=(2,0,1)^{\mathrm{T}}$，$x_0^*=5$.

2. $\boldsymbol{x}^*=\left(\frac{3}{5},\frac{6}{5}\right)^{\mathrm{T}}$，$f^*=\frac{18}{5}$.

3. 无可行解.

习题 2.6

5. 提示：对点的个数 k 用数学归纳法. 对于 $\alpha_i\geqslant 0\ (i=1,\cdots,k,k+1)$，$\sum_{i=1}^{k+1}\alpha_i=1$，设 $0<\alpha_{k+1}<1$，有下式成立：

$$\begin{aligned}&\alpha_1\boldsymbol{x}^{(1)}+\cdots+\alpha_k\boldsymbol{x}^{(k)}+\alpha_{k+1}\boldsymbol{x}^{(k+1)}\\&=\alpha_{k+1}\boldsymbol{x}^{(k+1)}+(1-\alpha_{k+1})\frac{\alpha_1\boldsymbol{x}^{(1)}+\alpha_2\boldsymbol{x}^{(2)}+\cdots+\alpha_k\boldsymbol{x}^{(k)}}{\alpha_1+\alpha_2+\cdots+\alpha_k}.\end{aligned}$$

习题 2.7

1. 所求单纯形表如表 3 所示.

表 3

		x_1	x_2	x_3	x_4	x_5
f	-3	0	-5	0	3	-3
x_1	$\frac{1}{3}$	1	$-\frac{2}{3}$	0	$\frac{2}{3}$	$-\frac{1}{3}$
x_3	$\frac{2}{3}$	0	$\frac{1}{6}$	1	$-\frac{1}{6}$	$\frac{1}{3}$

2. $B_1^{-1}=\begin{pmatrix}1 & -0.5 & -0.5 & 0\\ 0 & 50 & 0 & 0\\ 0 & 0 & 50 & 0\\ 0 & 0 & 0 & 1\end{pmatrix}$.

3. $x^*=(4,6,0)^T$, $f^*=-12$.

第二章复习题

1. 共有 8 个基解，如表 4 所示，其中有 △ 号的是基可行解，有 * 号的是最优解.

表 4

	x_1	x_2	x_3	x_4	x_5	z
△	0	0	4	12	18	0
△	4	0	0	12	6	12
	6	0	−2	12	0	18
△	1	3	0	6	0	27
△	0	6	4	0	6	30
* △	2	6	2	0	0	36
	4	6	0	0	−6	42
	0	9	4	−6	0	45

2. 提示：设 $\min\{f(\boldsymbol{x}^{(1)}),f(\boldsymbol{x}^{(2)}),\cdots,f(\boldsymbol{x}^{(r)})\}=f(\boldsymbol{x}^{(l)})$. 则对任意的 $\boldsymbol{x}\in K$，有

$$f(\boldsymbol{x})=f\Big(\sum_{i=1}^{r}\alpha_i\boldsymbol{x}^{(i)}\Big)=\sum_{i=1}^{r}\alpha_i f(\boldsymbol{x}^{(i)})\geqslant\sum_{i=1}^{r}\alpha_i f(\boldsymbol{x}^{(l)})=f(\boldsymbol{x}^{(l)}).$$

3. 若 $\boldsymbol{x}^*$ 为 LP 的最优解，则 $\lambda\boldsymbol{x}^*$ 为(LP)′ 的最优解；反之，若 $\boldsymbol{x}^{(0)}$ 为(LP)′ 的最优解，则 $\lambda^{-1}\boldsymbol{x}^{(0)}$ 为 LP 的最优解.

4. 设 LP 相应于 $\boldsymbol{x}^{(0)}$ 的典式为

$$\begin{aligned}\min\quad & f=f(\boldsymbol{x}^{(0)})-\sum_{j\in R}\lambda_j x_j,\\ \text{s.t.}\quad & x_{j_i}=x_{j_i}^{(0)}-\sum_{j\in R}b_{ij}x_j\quad(i=1,2,\cdots,m),\\ & x_j\geqslant 0\quad(j=1,2,\cdots,m).\end{aligned}$$

必要性. 由 $\boldsymbol{x}^{(0)}$ 是 LP 的最优解且 $\boldsymbol{x}^{(0)}$ 非退化可知 $\lambda_j\leqslant 0\ (j\in R)$. 假若存在 $r\in R$ 使 $\lambda_r=0$. 令

$$x_r^{(1)}=\theta,\quad x_j^{(1)}=0\ (j\in R\setminus\{r\}),\quad x_{j_i}^{(1)}=x_{j_i}^{(0)}-b_{ir}\theta\ (i=1,2,\cdots,m),$$

其中 $\theta=\min\limits_{b_{ir}>0}\left\{\dfrac{x_{j_i}^{(0)}}{b_{ir}}\right\}>0$. 若 $b_{ir}\leqslant 0\ (i=1,2,\cdots,m)$，则取 θ 为任一正数. 如此得可行解 $\boldsymbol{x}^{(1)}\neq\boldsymbol{x}^{(0)}$. 而 $f(\boldsymbol{x}^{(1)})=f(\boldsymbol{x}^{(0)})-\lambda_r\theta=f(\boldsymbol{x}^{(0)})$. 此与 $\boldsymbol{x}^{(0)}$ 是惟一最优解相矛盾.

充分性. 取 LP 的任一可行解 $\boldsymbol{x}\neq\boldsymbol{x}^{(0)}$，则其分量 $x_j(j\in R)$ 必不全为零. 由 $\lambda_j<0$

$(j \in R)$ 可知，对任一组不全为零的非负变量 $x_j(j \in R)$，恒有 $\sum_{j \in R}\lambda_j x_j < 0$. 于是有

$$f(\boldsymbol{x}) = f(\boldsymbol{x}^{(0)}) - \sum_{j \in R}\lambda_j x_j > f(\boldsymbol{x}^{(0)}).$$

由此可知 $\boldsymbol{x}^{(0)}$ 是 LP 的惟一最优解.

5. (1) $\boldsymbol{x}^* = (0,1,2)^{\mathrm{T}}$, $f^* = 19$.

(2) $\boldsymbol{x}^* = (0,0,2,1,0)^{\mathrm{T}}$, $f^* = 8$.

(3) $\boldsymbol{x}^* = \left(0,\frac{5}{2},\frac{3}{2},0,1\right)^{\mathrm{T}}$, $z^* = 4$.

(4) $\boldsymbol{x}^* = (6,10,0,0,0,6,0)^{\mathrm{T}}$, $z^* = -10$.

6. (1) $\boldsymbol{x}^* = \left(\frac{4}{3},\frac{16}{3}\right)^{\mathrm{T}}$, $z^* = 12$.

(2) 无有限最优解.

(3) 有无穷多个最优解. $\boldsymbol{x}^{(1)} = \left(\frac{11}{2},\frac{9}{4},7\right)^{\mathrm{T}}$ 和 $\boldsymbol{x}^{(2)} = \left(\frac{7}{2},\frac{21}{4},3\right)^{\mathrm{T}}$ 为两个最优基可行解.

7. (1) $\boldsymbol{x}^* = (3,0,1,3)^{\mathrm{T}}$, $f^* = 2$.

(2) 无可行解.

(3) 无有限最优解.

(4) $\boldsymbol{x}^* = (14,0,-4)^{\mathrm{T}}$, $z^* = 46$.

8. 从基变量中替换出来的变量在紧接着的下一次迭代中不可能成为进基变量. 因为按照式(2.35)，离基变量 x_{j_s} 在下一个单纯形表中的对应检验数为 $\bar{\lambda}_{j_s} = -\frac{\lambda_r}{b_{sr}}$，由 $\lambda_r > 0$，$b_{sr} > 0$，可知 $\bar{\lambda}_{j_s} < 0$.

在一次迭代中的进基变量，在紧接着的下一次迭代中有可能成为离基变量. 如表 5a、表 5b 所示的情形.

表 5a

		x_1	x_2
f		2	3
x_3	14	2	2
x_4	8	1	2
x_5	28	4	0
x_6	12	2	4^*

表 5b

		x_1	x_6
f		1/2	−3/4
x_3	8	1	−1/2
x_4	2	0	−1/2
x_5	28	4	0
x_2	3	$1/2^*$	1/4

9. (1) $a < 0$, $b \geqslant 0$.

(2) $a = 0$, $b \geqslant 0$, c,d 中至少一个大于零，且当 $b = 0$ 时，要求 $d = 0$.

(3) $a > 0$, $b \geqslant 0$, $c \leqslant 0$, $d \leqslant 0$.

10. 求线性方程组：

$$\sum_{j=1}^{n} a_{ij}x_j = b_i,\quad i = 1,2,\cdots,m$$

(不妨设 $b_i \geqslant 0$, $i=1,2,\cdots,m$) 的非负解，可化为求解如下的线性规划问题：

$$\begin{aligned} \min \quad & f = x_{n+1} + x_{n+2} + \cdots + x_{n+m}, \\ \text{s.t.} \quad & \sum_{j=1}^{n} a_{ij} x_j + x_{n+i} = b_i \quad (i=1,2,\cdots,m), \\ & x_j \geqslant 0 \quad (j=1,2,\cdots,n+m). \end{aligned}$$

11. 不妨设 $b>0$. 若 $a_i \leqslant 0$ $(i=1,2,\cdots,n)$, 则问题无可行解. 下设 $J_1=\{j \mid a_j>0\} \neq \varnothing$. 并记 $J_2=\{j \mid a_j=0\}$, $J_3=\{j \mid a_j<0\}$. 若存在 $j \in J_2$, 使 $c_j<0$, 则问题无最优解. 否则，求出 $\min\limits_{j \in J_1}\left\{\dfrac{c_j}{a_j}\right\}=\dfrac{c_{j_0}}{a_{j_0}}$. 若存在 $j \in J_3$ 使 $\dfrac{c_j}{a_j}>\dfrac{c_{j_0}}{a_{j_0}}$, 则问题无最优解. 否则，问题有最优解：$x_{j_0}=\dfrac{b}{a_{j_0}}$, $x_j=0$ $(j \neq j_0)$, 最优值为 $f^*=\dfrac{bc_{j_0}}{a_{j_0}}$.

注：若存在 $k \in J_2$ 使 $c_k<0$, 或存在 $k \in J_3$ 使 $\dfrac{c_k}{a_k}>\dfrac{c_{j_0}}{a_{j_0}}$, 则有 $\dfrac{c_{j_0} a_k}{a_{j_0}}-c_k>0$. 这时，取 $x_k=\theta>0$, $x_{j_0}=\dfrac{b}{a_{j_0}}-\dfrac{a_k \theta}{a_{j_0}}$, 其他 $x_j=0$, 对任意正数 θ, 都组成可行解. 对应目标函数值

$$f=\frac{bc_{j_0}}{a_{j_0}}-\left(\frac{c_{j_0} a_k}{a_{j_0}}-c_k\right)\theta \to -\infty \quad (\theta \to +\infty).$$

12. 记LP的最优解集合为 K^*, LP的可行解集为 K. 若LP无最优解，则 $K^*=\varnothing$ 是凸集. 若LP有最优解，记 $\min\limits_{x \in K} \boldsymbol{cx}=f^*$, 则

$$K^*=\{\boldsymbol{x} \mid \boldsymbol{x} \in K,\ \boldsymbol{cx}=f^*\}=K \cap \{\boldsymbol{x} \mid \boldsymbol{cx}=f^*\}.$$

因 K 为凸集，$\{\boldsymbol{x} \mid \boldsymbol{cx}=f^*\}$ 是 $\mathbf{R}^n$ 中的超平面，也是凸集，所以 K^* 是凸集.

13. 提示：若 $\boldsymbol{A}$ 的列向量 $\boldsymbol{p}_{j_1}, \boldsymbol{p}_{j_2}, \cdots, \boldsymbol{p}_{j_m}$ 线性无关，则 $\{\boldsymbol{0}, \boldsymbol{p}_{j_1}, \cdots, \boldsymbol{p}_{j_m}\}$ 决定一个 m 维单纯形，$\{\boldsymbol{p}_{j_1}, \boldsymbol{p}_{j_2}, \cdots, \boldsymbol{p}_{j_m}\}$ 决定一个 $m-1$ 维单纯形，记之为 $\{\boldsymbol{p}_{j_1}, \boldsymbol{p}_{j_2}, \cdots, \boldsymbol{p}_{j_m}\}^{\Delta}$. $(\boldsymbol{p}_{j_1}, \boldsymbol{p}_{j_2}, \cdots, \boldsymbol{p}_{j_m})$ 是一个可行基，当且仅当向量 $\boldsymbol{b}$ 可表示为 $\boldsymbol{p}_{j_1}, \boldsymbol{p}_{j_2}, \cdots, \boldsymbol{p}_{j_m}$ 的非负组合，亦即单纯形 $\{\boldsymbol{p}_{j_1}, \boldsymbol{p}_{j_2}, \cdots, \boldsymbol{p}_{j_m}\}^{\Delta}$ 与射线 $\gamma \boldsymbol{b}$ $(\gamma \geqslant 0)$ 有交点. 这时，称 $\{\boldsymbol{p}_{j_1}, \boldsymbol{p}_{j_2}, \cdots, \boldsymbol{p}_{j_m}\}^{\Delta}$ 为可采单纯形. 单纯形法的迭代过程是从一个可行基转移到另一个可行基，也就是从一个可采单纯形转移到另一个可采单纯形.

14. 必要性. $\boldsymbol{x}^{(1)}$ 与 $\boldsymbol{x}^{(2)}$ 为相邻极点，则 $\boldsymbol{x}^{(1)} \neq \boldsymbol{x}^{(2)}$, 线段 $\overline{\boldsymbol{x}^{(1)} \boldsymbol{x}^{(2)}}$ 内任一点 $\boldsymbol{x}^{(0)}=\alpha \boldsymbol{x}^{(1)}+(1-\alpha)\boldsymbol{x}^{(2)}$, $0<\alpha<1$, $\boldsymbol{x}^{(0)}$ 非极点，故 $\boldsymbol{x}^{(0)}$ 不是LP的基解. 当 $x_i^{(1)}+x_i^{(2)}>0$ 时，$x_i^{(0)}=\alpha x_i^{(1)}+(1-\alpha)x_i^{(2)}>0$. 由定理2.1, $\boldsymbol{x}^{(0)}$ 的非零分量所对应的系数列向量线性相关. 即知 $\{\boldsymbol{p}_i \mid x_i^{(1)}+x_i^{(2)}>0\}$ 线性相关. 不妨设 $\{\boldsymbol{p}_i \mid x_i^{(1)}+x_i^{(2)}>0\}=\{\boldsymbol{p}_1, \boldsymbol{p}_2, \cdots, \boldsymbol{p}_t\}$. 若对于 $\{1,2,\cdots,t\}$ 中任一指标 l, $\{\boldsymbol{p}_1, \boldsymbol{p}_2, \cdots, \boldsymbol{p}_t\} \backslash \{\boldsymbol{p}_l\}$ 仍线性相关，则存在非零向量

$$\boldsymbol{\delta}=(\delta_1, \cdots, \delta_{l-1}, 0, \delta_{l+1}, \cdots, \delta_t, 0, \cdots, 0)^{\mathrm{T}},$$

使 $\sum\limits_{1 \leqslant i \leqslant t,\ i \neq l} \delta_i \boldsymbol{p}_i=\boldsymbol{0}$. 令 $\boldsymbol{x}^{(3)}=\boldsymbol{x}^{(0)}+\varepsilon \boldsymbol{\delta}$, $\boldsymbol{x}^{(4)}=\boldsymbol{x}^{(0)}-\varepsilon \boldsymbol{\delta}$. 取 ε 是足够小的正数，可使 $\boldsymbol{x}^{(3)}$, $\boldsymbol{x}^{(4)} \in K$. 由 $\boldsymbol{x}^{(0)}=\dfrac{1}{2}\boldsymbol{x}^{(3)}+\left(1-\dfrac{1}{2}\right)\boldsymbol{x}^{(4)}$ 以及 $\boldsymbol{x}^{(1)}, \boldsymbol{x}^{(2)}$ 是相邻极点，可知 $\boldsymbol{x}^{(3)}, \boldsymbol{x}^{(4)} \in \overline{\boldsymbol{x}^{(1)} \boldsymbol{x}^{(2)}}$. 于是，存在数 β, $0 \leqslant \beta \leqslant 1$, 使 $\boldsymbol{x}^{(3)}=\beta \boldsymbol{x}^{(1)}+(1-\beta)\boldsymbol{x}^{(2)}$. 注意到 $x_l^{(3)}=x_l^{(0)}$,

所以有

$$x_l^{(0)} = \beta x_l^{(1)} + (1-\beta)x_l^{(2)}.$$

另一方面，$x_l^{(0)} = \alpha x_l^{(1)} + (1-\alpha)x_l^{(2)}$. 从而有$(\alpha-\beta)x_l^{(1)} = (\alpha-\beta)x_l^{(2)}$. 又因$\alpha \neq \beta$, (因$\boldsymbol{\delta}$是非零向量，存在$\delta_k \neq 0$. 由$x_k^{(3)} = x_k^{(0)} + \varepsilon\delta_k$，有

$$\begin{aligned}\varepsilon\delta_k &= x_k^{(3)} - x_k^{(0)} = [\beta x_k^{(1)} + (1-\beta)x_k^{(2)}] - [\alpha x_k^{(1)} + (1-\alpha)x_k^{(2)}] \\ &= (\beta-\alpha)(x_k^{(1)} - x_k^{(2)}),\end{aligned}$$

由$\varepsilon\delta_k \neq 0$可知$\alpha \neq \beta$.) 所以$x_l^{(1)} = x_l^{(2)}$. 对$\{1,2,\cdots,t\}$中任一指标$l$都能得出上述结论，于是得出$\boldsymbol{x}^{(1)} = \boldsymbol{x}^{(2)}$. 此与$\boldsymbol{x}^{(1)} \neq \boldsymbol{x}^{(2)}$相矛盾. 所以必存在指标$l$, 使$\{\boldsymbol{p}_i \mid x_i^{(1)} + x_i^{(2)} > 0, i \neq l\}$线性无关.

充分性. 仍设$\{\boldsymbol{p}_i \mid x_i^{(1)} + x_i^{(2)} > 0\} = \{\boldsymbol{p}_1, \boldsymbol{p}_2, \cdots, \boldsymbol{p}_t\}$. 由$\{\boldsymbol{p}_i \mid x_i^{(1)} + x_i^{(2)} > 0\}$线性相关，可知$\boldsymbol{x}^{(1)} \neq \boldsymbol{x}^{(2)}$. 任取$\boldsymbol{x}^{(0)} \in \overline{\boldsymbol{x}^{(1)}\boldsymbol{x}^{(2)}}$，若存在$\boldsymbol{x}^{(3)}, \boldsymbol{x}^{(4)} \in K$，使$\boldsymbol{x}^{(0)} = \alpha\boldsymbol{x}^{(3)} + (1-\alpha)\boldsymbol{x}^{(4)}$，$0 < \alpha < 1$，下面证明$\boldsymbol{x}^{(3)}, \boldsymbol{x}^{(4)} \in \overline{\boldsymbol{x}^{(1)}\boldsymbol{x}^{(2)}}$.

不妨设$l = t$，即知$\{\boldsymbol{p}_1, \boldsymbol{p}_2, \cdots, \boldsymbol{p}_{t-1}\}$线性无关，则$\boldsymbol{p}_t$可由它们线性表示，即有$\boldsymbol{p}_t = \sum\limits_{i=1}^{t-1} q_i\boldsymbol{p}_i$，且$q_i (i = 1,2,\cdots,t-1)$不全为零. 对于非零分量仅出现在$x_1, x_2, \cdots, x_t$中的任一可行解$\boldsymbol{x}$，有$\sum\limits_{i=1}^{t} x_i\boldsymbol{p}_i = \boldsymbol{b}$. 从而有

$$\sum_{i=1}^{t-1}(x_i + x_tq_i)\boldsymbol{p}_i = \boldsymbol{b}.$$

由$\boldsymbol{p}_1, \boldsymbol{p}_2, \cdots, \boldsymbol{p}_{t-1}$线性无关，可知上述方程组的解$x_i + x_tq_i\ (i = 1,2,\cdots,t-1)$是惟一的. 易知$\boldsymbol{x}^{(1)}, \boldsymbol{x}^{(2)}, \boldsymbol{x}^{(0)}, \boldsymbol{x}^{(3)}, \boldsymbol{x}^{(4)}$的非零分量都在前$t$个分量中，故有

$$\begin{aligned}x_i^{(1)} + x_t^{(1)}q_i &= x_i^{(2)} + x_t^{(2)}q_i = x_i^{(3)} + x_t^{(3)}q_i \\ &= x_i^{(4)} + x_t^{(4)}q_i \quad (i = 1,2,\cdots,t-1).\end{aligned}$$

从而有$(x_t^{(1)} - x_t^{(2)})q_i = x_i^{(2)} - x_i^{(1)}\ (i = 1,2,\cdots,t-1)$. 由$\boldsymbol{x}^{(1)} \neq \boldsymbol{x}^{(2)}$可知$x_t^{(1)} \neq x_t^{(2)}$. 从而有

$$\frac{x_i^{(2)} - x_i^{(1)}}{(x_t^{(1)} - x_t^{(2)})q_i} = 1 \quad (i = 1,2,\cdots,t-1).$$

又有$x_i^{(2)} - x_i^{(3)} = (x_t^{(3)} - x_t^{(2)})q_i$，$x_i^{(3)} - x_i^{(1)} = (x_t^{(1)} - x_t^{(3)})q_i\ (i = 1,2,\cdots,t-1)$. 于是

$$\begin{aligned}x_i^{(3)} &= x_i^{(3)}\ \frac{x_i^{(2)} - x_i^{(1)}}{(x_t^{(1)} - x_t^{(2)})q_i} \\ &= \frac{1}{(x_t^{(1)} - x_t^{(2)})q_i}[(x_i^{(2)} - x_i^{(3)})x_i^{(1)} + (x_i^{(3)} - x_i^{(1)})x_i^{(2)}] \\ &= \frac{1}{(x_t^{(1)} - x_t^{(2)})q_i}[(x_t^{(3)} - x_t^{(2)})q_ix_i^{(1)} + (x_t^{(1)} - x_t^{(3)})q_ix_i^{(2)}] \\ &= \frac{x_t^{(3)} - x_t^{(2)}}{x_t^{(1)} - x_t^{(2)}}x_i^{(1)} + \frac{x_t^{(1)} - x_t^{(3)}}{x_t^{(1)} - x_t^{(2)}}x_i^{(2)} \\ &= \gamma x_i^{(1)} + (1-\gamma)x_i^{(2)} \quad (i = 1,2,\cdots,t-1),\end{aligned}$$

其中$\gamma = \dfrac{x_t^{(3)} - x_t^{(2)}}{x_t^{(1)} - x_t^{(2)}}$. 易知上式对$i = t$也成立，对$i = t+1, t+2, \cdots, n$明显成立. 所以

$x^{(3)}=\gamma x^{(1)}+(1-\gamma)x^{(2)}$，且 $0<\gamma<1$.（若 $\gamma<0$，则有 $x_i^{(2)}=\frac{1}{1-\gamma}x_i^{(3)}+\frac{-\gamma}{1-\gamma}x_i^{(1)}$，从而 $x^{(2)}\in\overline{x^{(3)}x^{(1)}}$，此与 $x^{(2)}$ 为极点相矛盾；若 $\gamma>1$，则有 $x_i^{(1)}=\frac{1}{\gamma}x_i^{(3)}+\frac{\gamma-1}{\gamma}x_i^{(2)}$，从而 $x^{(1)}\in\overline{x^{(3)}x^{(2)}}$，此与 $x^{(1)}$ 为极点相矛盾.）由此得知 $x^{(3)}\in\overline{x^{(1)}x^{(2)}}$. 同理可知 $x^{(4)}\in\overline{x^{(1)}x^{(2)}}$. 这就证明了 $x^{(1)}$ 与 $x^{(2)}$ 是相邻极点.

15. 设 $x^{(0)}$ 对应基 $B=(p_{j_1},p_{j_2},\cdots,p_{j_m})$，并记 $S=\{j_1,j_2,\cdots,j_m\}$. 选取向量 $c=(c_1,c_2,\cdots,c_n)$ 如下：

$$c_i=\begin{cases}0, & \text{当 } i\in S,\\ 1, & \text{当 } i\notin S,\end{cases}$$

则 c 即合所求. 因这时，$cx^{(0)}=0$，而对问题

$$\min\{cx \mid Ax=b,\ x\geqslant 0\} \qquad (*)$$

的任一可行解 x，皆有 $cx\geqslant 0$，故 $x^{(0)}$ 是问题(*)的最优解，若还有一个可行解 x^*，使 $cx^*=0$，则由 c 的定义可知，对任何 $j\notin S$，必有 $x_j^*=0$. 由此可知 $x^*=x^{(0)}$. 所以 $x^{(0)}$ 是问题(*)的惟一最优解.

16. 设存在 $x^{(1)},x^{(2)}\in P$ 和实数 λ $(0<\lambda<1)$，使

$$x^{(0)}=\lambda x^{(1)}+(1-\lambda)x^{(2)}.$$

假若 $x^{(1)}$ 和 $x^{(2)}$ 相异于 $x^{(0)}$，则由 $P\cap H^-=\{x^{(0)}\}$ 可知，必有 $\alpha x^{(1)}>\beta$ 和 $\alpha x^{(2)}>\beta$ 成立. 从而有 $\alpha x^{(0)}=\lambda\alpha x^{(1)}+(1-\lambda)\alpha x^{(2)}>\beta$. 此与假设矛盾. 由此可知，必有 $x^{(1)}=x^{(2)}=x^{(0)}$. 所以 $x^{(0)}$ 是 P 的极点.

17. 设 $\tilde{x}^{(0)}=(x_1^{(0)},x_2^{(0)},\cdots,x_{n-m}^{(0)})^{\mathrm{T}}$ 是 $\widetilde{K}$ 的一个顶点. 按式(2.61)补充分量 $x_{n-m+1}^{(0)},\cdots,x_n^{(0)}$ 后得 $x^{(0)}=(x_1^{(0)},x_2^{(0)},\cdots,x_n^{(0)})^{\mathrm{T}}$. 显然 $x^{(0)}\in K$. 下面证明 $x^{(0)}$ 是 LP 的基解. 由定理 2.1，这只需证明 $x^{(0)}$ 的正分量所对应的列向量组 $\{p_j \mid x_j^{(0)}>0,\ 1\leqslant j\leqslant n\}$ 线性无关. 若不然，按定理 2.2 证明中的做法，得出 LP 的可行解 $x^{(1)}=x^{(0)}+\varepsilon\delta$，$x^{(2)}=x^{(0)}-\varepsilon\delta$. 且由 $\delta\neq 0$ 和 $\varepsilon>0$ 可知 $x^{(1)}$ 和 $x^{(2)}$ 均相异于 $x^{(0)}$. 既然 $x^{(1)},x^{(2)}\in K$，则 $x^{(1)},x^{(2)}$ 的分量也应满足关系式(2.61)和不等式组(2.62). 从而有

$$\tilde{x}^{(1)}=(x_1^{(1)},x_2^{(1)},\cdots,x_{n-m}^{(1)})^{\mathrm{T}}\in\widetilde{K},\quad \tilde{x}^{(2)}=(x_1^{(2)},x_2^{(2)},\cdots,x_{n-m}^{(2)})\in\widetilde{K},$$

且 $\tilde{x}^{(1)}$ 和 $\tilde{x}^{(2)}$ 均相异于 $\tilde{x}^{(0)}$. 再由 $x^{(0)}=\frac{1}{2}x^{(1)}+\frac{1}{2}x^{(2)}$，可知 $\tilde{x}^{(0)}=\frac{1}{2}\tilde{x}^{(1)}+\frac{1}{2}\tilde{x}^{(2)}$. 此与 $\tilde{x}^{(0)}$ 为 K 的顶点相矛盾.

反之，设 $x^{(0)}=(x_1^{(0)},x_2^{(0)},\cdots,x_n^{(0)})^{\mathrm{T}}$ 是 LP 的一个基可行解. 由题 15 的结论，存在向量 $d=(d_1,d_2,\cdots,d_n)\in\mathbf{R}^n$，使 $x^{(0)}$ 是线性规划问题

$$\min\{dx \mid Ax=b,\ x\geqslant 0\}$$

的惟一最优解. 即知 $x^{(0)}$ 是满足

$$dx\leqslant dx^{(0)},\quad Ax=b,\quad x\geqslant 0$$

的惟一向量. 由关系式(2.61)可得

$$dx=\sum_{i=n-m+1}^{n}d_ib_{i0}+\sum_{j=1}^{n-m}\Big(d_j-\sum_{i=n-m+1}^{n}d_ib_{ij}\Big)x_j.$$

记 $\tilde{\boldsymbol{h}}=(h_1,h_2,\cdots,h_{n-m})$，其中

$$h_j=d_j-\sum_{i=n-m+1}^{n}d_ib_{ij},\quad j=1,2,\cdots,n-m.$$

则知 $\tilde{\boldsymbol{x}}^{(0)}=(x_1^{(0)},x_2^{(0)},\cdots,x_{n-m}^{(0)})^{\mathrm{T}}$ 是 $\mathbf{R}^{n-m}$ 中满足 $\tilde{\boldsymbol{h}}\tilde{\boldsymbol{x}}\leqslant\tilde{\boldsymbol{h}}\tilde{\boldsymbol{x}}^{(0)}$，$\tilde{\boldsymbol{x}}\in\widetilde{K}$ 的惟一点. 再由题 16 的结论，即知 $\tilde{\boldsymbol{x}}^{(0)}$ 是多面凸集 $\widetilde{K}$ 的顶点.

18. (1) $\boldsymbol{x}^*=\left(0,10,6\dfrac{2}{3}\right)^{\mathrm{T}}$，$z^*=70$.

(2) $\boldsymbol{x}^*=(15,5,0)^{\mathrm{T}}$，$f^*=-25$.

19. 验证 $\boldsymbol{B}^{-1}\boldsymbol{b}\geqslant\boldsymbol{0}$，$\boldsymbol{c_B}\boldsymbol{B}^{-1}\boldsymbol{A}-\boldsymbol{c}\leqslant\boldsymbol{0}$. 对应最优解为$(0,0,4,4)^{\mathrm{T}}$.

20. 先找出较好的切割方案，如表 6 所示.

表 6

切割数 方案 / 料长	Ⅰ	Ⅱ	Ⅲ	Ⅳ	Ⅴ
1.5 m	3	2			
1.45 m		2		4	
1.3 m			4		5
0.35 m	10	6	8	6	4
残料	0	0	0	0.1	0.1

用 x_i 表示按第 i 种方案切割 8 米长角钢的根数. 问题的数学模型为

$$\begin{aligned}\min\quad & f=x_1+x_2+x_3+x_4+x_5,\\ \text{s.t.}\quad & 3x_1+2x_2=200,\\ & 2x_2+4x_4=200,\\ & 4x_3+5x_5=600,\\ & 10x_1+6x_2+8x_3+6x_4+4x_5=1\,200,\\ & x_i\geqslant 0\quad(i=1,2,\cdots,5).\end{aligned}$$

用单纯形法求解，得最优方案为

$$x_1=0,\quad x_2=100,\quad x_3=25,\quad x_4=0,\quad x_5=100.$$

最少需切割 8 米长角钢 225 根.

21. 用 x_{ij} 表示机床 A_i 加工零件 B_j 的个数($i=1,2;\ j=1,2,3$). 问题的数学模型为

$$\begin{aligned}\min\quad & f=2x_{11}+3x_{12}+5x_{13}+3x_{21}+4x_{22}+6x_{23},\\ \text{s.t.}\quad & x_{11}+x_{12}+x_{13}\leqslant 80,\quad x_{21}+2x_{22}+3x_{23}\leqslant 100,\\ & x_{11}+x_{21}=70,\quad x_{12}+x_{22}=50,\quad x_{13}+x_{23}=20,\\ & x_{ij}\geqslant 0\quad(i=1,2;\ j=1,2,3).\end{aligned}$$

较简单的解法是：先从三个等式约束解出 x_{21},x_{22},x_{23}，把它们代入第二个不等式约束和 f 的表达式，并将 x_{11},x_{12},x_{13} 分别简记为 x_1,x_2,x_3，则可转化为求解如下问题：

$$\min \quad f = 530 - x_1 - x_2 - x_3,$$
$$\text{s.t.} \quad x_1 + x_2 + x_3 \leqslant 80, \quad x_1 + 2x_2 + 3x_3 \geqslant 130,$$
$$x_1, x_2, x_3 \geqslant 0.$$

然后用单纯形法求解. 原问题的最优解为

$$x_{11} = 30, \quad x_{12} = 50, \quad x_{13} = 0, \quad x_{21} = 40, \quad x_{22} = 0, \quad x_{23} = 20.$$

最低加工成本 $f^* = 450$ 元.

习题 3.1

1. 用 x_1, x_2 分别表示计划期内产品甲、乙的生产量(件数), z 表示总利润, 则问题的线性规划模型为

$$\max \quad z = 2x_1 + 3x_2,$$
$$\text{s.t.} \quad x_1 + x_2 \leqslant 6, \quad x_1 + 2x_2 \leqslant 8, \quad x_1 \leqslant 4,$$
$$x_2 \leqslant 3, \quad x_1 \geqslant 0, \quad x_2 \geqslant 0.$$

其对偶问题为

$$\min \quad f = 6u_1 + 8u_2 + 4u_3 + 3u_4,$$
$$\text{s.t.} \quad u_1 + u_2 + u_3 \geqslant 2, \quad u_1 + 2u_2 + u_4 \geqslant 3,$$
$$u_i \geqslant 0 \quad (i = 1,2,3,4).$$

对偶问题的意义可解释为: 该厂决策者决定不生产甲、乙两种产品, 而将生产设备的有效台时用于接受外协加工(或出租给其他工厂), 他只收加工费(或租金). 这时该决策者要考虑如何给各种设备的台时定价, 使得工厂的收益不低于原来生产甲、乙产品时的利润, 同时又尽可能吸引其他单位来委托加工(或租赁). 变量 u_1, u_2, u_3, u_4 即分别表示设备 A, B, C, D 的台时价格.

2. (1) $$\min \quad f = 5u_1 - 4u_2 - u_3,$$
$$\text{s.t.} \quad u_1 + 2u_2 - u_3 \geqslant 2, \quad u_1 - u_2 = 1, \quad u_1 + 3u_2 + u_3 \geqslant 3,$$
$$u_1 - u_3 = 1, \quad u_1 \geqslant 0, \quad u_3 \geqslant 0, \quad u_2 \text{ 无符号限制}.$$

(2) $$\max \quad g = -3u_1 - 5u_2 + 2u_3,$$
$$\text{s.t.} \quad -u_1 + 2u_3 \leqslant 3, \quad 2u_1 + u_2 - 3u_3 = 2,$$
$$-3u_1 + 3u_2 - 7u_3 = -3, \quad u_1 - u_2 + u_3 \leqslant -1,$$
$$u_1 \geqslant 0, \quad u_2 \geqslant 0, \quad u_3 \text{ 无符号限制}.$$

3. 它们的对偶问题都是

$$\min \quad \sum_{i=1}^{m} b_i u_i,$$
$$\text{s.t.} \quad \sum_{i=1}^{m} a_{ij} u_i \geqslant c_j \quad (j = 1,2,\cdots,n),$$
$$u_i \geqslant 0 \quad (i = 1,2,\cdots,m).$$

注意到(1),(2),(3) 三个问题是等价的. 由此看出: 对任何线性规划问题, 不管其形式如何变化, 其对偶问题是惟一的.

习题 3.2

4. (1) 不正确； (2) 不正确； (3) 正确.

5. 提示：注意到 LP 的对偶问题 DP 与(LP)′ 的对偶问题(DP)′ 具有相同的约束条件. 因此当 DP 有可行解时，(DP)′ 也有可行解.

6. 写出对偶问题，用图解法求得其最优解为 $\boldsymbol{u}^* = (1,1)$. 再利用互补松弛性质，求得原问题的最优解为 $\boldsymbol{x}^* = (0,10,20/3)^{\mathrm{T}}$.

7. 原问题的最优解 $\boldsymbol{x}^* = (35,10)^{\mathrm{T}}$，对偶问题最优解 $\boldsymbol{u}^* = (0,1,3)$.

习题 3.3

1. $\boldsymbol{x}^* = \left(\frac{2}{3},2,0\right)^{\mathrm{T}}$，$f^* = 7\frac{1}{3}$.

2. 无可行解.

3. $\boldsymbol{x}^* = (3,2,0)^{\mathrm{T}}$，$f^* = 7$.

习题 3.4

1. $\boldsymbol{x}^* = (10,4,2)^{\mathrm{T}}$，$z^* = 8$.

2. 添加人工约束：$x_4 + x_5 + x_6 + x_7 = M$，对扩充问题迭代两次得表 7，从表中 x_2 的对应行可知问题无可行解.

表 7

		x_1	x_5	x_6	x_7
f	$-\frac{17}{5}$	$-\frac{1}{5}$	$-\frac{9}{5}$	-4	$-\frac{1}{5}$
x_8	$M-\frac{17}{5}$	$-\frac{1}{5}$	$\frac{6}{5}$	0	$\frac{4}{5}$
x_2	$-22+\frac{17}{5}$	$\frac{1}{5}$	$\frac{9}{5}$	0	$\frac{6}{5}$
x_3	$-33-\frac{17}{5}$	$-\frac{1}{5}$	$\frac{6}{5}$	-2	$\frac{4}{5}$
x_4	$\frac{17}{5}$	$\frac{1}{5}$	$-\frac{1}{5}$	1	$\frac{1}{5}$

3. 建立并求解扩充问题，迭代两次得表 8. 易见，当 $M \geqslant 4$ 时，该表为最优解表，由此得知原问题有无穷多个最优解：

$$x_1 = -\frac{5}{3} + \frac{2}{3}M, \quad x_2 = \frac{5}{3} + \frac{1}{3}M,$$

$$x_3 = -\frac{28}{3} + \frac{7}{3}M, \quad x_4 = 0 \quad (M \geqslant 4).$$

特别地，取 $M = 4$，得最优解

$$\boldsymbol{x}^* = (1,3,0,0)^{\mathrm{T}}.$$

表 8

		x_4	x_5
f	-5	-1	0
x_3	$\frac{7}{3}(M-4)$	$-\frac{5}{3}$	$\frac{7}{3}$
x_1	$\frac{1}{3}(2M-5)$	$-\frac{1}{3}$	$\frac{2}{3}$
x_2	$\frac{1}{3}(M+5)$	$\frac{1}{3}$	$\frac{1}{3}$

习题 3.5

1. 由 $x_j = 0\ (j \notin J_0)$ 可见变量 $x_j\ (j \notin J_0)$ 可从约束方程中删去，删去这些变量后再按对偶规则即可写出对偶问题如(3.40).

2. $\boldsymbol{x}^* = (3,0,1,0)^{\mathrm{T}}$，$\boldsymbol{u}^* = (4.4, -5.5)$，$f^* = 0$.

第三章复习题

1. 对偶问题为

$$\begin{aligned} &\min\{25u_1 + 20u_2\}, \\ &\text{s.t.}\quad 6u_1 + 3u_2 \geqslant 3,\quad 3u_1 + 4u_2 \geqslant 1, \\ &\qquad\ \ 5u_1 + 5u_2 \geqslant 4,\quad u_1 \geqslant 0,\quad u_2 \geqslant 0. \end{aligned}$$

其最优解为 $u_1 = \dfrac{1}{5}$，$u_2 = \dfrac{3}{5}$. 最优值为 17.

2. 按规则写出对偶问题后稍加简化可得

$$\begin{aligned} &\max\quad z = \frac{107}{2} - 81u_2 - 13u_3 - 10u_4 + 2u_5 - 3u_6 - 17u_7 + 16u_8, \\ &\text{s.t.}\quad 4u_3 + u_4 - u_5 = \frac{1}{2},\quad u_6 - u_7 = \frac{47}{2},\quad 3u_2 + 5u_3 - u_8 = \frac{45}{2}, \\ &\qquad\ \ u_3 \leqslant \frac{7}{2},\quad u_i \geqslant 0\ (i = 2,4,5,6,7,8). \end{aligned}$$

3. 对偶问题为

$$\begin{aligned} &\min\quad f = 2u_1 + u_2 - 2u_3, \\ &\text{s.t.}\quad u_1 + u_2 - 2u_3 \geqslant 1,\quad -u_1 + u_2 + u_3 \geqslant -2, \\ &\qquad\ \ -u_1 + u_2 - u_3 = 1,\quad u_1 \geqslant 0,\quad u_3 \geqslant 0,\quad u_2\ \text{无符号限制}. \end{aligned}$$

验算可知 $\boldsymbol{u}^{(0)} = (0,1,0)$ 是它的可行解，对应目标函数值 $f(\boldsymbol{u}^{(0)}) = 1$. 由对称型对偶规划相应于定理 3.1 的结论，即知原问题目标函数 z 的最大值不超过 1.

4. 对偶问题为

$$\begin{aligned} &\min\quad f = 2u_1 + u_2, \\ &\text{s.t.}\quad -u_1 - 2u_2 \geqslant 1,\quad u_1 + u_2 \geqslant 1, \\ &\qquad\ \ u_1 - u_2 \geqslant 0,\quad u_1 \geqslant 0,\quad u_2 \geqslant 0. \end{aligned}$$

由第一个约束条件可知此问题无可行解. 根据定理 3.5 即知原问题无最优解.

5. 运输问题的对偶问题为

$$\begin{aligned} &\max\quad z = \sum_{i=1}^{m} a_i u_i + \sum_{j=1}^{n} b_j v_j, \\ &\text{s.t.}\quad u_i + v_j \leqslant c_{ij}\quad (i = 1,2,\cdots,m;\ j = 1,2,\cdots,n). \end{aligned}$$

原问题在 $a_i \geqslant 0\ (i = 1,2,\cdots,m)$，$b_j \geqslant 0\ (j = 1,2,\cdots,n)$ 时显然有可行解. 故运输问题有最优解的一个充要条件是对偶问题有可行解. 即存在 $u_i (i = 1,2,\cdots,m)$ 和 $v_j (j = 1,2,\cdots,n)$ 满足

$$c_{ij} - u_i - v_j \geqslant 0\quad (i = 1,2,\cdots,m;\ j = 1,2,\cdots,n).$$

这时，可行解$\{x_{ij}^{(0)}\}$是最优解的充要条件是：存在满足上述条件的u_i, v_j使两问题的目标函数值相等. 即有

$$\sum_{i=1}^{m}\sum_{j=1}^{n}(c_{ij}-u_i-v_j)x_{ij}^{(0)}=0.$$

这等价于

$$(c_{ij}-u_i-v_j)x_{ij}^{(0)}=0 \quad (i=1,2,\cdots,m;\ j=1,2,\cdots,n)$$

6. 这时对偶问题可写为

$$\max \boldsymbol{cy}, \quad \text{s.t. } \boldsymbol{Ay}\leqslant \boldsymbol{b}.$$

$\boldsymbol{x}^{(0)}$是原问题的可行解，取$\boldsymbol{y}=\boldsymbol{x}^{(0)}$也是对偶问题的可行解，且使两问题的目标函数值相等，所以$\boldsymbol{x}^{(0)}$也是它们的最优解.

7. 设x_j是在第j时段开始时上班工作的服务员人数，f表示服务员总人数，则模型为

$$\begin{aligned}\min\quad & f=x_1+x_2+x_3+x_4+x_5+x_6,\\ \text{s.t.}\quad & x_1+x_6\geqslant 4,\quad x_1+x_2\geqslant 8,\quad x_2+x_3\geqslant 10,\\ & x_3+x_4\geqslant 7,\quad x_4+x_5\geqslant 12,\quad x_5+x_6\geqslant 4,\\ & x_j\geqslant 0\quad (j=1,2,\cdots,6).\end{aligned}$$

对偶问题为

$$\begin{aligned}\max\quad & z=4u_1+8u_2+10u_3+7u_4+12u_5+4u_6,\\ \text{s.t.}\quad & u_1+u_2\leqslant 1,\quad u_2+u_3\leqslant 1,\quad u_3+u_4\leqslant 1,\\ & u_4+u_5\leqslant 1,\quad u_5+u_6\leqslant 1,\quad u_1+u_6\leqslant 1,\\ & u_i\geqslant 0\quad (i=1,2,\cdots,6).\end{aligned}$$

用单纯形法求解此对偶问题，根据定理 3.4 推论 2，由 6 个松弛变量的对应检验数可以得出原问题的最优解$\boldsymbol{x}^*=(0,10,0,12,0,4)^{\mathrm{T}}$.

8. 仿 3.2 节中例 3 的做法.

9. 先写出对偶问题. 已知$\boldsymbol{x}^*=(1,1,2,0)^{\mathrm{T}}$为原问题的最优解，由分量$x_1^*, x_2^*, x_3^*>0$，根据互补松弛性质可知，对偶问题的最优解$\boldsymbol{u}^*=(u_1^*, u_2^*, u_3^*, u_4^*)$应满足下列等式：

$$u_1^*+3u_2^*+u_4^*=8,\quad 2u_1^*+u_2^*=6,\quad u_2^*+u_3^*+u_4^*=3.$$

又由$x_1^*+x_3^*>2$可知$u_4^*=0$. 于是可解得$\boldsymbol{u}^*=(2,2,1,0)$.

10. 用$(u_1', u_2', \cdots, u_m')$表示变化后对偶问题的解，用$(u_1, u_2, \cdots, u_m)$表示未变化时对偶问题的解，则依据定理 3.4 可知

(1) $u_k'=\dfrac{u_k}{\lambda}$, $u_i'=u_i\ (i\neq k)$.

(2) $u_k'=u_k-\lambda u_r$, $u_i'=u_i\ (i\neq k)$.

(3) $u_i'=u_i\ (i=1,2,\cdots,m)$.

11. 提示：用反证法. 假若$\boldsymbol{x}^{(0)}$是所给问题的最优解，则其对偶问题有最优解，设为$\boldsymbol{u}^{(0)}$. 由互补松弛性质和$\boldsymbol{Ax}^{(0)}<\boldsymbol{b}$, $\boldsymbol{x}^{(0)}>\boldsymbol{0}$可导出$\boldsymbol{u}^{(0)}\boldsymbol{A}=\boldsymbol{c}$, $\boldsymbol{u}^{(0)}=\boldsymbol{0}$. 从而$\boldsymbol{c}=\boldsymbol{0}$. 此

与题设相矛盾.

12. 提示：对于该问题的任一可行解$\begin{pmatrix} \boldsymbol{x} \\ \boldsymbol{y} \end{pmatrix}$，由约束条件可导出 $\boldsymbol{y}^{\mathrm{T}}\boldsymbol{b} \leqslant \boldsymbol{cx}$，即知目标函数 $\boldsymbol{cx} - \boldsymbol{b}^{\mathrm{T}}\boldsymbol{y}$ 有下界 0. 故该问题有最优解. 设其最优解为$\begin{pmatrix} \boldsymbol{x}^* \\ \boldsymbol{y}^* \end{pmatrix}$，则有 $\boldsymbol{cx}^* - \boldsymbol{b}^{\mathrm{T}}\boldsymbol{y}^* \geqslant 0$. 且知对偶问题也有最优解，设其最优解为$(\boldsymbol{u}^*, \boldsymbol{v}^*)$. 由对偶问题的约束条件可导知$(\boldsymbol{v}^*, \boldsymbol{u}^*)$是原问题的可行解，于是有 $\boldsymbol{cv}^{*\mathrm{T}} - \boldsymbol{b}^{\mathrm{T}}\boldsymbol{u}^{*\mathrm{T}} \geqslant 0$，即有 $\boldsymbol{u}^*\boldsymbol{b} - \boldsymbol{v}^*\boldsymbol{c}^{\mathrm{T}} \leqslant 0$. 从而得

$$0 \leqslant \boldsymbol{cx}^* - \boldsymbol{b}^{\mathrm{T}}\boldsymbol{y}^* = \boldsymbol{u}^*\boldsymbol{b} - \boldsymbol{v}^*\boldsymbol{c}^{\mathrm{T}} \leqslant 0,$$

即知原问题最优值为 0.

13. (1) $\boldsymbol{x}^* = (0, 3/2, 1)^{\mathrm{T}}$，$f^* = 36$.

(2) 问题无可行解.

(3) 由于目标函数乘一正数不影响最优解，因此为计算简便可改考虑目标函数

$$g = -x_1 - 2x_2 + 3x_3 - 4x_4.$$

以 x_2, x_4 为基变量得出典式并建立扩充问题如下：

$$\min \quad g = -\frac{8}{3} - \frac{1}{3}x_1 + 5x_3,$$

$$\text{s.t.} \quad x_1 + x_2 + 2x_3 = 2, \quad -\frac{1}{3}x_1 - \frac{1}{2}x_3 + x_4 = -\frac{1}{3},$$

$$x_1 + x_3 + x_5 = M, \quad x_j \geqslant 0 \ (j = 1, 2, \cdots, 5).$$

通过求解扩充问题，得原问题的最优解为 $\boldsymbol{x}^* = (2, 0, 0, 1/3)^{\mathrm{T}}$，$f^* = -\dfrac{11}{3}$.

(4) 建立并求解扩充问题，得其最优解表如表 9. 由于扩充问题的最优值与 M 有关，可知原问题无最优解(目标函数无下界).

表 9

		x_2	x_3	x_7
f	$-\frac{7}{2}M - \frac{37}{4}$	$-\frac{7}{4}$	$-\frac{17}{4}$	$-\frac{7}{2}$
x_1	$2M - \frac{69}{4}$	$\frac{3}{4}$	$\frac{3}{4}$	2
x_5	$\frac{19}{4}$	$-\frac{1}{4}$	$-\frac{1}{4}$	0
x_4	$\frac{M}{2} - \frac{9}{4}$	$\frac{1}{4}$	$-\frac{1}{4}$	$\frac{1}{2}$
x_6	$\frac{M}{2} - \frac{5}{2}$	0	$\frac{1}{2}$	$\frac{1}{2}$

14. (1) $\boldsymbol{x}^* = \left(\frac{15}{8}, \frac{3}{16}\right)^{\mathrm{T}}$，$\boldsymbol{u}^* = \left(\frac{1}{4}, \frac{1}{4}\right)$，$f^* = \frac{9}{4}$.

(2) $\boldsymbol{x}^* = \left(\frac{8}{3}, \frac{1}{3}, \frac{7}{3}, 0, 0\right)^{\mathrm{T}}$，$\boldsymbol{u}^* = \left(0, -\frac{4}{3}, -\frac{5}{3}\right)$，$f^* = -\frac{23}{3}$.

习题 4.1

1. 在(4.2)中任取一个方程，如第 i_0 个方程. 由 $\sum_{i=1}^{m} a_i = \sum_{j=1}^{n} b_j$ 可知 $a_{i_0} = \sum_{j=1}^{n} b_j - \sum_{i=1,\, i\neq i_0}^{m} a_i$. 从而又有

$$\sum_{j=1}^{n} x_{i_0 j} = a_{i_0} = \sum_{j=1}^{n} b_j - \sum_{i=1,\, i\neq i_0}^{m} a_i = \sum_{j=1}^{n}\Big(\sum_{i=1}^{m} x_{ij}\Big) - \sum_{i=1,\, i\neq i_0}^{m}\Big(\sum_{j=1}^{n} x_{ij}\Big).$$

这就说明：约束方程组中后 n 个方程之和减去除第 i_0 个方程外的其余方程之和便得第 i_0 个方程. 对于(4.3)中任一方程，可类似说明.

2. 设从 $(c_{ij})_{m\times n}$ 的第 i 行各元素减去常数 $p_i(i=1,2,\cdots,m)$，从第 j 列各元素减去常数 $q_j(j=1,2,\cdots,n)$，则 $c'_{ij} = c_{ij} - p_i - q_j\ (i=1,2,\cdots,m;\ j=1,2,\cdots,n)$，

$$\begin{aligned}\bar{f}(x) &= \sum_{i=1}^{m}\sum_{j=1}^{n} c_{ij}x_{ij} - \sum_{i=1}^{m}\sum_{j=1}^{n} p_i x_{ij} - \sum_{i=1}^{m}\sum_{j=1}^{n} q_j x_{ij} \\ &= f(\boldsymbol{x}) - \Big(\sum_{i=1}^{m} p_i a_i + \sum_{j=1}^{n} q_j b_j\Big).\end{aligned}$$

可见新、旧目标函数仅相差一个常数. 所以问题的最优解不变，仅最优值变化.

3. 用 V 表示该变量组. 由此变量组所具性质可知，若 $x_{i_1 j_1} \in V$，则必存在 $x_{i_1 j_2} \in V$，随之存在 $x_{i_2 j_2} \in V$，随之又存在 $x_{i_2 j_3} \in V$，如此递推下去，由于阵列的行、列数有限，此种变量的行标或列标必出现重复. 当第一次发生重复时，便已得出一个闭回路.

4. 用 V 表示该变量组. 假若 V 不含闭回路，则 V 必不具有题 3 所述的性质. 这时有 $x_{i_1 j_1} \in V$，此变量所在行(或列)的其他元素都不属于 V. 我们将元素 $x_{i_1 j_1}$ 从 V 中抹去，同时在阵列中抹去该元素所在的行(或列). 注意到阵列的余下部分应包含 $V\backslash\{x_{i_1 j_1}\}$ 的所有元素. $V\backslash\{x_{i_1 j_1}\}$ 仍不具有题3的性质，于是可重复上述做法. 如此做下去，每抹去 V 中一个元素，就同时抹去阵列中的一行或一列. 当抹掉 V 中 $m+n-2$ 个元素时，变量阵列中就只剩下一行一列，即只剩下一个元素. 而 V 中还应剩两个元素. 即得矛盾. 所以 V 必含闭回路.

习题 4.2

1. (1) 用左上角法得调运方案为 $x_{11}=7$，$x_{21}=3$，$x_{22}=9$，$x_{32}=1$，$x_{33}=10$，其余 $x_{ij}=0$，对应运费为 94；用最小元素法得调运方案为 $x_{13}=7$，$x_{21}=10$，$x_{23}=2$，$x_{32}=10$，$x_{33}=1$，其余 $x_{ij}=0$，运费为 61.

(2) 用左上角法得调运方案为 $x_{11}=3$，$x_{21}=1$，$x_{22}=3$，$x_{23}=3$，$x_{33}=1$，$x_{34}=4$，其余 $x_{ij}=0$；用最小元素法得调运方案为 $x_{14}=3$，$x_{21}=2$，$x_{23}=4$，$x_{24}=1$，$x_{31}=2$，$x_{32}=3$，其余 $x_{ij}=0$.

2. 原因在于最小元素法没有从全局考虑. 具体地说，若最小元素所在的行(或列)有他元素与之相差甚小，在划去该行(或列)时就会把这些有利的元素都划去了，于是有可能到后来只剩下最不利的元素供选取. 因此，可提出如下改进措施：把同一行(或列)中次小元素与最小元素之差称为该行(或列)的差额，每次从具有最大差额的行或列选取最

小元素. 这种方法称之为差额法. 例如对上题的问题(1), 具有最大差额的是第三列(其差额为3), 故首先在第三列取其最小元素 c_{32}, 令 $x_{32}=10$, 并划去第三列; 在余表中, 具最大差额的是第二行(其差额为4), 取其最小元素 c_{21}, 令 $x_{21}=2$, 并划去第二行; 照此做下去, 得调运方案为 $x_{11}=7$, $x_{21}=2$, $x_{23}=10$, $x_{31}=1$, $x_{32}=10$, 其余 $x_{ij}=0$, 对应运费为 40. 可见此方案比最小元素法所得方案优越.

习题 4.3

1. (1) $\lambda_{11}=3, \lambda_{12}=0, \lambda_{22}=-6, \lambda_{31}=0$, 其他检验数是基变量, 对应检验数均为零.

(2) $\lambda_{11}=5, \lambda_{12}=4, \lambda_{13}=0, \lambda_{22}=1, \lambda_{33}=-4, \lambda_{34}=-7$, 其他 $\lambda_{ij}=0$.

2. 对于(4.16)的任意一组解$(u_1,\cdots,u_m,v_1,\cdots,v_n)$, 令 $\delta_i=u_i-\overline{u}_i\ (i=1,2,\cdots,m)$, $\sigma_j=v_j-\overline{v}_j\ (j=1,2,\cdots,n)$. 则$(\delta_1,\cdots,\delta_m,\sigma_1,\cdots,\sigma_n)$是下列方程组的解:

$$(\delta_1,\cdots,\delta_m,\sigma_1,\cdots,\sigma_n)(\boldsymbol{p}_{i_1j_1},\boldsymbol{p}_{i_2j_2},\cdots,\boldsymbol{p}_{i_rj_r})=\mathbf{0}.$$

由此方程组的结构可知, 有一个未知量是自由变量, 如令 $\delta_1=c$, 则可解得

$$\delta_1=\cdots=\delta_m=-\sigma_1=\cdots=-\sigma_n=c.$$

习题 4.4

1. (1) 最优解为 $x_{11}=7$, $x_{21}=3$, $x_{23}=9$, $x_{32}=10$, $x_{33}=1$, 其余$x_{ij}=0$. 最优值为 40.

(2) 最优解为 $x_{11}=3$, $x_{23}=3$, $x_{24}=4$, $x_{31}=1$, $x_{32}=3$, $x_{33}=1$, 其余 $x_{ij}=0$. 最优值为 68.

2. 化肥的最优调拨方案为: A 厂向乙区供应 4 万吨, A 向丁供应 3 万吨, B 向甲供应 6 万吨, B 向乙供应 2 万吨, C 向丙供应 3 万吨.

3. 此问题是求目标函数的最大值, 可令 $c'_{ij}=-c_{ij}$, 化为求最小值的问题,再用表上作业法求解, 得最优采购方案为: 在 I 城购 B 种服装 2 000 套、购 C 种服装 500 套; 在 Ⅱ 城购 C 种服装 2 500 套; 在 Ⅲ 城购 A 种服装 1 500 套、购 D 种服装 3 500 套.

习题 4.5

1. (1) 最优解为 $x_{12}=10$, $x_{21}=20$, $x_{22}=10$, $x_{23}=50$, $x_{31}=15$ $(x_{41}=40)$, 其余 $x_{ij}=0$. 最优值为 515.

(2) 由于总发量大于总收量, 添加虚拟收点, 其收量为 30. 收点 1 的需求量必须由发点 4 供应的要求, 可以用三种方法处理: 第一种方法是: 令 $x_{41}=5$, 发点 4 的发量改为 10, 在后面求解时不再考虑第一列; 第二种方法是: 设 $c_{41}=-M$; 第三种方法是: 设 $c_{11}=c_{21}=c_{31}=M$. 最优解为 $x_{12}=10$, $x_{13}=5$, $x_{41}=5$, $x_{43}=10$ $(x_{14}=5$, $x_{24}=10$, $x_{34}=15)$, 其余 $x_{ij}=0$. 最优值为 55.

(3) 最优解为 $x_{13}=20$, $x_{21}=30$, $x_{22}=10$, $x_{32}=10$ $(x_{34}=20)$, 其余 $x_{ij}=0$. 最优值为 250.

2. 运输模型如表 10 所示. 表中带圈的数字表示最优安排.

表 10

季度	班别 \ 季度	一	二	三	四	生产能力
一	正常	200 (100)	210	220	230	100
	加班	300 (20)	310	320 (20)	330	50
二	正常	M	200 (150)	210	220	150
	加班	M	300 (50)	310 (30)	320	80
三	正常	M	M	200 (100)	210	100
	加班	M	M	300 (100)	310	100
四	正常	M	M	M	200 (200)	200
	加班	M	M	M	300 (0)	50
需要量		120	200	250	200	

3. 最优布局为：在第一类土地上种植作物 B_1 100 亩、B_2 200 亩，在第二类土地上种植作物 B_2 200 亩，在第三类土地上种植作物 B_3 400 亩. 对应总效益值为 58 万元.

习题 4.6

1. 最优分派方案为

零件	1	2	3	4
机床	1	3	5	2

$f^* = 11.$

2. 提示：导出下式即可得证：

$$\sum_{i=1}^{n}\sum_{j=1}^{n} d_{ij}x_{ij} = nM - \sum_{i=1}^{n}\sum_{j=1}^{n} c_{ij}x_{ij}.$$

3. (1) $A^* = \{(1,1),(2,3),(3,2),(4,4)\}.$

(2) $A^* = \{(1,5),(2,3),(3,2),(4,4),(5,1)\}.$

4. 最优分派为

机床	1	2	3
地点	4	3	1

总费用值 $= 28.$

5. 最优分派为

推销员	1	2	3	4
地区	1	4	3	2

总利润值 $= 139.$

第四章复习题

1. 用左上角法得调运方案为 $x_{11}=10$，$x_{21}=20$，$x_{31}=30$，$x_{41}=0$，$x_{42}=40$，$x_{52}=20$，$x_{53}=20$，$x_{54}=10$，其余 $x_{ij}=0$. 对应运费为 1 160. 用最小元素法得调运方案为 $x_{12}=10$，$x_{22}=20$，$x_{31}=10$，$x_{32}=20$，$x_{42}=10$，$x_{43}=20$，$x_{44}=10$，$x_{51}=50$，其余 $x_{ij}=0$. 对应运费为 1 000.

2. 最优方案为 $x_{14}=10$，$x_{22}=20$，$x_{24}=0$，$x_{31}=30$，$x_{42}=40$，$x_{43}=0$，$x_{51}=30$，$x_{53}=20$，其余 $x_{ij}=0$. 最小运费为 700.

3. $(c_{kq_1}+c_{p_1q_2}+\cdots+c_{p_tl})-(c_{kl}+c_{p_1q_1}+\cdots+c_{p_tq_t})=(u_k+v_{q_1}+u_{p_1}+v_{q_2}+\cdots+u_{p_t}+v_t)-c_{kl}-(u_{p_1}+v_{q_1}+\cdots+u_{p_t}+v_{q_t})=u_k+v_l-c_{kl}=\lambda_{kl}$.

4. 由于表中每行(或列)若有闭回路的顶点，则必恰有两个顶点，且一个是奇序顶点，一个是偶序顶点，因此对一行(或列)加上或减去一个数后，仍可按上题的公式计算检验数. 当带圈的运价全部化为零时，上题求检验数的公式便化为 $\lambda_{kl}=-c_{kl}$.

5. (1) 最优解为 $x_{11}=3$，$x_{14}=2$，$x_{23}=2$，$x_{32}=3$，其他 $x_{ij}=0$. 最优值为 32.

(2) 最优解为 $x_{13}=4$，$x_{14}=5$，$x_{22}=4$，$x_{31}=3$，$x_{32}=1$，$x_{34}=1$，$x_{35}=3$，其余 $x_{ij}=0$. 最优值为 150.

(3) 最优解为 $x_{13}=5$，$x_{22}=4$，$x_{26}=2$，$x_{31}=1$，$x_{33}=1$，$x_{41}=3$，$x_{44}=2$，$x_{45}=4$，其余 $x_{ij}=0$. 最优值为 104.

6. (1) 最优解为 $x_{11}=3$，$x_{12}=1$，$x_{14}=9$，$x_{22}=7$，$x_{25}=5$，$x_{33}=5$，$x_{34}=1$ ($x_{36}=12$)，其余 $x_{ij}=0$. 最优值为 147.

(2) 最优解为 $x_{13}=20$，$x_{21}=20$，$x_{24}=10$，$x_{31}=5$，$x_{32}=25$ ($x_{45}=20$)，其余 $x_{ij}=0$. 最优值为 305.

7. 最优解为 $x_{12}=10$，$x_{21}=60$，$x_{22}=10$，$x_{23}=10$，$x_{31}=15$ ($x_{43}=40$)，其余 $x_{ij}=0$. 最优值为 595.

8. 仓库总容量为 300 吨，生产量只有 270 吨，虚设一地区 B_6 来虚购仓库中未装进的 30 吨糖. 各地区总需要量是 290 吨，虚设一容量为 20 吨的仓库 A_4 来满足短缺的需要量. $c_{46}=M$，其他新添的 $c_{ij}=0$. 最优解为 $x_{12}=50$，$x_{21}=25$，$x_{23}=60$，$x_{24}=15$，$x_{32}=50$，$x_{35}=70$ ($x_{36}=30$)，$x_{42}=5$，$x_{44}=15$，其他 $x_{ij}=0$. 最优值为 6 100.

9. 原问题可归结为如表 11 所示的平衡运输问题.

表 11

产地＼销地	Ⅰ	Ⅱ	Ⅲ	Ⅲ′	Ⅳ	Ⅴ	Ⅵ	产量
甲	−0.3	−0.8	−0.3	−0.3	−0.6	−0.1	−0.7	200
乙	−0.3	−0.2	0.5	0.5	−0.3	0.4	−0.4	300
丙	−0.2	−0.6	−0.4	−0.4	−0.4	−0.1	−0.5	400
丁	0.1	−0.5	−0.1	−0.1	−0.1	0.4	0.3	100
戊(虚拟)	0	0	0	M	M	0	0	150
销量	200	150	300	100	100	150	150	

最优调运方案为：甲厂向Ⅱ区运50吨，向Ⅵ区运150吨；乙厂向Ⅰ区运200吨，向Ⅳ区运100吨；丙厂向Ⅲ区运400吨；丁厂向Ⅱ区运100吨．Ⅴ区的需要量被短缺．最大总利润为445千元．

10. 由于允许转运，在建立运输模型时，发点除工厂1、工厂2外，应增加商店1、商店2、商店3，它们的发量分别为700，800，500，500，500；收点也应是这五个，它们的收量分别为500，500，600，700，550．为使收发平衡，还应添加虚拟收点，其收量为150．最优运输方案为：工厂1给商店1运50件，工厂2给商店2运250件，再由商店2转运50件给商店1，工厂2给商店3运50件．总运费为1 550．

11. 提示：P 的极点与

$$Q=\left\{\begin{pmatrix}\boldsymbol{x}\\ \boldsymbol{x}_s\end{pmatrix}\in\mathbf{R}^{n+m}\,\middle|\,\boldsymbol{Ax}+\boldsymbol{I}_m\boldsymbol{x}_s=\boldsymbol{b},\ \begin{pmatrix}\boldsymbol{x}\\ \boldsymbol{x}_s\end{pmatrix}\geqslant\boldsymbol{0}\right\}$$

的极点一一对应，故只需证明矩阵$(\boldsymbol{A},\boldsymbol{I}_m)$是全单模的．

12. 最小值分派为$\{(1,1),(2,3),(3,5),(4,4),(5,2)\}$，对应值13．最大值分派为$\{(1,3),(2,4),(3,2),(4,1),(5,5)\}$，对应值45．

13. 最优安排是

讲座	生物工程	能源	运输	生态学
星期	一	三	四	五

不能出席讲座的人次数为70．

14. 最优分派方案是

姿势	仰泳	蛙泳	蝶泳	自由泳
运动员	丙	丁	乙	甲

对应总成绩为126.2秒．

15. 最优分配是

零件	1	2	3	4
机床	4	1	2	5

对应总准备时间为22分钟．在不允许3号机床轮空的条件下，最优分配方案是

零件	1	2	3	4
机床	3	1	2	5

对应总准备时间为24分钟．

习题 5.1

1. 结论1．因 $\overline{\boldsymbol{A}}$ 的秩为 $n+m$．

结论2．因否则，$\overline{\boldsymbol{p}}_j$ 和 $\overline{\boldsymbol{p}}_{n+j}$ 都不在 $\overline{\boldsymbol{B}}$ 内，从而 $\overline{\boldsymbol{B}}$ 的 $n+j$ 行的元素全为0，此与 $\overline{\boldsymbol{B}}$ 满秩相矛盾．

结论3．因为 $R_1\cap R_2\subset N\cap\overline{R}\cap\overline{S}=\varnothing$，

$$(R_1\cup R_2)\cup S=R_1\cup(R_2\cup S)=(N\cap\overline{R})\cup(N\cap\overline{S})=N\cap(\overline{R}\cup\overline{S})=N,$$

又由 R_1, R_2 的定义知，$R_1 \cap S = \varnothing$, $R_2 \cap S = \varnothing$, 所以 $R_1 \cup R_2 = N\backslash S = R$；由 S, R_1, R_2 的定义可知

$$|S| + |R_2| + |R_1| = |N| = n,$$

又由 S 和 R_1 的定义和结论 2 可知 $\overline{S} = (N \cap \overline{S}) \cup \{n+i \mid i \in S\} \cup \{n+j \mid j \in R_1\}$，由此可得

$$(|S| + |R_2|) + |S| + |R_1| = |\overline{S}| = n + m.$$

从而得知 $|S| = m$.

结论 4. 当 $i \in R_1$ 时，因 x_i 是非基变量，所以 $x_i^{(0)} = 0$；当 $i \in R_2$ 时，由 x_{n+i} 是非基变量和 $x_i^{(0)} = d_i - x_{n+i}^{(0)}$ 可知 $x_i^{(0)} = d_i$. 其余显然.

结论 5. 因否则，存在不全为零的数 $\alpha_i (i = 1, 2, \cdots, m)$，使

$$\alpha_1 \boldsymbol{p}_{j_1} + \alpha_2 \boldsymbol{p}_{j_2} + \cdots + \alpha_m \boldsymbol{p}_{j_m} = \boldsymbol{0}.$$

从而由 $\overline{\boldsymbol{A}}$ 的结构可知

$$\alpha_1 \overline{\boldsymbol{p}}_{j_1} + \cdots + \alpha_m \overline{\boldsymbol{p}}_{j_m} - \alpha_1 \overline{\boldsymbol{p}}_{n+j_1} - \cdots - \alpha_m \overline{\boldsymbol{p}}_{n+j_m} = \boldsymbol{0}.$$

这说明 $\overline{\boldsymbol{p}}_{j_1}, \cdots, \overline{\boldsymbol{p}}_{j_m}, \overline{\boldsymbol{p}}_{n+j_1}, \cdots, \overline{\boldsymbol{p}}_{n+j_m}$ 线性相关；但当 $i \in S$ 时，x_i 和 x_{n+i} 都是基变量，因此它们的对应列向量 $\overline{\boldsymbol{p}}_{j_1}, \cdots, \overline{\boldsymbol{p}}_{j_m}, \overline{\boldsymbol{p}}_{n+j_1}, \cdots, \overline{\boldsymbol{p}}_{n+j_m}$ 应线性无关，即得矛盾.

2. 设 $\boldsymbol{x}^{(0)}$ 是 K 的极点. 由定理 5.1 知，$\overline{\boldsymbol{x}}^{(0)} = \begin{pmatrix} \boldsymbol{x}^{(0)} \\ \boldsymbol{d} - \boldsymbol{x}^{(0)} \end{pmatrix}$ 是 $\overline{K}$ 的极点. 由定理 2.10 知 $\overline{\boldsymbol{x}}^{(0)}$ 是(5.5)的基可行解. 记 $\overline{\boldsymbol{x}}^{(0)}$ 的基变量指标集为 $\overline{S}$，非基变量指标集为 $\overline{R}$，记 $N = \{1, 2, \cdots, n\}$. 令 $R_1 = N \cap \overline{R}$, $R_2 = \{i \mid i \in N \cap \overline{S}, n+i \in \overline{R}\}$, $S = \{i \mid i \in N \cap \overline{S}, n+i \in \overline{S}\}$, $R = N\backslash S$. 由结论 3, $|S| = m$. 设 $S = \{j_1, j_2, \cdots, j_m\}$. 则 $x_{j_1}^{(0)}, x_{j_2}^{(0)}, \cdots, x_{j_m}^{(0)}$ 是 $\boldsymbol{x}^{(0)}$ 的分量，且由结论 5 知 $\boldsymbol{A}$ 中对应列向量 $\boldsymbol{p}_{j_1}, \boldsymbol{p}_{j_2}, \cdots, \boldsymbol{p}_{j_m}$ 线性无关. $\boldsymbol{x}^{(0)}$ 的其余分量，其下标属于 R，且由结论 3 知(R_1, R_2)是 R 的一个剖分. 再由结论 4 知，

$$x_i^{(0)} = 0 \ (i \in R_1), \quad x_i^{(0)} = d_i \ (i \in R_2), \quad 0 \leqslant x_i^{(0)} \leqslant d_i \ (i \in S).$$

并注意到 $\boldsymbol{A}\boldsymbol{x}^{(0)} = \boldsymbol{b}$. 于是按本节定义，$\boldsymbol{x}^{(0)}$ 是(5.4)的基可行解.

反之，设 $\boldsymbol{x}^{(0)}$ 是(5.4)的基可行解(按本节定义). 设对应基阵 $\boldsymbol{B} = (\boldsymbol{p}_{j_1}, \boldsymbol{p}_{j_2}, \cdots, \boldsymbol{p}_{j_m})$. 如果存在 $\boldsymbol{x}^{(1)}, \boldsymbol{x}^{(2)} \in K$，使

$$\boldsymbol{x}^{(0)} = (1-\alpha)\boldsymbol{x}^{(1)} + \alpha \boldsymbol{x}^{(2)}, \quad 0 < \alpha < 1.$$

则由分量 $x_i^{(0)} = 0 \ (i \in R_1)$, $\alpha > 0$, $1 - \alpha > 0$ 和 $x_i^{(1)} \geqslant 0$, $x_i^{(2)} \geqslant 0$ 可知 $x_i^{(1)} = x_i^{(2)} = 0 \ (i \in R_1)$. 当 $i \in R_2$ 时，$x_i^{(0)} = d_i$. 不妨设 $\max\{x_i^{(1)}, x_i^{(2)}\} = x_i^{(1)}$. 则有

$$d_i = (1-\alpha)x_i^{(1)} + \alpha x_i^{(2)} \leqslant x_i^{(1)} \quad (i \in R_2).$$

另一方面，由 $\boldsymbol{x}^{(1)} \in K$，有 $x_i^{(1)} \leqslant d_i$. 故必有 $x_i^{(1)} = d_i \ (i \in R_2)$. 从而又可导出 $x_i^{(2)} = d_i \ (i \in R_2)$. 当 $i \in S$ 时，由 $\boldsymbol{A}\boldsymbol{x}^{(1)} = \boldsymbol{b}$ 和 $\boldsymbol{A}\boldsymbol{x}^{(2)} = \boldsymbol{b}$ 可得

$$\sum_{k=1}^{m} x_{j_k}^{(1)} \boldsymbol{p}_{j_k} = \boldsymbol{b} - \sum_{i \in R_2} d_i \boldsymbol{p}_i = \sum_{k=1}^{m} x_{j_k}^{(2)} \boldsymbol{p}_{j_k}.$$

再由 $\boldsymbol{p}_{j_1}, \boldsymbol{p}_{j_2}, \cdots, \boldsymbol{p}_{j_m}$ 线性无关，即知 $x_{j_k}^{(1)} = x_{j_k}^{(2)} \ (k = 1, 2, \cdots, m)$.

综上所述，得出 $\boldsymbol{x}^{(1)} = \boldsymbol{x}^{(2)} = \boldsymbol{x}^{(0)}$，即知 $\boldsymbol{x}^{(0)}$ 是 K 的极点.

4. 引进 m 个松弛变量 $x_{n+1},x_{n+2},\cdots,x_{n+m}$. 原问题等价于

$$\begin{aligned}\min \quad & x_0=\sum_{j=1}^{n}c_jx_j,\\ \text{s.t.}\quad & \sum_{j=1}^{n}a_{ij}x_j+x_{n+i}=b_i \quad (i=1,2,\cdots,m),\\ & x_j\geqslant 0 \quad (j=1,2,\cdots,n),\\ & 0\leqslant x_{n+i}\leqslant b_i-b_i' \quad (i=1,2,\cdots,m).\end{aligned}$$

习题 5.2

1. 根据可行剖分的定义和式(5.23),(5.24)容易验证.

2. 这时 θ 不可能取 $+\infty$. 因为，当 $r\in R_2$ 时有 $x_r^{(0)}=d_r$，这意味着 $d_r<+\infty$.

3. (1) $\boldsymbol{x}^*=(7,1,1,3,0)^{\mathrm{T}}$, $x_0^*=12$.

(2) $\boldsymbol{x}^*=(2,5,3)^{\mathrm{T}}$, $z^*=49$.

习题 5.3

3. $\boldsymbol{x}^*=\left(4,\dfrac{15}{4},0\right)^{\mathrm{T}}$, $z^*=\dfrac{123}{4}$.

第五章复习题

1. (1) $\boldsymbol{x}^*=(1,0,0,3,2,0,5)^{\mathrm{T}}$, $x_0^*=-11$.

(2) $\boldsymbol{x}^*=\left(0,\dfrac{27}{7},0,\dfrac{26}{7},4,\dfrac{4}{7},0\right)^{\mathrm{T}}$, $x_0^*=\dfrac{88}{7}$.

2. $\boldsymbol{x}^*=\left(1,1,1,1,1,\dfrac{7}{13},0\right)^{\mathrm{T}}$, $f^*=-152$.

3. 如选 $\boldsymbol{x}_k$ 为基变量，则对应单纯形表如表 12.

表 12

	常数	$\dot{x}_1$	$\cdots$	$\dot{x}_{k-1}$	x_k	$\underset{\cdot}{x}_{k+1}$	$\cdots$	$\underset{\cdot}{x}_n$	$\underset{\cdot}{x}_{n+1}$	解列
f $(=-z)$	$-\dfrac{bc_k}{a_k}$	$c_1-\dfrac{a_1c_k}{a_k}$	$\cdots$	$c_k-\dfrac{a_{k-1}c_k}{a_k}$	0	$c_{k+1}-\dfrac{a_{k+1}c_k}{a_k}$	$\cdots$	$c_n-\dfrac{a_nc_k}{a_k}$	$-\dfrac{c_k}{a_k}$	$-\left[\dfrac{bc_k}{a_k}+\sum\limits_{i=1}^{k-1}\left(\dfrac{c_i}{a_i}-\dfrac{c_k}{a_k}\right)a_id_i\right]$
x_k	$\dfrac{b}{a_k}$	$\dfrac{a_1}{a_k}$	$\cdots$	$\dfrac{a_{k-1}}{a_k}$	1	$\dfrac{a_{k+1}}{a_k}$	$\cdots$	$\dfrac{a_n}{a_k}$	$\dfrac{1}{a_k}$	$\dfrac{1}{a_k}\left(b-\sum\limits_{i=1}^{k-1}a_id_i\right)$

如果

$$0\leqslant\frac{1}{a_k}\left(b-\sum_{i=1}^{k-1}a_id_i\right)\leqslant d_k,$$

令 $x_1,x_2,\cdots,x_{k-1}$，取上界值 $x_{k+1},\cdots,x_n,x_{n+1}$ 取下界值，则表 12 即为最优解表. 由此得

如下结论：

若指标 k 使得 $\sum_{i=1}^{k-1} a_i d_i < b$，$\sum_{i=1}^{k} a_i d_i \geqslant b$，则问题的最优解为

$$x_j = d_j \ (j < k),\quad x_k = \frac{1}{a_k}\left(b - \sum_{i=1}^{k-1} a_i d_i\right),\quad x_j = 0 \ (j > k)$$

(当 $k = 1$ 时，视 $\sum_{i=1}^{k-1} a_i d_i$ 为零).

4. 问题可转化为求解如下带上界限制的线性规划问题：

$$\begin{aligned}
\min\quad & x_0 = x_6 + x_7, \\
\text{s.t.}\quad & x_1 + 2x_2 \qquad - x_4 + 2x_5 + x_6 \qquad = 2, \\
& 2x_1 - x_2 + 2x_3 - 5x_4 + 2x_5 \qquad + x_7 = 0, \\
& 0 \leqslant x_j \leqslant 1 \ (j = 1,2,3,4,5),\quad x_6 \geqslant 0,\quad x_7 \geqslant 0.
\end{aligned}$$

5. (1) $\boldsymbol{x}^* = (0,4,0,4)^{\mathrm{T}}$，$x_0^* = 16$.

(2) $\boldsymbol{x}^* = (3,6,8,0,6)^{\mathrm{T}}$，$z^* = 15$.

习题 6.1

1. (1) 由 $\boldsymbol{c_B B}^{-1} = -\boldsymbol{\lambda}_s$，即

$$(c_1, c_2, 0)\begin{pmatrix} 3/8 & -1/8 & 0 \\ -1/2 & 1/2 & 0 \\ -2 & 1 & 1 \end{pmatrix} = \left(\frac{1}{4}, \frac{1}{4}, 0\right).$$

可解得 $c_1 = 2$，$c_2 = 1$. 由 $\boldsymbol{B}^{-1}\boldsymbol{b} = \left(\frac{3}{2}, 2, 4\right)^{\mathrm{T}}$ 可解得 $b_1 = 8$，$b_2 = 12$，$b_3 = 8$.

(2) 设 b_1 波动到 $b_1 + \theta$，由

$$\boldsymbol{B}^{-1}\begin{pmatrix} b_1 + \theta \\ b_2 \\ b_3 \end{pmatrix} = \begin{pmatrix} \frac{3}{2} + \frac{3}{8}\theta \\ 2 - \frac{1}{2}\theta \\ 4 - 2\theta \end{pmatrix} \geqslant 0,$$

可解得 $-4 \leqslant \theta \leqslant 2$. 即知 b_1 在区间[4,10]中变化时最优基不变. 当 b_1 变为 12 时，$\theta = 4$. 这时表 6-13 的解列应修改为 $(-6,3,0,-4)^{\mathrm{T}}$. 施行对偶单纯形迭代一次得新的最优解：$x_1 = \frac{9}{4}$，$x_2 = 1$ ($x_3 = 2$，$x_4 = x_5 = 0$). $f^* = -\frac{11}{2}$.

(3) 当 c_1, c_2 变化时，要保持现行最优解，当且仅当检验数

$$(\lambda_3, \lambda_4) = (-c_1, -c_2, 0)\begin{pmatrix} 3/8 & -1/8 \\ -1/2 & 1/2 \\ -2 & 1 \end{pmatrix} \leqslant 0.$$

由此得出 $\frac{4}{3} \leqslant \frac{c_1}{c_2} \leqslant 4$.

2. (1) 数学模型为

$$\max \quad z = 3x_1 + 2x_2 + 5x_3,$$
$$\text{s.t.} \quad x_1 + 2x_2 + x_3 \leqslant 430, \quad 3x_1 + 2x_3 \leqslant 460,$$
$$x_1 + 4x_2 \leqslant 420, \quad x_1, x_2, x_3 \geqslant 0.$$

(2) 最优生产方案为：每天生产乙种产品100件，生产丙种产品230件，甲种产品不生产，对应总利润为1 350元.

(3) 工序Ⅰ,Ⅱ,Ⅲ的加工能力的最大增加量分别为10,400,∞(分钟/天).

(4) 因为工序Ⅰ,Ⅱ,Ⅲ的加工能力的影子价格分别为1,2,0，故应增加工序Ⅲ的加工能力.

(5) 新的最优解为$(0,88,230)^{\mathrm T}$，$z^* = 1\,326$.

(6) 新产品丁值得生产. 生产方案应调整为：生产丙种产品130件，生产丁种产品100件，甲产品和乙产品不生产. 总利润增加200元.

习题 6.2

2. 当$\mu = \bar{\mu}_{\boldsymbol B}$时，$x_{j_s}^{(0)} = b_{s0} + \mu b_{s0}^* = 0$. 从而有

$$x_{j_i}^{(1)} = x_{j_i}^{(0)} - \frac{b_{ir}\, x_{j_s}^{(0)}}{b_{sr}} = x_{j_i}^{(0)} \geqslant 0 \ (i \in \{1,2,\cdots,m\}\backslash\{s\}), \quad x_r^{(1)} = \frac{x_{j_s}^{(0)}}{b_{sr}} = 0.$$

即知$\boldsymbol{x}^{(1)} \geqslant \boldsymbol{0}$. 从而可知$\boldsymbol{x}^{(1)}$是最优解.

当$\mu < \bar{\mu}_{\boldsymbol B}$时，$x_{j_s}^{(0)} = b_{s0} + \mu b_{s0}^* > 0$. 注意到，对偶单纯形迭代时，枢元$b_{sr} < 0$. 从而$x_r^{(1)} = \dfrac{x_{j_s}^{(0)}}{b_{sr}} < 0$. 所以$\boldsymbol{x}^{(1)}$非可行解.

4. 当$0 \leqslant \rho \leqslant 2$时，$\boldsymbol{x}^* = (0,5)^{\mathrm T}$，$z^* = 120 - 10\rho$；当$2 \leqslant \rho \leqslant 8$时，$\boldsymbol{x}^* = \left(\dfrac{10}{3},\dfrac{10}{3}\right)^{\mathrm T}$，$z^* = \dfrac{320}{3} - \dfrac{10}{3}\rho$；当$8 \leqslant \rho \leqslant 10$时，$\boldsymbol{x}^* = (5,0)^{\mathrm T}$，$z^* = 40 + 5\rho$.

5. 当$0 \leqslant \mu \leqslant 6$时，$\boldsymbol{x}^* = \left(0,0,0,\dfrac{30+\mu}{3}\right)^{\mathrm T}$，$z^* = 150 + 5\mu$；当$6 \leqslant \mu \leqslant 11$时，$\boldsymbol{x}^* = \left(0,\dfrac{-6+\mu}{3},0,12\right)^{\mathrm T}$，$z^* = 156 + 4\mu$；当$11 \leqslant \mu \leqslant 20$时，

$$\boldsymbol{x}^* = \left(0,\frac{-6+\mu}{3},\frac{-11+\mu}{8},\frac{59-\mu}{4}\right)^{\mathrm T}, \quad z^* = \frac{345+5\mu}{2}.$$

6. 当$-\infty < \theta \leqslant -5$，$\boldsymbol{x}^* = (4,0)^{\mathrm T}$，$z^* = 16 - 40\theta$；当$-5 \leqslant \theta \leqslant -1$，$\boldsymbol{x}^* = (-1-\theta,5+\theta)^{\mathrm T}$，$z^* = 36 - 6\theta + 6\theta^2$；当$-1 \leqslant \theta \leqslant 2$，$\boldsymbol{x}^* = (0,\ 3-\theta)^{\mathrm T}$，$z^* = 24 - 20\theta + 4\theta^2$；当$2 \leqslant \theta \leqslant 3$，$\boldsymbol{x}^* = (0,0)^{\mathrm T}$，$z^* = 0$；当$\theta > 3$，无可行解.

第六章复习题

1. 原问题的最优解为$(0,20,0)^{\mathrm T}$，$f^* = -100$. (1) 最优解变为$(0,5,5)^{\mathrm T}$. (2) 最优解不变. (3) 最优解不变. (4) 最优解变为$\left(0,0,\dfrac{20}{3}\right)^{\mathrm T}$. (5) 最优解变为$\left(0,12\dfrac{1}{2},\dfrac{5}{2}\right)^{\mathrm T}$.

2. (1) 最优生产计划为：生产第Ⅰ种产品$\dfrac{100}{3}$件，生产第Ⅱ种产品$\dfrac{200}{3}$件，第Ⅲ种

产品不生产.

(2) 产品 Ⅲ 的单位利润增加到 20/3 元时才值得生产；当增加到 50/6 元时，最优生产计划变为：产品 Ⅰ 生产 175/6 件，产品 Ⅱ 生产 275/6 件，产品 Ⅲ 生产 25 件.

(3) 产品 Ⅰ 的利润在区间[6,15]内变化时，原最优计划保持不变.

(4) 当 $-4 \leqslant \theta \leqslant 5$ 时，最优基不变.

(5) 新产品值得安排生产.

(6) 增加约束条件 $x_3 \geqslant 10$. 新的最优解为 $\left(\frac{95}{3}, \frac{175}{3}, 10\right)^{\mathrm{T}}$.

3. (1) 产品 C 投产不利，产品 D 投产有利，新的最优生产计划是：生产 A 产品 15.38 公斤、B 产品 20.77 公斤、D 产品 11.54 公斤，获利润 44 922 元.

(2) 生产 A 产品 14.64 公斤、B 产品 25.61 公斤，利润为 40 980 元. 流动资金不足将带来损失 18 000 元.

(3) 由影子价格可知，应增加电力供应量.

4. 当 $\rho \leqslant -1$ 时，$\boldsymbol{x}^* = (0,0,3,1,2)^{\mathrm{T}}$，$f^* = 0$；

当 $-1 \leqslant \rho \leqslant -\frac{1}{3}$ 时，$\boldsymbol{x}^* = (1,0,2,0,4)^{\mathrm{T}}$，$f^* = -1-\rho$；

当 $\rho \geqslant -\frac{1}{3}$ 时，$\boldsymbol{x}^* = \left(\frac{7}{3}, \frac{2}{3}, 0, 0, 6\right)^{\mathrm{T}}$，$f^* = -\frac{5}{3} - 3\rho$.

5. 当 $\mu \leqslant \frac{1}{3}$ 时，$\boldsymbol{x}^* = \left(0,0,0,\frac{1}{2}-\frac{\mu}{2}\right)^{\mathrm{T}}$，$f^* = -\frac{1}{2}+\frac{\mu}{2}$；当 $\frac{1}{3} \leqslant \mu \leqslant \frac{1}{2}$ 时，$\boldsymbol{x}^* = (0,0,0,1-2\mu)$，$f^* = -1+2\mu$；当 $\frac{1}{2} \leqslant \mu \leqslant 1$ 时，$\boldsymbol{x}^* = (0,0,-1+2\mu,0)^{\mathrm{T}}$，$f^* = -5+10\mu$；当 $\mu > 1$ 时，问题无可行解.

6. (1) $\boldsymbol{x}^* = \left(\frac{3}{5}, \frac{6}{5}, 0\right)^{\mathrm{T}}$，$f^* = \frac{12}{5}$.

(2) 当 $\theta \geqslant 0$ 时，$\boldsymbol{x}^* = \left(\frac{3}{5}, \frac{6}{5}, 0\right)^{\mathrm{T}}$，$f^* = \frac{12}{5} - \frac{21}{5}\theta$.

(3) 当 $0 \leqslant \theta \leqslant 1$ 时，$\boldsymbol{x}^* = \left(\frac{3+7\theta}{5}, \frac{6-6\theta}{5}, 0\right)^{\mathrm{T}}$，$f^* = \frac{12}{5} + \frac{8}{5}\theta$；当 $\theta \geqslant 1$ 时，$\boldsymbol{x}^* = (1+\theta, 0, 0)^{\mathrm{T}}$，$f^* = 2+2\theta$.

(4) 当 $0 \leqslant \theta \leqslant \frac{1}{8}$ 时，$\boldsymbol{x}^* = \left(\frac{3+7\theta}{5}, \frac{6-6\theta}{5}, 0\right)^{\mathrm{T}}$，$f^* = \frac{12}{5} - \frac{13}{5}\theta + \frac{11}{5}\theta^2$；当 $\theta > \frac{1}{8}$ 时，$\boldsymbol{x}^* = \left(\frac{3+2\theta}{5}, \frac{6+9\theta}{5}, 0\right)^{\mathrm{T}}$，$f^* = \frac{12}{5} - \frac{8}{5}\theta - \frac{29}{5}\theta^2$.

(5) $0 \leqslant \theta \leqslant 11$.

习题 7.1

1. 不能用凑整办法得出最优解. 因伴随问题的最优解为 $\left(\frac{13}{4}, \frac{5}{2}\right)^{\mathrm{T}}$，用凑整办法只能得出可行解 $(3,2)^{\mathrm{T}}$，但它不是最优解. 原问题的最优解是 $(4,1)^{\mathrm{T}}$.

2. 设 x_j 为第 j 种货物的装载量，z 为装载货物的总价值. 则问题的数学模型如下：

$$
\begin{aligned}
\max \quad & z = 5x_1 + 10x_2 + 15x_3 + 10x_4 + 25x_5 + 20x_6, \\
\text{s.t.} \quad & 20x_1 + 5x_2 + 10x_3 + 12x_4 + 25x_5 + 50x_6 \leqslant 400\,000, \\
& x_1 + 2x_2 + 3x_3 + 4x_4 + 5x_5 + 6x_6 \leqslant 50\,000, \\
& x_1 + 4x_4 \leqslant 10\,000, \\
& 0.1x_1 + 0.2x_2 + 0.4x_3 + 0.1x_4 + 0.3x_5 + 0.9x_6 \leqslant 750, \\
& x_j \geqslant 0 \text{ 且为整数} (j = 1,2,\cdots,6).
\end{aligned}
$$

3. 设 x_1, x_2, x_3 分别为小号、中号、大号容器的生产数量，z 表示总利润，M 表示充分大的正数. 并设 0-1 变量 y_1, y_2, y_3 为

$$
y_j = \begin{cases} 0, & \text{当 } x_j = 0, \\ 1, & \text{当 } x_j > 0 \end{cases} \quad (j = 1,2,3),
$$

则问题的数学模型为

$$
\begin{aligned}
\max \quad & z = 4x_1 + 5x_2 + 6x_3 - 100y_1 - 150y_2 - 200y_3, \\
\text{s.t.} \quad & 2x_1 + 4x_2 + 8x_3 \leqslant 500, \quad 2x_1 + 3x_2 + 4x_3 \leqslant 300, \\
& x_1 + 2x_2 + 3x_3 \leqslant 100, \\
& x_1 - My_1 \leqslant 0, \quad x_2 - My_2 \leqslant 0, \quad x_3 - My_3 \leqslant 0, \\
& x_1, x_2, x_3 \geqslant 0, \quad y_1, y_2, y_3 = 0 \text{ 或 } 1.
\end{aligned}
$$

4. 假如出现多于一个的互不连通的回路，则必有一回路不通过 v_0，设它通过的城市序列为 $v_{i_1}, v_{i_2}, \cdots, v_{i_k}, v_{i_1}$. 这时按第三组约束，应有下列各式成立：

$$
u_{i_1} - u_{i_2} + n \leqslant n - 1, \quad u_{i_2} - u_{i_3} + n \leqslant n - 1, \quad \cdots, \quad u_{i_k} - u_{i_1} + n \leqslant n - 1.
$$

将以上各式相加，即可得出 $n \leqslant n - 1$ 的矛盾.

另一方面，对于符合问题要求的任一回路都存在 $u_i (i = 1,2,\cdots,n)$ 的值满足第三组约束. 如对于合理回路 $v_0, v_{i_1}, v_{i_2}, \cdots, v_{i_n}, v_0$，令 $u_{i_k} = k \ (k = 1,2,\cdots,n)$，则可验证此组 u_i 值满足第三组约束.

习题 7.2

1. $\boldsymbol{x}^* = (0,2)^{\mathrm{T}}$, $z^* = 6$.

2. $\boldsymbol{x}^* = (2,2,1)^{\mathrm{T}}$, $z^* = 19$.

习题 7.3

1. $\boldsymbol{x}^* = (0,5)^{\mathrm{T}}$, $z^* = 40$.

2. $\boldsymbol{x}^* = (4,10/3)^{\mathrm{T}}$, $z^* = 58$.

3. $\boldsymbol{x}^* = (5,11/4,3)^{\mathrm{T}}$, $z^* = 26\frac{3}{4}$.

习题 7.4

1. $\boldsymbol{x}^* = (0,0,1)^{\mathrm{T}}$, $x_0^* = 2$.

2. $\boldsymbol{x}^* = (0,1,1,0,0)^{\mathrm{T}}$, $x_0^* = 6$.

3. $\boldsymbol{x}^* = (1,1,0,0,0)^{\mathrm{T}}$, $z^* = 5$.

习题 7.5

1. (1) $x_1+x_2-My\leqslant 2$, $2x_1+3x_2+M(1-y)\geqslant 8$, $y=0$ 或 1.

(2) $x_3=5y_1+9y_2+12y_3$, $y_1+y_2+y_3\leqslant 1$, $y_i=0$ 或 1 $(i=1,2,3)$.

(3) $x_2+My>4$, $x_5+M(1-y)\geqslant 0$, $x_2-M(1-y)\leqslant 4$, $x_5-My\leqslant 3$, $y=0$ 或 1.

(4) $x_6+x_7-My_1\leqslant 2$, $x_6-My_2\leqslant 1$, $x_7-My_3\leqslant 5$,

$x_6+x_7+My_4\geqslant 3$, $\sum_{i=1}^{4}y_i\leqslant 2$, $y_i=0$ 或 1 $(i=1,2,3,4)$.

2.
$$
\begin{aligned}
\max\quad & z=3x_1-10y_1+2x_2+4x_3-5y_2+3x_4,\\
\text{s.t.}\quad & x_2\leqslant My_1,\quad x_4\leqslant My_2,\quad 2x_1-x_2+x_3+3x_4\leqslant 15,\\
& x_1+x_2+x_3+x_4-My_3\leqslant 10,\\
& 3x_1-x_2-x_3+x_4-M(1-y_3)\leqslant 20,\\
& 5x_1+3x_2+3x_3-x_4-M(1-y_4)\leqslant 30,\\
& 2x_1+5x_2-x_3+3x_4-M(1-y_5)\leqslant 30,\\
& -x_1+3x_2+5x_3+3x_4-M(1-y_6)\leqslant 30,\\
& 3x_1-x_2+3x_3+5x_4-M(1-y_7)\leqslant 30,\\
& y_4+y_5+y_6+y_7\geqslant 2,\\
& x_3=2y_8+3y_9+4y_{10},\quad y_8+y_9+y_{10}=1,\\
& x_i\geqslant 0\ (i=1,2,3,4),\quad y_j=0\text{ 或 }1\ (j=1,2,\cdots,10).
\end{aligned}
$$

第七章复习题

1. 设 $x_j=\begin{cases}0, & \text{第 } j \text{ 项工程不施工},\\ 1, & \text{第 } j \text{ 项工程施工}\end{cases}$ $(j=1,2,\cdots,5)$. z 表示总收入. 则问题的数学模型为

$$
\begin{aligned}
\max\quad & z=20x_1+40x_2+20x_3+15x_4+30x_5,\\
\text{s.t.}\quad & 5x_1+4x_2+3x_3+7x_4+8x_5\leqslant 25,\\
& x_1+7x_2+9x_3+4x_4+6x_5\leqslant 25,\\
& 8x_1+10x_2+2x_3+x_4+10x_5\leqslant 25,\\
& x_j=0\text{ 或 }1\quad (j=1,2,3,4,5).
\end{aligned}
$$

2. 设 x_j 为第 j 种生产过程的日产量, 令

$$
y_j=\begin{cases}1, & \text{当采用第 } j \text{ 种生产过程},\\ 0, & \text{如不采用第 } j \text{ 种生产过程}\end{cases}\quad (j=1,2,3).
$$

用 f 表示总成本. 则问题的数学模型为

$$
\begin{aligned}
\min\quad & f=1\,000y_1+2\,000y_2+3\,000y_3+5x_1+4x_2+3x_3,\\
\text{s.t.}\quad & x_1\leqslant 2\,000y_1,\quad x_2\leqslant 3\,000y_2,\quad x_3\leqslant 4\,000y_3,\\
& x_1+x_2+x_3=3\,500,\quad x_j\geqslant 0,\ y_j=0\text{ 或 }1\ (j=1,2,3).
\end{aligned}
$$

3. 设 x_{ij} 为从厂址 i 运往需求区 j 的商品数量,

$$y_i=\begin{cases}1, & \text{若 } i \text{ 厂址被选中},\\ 0, & \text{若 } i \text{ 厂址没选中}.\end{cases}$$

则问题的数学模型为

$$\min \quad x_0=\sum_{i=1}^{m}a_iy_i+\sum_{i=1}^{m}\sum_{j=1}^{n}c_{ij}x_{ij},$$

$$\text{s. t.} \quad \sum_{j=1}^{n}x_{ij}\leqslant b_iy_i \quad (i=1,2,\cdots,m),$$

$$\sum_{i=1}^{m}x_{ij}\geqslant d_j \quad (j=1,2,\cdots,n),$$

$$x_{ij}\geqslant 0 \quad (i=1,2,\cdots,m;\ j=1,2,\cdots,n),$$

$$y_i=0\text{ 或 }1 \quad (i=1,2,\cdots,m).$$

4. (1) 最优解为$(0,4)^{\mathrm{T}}$或$(2,2)^{\mathrm{T}}$, $z^*=4$.

(2) $\boldsymbol{x}^*=(1,2)^{\mathrm{T}}$, $x_0^*=-1$.

5. (1) 最优解为$(2,2)^{\mathrm{T}}$或$(3,1)^{\mathrm{T}}$, $z^*=4$.

(2) $\boldsymbol{x}^*=(3,3,0)^{\mathrm{T}}$, $z^*=45$.

(3) $\boldsymbol{x}^*=\left(\frac{1}{2},0,2,\frac{1}{2}\right)^{\mathrm{T}}$, $x_0^*=-8.5$.

6. (1) $\boldsymbol{x}^*=(0,0,0,1)^{\mathrm{T}}$, $x_0^*=4$.

(2) $\boldsymbol{x}^*=(0,0,1,1,1)^{\mathrm{T}}$, $z^*=6$.

7. 设购买远、中、短程客机分别为 x_1,x_2,x_3 架. 问题的数学模型为

$$\max \quad z=42x_1+30x_2+23x_3,$$

$$\text{s. t.} \quad 67x_1+50x_2+35x_3\leqslant 1\,500, \quad x_1+x_2+x_3\leqslant 30,$$

$$5x_1+4x_2+3x_3\leqslant 120, \quad x_1,x_2,x_3\geqslant 0\text{ 且为整数}.$$

其最优解为 $x_1^*=14$, $x_2^*=0$, $x_3^*=16$. $z^*=956$ 万元.

8.

$$\min \quad x_0=20y_1+5x_1+12y_2+6x_2,$$

$$\text{s. t.} \quad x_1\leqslant My_1, \quad x_2\leqslant My_2,$$

$$x_1+My_3\geqslant 10, \quad x_2+M(1-y_3)\geqslant 10,$$

$$2x_1+x_2+My_4\geqslant 15, \quad x_1+x_2+My_5\geqslant 15,$$

$$x_1+2x_2+My_6\geqslant 15, \quad y_4+y_5+y_6\leqslant 2,$$

$$x_1-x_2=-5y_7+5y_8-10y_9+10y_{10},$$

$$y_7+y_8+y_9+y_{10}\leqslant 1,$$

$$x_1,x_2\geqslant 0, \quad y_i=0\text{ 或 }1\ (i=1,2,\cdots,10).$$

9. 令

$$x_i=\begin{cases}1, & \text{当选中第 } i \text{ 号队员},\\ 0, & \text{当不选第 } i \text{ 号队员}.\end{cases}$$

则问题可表示为如下的 0-1 规划模型:

$$\max \quad z=193x_1+191x_2+187x_3+186x_4+180x_5+185x_6,$$

$$\text{s.t.}\quad \sum_{i=1}^{6} x_i = 3,\quad x_5 + x_6 \geqslant 1,\quad x_2 + x_5 \leqslant 1,$$
$$x_1 + x_2 \leqslant 1,\quad x_6 \leqslant M(1 - x_2),\quad x_6 \leqslant M(1 - x_4),$$
$$x_i = 0 \text{ 或 } 1 \quad (i = 1,2,\cdots,6).$$

10. 将产量 x 表示为三个阶段变量 x_1, x_2, x_3 之和. 操作温度 t 与 x 的关系可表示为 $t = 2.5x_1 + 5x_2 + 10x_3$. 利润 z 与 x, t 的关系为

$$z = 2.3x \cdot 10^2 - 48t.$$

于是问题可表示为如下混合整数规划模型:

$$\max\quad z = 110x_1 - 10x_2 - 250x_3,$$
$$\text{s.t.}\quad 4y_1 \leqslant x_1 \leqslant 4,\quad 2y_2 \leqslant x_2 \leqslant 2y_1,\quad 0 \leqslant x_3 \leqslant 2y_2,$$
$$x_i \geqslant 0\ (i = 1,2,3),\quad y_i = 0 \text{ 或 } 1\ (i = 1,2).$$

求解得知, 该厂为获利最大应生产液化气 400 公升. $z^* = 440$ 元.

习题 8.1

2. 反证法. 假设有

$$\alpha_1 \bar{\boldsymbol{p}}_{j_1} + \alpha_2 \bar{\boldsymbol{p}}_{j_2} + \cdots + \alpha_m \bar{\boldsymbol{p}}_{j_m} + \alpha_0 \bar{\boldsymbol{p}}_r = \boldsymbol{0},$$

其中 $\alpha_1, \alpha_2, \cdots, \alpha_m, \alpha_0$ 不全为 0. 因 $\bar{\boldsymbol{p}}_{j_1}, \bar{\boldsymbol{p}}_{j_2}, \cdots, \bar{\boldsymbol{p}}_{j_m}$ 线性无关, 故必有 $\alpha_0 \neq 0$. 于是有

$$\bar{\boldsymbol{p}}_r = \beta_1 \bar{\boldsymbol{p}}_{j_1} + \beta_2 \bar{\boldsymbol{p}}_{j_2} + \cdots + \beta_m \bar{\boldsymbol{p}}_{j_m},$$

其中 $\beta_i = -\dfrac{\alpha_i}{\alpha_0}\ (i = 1,2,\cdots,m)$. 从而有 $\boldsymbol{p}_r = \beta_1 \boldsymbol{p}_{j_1} + \beta_2 \boldsymbol{p}_{j_2} + \cdots + \beta_m \boldsymbol{p}_{j_m}$ 和 $1 = \beta_1 + \beta_2 + \cdots + \beta_m$. 另一方面

$$\boldsymbol{p}_r = b_{1r}\boldsymbol{p}_{j_1} + b_{2r}\boldsymbol{p}_{j_2} + \cdots + b_{mr}\boldsymbol{p}_{j_m},$$

于是有 $b_{ir} = \beta_i\ (i = 1,2,\cdots,m)$. 从而有 $\sum\limits_{i=1}^{m} b_{ir} = 1$. 此与 $b_{ir} \leqslant 0\ (i = 1,2,\cdots,m)$ 相矛盾.

3. 如果问题(7.1)有可行解, 设 $\boldsymbol{x}^{(0)}$ 为其可行解. 根据定理 8.5, 存在 $K = \{\boldsymbol{x} \mid \boldsymbol{A}\boldsymbol{x} = \boldsymbol{b},\ \boldsymbol{x} \geqslant \boldsymbol{0}\}$ 的一个极射向 $\boldsymbol{y}^{(0)}$, 使 $\boldsymbol{c}\boldsymbol{y}^{(0)} < 0$. $\boldsymbol{y}^{(0)}$ 是方程组 $\boldsymbol{A}\boldsymbol{y} = \boldsymbol{0}$, $\boldsymbol{e}^{\mathrm{T}}\boldsymbol{y} = 1$ 的基解. 由于 $\boldsymbol{A}$ 的元素均为有理数, 可知 $\boldsymbol{y}^{(0)}$ 的各分量亦为有理数. 乘以适当倍数 $M\ (>0)$ 后使各分量都化为整数. 记 $\bar{\boldsymbol{y}}^{(0)} = M\boldsymbol{y}^{(0)}$. 于是, 对任何自然数 k, $\boldsymbol{x}^{(0)} + k\bar{\boldsymbol{y}}^{(0)}$ 都是(7.1)的可行解, 而

$$f(\boldsymbol{x}^{(0)} + k\bar{\boldsymbol{y}}^{(0)}) = \boldsymbol{c}\boldsymbol{x}^{(0)} + k\boldsymbol{c}\bar{\boldsymbol{y}}^{(0)} \to -\infty \quad (k \to +\infty).$$

习题 8.2

1. 若 $(\alpha_1^*, \cdots, \alpha_u^*, \beta_1^*, \cdots, \beta_v^*)^{\mathrm{T}}$ 是(8.15)的最优解, 则由定理 8.4,

$$\boldsymbol{x}^* = \sum_{i=1}^{u} \alpha_i^* \boldsymbol{x}^{(i)} + \sum_{j=1}^{v} \beta_j^* \boldsymbol{y}^{(j)} \in K_2,$$

且有 $\boldsymbol{A}_1\boldsymbol{x}^* = \boldsymbol{b}_1$. 即知 $\boldsymbol{x}^* \in K_1 = \{\boldsymbol{x} \mid \boldsymbol{A}_1\boldsymbol{x} = \boldsymbol{b}_1,\ \boldsymbol{x} \geqslant \boldsymbol{0}\}$, 从而 $\boldsymbol{x}^* \in K = K_1 \cap K_2$. 对于任意的 $\boldsymbol{x} \in K$, 由 $\boldsymbol{x} \in K_2$ 和定理 8.4 可知, $\boldsymbol{x}$ 必可表示为

$$\boldsymbol{x} = \sum_{i=1}^{u} \alpha_i \boldsymbol{x}^{(i)} + \sum_{j=1}^{v} \beta_j \boldsymbol{y}^{(j)},$$

其中 $\alpha_i \geqslant 0\ (i=1,2,\cdots,u)$, $\beta_j \geqslant 0\ (j=1,2,\cdots,v)$, $\sum_{i=1}^{u}\alpha_i = 1$. 且由 $\boldsymbol{A}_1\boldsymbol{x}=\boldsymbol{b}_1$ 有

$$\sum_{i=1}^{u}(\boldsymbol{A}_1\boldsymbol{x}^{(i)})\alpha_i + \sum_{j=1}^{v}(\boldsymbol{A}_1\boldsymbol{y}^{(j)})\beta_j = \boldsymbol{b}_1,$$

即知 $(\alpha_1,\cdots,\alpha_u,\beta_1,\cdots,\beta_v)^{\mathrm{T}}$ 是(8.15)的可行解. 于是有

$$\boldsymbol{cx} = \sum_{i=1}^{u}(\boldsymbol{cx}^{(i)})\alpha_i + \sum_{j=1}^{v}(\boldsymbol{cy}^{(j)})\beta_j \geqslant \sum_{i=1}^{u}(\boldsymbol{cx}^{(i)})\alpha_i^* + \sum_{j=1}^{v}(\boldsymbol{cy}^{(j)})\beta_j^* = \boldsymbol{cx}^*.$$

所以 $\boldsymbol{x}^*$ 是(8.12)的最优解.

反之, 若 $\boldsymbol{x}^*$ 是(8.12)的最优解, 由 $\boldsymbol{x}^* \in K_2$ 和定理 8.4 可知, $\boldsymbol{x}^*$ 必可表示为

$$\boldsymbol{x}^* = \sum_{i=1}^{u}\alpha_i^*\boldsymbol{x}^{(i)} + \sum_{j=1}^{v}\beta_j^*\boldsymbol{y}^{(j)},$$

其中 $\alpha_i^* \geqslant 0$, $\beta_j^* \geqslant 0$, $\sum_{i=1}^{u}\alpha_i^* = 1$. 从而可知 $(\alpha_1^*,\cdots,\alpha_u^*,\beta_1^*,\cdots,\beta_v^*)^{\mathrm{T}}$ 是(8.15)的可行解. 且对于(8.15)的任一组可行解 $(\alpha_1,\cdots,\alpha_u,\beta_1,\cdots,\beta_v)^{\mathrm{T}}$, 有 $\boldsymbol{x} = \sum_{i=1}^{u}\alpha_i\boldsymbol{x}^{(i)} + \sum_{j=1}^{v}\beta_j\boldsymbol{y}^{(j)} \in K$, 于是有

$$\sum_{i=1}^{u}(\boldsymbol{cx}^{(i)})\alpha_i + \sum_{j=1}^{v}(\boldsymbol{cy}^{(j)})\beta_j = \boldsymbol{c}\Big(\sum_{i=1}^{u}\alpha_i\boldsymbol{x}^{(i)} + \sum_{j=1}^{v}\beta_j\boldsymbol{y}^{(j)}\Big) = \boldsymbol{cx}$$
$$\geqslant \boldsymbol{cx}^* = \sum_{i=1}^{u}(\boldsymbol{cx}^{(i)})\alpha_i^* + \sum_{j=1}^{v}(\boldsymbol{cy}^{(j)})\beta_j^*.$$

所以 $(\alpha_1^*,\cdots,\alpha_u^*,\beta_1^*,\cdots,\beta_v^*)^{\mathrm{T}}$ 是(8.15)的最优解.

2. 反证法. 如果(8.20)不成立, 即有 K_2 的一个极射向 $\boldsymbol{y}^{(j)}$ 使得 $(\boldsymbol{c}-\boldsymbol{\pi}_1\boldsymbol{A}_1)\boldsymbol{y}^{(j)} < 0$, 则对于任意正数 μ, $\boldsymbol{x}^{(s)}+\mu\boldsymbol{y}^{(j)} \in K_2$, 且有

$$(\boldsymbol{c}-\boldsymbol{\pi}_1\boldsymbol{A}_1)(\boldsymbol{x}^{(s)}+\mu\boldsymbol{y}^{(j)}) \to -\infty \quad (\text{当 } \mu \to +\infty).$$

此与(8.21)有最优解相矛盾.

3. $\boldsymbol{x}^* = \left(0,\frac{1}{2},\frac{3}{2},0\right)^{\mathrm{T}}$, $z^* = 4$.

习题 8.3

1. 为求 MP 的初始可行基, 先解如下辅助问题 AP:

$$\begin{aligned}
\min\quad & z = \gamma_0 + \gamma_1 + \gamma_2,\\
\text{s. t.}\quad & \sum_{i=1}^{u_1}(\boldsymbol{A}_1\boldsymbol{x}_1^{(i)})\alpha_{1i} + \sum_{i=1}^{u_2}(\boldsymbol{A}_2\boldsymbol{x}_2^{(i)})\alpha_{2i} + \gamma_0 = 18,\\
& \sum_{i=1}^{u_1}\alpha_{1i} + \gamma_1 = 1, \quad \sum_{i=1}^{u_2}\alpha_{2i} + \gamma_2 = 1,\\
& \alpha_{1i} \geqslant 0\ (i=1,2,\cdots,u_1), \quad \alpha_{2i} \geqslant 0\ (i=1,2,\cdots,u_2),\\
& \gamma_i \geqslant 0\ (i=0,1,2).
\end{aligned}$$

AP 具有现成的初始可行基

$$\boldsymbol{B}_0 = \begin{pmatrix} 1 & 0 & 0 \\ 0 & 1 & 0 \\ 0 & 0 & 1 \end{pmatrix}. \quad (\text{列依次为 } \gamma_0, \gamma_1, \gamma_2)$$

相应于 $\boldsymbol{B}_0$ 有(下面用 $\tilde{\boldsymbol{c}}$ 表示 AP 中目标函数的系数列向量):

$$\tilde{\boldsymbol{c}}_{\boldsymbol{B}_0} = (1,1,1), \quad \tilde{\boldsymbol{\pi}} = \tilde{\boldsymbol{c}}_{\boldsymbol{B}_0}\boldsymbol{B}_0^{-1} = (1,1,1) = (\tilde{\pi}_1, \tilde{\pi}_{01}, \tilde{\pi}_{02}),$$

$$\tilde{\boldsymbol{\pi}}_1\boldsymbol{A}_1 = (1,4), \quad \tilde{\boldsymbol{\pi}}_1\boldsymbol{A}_2 = (4,2).$$

对应于 $\boldsymbol{B}_0$ 的两个子规划为

$$\begin{aligned} \min \quad & g_1 = -x_1 - 4x_2, \\ \text{s.t.} \quad & x_1 + 2x_2 \leqslant 4, \\ & 2x_1 + x_2 \leqslant 6, \\ & x_1, x_2 \geqslant 0. \end{aligned}$$

其最优极点解为

$$\boldsymbol{x}_1^{(1)} = (0,2)^{\mathrm{T}}.$$

最优值为 $g_1^* = -8 < \tilde{\pi}_{01}(=1)$.

$$\begin{aligned} \min \quad & g_2 = -4x_3 - 2x_4, \\ \text{s.t.} \quad & x_3 + x_4 \leqslant 4, \\ & x_3 + 2x_4 \leqslant 5, \\ & x_3, x_4 \geqslant 0. \end{aligned}$$

其最优极点解为

$$\boldsymbol{x}_2^{(1)} = (4,0)^{\mathrm{T}}.$$

最优值为 $g_2^* = -16 < \tilde{\pi}_{02}(=1)$.

K_1 的极点 $\boldsymbol{x}_1^{(1)}$ 对应 MP 的一个变量 α_{11}，K_2 的极点 $\boldsymbol{x}_2^{(1)}$ 对应于 MP 的一个变量 α_{21}. 当然 α_{11}, α_{21} 也是 AP 的变量. 它们的对应检验数分别为

$$\lambda_{11} = \tilde{\boldsymbol{\pi}}_1\boldsymbol{A}_1\boldsymbol{x}_1^{(1)} + \tilde{\pi}_{01} = 9, \quad \lambda_{21} = \tilde{\boldsymbol{\pi}}_1\boldsymbol{A}_2\boldsymbol{x}_2^{(1)} + \tilde{\pi}_{02} = 17.$$

因此应选取 α_{21} 为进基变量. 对应旋转列为

$$\boldsymbol{B}_0^{-1}\begin{pmatrix} \boldsymbol{A}_2\boldsymbol{x}_2^{(1)} \\ 0 \\ 1 \end{pmatrix} = \begin{pmatrix} 16 \\ 0 \\ 1 \end{pmatrix}.$$

对应解列为

$$\begin{pmatrix} \gamma_0 \\ \gamma_1 \\ \gamma_2 \end{pmatrix} = \boldsymbol{B}_0^{-1}\begin{pmatrix} b_0 \\ 1 \\ 1 \end{pmatrix} = \begin{pmatrix} 18 \\ 1 \\ 1 \end{pmatrix}.$$

由 $\theta = \min\left\{\frac{18}{16}, \frac{1}{1}\right\} = 1$. 可知 $s = 3$. 故应以 α_{21} 取代 γ_2 为基变量，得新基

$$\boldsymbol{B}_1 = \begin{pmatrix} 1 & 0 & 16 \\ 0 & 1 & 0 \\ 0 & 0 & 1 \end{pmatrix}. \quad (\text{列依次为 } \gamma_0, \gamma_1, \alpha_{21})$$

这时，

$$\boldsymbol{E}_{sr} = \begin{pmatrix} 1 & 0 & -16 \\ 0 & 1 & 0 \\ 0 & 0 & 1 \end{pmatrix}, \quad \boldsymbol{B}_1^{-1} = \boldsymbol{E}_{sr}\boldsymbol{B}_0^{-1} = \begin{pmatrix} 1 & 0 & -16 \\ 0 & 1 & 0 \\ 0 & 0 & 1 \end{pmatrix}.$$

按同样的计算可知，对应于 $\boldsymbol{B}_1$ 的子规划与对应 $\boldsymbol{B}_0$ 的子规划相同. 但这时，

$$g_1^* = -8 < \tilde{\pi}_{01}(=1), \quad g_2^* = -16 = \tilde{\pi}_{02}.$$

因此选取 α_{11} 为进基变量. 由计算最小比值 θ 可知，应以 α_{11} 取代 γ_0 为基变量. 得新基

$$\begin{matrix} & \alpha_{11} & \gamma_1 & \alpha_{21} \end{matrix}$$

$$\boldsymbol{B}_2 = \begin{pmatrix} 8 & 0 & 16 \\ 1 & 1 & 0 \\ 0 & 0 & 1 \end{pmatrix}.$$

经同样的计算可知，对应于 $\boldsymbol{B}_2$ 的子规划为

$$\min \quad g_1 = \frac{1}{8}x_1 + \frac{1}{2}x_2,$$

$$\text{s.t.} \quad (x_1, x_2)^{\mathrm{T}} \in K_1.$$

最优极点解为 $\boldsymbol{x}_1^{(2)} = (0,0)^{\mathrm{T}}$. 最优值为

$$g_1^* = 0 < \tilde{\pi}_{01}(=1).$$

$\boldsymbol{x}_1^{(2)}$ 对应变量 α_{12}. α_{12} 的对应检验数

$$\lambda_{12} = 1.$$

$$\min \quad g_2 = \frac{1}{2}x_3 + \frac{1}{4}x_4,$$

$$\text{s.t.} \quad (x_3, x_4)^{\mathrm{T}} \in K_2.$$

最优极点解为 $\boldsymbol{x}_2^{(2)} = (0,0)^{\mathrm{T}}$. 最优值为

$$g_2^* = 0 < \tilde{\pi}_{02}(=2).$$

$\boldsymbol{x}_2^{(2)}$ 对应变量 α_{22}. α_{22} 的对应检验数

$$\lambda_{22} = 2.$$

因此选取 α_{22} 为进基变量，由计算最小比值 θ 可知，应以 α_{22} 取代 γ_1. 得新基

$$\begin{matrix} & \alpha_{11} & \alpha_{22} & \alpha_{21} \end{matrix}$$

$$\boldsymbol{B}_3 = \begin{pmatrix} 8 & 0 & 16 \\ 1 & 0 & 0 \\ 0 & 1 & 1 \end{pmatrix}.$$

至此，基变量中的人工变量已全部换出，所得 $\boldsymbol{B}_3$ 便是 MP 的一个可行基.

2. $K_1 = \{\boldsymbol{x}_1 \mid \boldsymbol{G}_1\boldsymbol{x}_1 \leqslant \boldsymbol{b}_1, \boldsymbol{x}_1 \geqslant \boldsymbol{0}\}$，$K_2 = \{\boldsymbol{x}_2 \mid \boldsymbol{G}_2\boldsymbol{x}_2 \leqslant \boldsymbol{b}_2, \boldsymbol{x}_2 \geqslant \boldsymbol{0}\}$，其中

$$\boldsymbol{x}_1 = \begin{pmatrix} x_1 \\ x_2 \end{pmatrix}, \boldsymbol{x}_2 = \begin{pmatrix} x_3 \\ x_4 \end{pmatrix}, \boldsymbol{G}_1 = \begin{pmatrix} 1 & 3 \\ 2 & 1 \end{pmatrix}, \boldsymbol{G}_2 = \begin{pmatrix} 1 & 1 \\ 1 & 0 \\ 0 & 1 \end{pmatrix}, \boldsymbol{b}_1 = \begin{pmatrix} 30 \\ 20 \end{pmatrix}, b_2 = \begin{pmatrix} 15 \\ 10 \\ 10 \end{pmatrix}.$$

这里 K_1, K_2 都是有界多面凸集，故无极射向. 记 K_1 的全部极点为 $\boldsymbol{x}_1^{(i)}$ $(i=1,2,\cdots,u_1)$，K_2 的全部极点为 $\boldsymbol{x}_2^{(i)}$ $(i=1,2,\cdots,u_2)$. 则主规划 MP 为

$$\begin{aligned} \min \quad & f = \sum_{i=1}^{u_1}(\boldsymbol{c}_1\boldsymbol{x}_1^{(i)})\alpha_{1i} + \sum_{i=1}^{u_2}(\boldsymbol{c}_2\boldsymbol{x}_2^{(i)})\alpha_{2i}, \\ \text{s.t.} \quad & \sum_{i=1}^{u_1}(\boldsymbol{A}_1\boldsymbol{x}_1^{(i)})\alpha_{1i} + \sum_{i=1}^{u_2}(\boldsymbol{A}_2\boldsymbol{x}_2^{(i)})\alpha_{2i} + \alpha_0 = 40, \\ & \sum_{i=1}^{u_1}\alpha_{1i} = 1, \quad \sum_{i=1}^{u_2}\alpha_{2i} = 1, \\ & \alpha_0 \geqslant 0, \quad \alpha_{1i} \geqslant 0 \ (i=1,2,\cdots,u_1), \\ & \alpha_{2i} \geqslant 0 \ (i=1,2,\cdots,u_2). \end{aligned}$$

其中，$\boldsymbol{c}_1 = (-1,-1)$，$\boldsymbol{c}_2 = (-2,-1)$，$\boldsymbol{A}_1 = (1,2)$，$\boldsymbol{A}_2 = (2,1)$.

令 $\boldsymbol{x}_1^{(1)}=(0,0)^{\mathrm{T}}$, $\boldsymbol{x}_2^{(1)}=(0,0)^{\mathrm{T}}$. 易知它们分别是 K_1,K_2 的极点. 取 $\alpha_{11},\alpha_{21},\alpha_0$ 为基变量，得主规划 MP 的初始可行基：

$$\boldsymbol{B}_0=\begin{matrix} & \alpha_{11} & \alpha_{21} & \alpha_0 \\ \end{matrix}\begin{pmatrix}\boldsymbol{A}_1\boldsymbol{x}_1^{(1)} & \boldsymbol{A}_2\boldsymbol{x}_2^{(1)} & 1\\ 1 & 0 & 0\\ 0 & 1 & 0\end{pmatrix}=\begin{pmatrix}0&0&1\\1&0&0\\0&1&0\end{pmatrix}.$$

经四次迭代可得 MP 的最优解：

$$\alpha_{11}=0,\quad \alpha_{12}=\frac{5}{12},\quad \alpha_{13}=\frac{7}{12},\quad \alpha_{14}=\cdots=\alpha_{1u_1}=0,$$

$$\alpha_{21}=0,\quad \alpha_{22}=1,\quad \alpha_{23}=\cdots=\alpha_{2u_2}=0,\quad \alpha_0=0.$$

从而得知原问题的最优解为 $\boldsymbol{x}^*=\begin{pmatrix}\boldsymbol{x}_1^*\\ \boldsymbol{x}_2^*\end{pmatrix}$，其中

$$\boldsymbol{x}_1^*=\frac{5}{12}\begin{pmatrix}6\\8\end{pmatrix}+\frac{7}{12}\begin{pmatrix}10\\0\end{pmatrix}=\begin{pmatrix}25/3\\10/3\end{pmatrix},\quad \boldsymbol{x}_2^*=\begin{pmatrix}10\\5\end{pmatrix}.$$

即得原问题的最优解：$x_1^*=\frac{25}{3}$, $x_2^*=\frac{10}{3}$, $x_3^*=10$, $x_4^*=5$. 最优值为 $f^*=-\frac{110}{3}$.

第八章复习题

2. $\boldsymbol{x}^*=\left(\frac{5}{3},\frac{10}{3},0,20\right)^{\mathrm{T}}$, $f^*=-\frac{245}{3}$.

3. $\boldsymbol{x}^*=(2,8,0,12,28,0)^{\mathrm{T}}$, $z^*=156$.

4. 用 x_{ij} 表示第 i 厂运到第 j 市场的豪华车数量，y_{ij} 表示第 i 厂运到第 j 市场的简装车数量($i=1,2$; $j=1,2,3$). z 表示总利润. 则问题的数学模型为

$$\begin{aligned}\max\quad & z=100x_{11}+120x_{12}+90x_{13}+80x_{21}+70x_{22}+140x_{23}\\ & \qquad +40y_{11}+20y_{12}+30y_{13}+20y_{21}+40y_{22}+10y_{23},\\ \text{s. t.}\quad & x_{11}+x_{12}+x_{13}=25,\quad x_{21}+x_{22}+x_{23}=15,\\ & x_{11}+x_{21}=20,\quad x_{12}+x_{22}=10,\quad x_{13}+x_{23}=10,\\ & y_{11}+y_{12}+y_{13}=50,\quad y_{21}+y_{22}+y_{23}=30,\\ & y_{11}+y_{21}=20,\quad y_{12}+y_{22}=40,\quad y_{13}+y_{23}=20,\\ & x_{11}+y_{11}\leqslant 30,\quad x_{13}+y_{13}\leqslant 30,\\ & x_{ij}\geqslant 0,\ y_{ij}\geqslant 0\quad (i=1,2;\ j=1,2,3).\end{aligned}$$

上述模型可表示为

$$\begin{aligned}\min\quad & f=\boldsymbol{c}_1\boldsymbol{x}+\boldsymbol{c}_2\boldsymbol{y},\\ \text{s. t.}\quad & \boldsymbol{A}\boldsymbol{x}+\boldsymbol{A}\boldsymbol{y}\leqslant \boldsymbol{b}_0,\quad \boldsymbol{G}\boldsymbol{x}=\boldsymbol{b}_1,\quad \boldsymbol{G}\boldsymbol{y}=\boldsymbol{b}_2,\\ & \boldsymbol{x}\geqslant \boldsymbol{0},\quad \boldsymbol{y}\geqslant \boldsymbol{0}.\end{aligned}$$

其中，$\boldsymbol{x}=(x_{11},x_{12},x_{13},x_{21},x_{22},x_{23})^{\mathrm{T}}$, $\boldsymbol{y}=(y_{11},y_{12},y_{13},y_{21},y_{22},y_{23})^{\mathrm{T}}$,

$$\boldsymbol{c}_1=(-100,-120,-90,-80,-70,-140),$$

$$\boldsymbol{c}_2=(-40,-20,-30,-20,-40,-10),$$

$$\boldsymbol{A}=\begin{pmatrix}1&0&0&0&0&0\\0&0&1&0&0&0\end{pmatrix},\quad \boldsymbol{b}_0=\begin{pmatrix}30\\30\end{pmatrix},$$

$$\boldsymbol{G}=\begin{pmatrix}1&1&1&0&0&0\\0&0&0&1&1&1\\1&0&0&1&0&0\\0&1&0&0&1&0\\0&0&1&0&0&1\end{pmatrix},\quad \boldsymbol{b}_1=\begin{pmatrix}25\\15\\20\\10\\10\end{pmatrix},\quad \boldsymbol{b}_2=\begin{pmatrix}50\\30\\20\\40\\20\end{pmatrix}.$$

记 $K_1=\{\boldsymbol{x}\mid \boldsymbol{G}\boldsymbol{x}=\boldsymbol{b}_1,\ \boldsymbol{x}\geqslant \boldsymbol{0}\}$, $K_2=\{\boldsymbol{y}\mid \boldsymbol{G}\boldsymbol{y}=\boldsymbol{b}_2,\ \boldsymbol{y}\geqslant \boldsymbol{0}\}$. 易知 K_1,K_2 都是有界多面凸集，记其极点分别为 $\boldsymbol{x}^{(i)}\ (i=1,2,\cdots,u)$, $\boldsymbol{y}^{(j)}\ (j=1,2,\cdots,v)$. 则主规划 MP 为

$$\begin{aligned}\min\quad & f=\sum_{i=1}^{u}(\boldsymbol{c}_1\boldsymbol{x}^{(i)})\alpha_i+\sum_{j=1}^{v}(\boldsymbol{c}_2\boldsymbol{y}^{(j)})\beta_j,\\ \text{s. t.}\quad & \sum_{i=1}^{u}(\boldsymbol{A}\boldsymbol{x}^{(i)})\alpha_i+\sum_{j=1}^{v}(\boldsymbol{A}\boldsymbol{y}^{(j)})\beta_j+\begin{pmatrix}\gamma_1\\\gamma_2\end{pmatrix}=\begin{pmatrix}30\\30\end{pmatrix},\\ & \sum_{i=1}^{u}\alpha_i=1,\quad \sum_{j=1}^{v}\beta_j=1,\quad \gamma_1,\gamma_2\geqslant 0,\\ & \alpha_i\geqslant 0\ (i=1,2,\cdots,u),\quad \beta_j\geqslant 0\ (j=1,2,\cdots,v).\end{aligned}$$

用建立和求解辅助问题的方法可得出 MP 的初始可行基：

$$\begin{array}{cccc}\beta_1&\gamma_2&\alpha_1&\beta_2\end{array}$$

$$\boldsymbol{B}_0=\begin{pmatrix}\boldsymbol{A}\boldsymbol{y}^{(1)}&\begin{matrix}0\\1\end{matrix}&\boldsymbol{A}\boldsymbol{x}^{(1)}&\boldsymbol{A}\boldsymbol{y}^{(2)}\\0&0&1&0\\1&0&0&1\end{pmatrix},$$

其中，$\boldsymbol{x}^{(1)}=(20,5,0,0,5,10)^{\mathrm{T}}$, $\boldsymbol{y}^{(1)}=(20,30,0,0,10,20)^{\mathrm{T}}$, $\boldsymbol{y}^{(2)}=(0,40,10,20,0,10)^{\mathrm{T}}$.

然后对MP施行 P 分算法的迭代步骤. 每次迭代的两个子规划是两个运输问题，可用表上作业法求解. 经三次迭代得 MP 的最优基：

$$\begin{array}{cccc}\beta_3&\gamma_2&\alpha_3&\beta_4\end{array}$$

$$\boldsymbol{B}_3=\begin{pmatrix}\boldsymbol{A}\boldsymbol{y}^{(3)}&\begin{matrix}0\\1\end{matrix}&\boldsymbol{A}\boldsymbol{x}^{(3)}&\boldsymbol{A}\boldsymbol{y}^{(4)}\\0&0&1&0\\1&0&0&1\end{pmatrix},$$

其中，$\boldsymbol{x}^{(3)}=(15,10,0,5,0,10)^{\mathrm{T}}$, $\boldsymbol{y}^{(3)}=(20,10,20,0,30,0)^{\mathrm{T}}$, $\boldsymbol{y}^{(4)}=(0,30,20,20,10,0)^{\mathrm{T}}$.

MP 的最优解为 $\alpha_3=1$, $\beta_3=\dfrac{3}{4}$, $\beta_4=\dfrac{1}{4}$, $\gamma_2=10$, $\alpha_1=\alpha_2=\alpha_4=\cdots=\alpha_u=0$, $\beta_1=\beta_2=\beta_5=\cdots=\beta_v=0$, $\gamma_1=0$.

原问题的最优解为 $\boldsymbol{x}^*=\alpha_3\boldsymbol{x}^{(3)}=(15,10,0,5,0,10)^{\mathrm{T}}$, $\boldsymbol{y}^*=\beta_3\boldsymbol{y}^{(3)}+\beta_4\boldsymbol{y}^{(4)}=(15,15,20,5,25,0)^{\mathrm{T}}$. 最优值为 $z^*=7\,100$.

习题 9.1

1. 向量 $\boldsymbol{z}$ 可分解为 $\boldsymbol{z}=\boldsymbol{p}+\boldsymbol{h}$，其中 $\boldsymbol{p}\in N$，$\boldsymbol{h}\in N^{\perp}$，从而有 $\boldsymbol{Az}=\boldsymbol{Ap}+\boldsymbol{Ah}=\boldsymbol{Ah}$. 记 $\boldsymbol{a}_i=(a_{i1},a_{i2},\cdots,a_{in})^{\mathrm{T}}(i=1,2,\cdots,m)$. 易知 $N^{\perp}$ 是由 $\boldsymbol{a}_1,\boldsymbol{a}_2,\cdots,\boldsymbol{a}_m$ 所生成的子空间. 因此，存在 $\boldsymbol{\lambda}=(\lambda_1,\lambda_2,\cdots,\lambda_m)^{\mathrm{T}}$，使

$$\boldsymbol{h}=\lambda_1\boldsymbol{a}_1+\lambda_2\boldsymbol{a}_2+\cdots+\lambda_m\boldsymbol{a}_m=\boldsymbol{A}^{\mathrm{T}}\boldsymbol{\lambda}.$$

于是有 $\boldsymbol{Az}=\boldsymbol{AA}^{\mathrm{T}}\boldsymbol{\lambda}$. 由 $\boldsymbol{A}$ 行满秩可知 $\boldsymbol{AA}^{\mathrm{T}}$ 非奇异，从而导出

$$\boldsymbol{\lambda}=(\boldsymbol{AA}^{\mathrm{T}})^{-1}\boldsymbol{Az},\quad \boldsymbol{h}=\boldsymbol{A}^{\mathrm{T}}(\boldsymbol{AA}^{\mathrm{T}})^{-1}\boldsymbol{Az},\quad \boldsymbol{p}=\boldsymbol{z}-\boldsymbol{h}=[\boldsymbol{I}_n-\boldsymbol{A}^{\mathrm{T}}(\boldsymbol{AA}^{\mathrm{T}})^{-1}\boldsymbol{A}]\boldsymbol{z}.$$

2. 提示：考虑 $\boldsymbol{x}^{(k)}+\alpha\boldsymbol{d}^{(k)}(\forall\alpha>0)$. 并由(9.22)可导出

$$\boldsymbol{c}(\boldsymbol{x}^{(k)}+\alpha\boldsymbol{d}^{(k)})=\boldsymbol{cx}^{(k)}-\alpha\|\hat{\boldsymbol{d}}^{(k)}\|.$$

3. 提示：由 $\hat{\boldsymbol{d}}^{(k)}$ 是 $(-\boldsymbol{c}_k)^{\mathrm{T}}$ 在 N_k 上的正交投影和 $\boldsymbol{d}^{(k)}=\boldsymbol{0}$ 可知 $\boldsymbol{c}_k^{\mathrm{T}}\in N_k^{\perp}$. 由题1的证明可知，存在 $\boldsymbol{\lambda}\in\mathbf{R}^m$，使得 $\boldsymbol{c}_k^{\mathrm{T}}=\boldsymbol{A}_k^{\mathrm{T}}\boldsymbol{\lambda}$. 由此可导出 $\boldsymbol{c}=\boldsymbol{\lambda}^{\mathrm{T}}\boldsymbol{A}$，从而对LP的任一可行解 $\boldsymbol{x}$，有 $\boldsymbol{cx}=\boldsymbol{\lambda}^{\mathrm{T}}\boldsymbol{b}$.

4. 取 $\boldsymbol{x}^{(0)}=(2,1,1)^{\mathrm{T}}$，$\gamma=0.99$. 迭代一次得 $\boldsymbol{u}^{(0)}=(17/52,21/26)$，$\boldsymbol{x}^{(1)}=(1.34,2.32,0.01)^{\mathrm{T}}$. 继续迭代可得 $\boldsymbol{u}^{(1)}=(0.000\,028\,89,0.999\,966\,99)$，$\boldsymbol{x}^{(2)}=(1.333\,399\,6,2.333\,198\,4,0.000\,1)^{\mathrm{T}}$. 精确最优解为 $\boldsymbol{x}^*=(4/3,7/3,0)^{\mathrm{T}}$，$\boldsymbol{u}^*=(0,1)$.

习题 9.2

1. 提示：利用(9.49)可导出

$$\boldsymbol{u}^{(k+1)}\boldsymbol{b}=\boldsymbol{u}^{(k)}\boldsymbol{b}+\beta_k\boldsymbol{d}_u^{(k)}\boldsymbol{AG}_k^{-2}\boldsymbol{A}^{\mathrm{T}}(\boldsymbol{d}_u^{(k)})^{\mathrm{T}}=\boldsymbol{u}^{(k)}\boldsymbol{b}+\beta_k\|\boldsymbol{d}_w^{(k)}\boldsymbol{G}_k^{-1}\|^2.$$

3. 假如(9.30)有可行解$(\hat{\boldsymbol{u}},\hat{\boldsymbol{w}})$，则$(\hat{\boldsymbol{u}},0,\hat{\boldsymbol{w}})$是(9.53)的可行解. 从而(9.53)的最优值 $g^*\geqslant\hat{\boldsymbol{u}}\boldsymbol{b}>\hat{\boldsymbol{u}}\boldsymbol{b}-\varepsilon$，$\varepsilon>0$. 由算法的收敛性可知

$$\boldsymbol{u}^{(k)}\boldsymbol{b}+Mu_a^{(k)}\to g^*\quad(k\to+\infty).$$

因此存在充分大的正整数 N，使得 $\boldsymbol{u}^{(N)}\boldsymbol{b}+Mu_a^{(N)}>\hat{\boldsymbol{u}}\boldsymbol{b}-\varepsilon$. 另一方面，由题设条件可知，存在正数 δ 满足 $u_a^{(k)}\leqslant-\delta\ (\forall k\geqslant N)$. 并由于 M 足够大，如取 $M>\delta^{-1}(\boldsymbol{u}^{(N)}\boldsymbol{b}-\hat{\boldsymbol{u}}\boldsymbol{b}+\varepsilon)$，则有

$$\boldsymbol{u}^{(N)}\boldsymbol{b}+Mu_a^{(N)}\leqslant\boldsymbol{u}^{(N)}\boldsymbol{b}-M\delta<\hat{\boldsymbol{u}}\boldsymbol{b}-\varepsilon,$$

即得矛盾.

习题 9.3

1. 提示：$\boldsymbol{x}_\mu$ 应使 Lagrange 函数 Ψ 的偏导数等于0，这里

$$\Psi=\sum_{j=1}^n c_jx_j-\mu\sum_{j=1}^n\ln x_j-\sum_{i=1}^m u_i\left(\sum_{j=1}^n a_{ij}x_j-b_i\right).$$

由此可导出$(w_\mu)_j(x_\mu)_j=\mu\ (j=1,2,\cdots,n)$，这里$(w_\mu)_j$ 和$(x_\mu)_j$ 分别表示 $\boldsymbol{w}_\mu$ 和 $\boldsymbol{x}_\mu$ 的分量.

2. 由(9.68)和(9.67)，

$$\boldsymbol{D}_0^{-2}\boldsymbol{h}^{(0)}=\boldsymbol{D}_0^{-1}[\boldsymbol{e}-\mu_0^{-1}\boldsymbol{D}_0(\boldsymbol{c}^{\mathrm{T}}-\boldsymbol{A}^{\mathrm{T}}(\boldsymbol{u}^{(1)})^{\mathrm{T}}].$$

两端左乘以$(\boldsymbol{h}^{(0)})^{\mathrm{T}}$，并注意到 $\boldsymbol{Ah}^{(0)}=\boldsymbol{0}$，可得

$$(\boldsymbol{h}^{(0)})^{\mathrm{T}}\boldsymbol{D}_0^{-2}\boldsymbol{h}^{(0)} = (\boldsymbol{h}^{(0)})^{\mathrm{T}}\boldsymbol{D}_0^{-1}\boldsymbol{e} - \mu_0^{-1}(\boldsymbol{h}^{(0)})^{\mathrm{T}}\boldsymbol{c}^{\mathrm{T}} + \mu_0^{-1}(\boldsymbol{A}\boldsymbol{h}^{(0)})^{\mathrm{T}}(\boldsymbol{u}^{(1)})^{\mathrm{T}}$$
$$= (\boldsymbol{h}^{(0)})^{\mathrm{T}}\boldsymbol{A}^{\mathrm{T}}\boldsymbol{v} - \mu_0^{-1}(\boldsymbol{c}\boldsymbol{h}^{(0)})^{\mathrm{T}} = -\mu_0^{-1}\boldsymbol{c}\boldsymbol{h}^{(0)}.$$

从而有

$$\|\boldsymbol{D}_0^{-1}\boldsymbol{h}^{(0)}\|^2 = -\mu_0^{-1}(\boldsymbol{c}\boldsymbol{D}_0)(\boldsymbol{D}_0^{-1}\boldsymbol{h}^{(0)}) \leqslant \mu_0^{-1}\|\boldsymbol{c}\boldsymbol{D}_0\|\ \|\boldsymbol{D}_0^{-1}\boldsymbol{h}^{(0)}\|,$$

即得 $\|\boldsymbol{D}_0^{-1}\boldsymbol{h}^{(0)}\| \leqslant \mu_0^{-1}\|\boldsymbol{c}\boldsymbol{D}_0\| \leqslant \theta$.

3. 由(9.67)知

$$\boldsymbol{w}^{(k+1)} = \boldsymbol{c} - \boldsymbol{u}^{(k+1)}\boldsymbol{A}, \quad \boldsymbol{w}^{(k+2)} = \boldsymbol{c} - \boldsymbol{u}^{(k+2)}\boldsymbol{A}.$$

上面两式都右乘 $\boldsymbol{h}^{(k+1)}$，并注意到 $\boldsymbol{A}\boldsymbol{h}^{(k+1)} = \boldsymbol{0}$，可得

$$\boldsymbol{w}^{(k+1)}\boldsymbol{h}^{(k+1)} = \boldsymbol{w}^{(k+2)}\boldsymbol{h}^{(k+1)}.$$

由(9.68)可得

$$\boldsymbol{w}^{(k+1)} = \mu_k[\boldsymbol{e}^{\mathrm{T}} - (\boldsymbol{h}^{(k)})^{\mathrm{T}}\boldsymbol{D}_k^{-1}]\boldsymbol{D}_k^{-1},$$
$$\boldsymbol{w}^{(k+2)} = \mu_{k+1}[\boldsymbol{e}^{\mathrm{T}} - (\boldsymbol{h}^{(k+1)})^{\mathrm{T}}\boldsymbol{D}_{k+1}^{-1}]\boldsymbol{D}_{k+1}^{-1}.$$

将它们代入上一式并移项可得

$$\mu_{k+1}(\boldsymbol{h}^{(k+1)})^{\mathrm{T}}\boldsymbol{D}_{k+1}^{-2}\boldsymbol{h}^{(k+1)} = \mu_k(\boldsymbol{h}^{(k)})^{\mathrm{T}}\boldsymbol{D}_k^{-2}\boldsymbol{h}^{(k+1)} - \mu_k\boldsymbol{e}^{\mathrm{T}}\boldsymbol{D}_k^{-1}\boldsymbol{h}^{(k+1)} + \mu_{k+1}\boldsymbol{e}^{\mathrm{T}}\boldsymbol{D}_{k+1}^{-1}\boldsymbol{h}^{(k+1)},$$

即有

$$\mu_{k+1}\|\boldsymbol{D}_{k+1}^{-1}\boldsymbol{h}^{(k+1)}\|^2 = \mu_k[(\boldsymbol{D}_k^{-1}\boldsymbol{h}^{(k)})^{\mathrm{T}} - \boldsymbol{e}^{\mathrm{T}}]\boldsymbol{D}_k^{-1}\boldsymbol{h}^{(k+1)} + \mu_{k+1}\boldsymbol{e}^{\mathrm{T}}\boldsymbol{D}_{k+1}^{-1}\boldsymbol{h}^{(k+1)}.$$

注意到 $\mu_{k+1} = \left(1 - \dfrac{\sigma}{\sqrt{n}}\right)\mu_k$，可得

$$\|\boldsymbol{D}_{k+1}^{-1}\boldsymbol{h}^{(k+1)}\|^2$$
$$= \frac{1}{1-\sigma/\sqrt{n}}\left[(\boldsymbol{D}_k^{-1}\boldsymbol{h}^{(k)})^{\mathrm{T}}\boldsymbol{D}_k^{-1}\boldsymbol{h}^{(k+1)} - \boldsymbol{e}^{\mathrm{T}}\boldsymbol{D}_k^{-1}\boldsymbol{h}^{(k+1)} + \left(1 - \frac{\sigma}{\sqrt{n}}\right)\boldsymbol{e}^{\mathrm{T}}\boldsymbol{D}_{k+1}^{-1}\boldsymbol{h}^{(k+1)}\right]$$
$$= \frac{1}{1-\sigma/\sqrt{n}}\left[(\boldsymbol{D}_k^{-1}\boldsymbol{h}^{(k)})^{\mathrm{T}}\boldsymbol{D}_k^{-1}\boldsymbol{h}^{(k+1)} - (\boldsymbol{e}^{\mathrm{T}}\boldsymbol{D}_k^{-1} - \boldsymbol{e}^{\mathrm{T}}\boldsymbol{D}_{k+1}^{-1})\boldsymbol{h}^{(k+1)} - \frac{\sigma}{\sqrt{n}}\boldsymbol{e}^{\mathrm{T}}\boldsymbol{D}_{k+1}^{-1}\boldsymbol{h}^{(k+1)}\right].$$

由

$$\boldsymbol{D}_{k+1}\boldsymbol{e} = \boldsymbol{x}^{(k+1)} = \boldsymbol{x}^{(k)} + \boldsymbol{h}^{(k)} = \boldsymbol{D}_k\boldsymbol{e} + \boldsymbol{h}^{(k)},$$

可得

$$\boldsymbol{e}^{\mathrm{T}}\boldsymbol{D}_k^{-1} - \boldsymbol{e}^{\mathrm{T}}\boldsymbol{D}_{k+1}^{-1} = (\boldsymbol{h}^{(k)})^{\mathrm{T}}\boldsymbol{D}_k^{-1}\boldsymbol{D}_{k+1}^{-1}.$$

从而可得

$$\|\boldsymbol{D}_{k+1}^{-1}\boldsymbol{h}^{(k+1)}\|^2 = \frac{1}{1-\sigma/\sqrt{n}}\left[(\boldsymbol{h}^{(k)})^{\mathrm{T}}\boldsymbol{D}_k^{-1}(\boldsymbol{D}_k^{-1}\boldsymbol{D}_{k+1} - \boldsymbol{I}_n) - \frac{\sigma}{\sqrt{n}}\boldsymbol{e}^{\mathrm{T}}\right]\boldsymbol{D}_{k+1}^{-1}\boldsymbol{h}^{(k+1)}$$
$$\leqslant \frac{1}{1-\sigma/\sqrt{n}}\left\|(\boldsymbol{h}^{(k)})^{\mathrm{T}}\boldsymbol{D}_k^{-1}(\boldsymbol{D}_k^{-1}\boldsymbol{D}_{k+1} - \boldsymbol{I}_n) - \frac{\sigma}{\sqrt{n}}\boldsymbol{e}^{\mathrm{T}}\right\|\ \|\boldsymbol{D}_{k+1}^{-1}\boldsymbol{h}^{(k+1)}\|.$$

于是有

$$\|\boldsymbol{D}_{k+1}^{-1}\boldsymbol{h}^{(k+1)}\| \leqslant \frac{1}{1-\sigma/\sqrt{n}}\left\|(\boldsymbol{h}^{(k)})^{\mathrm{T}}\boldsymbol{D}_k^{-1}(\boldsymbol{D}_k^{-1}\boldsymbol{D}_{k+1} - \boldsymbol{I}_n) - \frac{\sigma}{\sqrt{n}}\boldsymbol{e}^{\mathrm{T}}\right\|$$
$$\leqslant \frac{1}{1-\sigma/\sqrt{n}}\left[\|(\boldsymbol{h}^{(k)})^{\mathrm{T}}\boldsymbol{D}_k^{-1}(\boldsymbol{D}_k^{-1}\boldsymbol{D}_{k+1} - \boldsymbol{I}_n)\| + \left\|\frac{\sigma}{\sqrt{n}}\boldsymbol{e}^{\mathrm{T}}\right\|\right]$$

$$\leqslant \frac{1}{1-\sigma/\sqrt{n}}(\|D_k^{-1}D_{k+1}-I_n\|\|D_k^{-1}h^{(k)}\|+\sigma),$$

其中

$$\|D_k^{-1}D_{k+1}-I_n\| = \max_{i=1,2,\cdots,n}\left\{\left|\frac{x_i^{(k+1)}}{x_i^{(k)}}-1\right|\right\} = \max_{i=1,2,\cdots,n}\left\{\left|\frac{h_i^{(k)}}{x_i^{(k)}}\right|\right\}.$$

并由 $\|D_k^{-1}h^{(k)}\| \leqslant \theta$ 便得 $\|D_{k+1}^{-1}h^{(k+1)}\| \leqslant \dfrac{\theta^2+\sigma}{1-\sigma/\sqrt{n}}$. 再由 $0<\sigma\leqslant\dfrac{\theta(1-\theta)}{1+\theta/\sqrt{n}}$, 即可得出 $\|D_{k+1}^{-1}h^{(k+1)}\| \leqslant \theta$.

第九章复习题

1. 提示：数列$\{cx^{(k)}\}$单调递减且有下界，并由(9.23)，可得出

$$\lim_{k\to\infty}\alpha_k\|\hat{d}^{(k)}\|^2 = \lim_{k\to\infty}(cx^{(k)}-cx^{(k+1)}) = 0.$$

由(9.19)和 $d^{(k)} = D_k\hat{d}^{(k)}$ 可导知 $\alpha_k \geqslant \dfrac{\gamma}{\|\hat{d}^{(k)}\|}$. 从而得出 $\lim\limits_{k\to\infty}\|\hat{d}^{(k)}\| = 0$. 再注意到(9.15)即可得出结论.

2. 提示：由$\{x^{(k)}\}$收敛，可知$\{u^{(k)}\}$，$\{w^{(k)}\}$都收敛，记其极限点为 u^*, w^*，然后证明 x^* 和(u^*, w^*)分别为LP和DP的可行解，且有

$$cx^*-u^*b = w^*x^* = \lim_{k\to\infty}w^{(k)}x^{(k)} = 0.$$

根据对偶理论即知 x^* 和(u^*, w^*)分别为LP和DP的最优解. 在证明 $w^*\geqslant 0$ 时，可采用反证法. 利用题1的结论得知 $w^*D^* = \lim\limits_{k\to\infty}w^{(k)}D_k = 0$，其中 $D^* = \mathrm{diag}(x^*)$. 假若某分量 $w_j^*<0$，则必有 $x_j^*=0$. 另一方面，由 $\lim\limits_{k\to\infty}w_j^{(k)} = w_j^* < 0$ 和 $x_j^{(k+1)} = x_j^{(k)} - \alpha_k(x_j^{(k)})^2w_j^{(k)}$ 可导知，存在正整数 N，使得 $x_j^{(k+1)} > x_j^{(k)} > 0$ $(\forall k\geqslant N)$. 此与 $\lim\limits_{k\to\infty}x_j^{(k)} = x_j^* = 0$ 相矛盾.

3. 提示：由(9.28)和(9.18)可导出

$$x_j^{(k+1)} = x_j^{(k)}\left[1-x_j^{(k)}w_j^{(k)}\Big/\sqrt{\sum_{i=1}^n(x_i^{(k)}w_i^{(k)})^2}\right].$$

由 $x_j^{(k+1)}=0$ 和 $x_j^{(k)}>0$ 可得 $x_j^{(k)}w_j^{(k)} = \sqrt{\sum_{i=1}^n(x_i^{(k)}w_i^{(k)})^2}$. 由此可知 $w_j^{(k)}>0$, $w_i^{(k)} = 0$ $(i\neq j)$. 从而知$(u^{(k)}, w^{(k)})$为DP的可行解，且有

$$cx^{(k+1)}-u^{(k)}b = w^{(k)}x^{(k+1)} = 0.$$

4. 可取 $x^{(0)} = (10,2,7,13)^{\mathrm{T}}$. 若取 $\gamma = 0.99$，迭代一次可得

$$u^{(0)} = (-1.33353, -0.00771),$$

$$w^{(0)} = (-0.66647, -0.32582, 1.33535, -0.00771),$$

$$x^{(1)} = (17.06822, 2.13822, 0.07000, 12.86178)^{\mathrm{T}},$$

问题的精确最优解为 $x^* = (30,15,0,0)^{\mathrm{T}}$.

5. 易知$\begin{pmatrix}x^{(0)}\\1\end{pmatrix}$是初段问题的内点可行解，且因初段问题目标函数有下界0，故可起

动原仿射尺度算法求得一个近似最优解$\begin{pmatrix} \boldsymbol{x}^{\Delta} \\ x_{n+1}^{\Delta} \end{pmatrix}$. 记它的精确最优解为$\begin{pmatrix} \boldsymbol{x}^{*} \\ x_{n+1}^{*} \end{pmatrix}$. 若 $x_{n+1}^{*} > 0$，由反证法可知 LP 必无可行解. 若 $x_{n+1}^{*} = 0$，则由 $\boldsymbol{Ax}^{*} = \boldsymbol{b}$ 和 $\boldsymbol{x}^{*} \geqslant \boldsymbol{0}$ 可知 $\boldsymbol{x}^{*}$ 是 LP 的可行解. $\boldsymbol{x}^{\Delta}$ 是 $\boldsymbol{x}^{*}$ 的近似，且因原仿射尺度算法是在内点可行解中寻优，故 $\boldsymbol{x}^{\Delta} > \boldsymbol{0}$. 对 $\boldsymbol{x}^{\Delta}$ 稍加调整，使满足 $\boldsymbol{Ax}^{\Delta} = \boldsymbol{b}$，便成为 LP 的内点可行解.

6. 取 $\boldsymbol{u}^{(0)} = (-3,-3)$，$\boldsymbol{w}^{(0)} = (1,1,3,3)$，$\gamma = 0.99$. 第一次迭代可得

$$\boldsymbol{x}^{(0)} = (23.532\,11, 11.146\,79, 2.614\,67, 3.853\,21)^{\mathrm{T}},$$
$$\boldsymbol{u}^{(1)} = (-2.010\,00, -1.541\,05),$$
$$\boldsymbol{w}^{(1)} = (0.010\,00, 0.531\,05, 2.010\,00, 1.541\,05).$$

第二次迭代可得

$$\boldsymbol{x}^{(1)} = (29.804\,44, 14.804\,52, 0.000\,01, 0.195\,48)^{\mathrm{T}},$$
$$\boldsymbol{u}^{(2)} = (-2.009\,62, -1.014\,94),$$
$$\boldsymbol{w}^{(2)} = (0.009\,62, 0.005\,31, 2.009\,62, 1.014\,94),$$

最优解为 $\boldsymbol{x}^{*} = (30,15,0,0)^{\mathrm{T}}$，$\boldsymbol{u}^{*} = (-2,-1)$，$\boldsymbol{w}^{*} = (0,0,2,1)$.

7. 该有界变量线性规划问题的对偶问题可写为

$$\begin{aligned} &\max \quad \boldsymbol{ub} - \boldsymbol{vMe}, \\ &\text{s.t.} \quad \boldsymbol{uA} - \boldsymbol{v} + \boldsymbol{w} = \boldsymbol{c}, \quad \boldsymbol{v} \geqslant \boldsymbol{0}, \quad \boldsymbol{w} \geqslant \boldsymbol{0}. \end{aligned}$$

令 $\boldsymbol{u}^{(0)} = \boldsymbol{0}$，$\boldsymbol{v}^{(0)} = \tau \hat{c}\, \boldsymbol{e}$，$\boldsymbol{w}^{(0)} = \boldsymbol{c} + \tau \hat{c}\, \boldsymbol{e}$，其中 $\hat{c} = \max\{|c_1|, |c_2|, \cdots, |c_n|\}$，$\tau > 1$. 则$(\boldsymbol{u}^{(0)}, \boldsymbol{v}^{(0)}, \boldsymbol{w}^{(0)})$是上述对偶问题的内点可行解. 从而可以起动对偶仿射尺度算法.

9. 考虑如下的对偶障碍问题(D_{μ})：

$$\begin{aligned} &\max \quad g_{\mu}(\boldsymbol{u}, \boldsymbol{w}) = \boldsymbol{ub} + \mu \sum_{i=1}^{n} \ln w_i, \\ &\text{s.t.} \quad \boldsymbol{uA} + \boldsymbol{w} = \boldsymbol{c}. \end{aligned}$$

对于 DP 的一个已知的内点可行解$(\boldsymbol{u}^{(0)}, \boldsymbol{w}^{(0)})$，求移动向量$(\boldsymbol{h}_u, \boldsymbol{h}_w)$的值，使得$(\boldsymbol{u}^{(0)} + \boldsymbol{h}_u, \boldsymbol{w}^{(0)} + \boldsymbol{h}_w)$仍为 DP 的内点可行解，并使 $g_{\mu}(\boldsymbol{u}^{(0)} + \boldsymbol{h}_u, \boldsymbol{w}^{(0)} + \boldsymbol{h}_w)$达到最大值. 同样用 g_{μ} 在$(\boldsymbol{u}^{(0)}, \boldsymbol{w}^{(0)})$处的二阶 Taylor 展式替代 $g_{\mu}(\boldsymbol{u}^{(0)} + \boldsymbol{h}_u, \boldsymbol{w}^{(0)} + \boldsymbol{h}_w)$，则可将$(\boldsymbol{h}_u, \boldsymbol{h}_w)$的寻求归结为如下优化问题：

$$\begin{aligned} &\max \quad q(\boldsymbol{h}_u, \boldsymbol{h}_w) = -\frac{\mu}{2} \boldsymbol{h}_w \boldsymbol{G}_0^{-2} \boldsymbol{h}_w^{\mathrm{T}} + \boldsymbol{h}_u \boldsymbol{b} + \mu \boldsymbol{h}_w \boldsymbol{G}_0^{-1} \boldsymbol{e}, \\ &\text{s.t.} \quad \boldsymbol{h}_u \boldsymbol{A} + \boldsymbol{h}_w = \boldsymbol{0}. \end{aligned} \tag{$*1$}$$

由多元函数条件极值理论可导知，上述优化问题的最优解除满足(＊1)外还应满足

$$\boldsymbol{b} - \boldsymbol{A\lambda} = \boldsymbol{0}, \tag{$*2$}$$
$$-\mu \boldsymbol{G}_0^{-2} \boldsymbol{h}_w^{\mathrm{T}} + \mu \boldsymbol{G}_0^{-1} \boldsymbol{e} - \boldsymbol{\lambda} = \boldsymbol{0}, \tag{$*3$}$$

其中 $\boldsymbol{\lambda} = (\lambda_1, \lambda_2, \cdots, \lambda_n)^{\mathrm{T}}$ 为 Lagrange 乘子向量. 由(＊1),(＊2)和(＊3)可导出

$$\boldsymbol{h}_w^{\mathrm{T}} = -\boldsymbol{A}^{\mathrm{T}} \boldsymbol{h}_u^{\mathrm{T}},$$
$$\boldsymbol{h}_u^{\mathrm{T}} = \mu^{-1} (\boldsymbol{A G}_0^{-2} \boldsymbol{A}^{\mathrm{T}})^{-1} \boldsymbol{b} - (\boldsymbol{A G}_0^{-2} \boldsymbol{A}^{\mathrm{T}})^{-1} \boldsymbol{A G}_0^{-1} \boldsymbol{e}.$$

从(＊2)看出，$\boldsymbol{\lambda}$ 即可作为原估计，并可从(＊3)导出原估计的计算公式. 综上得出对偶障

碍函数法第 k 次迭代的主要计算公式如下：

$$\boldsymbol{h}_u^{(k)} = \mu_k^{-1}\boldsymbol{b}^{\mathrm{T}}(\boldsymbol{A}\boldsymbol{G}_k^{-2}\boldsymbol{A}^{\mathrm{T}})^{-1} - \boldsymbol{e}^{\mathrm{T}}\boldsymbol{G}_k^{-1}\boldsymbol{A}^{\mathrm{T}}(\boldsymbol{A}\boldsymbol{G}_k^{-2}\boldsymbol{A}^{\mathrm{T}})^{-1},$$

$$\boldsymbol{h}_w^{(k)} = -\boldsymbol{h}_u^{(k)}\boldsymbol{A},$$

$$\boldsymbol{x}^{(k)} = \mu_k\boldsymbol{G}_k^{-1}[\boldsymbol{e} - \boldsymbol{G}_k^{-1}(\boldsymbol{h}_w^{(k)})^{\mathrm{T}}] \quad \text{(原估计)},$$

$$\boldsymbol{u}^{(k+1)} = \boldsymbol{u}^{(k)} + \boldsymbol{h}_u^{(k)},$$

$$\boldsymbol{w}^{(k+1)} = \boldsymbol{w}^{(k)}\boldsymbol{h}_w^{(k)},$$

其中 $\boldsymbol{G}_k = \mathrm{diag}(\boldsymbol{w}^{(k)})$ $(k = 0,1,2,\cdots)$.

索　引

七画

八画

九画

十画

十一画

十二画

十三画以上

■■■■■■■■■■■ 已出版书目

高等学校数学系列教材